"十三五"国家重点出版物出版规划项目
现代机械工程系列精品教材
普通高等教育"十一五"国家级规划教材

机械制造装备设计

第5版

主　编　李庆余　孟广耀
副主编　岳明君　侯荣国　赵国勇
参　编　王士军　李　丽　牛宗伟
　　　　黄向阳
主　审　刘镇昌　李传义

机械工业出版社

本书为"十三五"国家重点出版物出版规划项目——现代机械工程系列精品教材、普通高等教育"十一五"国家级规划教材,第 3 版获 2015 年中国机械工业科学技术奖(图书奖)三等奖。

本书内容包括金属切削机床的传动设计和主要零部件的设计、金属切削刀具设计、金属切削机床夹具设计三部分。

本书的特点:贯彻"少而精"的原则,突出重点,以点带面;注重针对基础理论的阐述,保留普通机床设计理论的精华,以机床设计为核心,在理论与实践相结合的基础上培养学生分析问题和解决问题的能力;适当反映国内外机械制造装备的科技成果及发展趋势。

本书配有电子课件、习题与思考题答案,请有相关需要的教师到机械工业出版社教育服务网(http://www.cmpedu.com)查询、下载。

本书可作为普通高等院校机械类专业的专业课教材,也可作为机电工程技术人员的参考书。

图书在版编目(CIP)数据

机械制造装备设计/李庆余,孟广耀主编. —5 版. —北京:机械工业出版社,2024.6

"十三五"国家重点出版物出版规划项目 现代机械工程系列精品教材 普通高等教育"十一五"国家级规划教材

ISBN 978-7-111-75727-6

Ⅰ.①机… Ⅱ.①李… ②孟… Ⅲ.①机械制造-工艺装备-设计-高等学校-教材 Ⅳ.①TH16

中国国家版本馆 CIP 数据核字(2024)第 087944 号

机械工业出版社(北京市百万庄大街 22 号 邮政编码 100037)
策划编辑:王勇哲 责任编辑:王勇哲
责任校对:张爱妮 李小宝 封面设计:张 静
责任印制:李 昂
河北泓景印刷有限公司印刷
2025 年 4 月第 5 版第 1 次印刷
184mm×260mm · 17.25 印张 · 427 千字
标准书号:ISBN 978-7-111-75727-6
定价:58.00 元

电话服务 网络服务
客服电话:010-88361066 机 工 官 网:www.cmpbook.com
     010-88379833 机 工 官 博:weibo.com/cmp1952
     010-68326294 金 书 网:www.golden-book.com
封底无防伪标均为盗版 机工教育服务网:www.cmpedu.com

前言

本书可作为普通高等院校机械类专业的专业课教材，也可作为机电工程技术人员的参考书。

本书自第4版出版以来，已在全国三十多所高校广泛应用，受到师生的广泛好评。

本书注重针对基础理论的阐述，理论与实际结合；适当反映国内外金属切削机床（包括数控机床、组合机床）、切削刀具、机床夹具的科技成果及其发展趋势；保留普通机床设计理论的精华。

本书修改并完善了第4版的内容：

1) 将图标说明的设计理论化，如对称双公比传动系统、无级变速系统。

2) 完善设计理论，如无级变速理论、无级变速设计例题、等比数列转速的确定、亚宽式齿轮的排列和进给电动机功率选择。

3) 在数控为主导的今天，简化机械分级变速传动系统描述，只保留经典基本内容，如增加变速组的传动系统、单回曲机构等。

4) 更新"机械制造装备的状况及发展前景"的内容。

5) 更新组合机床资料。

6) 改正不妥之处，如复合刀具、夹具设计。

本次修订由山东理工大学李庆余、青岛理工大学孟广耀任主编，山东大学岳明君、山东理工大学侯荣国及赵国勇任副主编，参编人员有山东理工大学王士军、李丽、牛宗伟，以及中国铝业公司山东分公司高级工程师黄向阳。全书由李庆余统稿。多媒体课件由孟广耀、侯荣国、李庆余制作。全书由山东大学刘镇昌教授、山东理工大学李传义教授主审。

本书的编写得到了山东理工大学、青岛理工大学、山东大学等有关院校的大力支持和帮助，他们对教材编写提出了宝贵意见，在此谨致谢意。

本书大部分内容都经编者多年教学实践，但由于编者学术水平有限和编写时间仓促，不妥之处在所难免，欢迎读者批评指正。

编　者

目录

前言
绪论 …………………………………………… 1
第一章　金属切削机床的总体设计 ……… 3
　第一节　机床的基本要求 ………………… 3
　第二节　机床的设计步骤 ………………… 5
　第三节　机床的总体布局 ………………… 6
　第四节　机床主要技术参数的确定 …… 11
　习题与思考题 …………………………… 27
第二章　机床的传动设计 ………………… 28
　第一节　分级变速主传动系统设计 …… 28
　第二节　扩大变速范围的传动系统设计 …… 38
　第三节　计算转速 ……………………… 42
　第四节　无级变速系统的设计 ………… 44
　第五节　进给传动系统的设计 ………… 55
　第六节　结构设计 ……………………… 58
　习题与思考题 …………………………… 65
第三章　机床主要部件设计 ……………… 67
　第一节　主轴组件设计 ………………… 67
　第二节　支承件的设计 ………………… 86
　第三节　导轨设计 ……………………… 96
　第四节　滚珠丝杠螺母副机构 ………… 112
　习题与思考题 …………………………… 121
第四章　组合机床设计 …………………… 123
　第一节　概述 …………………………… 123
　第二节　组合机床总体设计 …………… 132
　第三节　通用多轴箱设计 ……………… 149
　习题与思考题 …………………………… 169
第五章　专用刀具设计 …………………… 171
　第一节　成形车刀设计 ………………… 171
　第二节　拉刀设计 ……………………… 189
　第三节　孔加工复合刀具 ……………… 208
　习题与思考题 …………………………… 211
第六章　机床夹具设计 …………………… 215
　第一节　机床夹具概述 ………………… 215
　第二节　工件的定位和夹具的定位设计 …… 216
　第三节　工件的夹紧及夹具的夹紧设计 …… 233
　第四节　机床夹具的其他装置 ………… 245
　第五节　机床专用夹具的设计方法 …… 253
　习题与思考题 …………………………… 268
参考文献 …………………………………… 272

绪 论

一、机械制造业在国民经济中的地位

机械制造业是国民经济各部门赖以发展的基础，是国民经济的重要支柱，是生产力的重要组成部分。机械制造业不仅为工业、农业、交通运输业、科研和国防等部门提供各种生产设备、仪器仪表和工具，而且为制造业（包括机械制造业）本身提供机械制造装备。机械制造业的生产能力和制造水平标志着一个国家或地区的科学技术水平和经济实力。

机械制造业的生产能力和制造水平，主要取决于机械制造装备的先进程度。机械制造装备的核心是金属切削机床，精密零件主要依赖切削加工来达到所需要的精度。金属切削机床所担负的工作量约占机器制造总工作量的 40%~60%，其技术水平直接影响机械制造业的产品质量和劳动生产率。换言之，一个国家的机床工业水平在很大程度上代表着这个国家的工业生产能力和科学技术水平。显然，金属切削机床在国民经济现代化建设中起着不可替代的作用。

二、机械制造装备的状况及发展前景

不同的"经济模式"对制造装备有不同的要求；相应地，制造装备也决定了"经济模式"。在过去的 20 世纪中，机械制造业先后经历了 50 年代少品种、大批量生产的"规模效益"（Scale Merit）模式；70 年代以提高质量、降低成本为标志的"精益生产"（Lean Production，LP）模式；80 年代较多采用的结合了数控机床、机器人、柔性制造单元（Flexible Manufacturing Cell，FMC）和计算机集成制造系统（Computer Integrated Manufacturing Systems，CIMS）的 FMC、CIMS 生产模式；90 年代"精益（LP）-敏捷（Agile Manufacturing，AM）-柔性（Flexible Manufacturing，FM）"组合的生产模式（LAF），机械制造装备普遍具有"柔性化""自动化""精密化"的特点，以适应多品种、小批量和经常更新产品的需要。

改革开放以来，我国机械制造装备工业迅猛发展。目前我国已能生产从小型仪表机床到重型机床的各种机床，能够生产出各种精密的、高度自动化的、高效率的机床和自动生产线。我国能够生产六轴五联动的数控铣床，分辨率可达 $1\mu m$，适用于复杂机件的加工。我国已经具备了建造成套装备现代化工厂的能力，有些机床已经接近世界先进水平。我国已成为世界第一大机床生产国和消费国。

虽然目前我国机械制造装备工业已经取得了很大成就，但与世界先进水平相比仍有差距。主要表现在大部分高精度和超高精度机床还不能满足现实需求，中高档数控系统和关键功能部件主要依赖进口；我国机床的数控化率低于日本、德国及美国等制造业强国。

在全球化经济大潮中，我国机械制造装备工业面临严峻的挑战。我们必须奋发图强，努力工作，不断扩大队伍规模和提高人员技术素质，学习和引进国外的先进科学技术，大力开展科学研究，尽快赶上世界先进水平，使我国早日步入机械装备制造强国阵营。

《中国制造2025》中明确提出："打造具有国际竞争力的制造业，是我国提升综合国力、保障国家安全、建设世界强国的必由之路。""到2035年，我国制造业整体达到世界制造强国阵营中等水平。""新中国成立一百年时，制造业大国地位更加巩固，综合实力进入世界制造强国前列。制造业主要领域具有创新引领能力和明显竞争优势，建成全球领先的技术体系和产业体系"。机械制造装备必须率先达到上述战略目标，为制造业奠定坚实的基础，我国才能成为世界制造强国。

三、机械制造装备的组成

机械制造装备包括加工设备、工艺装备、工件输送装备和辅助装备。机械制造装备与制造方法、制造工艺紧密地联系在一起，是机械制造技术的重要载体。

1. 加工设备

加工设备主要指金属切削机床、特种加工机床（如电加工机床、超声波加工机床、激光加工机床等）及金属成形机床（如锻压机床、冲压机、挤压机等）。

金属切削机床传动链结构复杂且变速范围大。主运动传动链不仅有恒转矩变速范围，还有恒功率变速范围。主轴组件制造精度高，旋转精度高。进给运动传动链数量多，且进给运动传动链的执行件可联动，如五轴联动机床。进给运动传动链执行件定位精度高。对于机床，不仅要求应具有较高的静刚度，还应具有较高的动刚度。因而金属切削机床是机械制造装备的"代表"，也是机械学科首选的研究对象。

2. 工艺装备

工艺装备是机械加工中所使用的刀具、模具、机床夹具、量具、工具的总称。

3. 工件输送装备

工件输送装备主要指坯料、半成品或成品在车间内工作地点之间的转移输送装置，以及机床的上下料装置。

转移输送装置主要应用于流水线和自动生产线。转移输送装置的主要类型：①悬挂输送装置；②辊道输送装置，即由一系列装在固定框架（由型钢组成）上的托辊形成的转移输送装置，靠人力或工件重力输送工件；③由刚性推杆推动工件做同步输送的步伐式输送装置；④带有抓取机构，既能为机床上下料，又能在两工位之间输送工件的机械手；⑤由连续运动的链条带动工件或随行夹具做非同步运行的链条输送装置。

4. 辅助装备

辅助装备包括清洗机、排屑装置和计量装置等。

排屑装置应用于自动线或自动机床，从加工区域将切屑清除，然后输送到机床外或自动加工生产线外的小车内。常用压缩空气、切削液冲刷等方法清除切屑；常用平带输送器、螺旋输送器、刮板输送器等装置输送切屑。

四、本课程主要研究内容

根据教育部高等学校机械类专业教学指导委员会推荐的指导性教学计划，本课程仅包括金属切削机床设计、刀具设计、机床夹具设计等机械制造装备设计的主要内容，而工件输送装备、辅助装备的设计等内容则并入机械制造自动化技术课程。

第一章

金属切削机床的总体设计

金属切削机床（以下简称为机床）的总体设计是机床设计的关键环节，对机床的技术性能和经济性指标起着决定性作用。机床的总体设计是根据设计要求，通过调查研究，检索相关资料，掌握机床设计的依据；然后进行工艺分析，拟定出性能先进、经济性好的工艺方案，必要时画出加工示意图；再在此基础上确定机床总体布局，画出机床联系尺寸图；最后确定所设计机床的主要技术参数。

第一节 机床的基本要求

机床是利用去除表面材料的方法获得零件所需的形状、尺寸的设备。机床的性能直接影响到零件的加工精度、生产率和生产成本。因而机床应具有良好的技术性能，满足使用要求；同时，机床应造型美观、色彩协调，有良好的人机关系；在此基础上，机床应尽量经济实用、质优价廉。

一、机床应具有的性能指标

1. 工艺范围

机床的工艺范围是指机床适应不同生产要求的能力。它包括可加工的零件类型、形状和尺寸范围，以及能完成的工序种类等。

不同的生产模式对机床的工艺范围要求不同。

1）大批量生产，工序分散，要求一台机床只完成一个零件的一道或几道工序的加工，加工效率高，工艺范围窄。适应这种生产模式的机床是专用机床和组合机床。

2）单件、小批量生产，工序集中，要求机床完成尽可能多的工序，工艺范围广。适应这种生产模式的机床是普通机床和万能机床。

3）多品种、小批量生产，要求机床适应一定量加工对象的变化，即在同一时期内，适应多品种的加工；机床运动数目多、刀具种类多、数量多，工艺范围更广，且加工精度和加工效率高。适应这种生产模式的机床是数控机床和柔性制造单元、柔性制造系统。

2. 加工精度

机床的加工精度是指被加工工件表面的形状、位置、尺寸的准确度，以及表面质量。

按照精度机床可分为三级：普通级机床、精密机床、高精度机床。同一类别的三种精度的机床，其公差值的比值约为 $1:0.4:0.25$。不同类别的普通级机床的公差等级是不同的，是按工艺特点确定的。如 CA6140 车床与 M1432 万能磨床皆为普通级机床，但 M1432 万能磨床的精度比 CA6140 车床要高。

机床的精度包括几何精度、传动精度、运动精度和定位精度等。几何精度是指机床在不运动（机床主轴不转动、工作台不移动等情况下）或空载低速运动时的精度。几何精度反映了机床主要零部件的几何形状精度和它们之间的相对位置与相对运动轨迹的精度（如导轨副的直线度、主轴的旋转轴心线对工作台移动方向的平行度或垂直度、主轴的全跳动等），主要取决于零部件的结构设计和制造装配精度。几何精度是评价机床质量的基本指标。传动精度是指内联系传动链两末端执行件相对运动的精度，它取决于传动零件的制造精度和传动系统的设计合理性。运动精度是指机床在额定负载下运动时主要零部件的几何位置精度。运动精度是评价机床质量的重要指标，它取决于运动部件的制造精度、机床零部件的动态刚度（在载荷下机床抵抗变形的能力）和机床热变形的程度。动刚度与静刚度成正比，且在共振区中与阻尼比近似成正比。可通过提高机床零部件的静刚度和阻尼来防止共振，提高动刚度。定位精度是指机床工作零部件运动终了时所达到的位置的准确性和机床调整精度。

机床设计不仅要保证机床的加工精度，而且要使机床的加工精度保持一定时间，即精度保持性（又称为使用寿命）。随着技术设备更新的加速，机床的使用寿命也在缩短。中小型普通精度级通用机床（包括组合机床）的使用寿命约为 8 年；由于产品的更新换代较快，专用机床的使用寿命比通用机床短；大型机床和精密机床、高精度机床，质量大、价格高，使用寿命较长。提高机床关键零部件（如主轴轴承和导轨副）的耐磨性，可延长机床的使用寿命。

3. 生产率和自动化

机床的生产率是指机床在单位时间内所能加工的工件数量。要提高机床生产率，必须缩短单个工件加工过程的总时间，包括切削加工时间、装卸工件等辅助时间，以及分摊到每个工件上的准备和终了时间。如较高切削速度、大背吃刀量、大进给量，以及多刀多刃切削（如将刨削平面改为铣削）等，可减少单件加工时间，提高生产率；采用机械手等机构自动装卸工件、自动换刀，以及利用气动、液动、电动、离心力等夹紧机构自动装夹工件，可减少辅助时间，从而提高生产率。机床的自动化程度越高，它的生产率就越高。另外，机床的自动化可减少人对加工的干预，保证被加工工件的精度稳定性，还可减轻操作者的劳动强度。

机床的自动化分为大批量生产自动化和单件、小批量生产自动化。大批量生产自动化，可采用自动化单机（如组合机床、自动机床，包括数控机床）组成生产流水线；单件、小批量生产自动化，可采用数控机床、加工中心组成能控制加工、工件输送的高灵活性、高效自动化生产系统，简称为柔性制造系统（Flexible Manufacturing System，FMS）。多个柔性制造系统可形成工厂自动化（Factory Automatizatoin），能够实现多品种、小批量生产自动化。

4. 可靠性

机床的可靠性是指机床在整个使用寿命期间完成规定功能的能力。它是一项重要的技术经济指标。可靠性包括两方面：①机床在规定时间内发生失效的难易程度；②可修复机床失效后在规定时间内修复的难易程度。从可靠性考虑，机床不仅要求在使用过程中不易发生故障（即无故障性），而且要求发生故障后容易维修（即维修性）。按机床可靠性的形成机理，机床可靠性可分为固有可靠性和使用可靠性。固有可靠性是通过设计、制造赋予机床的；使用可靠性既受设计、制造的影响，又受使用条件的影响。一般来说，使用可靠性总是低于固有可靠性。衡量机床可靠性的指标有平均无故障工作时间、有效度。例如，数控转塔车床 CK3263B 平均无故障工作时间为 200h，有效度为 0.95；车床 CA6140 平均无故障工作时间为 5000h，有效度为 0.95，大修周期为 10 年；精密丝杠车床 SG8630、超高精度车床 S1-235 平均无故障工作时间为 4500h，有效度为 0.95，大修周期为 7 年；无心磨床 M1040 平均无故障工作时间为 120h，有效度为 0.99；高精度无心磨床 MG1050 平均无故障工作时间为 100h，有效度为 0.98。

二、人机关系

机床除具有一定的技术性能指标外，还应具有良好的人机关系，也就是使机床能符合人的生理和心理特征，实现人机环境高度协调统一，为操作者创造一个安全、舒适、可靠、高效的工作条件；减轻操作者精神紧张和身体疲劳。

机床信号指示系统的显示方式、显示器位置等信号都能使人易于准确接收；机床的操纵应灵活方便，符合人的动作习惯，使操作者从接收信号到产生动作不用经过思考，能提高正确操作的速度，不易产生误操作或故障。

机床造型应美观大方，色彩协调，提高作业舒适度。另外，应降低噪声，减少噪声污染。

第二节　机床的设计步骤

机床设计大致包括总体设计、技术设计、零件设计及资料编写、样机试制和试验鉴定四个阶段。

一、总体设计

1. 掌握机床的设计依据

根据设计要求，进行市场调研，检索相关资料，包括技术信息、实验研究成果、新技术应用成果等，以及类似机床的使用情况和要设计的机床的先进程度、国际水平等相关资料。

2. 工艺分析

将获得的资料进行工艺分析，拟定出几个加工方案，进行经济效果预测对比，从中找出性能优良、经济实用的工艺方案（加工方法、多刀多刃等），必要时画出加工示意图。

3. 总体布局

按照确定的工艺方案，进行机床总体布局，进而确定机床刀具和工件的相对运动，确定各部件的相互位置。具体步骤：分配机床运动，选择传动形式和机床的支承形式，安排操作位置，拟定提高动刚度的措施，造型设计与色彩选择。另外，应画出传动原理图、主要部件的结构草图、液压系统原理图、电气控制电路图和操纵控制系统原理图。画出机床联系尺寸图——机床原始总图，图中应包括各部件的轮廓尺寸和各部件间的相互关系尺寸，以检查部件正确的空间位置及协调地运动。

总体设计阶段应采用可靠性设计原理，进行预防故障设计，即按如下六个原则进行设计：①采用成熟的经验或经分析试验验证了的方案；②结构简单，零部件数量少；③多用标准化、通用化零部件；④重视维修性，便于检修、调整、拆换；⑤重视关键零件的可靠性和材料选择；⑥充分运用故障分析成果，及时反馈，尽早改进。利用概率设计，将所设计零件的失效概率限制在允许的很小的范围内，以满足可靠性定量的要求。

4. 确定主要的技术参数

主要技术参数包括尺寸参数、运动参数和动力参数。尺寸参数是指对机床加工性能影响较大的一些尺寸。运动参数是指机床主轴转速或主运动速度，以及移动部件的速度等。动力参数包括电动机功率、伺服电动机的功率或转矩、步进电动机的转矩等。

二、技术设计

根据已确定的主要技术参数设计机床的运动系统，画出传动系统图。设计时可采用计算机辅助设计、可靠性设计以及优化设计，绘制部件装配图、电气系统接线图、液压系统和操纵控制系统装配图。修改完善机床联系尺寸图，绘制总装配图及部件装配图。

三、零件设计及资料编写

绘制机床的全部零件图，并及时反馈信息，修改完善部件装配图和总图。整理编写零件明细表和设计说明书，制定机床的检验方法和标准、使用说明书等相关技术文件。

四、样机试制和试验鉴定

零件设计完成后，应进行样机试制。设计人员应根据设计要求采购标准件、通用件。在试制过程中，设计人员应跟踪试制的全过程，特别要重视关键零件的加工，及时指导修正其加工工艺，及时指导加工装配，确保样机制造质量。

样机试制后，进行空车试运转。随后进行工业性试验，即在额定载荷下进行试验，按规定使其工作一段时间后，拆检其精度，并完成工业性试验报告，然后进行样机鉴定。根据工业性试验报告、鉴定意见进行改进完善设计，最后进行批量生产。

第三节　机床的总体布局

经工艺分析、优化设计、经济效果评价，确定最佳工艺方案，在此基础上画出加工示意图。工艺分析只确定零件的加工方法，以及要获得零件需求表面应具有的运动。如何实现这些运动、由哪个部件产生运动及怎样产生所需要的运动，工件是立式加工还是卧式加工，以及相关运动控制、机床操作位置等，是总体布局所要解决的问题。

一、分配机床的运动

机床运动的分配应掌握以下四个原则。

1. 将运动分配给质量小的零部件

运动件质量小，惯性小，需要的驱动力就小，传动机构的体积就小，一般来说制造成本就低。例如，铣削小型工件的铣床，铣刀只有旋转运动，工件的纵向、横向、垂直运动分别由工作台、床鞍、升降台实现；加工大型工件的龙门铣床，工件、工作台质量之和远大于铣削动力头的质量，铣床主轴有旋转运动和垂直、横向两个方向的移动，工作台带动工件只做纵向往复运动；大型镗铣中心，工件不动，全部进给运动都由镗铣床主轴箱完成。

2. 运动分配应有利于提高工件的加工精度

运动部件不同，加工精度就不同。如工件钻孔，钻头旋转并轴向进给，钻孔精度较低；深孔钻床上钻孔时，工件旋转，专用深孔钻头轴向进给移动，切削液从钻杆周围进入冷却钻头，并将切屑从空心钻杆中排出，这类深孔钻床加工的孔，其精度要高于一般钻孔。

3. 运动分配应有利于提高运动部件的刚度

运动应分配给刚度高的部件。如小型外圆磨床，工件较短，工作台结构简单、刚度较高，故纵向往复运动由工作台完成；而大型外圆磨床，工件较长，工作台相对较窄，往复移动时支承导轨的长度大于工件长度的两倍，刚度较差，而砂轮架移动距离短，结构刚度相对较高，故纵向进给由砂轮架完成。

4. 运动分配应视工件形状而定

不同形状的工件，需要的运动部件也不一样。如圆柱形工件的内孔常在车床上加工，工件旋转，刀具做纵向移动；箱形体的内孔则在镗床上镗孔，工件移动，刀具旋转。因而应根据工件形状确定运动部件。

二、选择传动形式和支承形式

机床的主传动按驱动电动机类型可分为交流电动机驱动和直流电动机驱动。交流电动机驱动又分为单速电动机、双速电动机及变频调速电动机驱动。机床传动的形式有机械传动、液压传动等。机械传动靠滑移齿轮变速，变速级数一般小于 30 级，传递功率大、变速范围较广、传动比准确、工作可靠，广泛应用于通用机床，尤其是中小型机床中；缺点是有相对转速损失，工作中不能变速。随着变频调速技术的迅速发展，变频调速-多楔带-齿轮传动组合的传动已成为机床主传动的主导形式。液压无级变速传动平稳，运动换向冲击小，易于实现直线运动，适用于刨床、拉床、大型矩台平面磨床等机床的主运动。机床进给运动的传动多采用机械传动（如齿轮副、丝杠螺母副、齿轮齿条等）或液压无级传动。数控机床进给运动采用伺服电动机-齿轮传动-滚珠丝杠副传动。设计时应根据具体情况，以满足使用要求为原则，合理选择。

机床形式与支承形式虽然都称为卧式、立式，但其含义不同。机床形式是指主运动执行件的状态，如卧式机床的主轴或主运动方向是水平的，也称为卧轴机床。支承形式是指支承件的形状，支承件高度方向尺寸小于长度方向尺寸时称为卧式支承；支承件高度方向尺寸大于长度方向尺寸时称为立式支承。卧式机床可用卧式支承，也可用立式支承。如 CA6140 卧式机床为卧式支承，X6132A 卧式机床为立式支承。单臂式和龙门式机床是按照机床形状定义的，实质上就是支承形式。

卧式支承的机床重心低、刚度大，是中小型机床的首选支承形式。立式支承又称为柱式支承，简称为立柱。这种支承占地面积小，刚度较卧式差，机床的操作位置比较灵活。立式支承适用于加工工件直径大轴向尺寸小的机床（落地车床除外）和箱形零件加工机床，如立式车床、镗床、铣床、钻床及齿轮加工机床。单臂支承是在立柱的基础上增加了可上下移动的横向（水平方向）悬臂梁，结构简单，但刚度差，应尽量不用。摇臂钻床为单臂支承，更换加工位置方便，大中型工件或群孔加工时可不移动工件，而利用摇臂的转动、升降及主轴箱的水平移动找准钻孔位置。单柱立车也是单臂支承机床。这类支承的机床需要有提高刚度的措施。龙门框架式支承可以说是单臂式支承的改进形式，又称为双柱式支承。它的刚度大，结构复杂，适用于立式大型机床，如龙门刨床、龙门铣床、双柱立车、双柱立式坐标镗床等。这类支承的机床适用于大型工件的加工，或多件同时加工。必要时可将龙门框架式支承做成封闭框架，以承受巨大的冲击力。

三、安排操作部位

机床总体设计，在考虑达到技术性能指标的同时，必须注意机床操作者的生理和心理特征，充分发挥人和机床各自的特点，达到人机最佳综合功效。

机床各部件相对位置的安排，应保证：①操作者和工件有适当的相对位置，保持足够的活动空间，以便于装卸工件、安装调试刀具、观察加工情况和检验工件；②操作者与操作手柄等控制元件的位置适当，使操作者有足够的操作空间，达到操作准确、省力、方便的目的；③操作件应按 JB/T 7270~JB/T 7277 选用，操作件之间应有合理的距离；④功能不同的按钮应有不同的颜色，且这些颜色应与人的视觉习惯一致，符合人的心理、生理特征，避免误操作。

机床工件的安装高度，应充分考虑人的身高，按照机床的形式合理确定。卧式机床，主轴高度应在 900~1200mm，若机床主轴高度过高，则应设置操作垫板，以降低操作高度；若机床高度过低，则应将机床基础加高或用垫铁抬高机床；卧式机床下部应留有操作者双脚站立的空间，以便靠近机床、观察加工情况。立式大型机床，为了方便操作者弯腰装卸工件，工作台面高度设置较低，一般在 700mm 左右。中小型立式支承的机床，工件尺寸较小，工件安装高度应与人体脐高一致，一般在 950~1050mm，以方便操作者操作和观察加工。

操作者站立不动，手臂最大可及的工作范围是 1600mm，正常活动范围是 1200mm。常用手柄应集中设置在操作者正常活动范围内，不常用的手柄可就近设置。需在多个位置工作的机床，可采用联动控制机构。大型和重型机床，切削刃或切削面太高，超出人体视觉和操作的最佳高度，应设置阶梯式操作平台，便于观察不同高度的工件加工；并采用悬挂式按钮控制箱，实现多位置控制。当运动件做直线或旋转运动时，手柄操作方向应与运动件产生的运动方向一致。当操作件是手轮时，若运动件做直线运动，顺时针转动手轮，则运动件应离开、向右、向上运动；若运动件做旋转运动，则手轮的转向应与运动件一致；若运动件做径向运动，顺时针转动手轮，则运动件做向心运动。

视距是指人在操作过程中正常的观察距离，一般为 50~760mm，最佳为 560mm。视距过大或过小都会影响人的阅读速度及准确性，应根据工作要求的性质和精确程度来确定最佳视距。

人的眼睛沿水平方向运动比沿垂直方向运动灵活，目测水平尺寸比垂直尺寸精确，且不易疲劳，因而视觉接收的信号源应尽量水平排列。人的视线习惯是从左到右、从上到下移动及顺时针方向转动。观察某一区域时，视区观察效果最佳象限依次是右上象限（第一象限）、左上象限（第二象限）、左下象限（第三象限）、右下象限（第四象限）。人的眼睛对直线轮廓比曲线轮廓更容易接收。人的眼睛最容易辨别的颜色依次是红色、绿色、黄色、白色；通常用红色表示危险、禁止，要求立即处理的状态，红色按钮为"停车"；黄色表示提醒、警告，表达状态变得危险，达到临界状态，黄色按钮为"点动"；绿色表示安全、正常的工作状态，绿色按钮为"工作"。当两种颜色配合在一起时，最易辨别的顺序是黄底黑字、黑底白字、蓝底白字、白底黑字等。

四、提高动刚度的措施

1. 提高抗振性能

机床的抗振性是指机床工作部件在交变载荷下抵抗变形的能力，包括抵抗受迫振动和自激振动的能力。习惯上前者称为抗振性，后者称为切削稳定性。

受迫振动的振源可能来自机床之外，如电动机转子轴的质量偏心等；也可能来自机床传动系统内部，如机床做回转运动的工作部件的质量偏心、受载后工作部件的弹性弯曲变形等。机床受迫振动的频率与振源激振力的频率相同。振幅与振动方向的静刚度成反比，即与机床质量成反比、与振动方向的固有频率的平方成反比；在共振区与阻尼比近似成反比。机床是由许多零部件装配成的复杂振动系统，各部分的不同方向的静刚度（如卧式机床床身的横向抗弯刚度、纵向抗弯刚度及床身与床腿的接触刚度）不可能相同，因而机床有多个固有频率。固有频率较低的振动易与激振力的频率接近从而形成共振。应针对对于机床性能影响较大的固有频率低的几种振动形式，制订提高动刚度的措施。

对来自机床外部的振源，最可靠、最有效的方法就是隔离振源。应尽量使主运动电动机与主机分离，并且采用带传动（如平带传动、V带传动、多楔带传动等）驱动机床的主运动，避免电动机振动的传递。对无法隔离的振源（如立式机床的电动机）或传动链内部形成的振源，则应：①选择合理的传动形式（如采用变频无级调速电动机或双速电动机），尽量缩短传动链，减少传动件个数，即减少振动源的数量；②提高传动链各传动轴组件，尤其是主轴组件的刚度，提高其固有角频率；③大传动件应做动平衡或设置阻尼机构；④箱体外表面涂刷高阻尼涂层（如机床腻子等），增加阻尼比；⑤提高各部件结合面的表面精度，增强结合面的局部刚度。

自激振动与机床的阻尼比，特别是主轴组件的阻尼比、刀具及切削用量，尤其是切削宽度密切相关。除增大工作部件的阻尼比外，还可调整切削用量来避免自激振动，使切削稳定。

2. 减小热变形

机床工作时受到外部热源的影响，如电动机、液压泵、阀、环境温度等，以及内部热源的影响，如摩擦热、切削热等，使机床各部分温度发生变化。热源在机床上分布不均，且产生的热量不同，自然会导致机床各部分不同的温升。由于不同的金属材料具有不同的热膨胀系数，造成机床各部分变形不一，产生机床热变形，使机床加工精度降低，运动部件磨损加快，严重时会导致机床无法工作。据统计，机床热变形导致的加工误差的最大值约占总误差的70%。尤其是精密机床、大型机床、自动化机床、数控机床，受热变形的影响较大，不容忽视。

同样，减少热变形最简单、最有效的方法是隔离热源。除将电动机尽量与主机分离外，液压泵、液压阀、油箱等也应与主机隔离，减少传给机床的热量，从而减少机床热变形。加强空气流通、改善环境温度，也是减少热变形的有效措施之一。

对于不能分离的热源，应采取以下措施：

1）对产生热量较大的热源，进行强制冷却。如用切削液冷却加工部位，用压力润滑油循环冷却主轴轴承等。精密机床可在恒温下加工。

2）热源相对结构对称，热变形后中心位置不变。如卧式车床主轴水平位置基本对称，机床温度升高后,机床主轴水平位移很小。

3)改善排屑状态。数控车床的床身导轨倾斜于主轴后上方,使切屑在自重作用下落入下面小车中或切屑输送机上,切屑不与床身和导轨副接触,避免了切屑携带的切削热传给导轨床身,减少了热变形。

3. 降低噪声

机床振动是噪声源,主要包括:

1)齿轮、滚动轴承及其他传动零件的振动、摩擦等造成的机械噪声。传动件的传动线速度增加一倍,噪声增加 6dB;载荷增加一倍,噪声增加 3dB。

2)液压泵、液压阀、管道中的油液冲击造成的液压噪声。

3)电动机风扇、转子旋转搅动空气形成的空气噪声。

4)电动机的电磁噪声。

齿轮振动影响传动的平稳性,是机床主要的噪声源。影响传动平稳性的主要误差是齿轮的单个齿距偏差 f_{pt} 和一齿切向综合偏差 f'_i。f_{pt} 指实际齿距与理论齿距的代数差;f'_i 指在一个齿距内齿轮分度圆上齿廓实际圆周位移与理论位移的最大差值。当两齿轮的齿距不相同或齿的圆周位置产生变化时,齿轮在进入啮合和退出啮合时会造成撞击,引起振动和噪声。f_{pt} 和 f'_i 主要是由滚齿刀的制造误差和安装误差(径向圆跳动和轴向窜动)、展成运动链中分度蜗杆的误差、齿坯的安装误差产生的。根据共轭齿轮的啮合原理,实际齿形与渐开线有差异,会使齿轮在一齿啮合范围内的瞬时传动比不断变化,形成振动和噪声。另外,齿轮的啮合重合度大于1,啮合初始和退出时都是两齿同时啮合,可部分消除单个齿距偏差和一齿切向综合偏差的影响。重合度越大,振动和噪声就越小。

降低齿轮噪声的措施:①缩短传动链,减少传动件的个数;②采用小模数、硬齿面齿轮,降低传动件的线速度;③提高齿轮的精度;④采用增加齿数、减小压力角的方式或采用圆柱螺旋齿轮,增加齿轮啮合的重合度,机床齿轮的重合度应≥1.3;⑤提高传动件的阻尼比,增加支承组件的刚度。

五、造型设计

机床的造型必须与功能相适应,即功能决定造型,造型表现功能。机床造型不是将各功能部件简单地组合,杂乱无章地堆砌,而是在保证人机关系的基础上,应用艺术规律和造型美学法则加以精炼和塑造,得到恰到好处的造型。机床造型的总原则是经济实用、美观大方。尽管人的审美观不尽相同,但还是有规律可循的。良好的外观造型应从机床造型设计和色彩两方面去评价。

外观造型应使机床整体统一、均衡稳定、比例协调。对于部件的形体,目前流行小圆角过渡的棱柱体造型,长、宽(或高)的比例要适当,常用的比例为黄金分割比例、均方根比例、整数比例等。其中长宽比为黄金分割比例的矩形称为黄金矩形;各部件的形体比例相互协调,做到衔接紧密、转换自然,组合而成的外形轮廓的几何线型要大体一致,达到线型风格的协调统一;整体造型应使人觉得稳定而不笨重,轻巧且安定。

色彩可配合造型使机床达到人的审美要求。机床的主色调应是绿色。实践证明,绿色有助于提高劳动生产率,蓝色和紫色则有碍于劳动生产率的提高。国内外各种机床多采用绿色,它给人以贴近自然、适宜、舒畅的感觉,同时也是一种耐油污的隐蔽色。机床色彩应适应不同的使用环境。热带地区使用的机床宜采用冷色，如乳白色、奶黄色，使人产生清凉、心情平静的感觉；寒冷地区应采用暖色，如橘黄色、橘红色等，以增强人们的温暖感。另外，出口机床，应注意不同国家和地区对色彩的好恶，使机床适应这些国家和地区人们的审美观。目前，有些机床，特别是加工中心和数控机床，趋向于采用套色，以减弱形体的笨重感，上浅下深的色彩又可达到稳重的效果。

中小型机床，应根据使用的工作环境确定主体色调，通常使用明快、活泼的配色；大型、重型机床，不宜用太浅的颜色，而是将纯度、明度都较低的色调作为主色调，以增强视觉的稳定感和力度感；可用少部分与主体调和的、明度较高的其他色彩，有目的、有重点地装饰和点缀，使机床产生生动活泼的视觉效果。

第四节　机床主要技术参数的确定

一、尺寸参数

机床的尺寸参数是指影响机床加工性能的一些尺寸。主参数代表机床的规格大小，是最重要的尺寸参数。另外，机床尺寸参数还包括第二主参数和一些重要的尺寸。

机床的主参数已规定在 GB/T 15375—2008《金属切削机床　型号编制方法》中。每种机床的主参数按等比数列排列。如中型卧式车床的主参数为床身上工件的最大回转直径。主参数的系列为 250mm、320mm、400mm、500mm、630mm、800mm、1000mm 七种规格，公比为 1.25。工件回转的机床，如车床、外圆磨床、无心磨床、钻床、齿轮加工机床等，主参数都是工件的最大加工尺寸；工件移动的机床（镗床除外），如龙门铣床、龙门刨床、升降台式铣床、矩台平面磨床等，主参数都是工作台面的宽度；主运动为直线运动的机床（拉床、插齿机除外），如刨床、插床等，主参数是主运动执行件的最大位移；卧式铣镗床的主参数是镗轴的直径；拉床不采用尺寸作为主参数，而采用拉力值（单位是 N）作为主参数。

有的机床还有第二主参数，如卧式车床第二主参数为最大加工工件长度；升降台式铣床、龙门刨铣床第二主参数为工作台面的长度；摇臂钻床第二主参数为最大跨距等。第二主参数是主参数的补充。另外，还要确定与被加工零件有关的尺寸，以及与标准化工具或夹具安装有关的尺寸参数，如卧式车床刀架上工件的最大回转直径、主轴锥孔的莫氏锥度及主轴孔允许通过的最大棒料直径等；龙门机床横梁的最高、最低位置等；摇臂钻床主轴下端面至底座的最大、最小距离，主轴的最大伸出量等。

二、运动参数

主运动为旋转运动的机床，主运动的运动参数为主轴转速。主轴转速与切削速度的关系为

$$n = \frac{1000v}{\pi d} \tag{1-1}$$

式中　n——主轴转速（r/min）；

　　　v——切削速度（m/min）；

d——工件或刀具直径（mm）。

主运动是直线运动的机床，如刨床、插床、插齿机，主运动参数是每分钟的往复次数。

不同的机床，对主运动参数的要求不同。专用机床和组合机床是为特定工件的某一特定工序而设计的，每根主轴只有一种转速，根据最佳切削速度而确定。通用机床是为适应多种工件加工而设计的，工艺范围广，工件尺寸变化大，主轴需要变速，因此需确定主轴的变速范围，即最高转速、最低转速。主运动可采用无级变速，也可采用分级变速。如果采用分级变速，则还应确定转速级数。

1. 最低转速和最高转速的确定

分析在设计的机床上可能进行的工序，从中找出要求最高和最低转速的典型工序。按照典型工序的切削速度和刀具（或工件）直径，由式（1-1）计算出最低转速 $n_{\min}$、最高转速 $n_{\max}$ 和变速范围 R_n，即

$$n_{\min}=\frac{1000v_{\min}}{\pi d_{\max}}，\quad n_{\max}=\frac{1000v_{\max}}{\pi d_{\min}}，\quad R_n=\frac{n_{\max}}{n_{\min}} \tag{1-2}$$

切削速度 v 主要与刀具和工件的材料有关。常用的刀具材料有高速工具钢、硬质合金等。工件材料可以是钢材、铸钢、铸铁及铜等有色金属。不同牌号的同种材料，其硬度也不相同，如 Q235A、Q275A。切削速度 v 可通过切削试验、查阅《机械加工工艺手册》和在调查统计的基础上类比确定。机床的 $d_{\max}$、$d_{\min}$ 不是指可能加工的最大、最小直径，而是指在实际使用的情况下，采用 $v_{\max}$、$v_{\min}$ 时常用的经济加工直径。一般取 $d_{\max}=kD$，其中，D 是机床加工的最大直径（主参数），k 是系数（卧式车床 $k=0.5$，摇臂钻床 $k=1$）。一般地，$d_{\min}=(0.2\sim 0.25)d_{\max}$。

例如，经统计分析可知，车床的最高转速出现在硬质合金刀具精车钢料工件的外圆工艺中，最低转速出现在高速工具钢刀具精车合金钢工件的梯形丝杠工艺中。由《机械加工工艺手册》可知，硬质合金刀具高速精车丝杠，可采用 $v_{\max}=200\text{m/min}$；高速钢车刀粗车圆柱体，可采用 $v=30\sim50\text{m/min}$（随背吃刀量、进给量的增加而减少）；高速工具钢低速精车丝杠，可采用 $v_{\min}=1.5\text{m/min}$。若车床的主参数为 400mm，加工丝杠的最大直径 $d=50$mm，则

$$d_{\max}=kD=0.5\times 400\text{mm}=200\text{mm}$$

$$d_{\min}=(0.2\sim 0.25)d_{\max}=(0.2\sim 0.25)\times 200\text{mm}=40\sim 50\text{mm}$$

取 $d_{\min}=50$mm，则有

$$n_{\max}=\frac{1000v_{\max}}{\pi d_{\min}}=\frac{1000\times 200}{\pi\times 50}\text{r/min}=1274\text{r/min}$$

$$n_{\min}=\frac{1000\times 30}{\pi\times 200}\text{r/min}=47.75\text{r/min}$$

按典型低速工艺——高速钢车刀精车丝杠计算的最低转速

$$n_{\min}=\frac{1000v_{\min}}{\pi d_{\max}}=\frac{1000\times 1.5}{\pi\times 50}\text{r/min}=9.55\text{r/min}$$

CA6140 主轴的最低转速为 10r/min，最高转速为 1400r/min，与计算结果相符。考虑今后技术发展的储备，新设计最大切削直径 400mm 的车床主轴的最低转速为 10r/min，最高转速为 1600r/min。

2. 主轴转速的合理排列

机床的主轴转速绝大多数是按照等比数列排列的，以 φ 表示公比，则转速数列为

$$n_1 = n_{\min}, \quad n_2 = n_1\varphi, \quad n_3 = n_1\varphi^2, \quad \cdots, \quad n_z = n_1\varphi^{Z-1}$$

变速范围为

$$R_n = \varphi^{Z-1} \tag{1-3}$$

主轴转速数列成等比数列的原因：设计简单，使用方便，最大相对转速损失率相等。

（1）简化设计　如果机床的主轴转速数列是等比的，转速级数为 Z，公比为 φ。则这个数列可分解成几个等比数列的乘积，且因子数列的项数为 3 或 2，使传动设计简化。

例如 $Z = 24$，则该数列分解成

$$\begin{Bmatrix} n_1 \\ n_2 \\ \vdots \\ n_{24} \end{Bmatrix} = n_1 \begin{Bmatrix} 1 \\ \varphi \\ \vdots \\ \varphi^{23} \end{Bmatrix} = n_1 \begin{Bmatrix} 1 \\ \varphi \\ \vdots \\ \varphi^2 \end{Bmatrix} \begin{Bmatrix} 1 \\ \varphi^3 \\ \vdots \\ \varphi^{21} \end{Bmatrix} = n_1 \begin{Bmatrix} 1 \\ \varphi \\ \varphi^2 \end{Bmatrix} \begin{Bmatrix} 1 \\ \varphi^3 \end{Bmatrix} \begin{Bmatrix} 1 \\ \varphi^6 \end{Bmatrix} \begin{Bmatrix} 1 \\ \varphi^{12} \end{Bmatrix}$$

四个等比数列变速组串联，使机床主轴获得 24 种等比数列转速。因子数列从左到右称为 a、b、c、d 数列；各因子数列的项数分别用 P_a、P_b、P_c、P_d 表示；各因子数列的公比称为级比，以防止与主轴转速数列的公比相混淆；各因子数列的级比是公比的整数次幂，幂指数称为级比指数，分别用 x_a、x_b、x_c、x_d 表示。从数列分解式中可知各因子数列项数之积等于 Z，即

$$Z = P_a \times P_b \times P_c \times P_d$$

将因子数列的级比指数写在该因子数列项数的右下角，形成机床设计最基本的公式——结构式，即

$$z = (P_a)_{x_a} \times (P_b)_{x_b} \times (P_c)_{x_c} \times (P_d)_{x_d} \tag{1-4}$$

上例主轴转速数列的结构式为

$$24 = 3_1 \times 2_3 \times 2_6 \times 2_{12}$$

转速级数 Z 为大于 3 的质数或分解的因子数列的项数大于 3 时，可采用重复主轴转速的方法分解。

例如 $Z = 21$，则该数列可分解成为

$$\begin{Bmatrix} n_1 \\ n_2 \\ \vdots \\ n_{21} \end{Bmatrix} = n_1 \begin{Bmatrix} 1 \\ \varphi \\ \vdots \\ \varphi^{20} \end{Bmatrix} = n_1 \begin{Bmatrix} 1 \\ \varphi \\ \varphi^2 \end{Bmatrix} \begin{Bmatrix} 1 \\ \varphi^3 \end{Bmatrix} \begin{Bmatrix} 1 \\ \varphi^6 \end{Bmatrix} \begin{Bmatrix} 1 \\ \varphi^9 \end{Bmatrix}$$

主轴转速 $n_{10} = n_1\varphi^9$，$n_{11} = n_1\varphi^{10}$，$n_{12} = n_1\varphi^{11}$ 各重复一次，即有两条传动路线产生。

（2）使用方便，最大相对转速损失率相等　等比数列转速的转速通式为

$$n_j = n_1\varphi^{j-1} \tag{1-5}$$

则机床的切削速度与工件（或刀具）直径的关系为

$$d = \frac{1000v}{\pi n_j} = \frac{1000v}{\pi n_1 \varphi^{j-1}}$$

两边取对数得

$$\lg d = \lg v + (3 - 0.497 - \lg n_1) - (j-1)\lg\varphi = \lg v - (j-1)\lg\varphi + k$$

从式中可知：d 的对数值是 v 的对数值的一次函数，斜率为 1，函数图像是与切削速度对数坐标轴成 45°的斜线，取 $j = 1 \sim Z$，可得到 Z 条平行间距相等的斜线，如图 1-1 所示。在图中，从选择的速度点向上作平行于纵轴（d 轴）的直线，从已知工件（或刀具）直径点向右作平行于横轴（v 轴）的直线，两直线垂直相交点就是要选择的转速点。车床、铣床、镗床等都配有速度选择图（或表）。

如果加工某一工件需要的最佳切削速度为 v，相应的转速为 n。一般情况下，n 不可能正好在某一转速线上，而是在两转速线 n_j 与 n_{j+1} 之间，即

$$n_j < n < n_{j+1}$$

采用较高转速 n_{j+1} 会提高切削速度，缩短刀具使用寿命。为保证刀具的使用寿命，应采用较低的转速 n_j，这时转速的损失为 $n - n_j$，相对转速损失率为

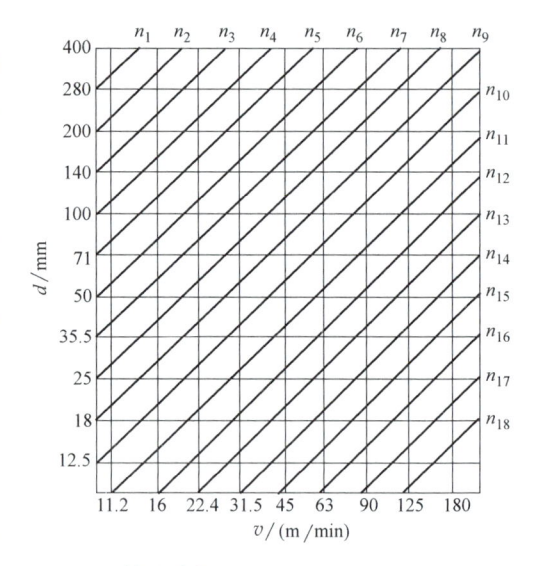

图 1-1 转速选择图

$$A = \frac{n - n_j}{n} \times 100\%$$

最大相对转速损失率为 n 趋近于 n_{j+1} 时的 A 值，即

$$A_{\max} = \frac{n_{j+1} - n_j}{n_{j+1}} = 1 - \frac{n_j}{n_{j+1}} = \left(1 - \frac{1}{\varphi}\right) \times 100\% \tag{1-6}$$

最大相对转速损失率 $A_{\max}$ 只与公比 φ 有关，是恒定值，它影响机床的劳动生产率，特别是加工时间长的大型重型机床。因此最大相对转速损失率是机床设计的重要指标之一。

3. 标准公比原则

1）机床为满足不同工艺需求，需具有一系列等比数列转速。转速从 n_1 到 $n_{\max}$ 依次递增，故 $\varphi > 1$；公比 φ 越大，最大相对转速损失率 $A_{\max}$ 就越大，对机床劳动生产率影响就大，因此需加以限制。我们规定：最大相对转速损失率 $A_{\max} \leqslant 50\%$，则

$$A_{\max} = 1 - \frac{1}{\varphi} \leqslant \frac{1}{2}$$

$$\varphi \leqslant 2$$

故

$$1 < \varphi \leqslant 2$$

2）为方便记忆，要求转速 n_j 经 E_1 级变速后，转速值成 10 倍的关系，即

$$n_{j+E_1} = 10 n_j$$

由等比数列可知

$$n_{j+E_1} = 10 n_j = \varphi^{E_1} n_j$$

$$\varphi = \sqrt[E_1]{10}$$

式中 E_1——自然数。

3）为方便记忆并适应双速电动机驱动的需要，要求转速 n_j 经 E_2 级变速后，转速值成 2 倍的关系，即

$$n_{j+E_2} = 2n_j$$

由等比数列可知

$$n_{j+E_2} = 2n_j = \varphi^{E_2} n_j$$

$$\varphi = \sqrt[E_2]{2}$$

式中 E_2——自然数。

标准公比共有 7 个，见表 1-1。它不仅适用于主传动（包括旋转运动和直线运动），也适用于等比进给传动。无级变速传动系统，电动机的当量公比（实际上是变速范围）较大，且不是标准数。后面串联的机械传动链短，其公比不按标准公比选取。

表 1-1 R40 的标准数列（摘自 GB/T 2822—2005）

100	106	112	118	125	132	140	150	160	170	180	190
200	212	224	236	250	265	280	300	315	335	355	375
400	425	450	475	500	530	560	600	630	670	710	750
800	850	900	950	1000	1060	1120	1180	1250	1320	1400	1500

注：1. R40 表示 $\sqrt[40]{10} \approx 1.06$。
2. 因为 $1.06^{40} \approx 10$，故可获得 10~150、1000~1500 之间的标准数列；但 10~12.5 之间无 10.6、11.8 数值，即 10~12.5 之间标准数列的公比为 $\sqrt[20]{10} \approx 1.12$。
3. 由于 $1.06^4 \approx 1.26$，故可从该表中选择 R10（$\sqrt[10]{10} \approx 1.26$）的标准数列。
4. 由于 $1.06^6 \approx 1.41$，故可从该表中选择公比 $\varphi = 1.41$ 的标准数列。

机床主轴的等比数列转速与数学中的等比数列是有区别的，虽然标准公比写成精度为 1/100 的小数，但标准公比（2 除外）都是无理数，机械传动无法实现 $\sqrt{2}$、$\sqrt[3]{2}$ 等传动比，尤其是 1.26，$\sqrt[3]{2} \approx 1.26 \approx \sqrt[10]{10}$，但 $\sqrt[3]{2} \neq \sqrt[10]{10}$。因此主轴转速数列的公比是近似的，确定主轴转速数列时应参照标准数，R40 的标准数列见表 1-1；当公比 $\varphi = 1.41$ 时，n_1 应选取标准数列的值。

[例 1-1] 某机床主轴有 18 级等比数列转速，由 $n_{18} = 1500 \text{r/min}$，公比 $\varphi = 1.26$，试确定各级主轴转速。

解 18 级等比转速数列可分为公比约为 2 的等比数列，即

$$\begin{Bmatrix} n_1 \\ n_2 \\ \vdots \\ n_{18} \end{Bmatrix} = n_1 \begin{Bmatrix} 1 \\ \varphi \\ \vdots \\ \varphi^{17} \end{Bmatrix} = n_1 \begin{Bmatrix} 1 \\ \varphi \\ \vdots \\ \varphi^{15} \end{Bmatrix} \begin{Bmatrix} 1 \\ \varphi^3 \\ \vdots \\ \varphi^{15} \end{Bmatrix} = \begin{Bmatrix} \{n_1 & n_4 & \cdots & n_{16}\} \\ \{n_2 & n_5 & \cdots & n_{17}\} \\ \{n_3 & n_6 & \cdots & n_{18}\} \end{Bmatrix} = \begin{Bmatrix} \{n_{3x-2}\} \\ \{n_{3x-1}\} \\ \{n_{3x}\} \end{Bmatrix}$$

式中，$x = 1, 2, \cdots, 6$，则有 $\varphi^{15} \approx 31.5$，决定了每一数列转速的基准转速值；$\varphi^{10} = 10$，则确定了三等比数列转速之间的联系。当 n_{3x} 各级转速值已确定时，有

$$n_{16} = 10n_6$$
$$n_2 = 10^{-1}n_{12}$$

当 $\{n_{3x-2}\}$ 各级转速值已确定时，有

$$n_3 = 10^{-1}n_{13}$$
$$n_{17} = 10n_7$$

当然，只要确定其中两等比数列转速，就能确定另一等比数列转速。若 n_{3x}、n_{3x-2} 各级转速值已确定，利用 $\varphi^{10}=10$ 则可得到 $\{n_{3x-1}\}$ 数列的转速为

$$\{n_2 \quad n_5 \quad n_8\} = 10^{-1}\{n_{12} \quad n_{15} \quad n_{18}\}$$
$$\{n_{11} \quad n_{14} \quad n_{17}\} = 10\{n_1 \quad n_4 \quad n_7\}$$

1) n_{18} 是 n_{3x} 转速数列的最高转速；由 $n_{18}=1500\text{r/min}$，$\varphi^{15}\approx 31.5$，得

$$n_3 = n_{18}\varphi^{-15} = 47.5\text{r/min}$$

以两端转速 n_3、n_{18} 为基准，由 $\varphi_3 \approx 2$，确定 n_6、n_9、n_{12}、n_{15}，有

$$n_{15} = n_{18}\varphi^{-3} = 750\text{r/min}$$
$$n_{12} = n_{18}\varphi^{-6} = 375\text{r/min}$$
$$n_9 = \varphi^6 n_3 = 190\text{r/min}$$
$$n_6 = \varphi^3 n_3 = 95\text{r/min}$$

2) 由 $\varphi^{10}=10$，$\varphi^{15}\approx 31.5$，得 $\{n_{3x-2}\}$ 数列转速的基准转速为

$$n_{16} = 10n_6 = 950\text{r/min}$$
$$n_1 = n_{16}\varphi^{-15} = 30\text{r/min}$$

n_4、n_7、n_{10}、n_{13} 的转速分别为

$$n_4 = \varphi^3 n_1 = 60\text{r/min}$$
$$n_7 = \varphi^6 n_1 = 120\text{r/min}$$
$$n_{10} = \varphi^9 n_1 = 240\text{r/min}$$
$$n_{13} = 10n_3 = 475\text{r/min}$$

3) $\{n_{3x-1}\}$ 转速数列的转速分别为

$$n_2 = 10^{-1}n_{12} = 37.5\text{r/min}$$
$$n_5 = 10^{-1}n_{15} = 75\text{r/min}$$
$$n_8 = 10^{-1}n_{18} = 150\text{r/min}$$
$$n_{11} = 10n_1 = 300\text{r/min}$$
$$n_{14} = 10n_4 = 600\text{r/min}$$
$$n_{17} = 10n_7 = 1200\text{r/min}$$

确定主轴转速数列时，需保证 $\varphi^{10}=10$，兼顾 $\varphi^3 \approx 2$、$(\varphi^3)^5 \approx 2^5 \approx 31.5$ 的关系，必要时应计算校正。如 $n_2 = n_1\varphi \approx 37.77 \text{r/min}$，若考虑 $4n_2$ 末尾数为 0 便于记忆，取 $n_2 = 37.5 \text{r/min}$，则

$$n_{17} = n_2\varphi^{15} \approx 1194 \text{r/min} \approx 1200 \text{r/min}，但 n_{17}/n_2 = 1200/37.5 = 32。$$

该转速数列中，120、240、1200 转速值不是 R40 标准数列（表 1-1）中的数值，但 120、240、1200 与相邻转速的比值更接近公比，且更便于记忆。实质上机床的实际转速值取决于传动比，该转速数列只不过是名义转速值，因此没必要完全照搬标准数列数值。

4. 公比选用原则

由表 1-2 可知，公比 φ 越小，最大相对转速损失率 $A_{\max}$ 就越小；但变速范围也随之变小。要达到一定的变速范围，就必须增加变速组数目、传动副个数，使结构复杂。对于中型机床，公比 φ 一般选取 1.26 或 1.41；对于大型、重型机床，加工时间长，公比应小一些，公比 φ 一般选取 1.26、1.12 或 1.06；对于非自动化小型机床，加工时间小于辅助时间，转速损失对机床劳动效率影响不大，为使机床结构简单，公比 φ 可选大一些，可选择 1.58、1.78，甚至选择 2。专用机床原则上不变速，但为适应技术进步，可作适当性能储备，公比 φ 可选择 1.12、1.26。

表 1-2 标准公比

φ	1.06	1.12 ($\approx 1.06^2$)	1.26 ($\approx 1.06^4$)	1.41 ($\approx 1.06^6$)	1.58 ($\approx 1.06^8$)	1.78 ($\approx 1.06^{10}$)	2 ($\approx 1.06^{12}$)
$\sqrt[E_1]{10}$	$\sqrt[40]{10}$	$\sqrt[20]{10}$	$\sqrt[10]{10}$		$\sqrt[5]{10}$	$\sqrt[4]{10}$	
$\sqrt[E_2]{2}$	$\sqrt[12]{2}$	$\sqrt[6]{2}$	$\sqrt[3]{2}$	$\sqrt{2}$			2
$A_{\max}$	5.7%	10.7%	20.6%	29.1%	36.7%	43.8%	50%

三、动力参数

动力参数包括驱动机床的各种电动机功率或转矩、液压马达和液压缸的牵引力等。各传动件的结构参数都是根据动力参数设计的。如果动力参数选取过大，传动件的结构尺寸就大，机床就笨重，除了增加制造成本，机床工作中空载功率也会增加，造成电力浪费；如果动力参数选取过小，机床传动链及电动机长期超载工作，则影响机床的使用寿命。通常动力参数是在调查研究、统计分析的基础上，结合计算分析，类比确定出来的。

1. 主电动机功率的确定

机床主运动的功率 $P_主$ 为

$$P_主 = P_切 + P_空 + P_附 \tag{1-7}$$

式中　$P_切$——切削工件所消耗的功率（kW）；

$P_空$——空载功率（kW）；

$P_附$——随负载增大而增加的附加机械摩擦损耗功率（kW）。

切削功率 $P_切$ 与刀具材料、工件材料和所选用的切削用量有关。专用机床的刀具材料、工件材料与切削用量都是不变的，计算较准确；通用机床的刀具材料、工件材料和切削用量

变化大，可根据机床检验标准中规定的切削条件进行计算。

机床主运动的空载功率 $P_{空}$ 与传动件的预紧程度及装配质量有关，是由传动件摩擦、搅油等因素引起的，随传动件转速的增大而增大。中型机床主传动空载功率可用下列经验式进行计算

$$P_{空} = k_1(d_a \sum n_i + k_2 d_{主} n_{主}) \times 10^{-6} \tag{1-8}$$

式中　d_a——主运动链中除主轴以外的所有传动轴的平均直径（mm），主传动链的结构尺寸未确定时，按主运动电动机的功率估算，$1.5 < P_{主} \leq 2.8$ kW 时，$d_a = 30$ mm，$2.5 < P_{主} \leq 7.5$ kW 时，$d_a = 35$ mm，$7.5 < P_{主} \leq 14$ kW 时，$d_a = 40$ mm；

　　　　$d_{主}$——主轴前、后支承轴径的平均值（mm）；

　　　　$n_{主}$——机床主轴转速（r/min），估算空载功率时，$n_{主}$ 可按主轴计算转速确定；

　　　　$\sum n_i$——当主轴转速为 $n_{主}$（r/min）时，传动链内除主轴以外各传动轴的相应转速之和（r/min）；

　　　　k_1——润滑油黏度影响系数，润滑油为 N46 时，$k_1 = 3.5$，润滑油为 N32 时，$k_1 = 3.15$；

　　　　k_2——主轴轴承系数，两支承主轴 $k_2 = 2.5$，三支承主轴 $k_2 = 3$。

机床切削工件时，齿轮、轴承等零件上的接触压力越大，无用功耗损越大。比 $P_{空}$ 多出的那部分功率，称为附加机械摩擦损失功率。切削功率 $P_{切}$ 越大，附加机械摩擦损失功率 $P_{附}$（kW）就越大。$P_{附}$ 可按式（1-9）计算

$$P_{附} = \frac{P_{切}}{\eta_{机}} - P_{切} = P_{切}\left(\frac{1}{\eta_{机}} - 1\right) \tag{1-9}$$

式中　$\eta_{机}$——主运动系统机械效率，$\eta_{机} = \eta_1 \eta_2 \eta_3 \cdots$，$\eta_1$、$\eta_2$、$\eta_3$、$\cdots$ 为主传动链中各传动副的机械效率。

因此，主运动电动机的功率为

$$P_{主} = \frac{P_{切}}{\eta_{机}} + P_{空} \tag{1-10}$$

当机床结构未确定，无法计算主运动的空载功率和机械效率时，可按式（1-11）粗略估算主电动机功率，即

$$P_{主} = \frac{P_{切}}{\eta_{总}} \tag{1-11}$$

式中　$\eta_{总}$——机床总机械效率，主运动为旋转运动的机床，$\eta_{总} = 0.7 \sim 0.85$，机构较简单或主轴转速较低时，$\eta_{总}$ 取大值；主运动为直线运动的机床，$\eta_{总} = 0.6 \sim 0.7$。

也可在统计分析的基础上，参考同类型机床确定。部分机床主运动参数、主动力参数见表 1-3。

表 1-3　部分机床的主运动参数和主动力参数

机床型号	主轴转速/(r/min)	公比	主电动机功率/kW
CA6140	10~1400	1.26	7.5[①]
CW61100	3.15~315	1.26	22[①]
Z3040×16	25~2000	1.26/1.58（双公比）	3[①]

(续)

机床型号	主轴转速/(r/min)	公比	主电动机功率/kW
X6132	30~1500	1.26	7.5
M1432A×1000	1670	恒速	4
CK6150D	30~2800	无级	30
CK3263B	20~1500	无级	37
XK5040-1	20~1500	1.26	7.5
JCS-018	22.5~4500	无级	7.5

① 进给运动与主运动共用一台电动机。

2. 进给运动电动机功率的确定

机床进给运动消耗功率小，且速度低，效率约为 0.15~0.2。进给运动消耗的功率与切削功率之比：卧式车床 $P_f/P_切 = 0.03~0.04$；升降台铣床、卧式镗床 $P_f/P_切 = 0.15~0.20$；钻床 $P_f/P_切 = 0.04~0.05$；齿轮加工机床 $P_f/P_切 = 0.2$。因此进给运动与主运动或与快速运动传动链可共用一台电动机驱动。

1) 进给运动与主运动合用一台电动机时，可不单独计算进给功率，而是在确定主电动机功率时引入一个系数 k，可得机床主电动机功率为

$$P_主 = \frac{P_切}{\eta_机 k} + P_空 \tag{1-12}$$

卧式车床 $k=0.96$；自动车床 $k=0.92$；铣床、卧式镗床 $k=0.85$；齿轮机床 $k=0.8$；在空行程中进刀的机床（如刨床、插床）$k=1$。

2) 进给运动与快速移动合用一台电动机时，快速移动起动时间短，加速度大，所消耗的功率远大于进给运动所耗功率，且进给运动与快速移动不同时进行。所以该电动机功率按快速移动功率选取。数控机床属于这类情况。

进给运动电动机功率 P_f(kW) 为

$$P_f = \frac{Q v_f}{60000 \eta_f} \tag{1-13}$$

式中　Q——最大进给牵引力（N）；
　　　v_f——最大进给速度（m/min）；
　　　η_f——进给运动系统机械效率。

进给牵引力 Q 等于进给方向上切削分力与摩擦力之和。进给牵引力 Q 可按表 1-4 来估算。

数控机床进给运动转矩可按式（1-14）计算

$$M_{f电} = \frac{9550 P_f}{n_{f电}} \tag{1-14}$$

式中　$M_{f电}$——电动机额定转矩（N·m）；
　　　P_f——电动机额定功率（kW）；
　　　$n_{f电}$——电动机额定转速（r/min）。

中小型外圆磨床的圆周进给和轴向进给运动均采用单独的动力驱动。如 M1432A×1000，

表 1-4 进给牵引力 Q 的计算

导轨形式	水平进给	垂直进给
三角形矩形导轨组合	$KF_z+\mu'(F_x+G)$	$K(F_z+G)+\mu'F_x$
矩形导轨组合	$KF_z+\mu'(F_x+F_y+G)$	$K(F_z+G)+\mu'(F_x+F_y)$
燕尾形导轨	$KF_z+\mu'(F_x+2F_y+G)$	$K(F_z+G)+\mu'(F_x+2F_y)$
钻床主轴		$F_f+\mu\dfrac{2M}{d}$

注：G—移动部件的重力（N）；F_z—导轨的纵向（长度方向）分力（N）；F_x—垂直于导轨面的分力（N）；F_y—导轨的横向分力（N）；F_f—钻削进给力（N）；μ'—当量摩擦系数，在正常润滑条件下，铸铁副三角导轨 $\mu'=0.17\sim0.18$，铸铁矩形导轨 $\mu'=0.12\sim0.13$，铸铁燕尾形导轨 $\mu'=0.2$，铸铁（或淬火钢）与氟塑料组成的导轨副 $\mu'=0.03\sim0.05$，滚动导轨 $\mu'=0.01$；μ—钻床主轴套上的摩擦系数；K—考虑颠覆力矩影响的系数，三角形和矩形导轨 $K=1.1\sim1.15$，燕尾形导轨 $K=1.4$；d—主轴直径（mm）；M—主轴的转矩（N·mm）。

工件头架为等比数列转速，转速范围 30~270r/min，公比 1.4，电动机型号 YD100L-8/4，功率（0.85/1.5）kW；轴向进给运动采用液压无级变速，速度范围 50~4000mm/min，电动机功率为 0.75kW。

3. 快速移动电动机功率的确定

（1）交流异步快速移动电动机功率的确定　快速移动电动机起动时间短、移动部件加速度大。在较短时间内（0.5~1s），使质量较大的移动部件达到所需的移动速度，电动机一方面要克服移动部件和传动系统的惯性力，进行起动并迅速加速；另一方面电动机需克服移动部件因移动而产生的摩擦力。起动过程中消耗的功率 P 由克服惯性力所需功率 P_1 和克服摩擦力所需的功率 P_2 组成。移动部件在起动过程中，是匀加速运动，平均速度为 $v_{\max}/2$，但由于起动时间短，计算电动机起动功率时可按最大移动速度计算。当移动部件达到所需的移动速度后，移动部件变为恒速运动，电动机仅需克服移动部件的摩擦力就能维持其运动，即快速移动时所消耗的功率为 P_2。因此，快速移动电动机的功率应按起动时所需功率选取，由于电动机起动转矩大于额定转矩，而电动机的功率是按连续工作状态确定的，起动功率折算成连续（额定）功率，电动机的功率为

$$P=\frac{P_1+P_2}{k_1}=\frac{M_a n}{9550 k_1 \eta}+\frac{P_2}{k_1} \tag{1-15}$$

式中　n——电动机额定转速（r/min）；

η——快速移动传动链的机械效率；

k_1——电动机起动转矩与额定转矩之比，异步电动机 $k_1=1.6\sim2.2$；

M_a——克服惯性力所需电动机轴上的转矩（N·m），且有

$$M_a=J_e\varepsilon=J_e\frac{\omega}{t_a}=J_e\frac{\pi n}{30 t_a}=(J_M+J_L)\frac{\pi n}{30 t_a} \tag{1-16}$$

其中　ε——电动机的角加速度（rad/s²）；

ω——电动机的角速度（rad/s）；

J_e——折算到电动机轴上的转动惯量（kg·m²）；

J_M——电动机转子自身转动惯量（kg·m²）；

J_L——传动件、负载折算到电动机轴上的转动惯量（kg·m²）；

t_a——电动机起动时转速加速过程的时间（s），异步电动机 $t_a = 0.5 \sim 1s$。

根据动能守恒定律，J_L 由式（1-17）计算

$$J_L = \sum_{i=1} J_i \left(\frac{\omega_i}{\omega}\right)^2 + \sum_{j=1} m_j \left(\frac{v_j}{\omega}\right)^2 \tag{1-17}$$

式中 J_i、ω_i——各旋转件的转动惯量（kg·m²）、角速度（rad/s）；

m_j、v_j——各移动部件的质量（kg）、移动速度（m/s）。

空心圆柱形零件的转动惯量

$$J = \frac{m}{8}(D^2+d^2) = \frac{\pi}{32}\rho(D^4-d^4)l \tag{1-18}$$

式中 m——旋转零件的质量（kg）；

D——零件的外径（m）；

d——零件的内径（m）；

l——旋转零件的宽度（m）；

ρ——密度（kg/m³），钢材 $\rho = 7.85 \times 10^3 \text{kg/m}^3$。

如果快速移动部件垂直运动，则电动机要同时克服部件重力和摩擦力，即 P_2 为

$$P_2 = \frac{(mg+\mu'F)}{60000\eta}v \tag{1-19}$$

如果移动部件水平运动，则

$$P_2 = \frac{\mu'mgv}{60000\eta} \tag{1-20}$$

式中 m——移动部件的质量（kg）；

v——移动部件的移动速度（m/min）；

g——重力加速度，$g = 9.8\text{m/s}^2$；

F——移动部件重心与升降丝杠不同轴而引起，产生在导轨上的挤压力（N）；

μ'——当量摩擦系数。

（2）伺服电动机的选择 对于数控机床，快速移动和进给运动共用一台电动机，多数采用伺服电动机；只有小型数控机床才采用步进电动机。

伺服电动机的选择原则：

1）进给运动的平稳性。伺服电动机的转子由永磁材料制成，是同步型电动机，即只要电磁驱动转矩大于负载转矩，电动机转速与定子磁场转速相等，且进给运动速度不受切削负载变化的影响；数控进给系统具有恒转矩特性，为使进给运动平稳，伺服电动机的额定转矩 M_e 应不小于最大切削负载转矩 M_L，即

$$M_e \geq M_L = \left(\frac{F_{max}P_h}{2000\pi\eta} + M_{f1} + M_{f2}\right)i \tag{1-21}$$

式中 F_{max}——丝杠上的最大轴向载荷（最大轴向进给力与导轨摩擦力之和）（N）；

P_h——丝杠导程（mm）；

η——丝杠的机械效率；

M_{f1}——丝杠螺母预加载荷引起的附加摩擦转矩（N·m）；

M_{f2}——丝杠轴承的摩擦转矩（N·m）；

i——伺服进给机构的传动比。

2）起动转矩和加速特性。伺服电动机可用式（1-16）计算所需起动转矩，交流伺服电动机的 t_a 为伺服系统时间常数的一半。由工作台的移动速度 $v=niP_h=30\omega P_h i/\pi$，得工作台的加速时间 t_a 和加速度 a，即

$$t_a=(J_M+J_L)\frac{\pi n_{max}}{300M_{amax}} \tag{1-22}$$

$$a=\frac{M_{amax}}{J_M+J_L}\frac{P_h}{2\pi}i=\frac{n_{max}}{60t_a}P_h i=\frac{v_{max}}{60t_a} \tag{1-23}$$

伺服电动机（步进电动机除外）已不再要求"惯量匹配"，因为伺服电动机电磁额定转矩取决于电动机的电磁参数，转子惯量仅影响起动或换向时加速度的大小，且最大转矩一定，转子惯量与加速度近似成反比；对于加速度高的数控伺服系统，应采用磁感应强度高的钕铁硼永磁转子、低惯量甚至超低惯量的伺服电动机。日本三菱样本《三菱电机》、安川电机《AC 伺服驱动 Σ-Ⅱ 系列》中指出负载折算到伺服电动机轴惯性矩推荐比例为伺服电动机转子惯性矩的 5 倍以下。这也印证了以上观点。

交流伺服系统的时间常数 t_s 是指工作台的速度从 $-v_{max}$ 变为 $+v_{max}$ 的时间。因此，用式（1-16）计算所需起动转矩时，$t_a=0.5t_s$。伺服系统的增益 K_s 是时间常数的倒数，即 $K_s=t_s^{-1}$，系统需要的增益 K_s 为

$$K_s=\frac{1}{2t_a}=\frac{15M_{amax}}{J_M+J_L}\times\frac{1}{\pi n_{max}}=\frac{30a}{v_{max}} \tag{1-24}$$

增加伺服电动机的最大转矩，可提高伺服系统增益。伺服系统的增益 K_s 为 $8\sim25\mathrm{s}^{-1}$，数控钻床取小值，数控车床、数控镗铣加工中心取大值。

[例 1-2] 某镗铣加工中心采用半闭环数控进给系统。纵向最大进给力 $F_z=5000\mathrm{N}$，工作台质量 $m_1=300\mathrm{kg}$，工件及夹具的最大质量 $m_2=500\mathrm{kg}$；工作台纵向行程 $l_z=750\mathrm{mm}$；进给速度 $v=10\sim4000\mathrm{mm/min}$，快速移动速度 $v_{max}=10\mathrm{m/min}$。矩形导轨副，支承导轨材料为淬硬铸铁，动导轨粘贴聚四氟乙烯软带；定位精度为 ±0.12mm/300mm，重复定位精度为 ±0.006mm。最大主切削力（垂直于导轨面的分力）$F_x=10000\mathrm{N}$，最大吃刀抗力（导轨横向分力）$F_y=2500\mathrm{N}$；根据定位精度选用滚珠丝杠型号为 FFZD4010-4-1。试选择伺服电动机。

解 1）伺服电动机经轴套联轴器与进给滚珠丝杠直接连接，即传动比 $i=1$。

① 计算伺服电动机最高转速。FFZD4010-4-1 丝杠导程 $P_h=10\mathrm{mm}$，伺服电动机最高转速为

$$n_{\max} = \frac{v_{\max}}{iP_h} = \frac{10}{0.01}\text{r/min} = 1000\text{r/min}$$

② 计算最大负载转矩。矩形导轨的颠覆力矩影响系数 $K=1.1$，淬硬铸铁与聚四氟乙烯导轨副的当量摩擦系数 $\mu'=0.04$，最大进给载荷为

$$F_{l\max} = KF_z + \mu'(F_x + F_y + G)$$
$$= 1.1 \times 5000\text{N} + 0.04 \times [10000 + 2500 + (500+300) \times 9.8]\text{N} \approx 6315\text{N}$$

由丝杠样本可得，1级精度滚珠丝杠的传动效率 $\eta=0.95$，摩擦力矩 $M_{f1}=0.3\text{N}\cdot\text{m}$；丝杠一端固定、一端简支，固定端采用60°的推力角接触球轴承7602030TVP/DF，面对面组配；由样本可知，预紧后轴承7602030TVP/DF的摩擦力矩 $M_{f2}=0.64\text{N}\cdot\text{m}$；简支端轴承不预紧，其摩擦力矩可忽略。最大负载转矩为

$$M_e = \left(\frac{F_{\max}P_h}{2\pi\eta} + M_{f1} + M_{f2}\right)i = \frac{6315 \times 0.01}{2\pi \times 0.95}\text{N}\cdot\text{m} + 0.3\text{N}\cdot\text{m} + 0.64\text{N}\cdot\text{m} = 11.52\text{N}\cdot\text{m}$$

伺服电动机的最高转速 $n_{\max}$ 作为额定转速，根据最大负载转矩 M_e 初选日本三菱公司的中惯量HC-SFS201型伺服电动机，其额定转矩为 $M_e=19.1\text{N}\cdot\text{m}$，最大转矩 $M_{\max}=57.3\text{N}\cdot\text{m}$，额定转速为 $n_{\max}=1000\text{r/min}$，转子惯量 $J_M=0.0082\text{kg}\cdot\text{m}^2$，功率为2kW，质量为19kg。

③ 计算加速特性。经结构设计，确定丝杠长度为 $l=1.2\text{m}$，丝杠直径 $d=40\text{mm}$，丝杠密度为 $\rho=7.85\times10^3\text{kg/m}^3$，工作台移动速度 $v=P_h ni = 0.01n$。初选联轴器外径为55mm，长度为120mm，联轴器的最大转动惯量、丝杠的转动惯量分别为

$$J_1 = \frac{\pi}{32} \times 7.85 \times 10^3 \times 0.055^4 \times 0.12\text{kg}\cdot\text{m}^2 = 0.0008\text{kg}\cdot\text{m}^2$$

$$J_s = \frac{\pi}{32} \times 7.85 \times 10^3 \times 0.04^4 \times 1.2\text{kg}\cdot\text{m}^2 = 0.00237\text{kg}\cdot\text{m}^2$$

负载转动惯量为

$$J_L = (m_1 + m_2)\left(\frac{v}{\omega}\right)^2 + J_s + J_1$$
$$= (300+500)\left(\frac{0.01n}{2\pi n}\right)^2\text{kg}\cdot\text{m}^2 + 0.00237\text{kg}\cdot\text{m}^2 + 0.00008\text{kg}\cdot\text{m}^2 = 0.0052\text{kg}\cdot\text{m}^2$$

根据电动机克服惯性力的最大转矩，计算工作台的加速时间 t_a 和加速度 a。快速移动时，需克服的摩擦力为

$$F_{\min} = \mu'G = 0.04 \times (500+300) \times 9.8\text{N} = 314\text{N}$$

快速移动时，克服摩擦力需要的驱动力矩为

$$M_{\min} = \left(\frac{F_{\min}P_h}{2\pi\eta} + M_{f1} + M_{f2}\right)i = \left(\frac{314 \times 0.01}{2\pi \times 0.95} + 0.3 + 0.6\right) \times 1\text{N}\cdot\text{m} = 1.466\text{N}\cdot\text{m}$$

克服惯性力需要的最大转矩为

$$M_{a\max} = (57.3 - 1.466)\text{N}\cdot\text{m} = 55.834\text{N}\cdot\text{m}$$

伺服电动机加速时间为

$$t_a = (J_M + J_L) \frac{\pi n_{max}}{30 M_{amax}} = (0.0082 + 0.0052) \times \frac{1000\pi}{30 \times 55.834} s = 0.025 s$$

快速移动时，克服摩擦力需要的转矩较小，且电动机的最大转矩仅影响加速时间的大小。因而粗略计算时，可用电动机的最大转矩计算加速时间，即

$$t_a = (J_M + J_L) \frac{\pi n_{max}}{30 M_{max}} = (0.0082 + 0.0052) \times \frac{1000\pi}{30 \times 57.3} s = 0.024 s$$

采用 M_{max}、M_{amax} 计算得到的 t_a 值相差较小。

采用 M_{max}、M_{amax} 计算工作台能达到的加速度 a 为

$$a_{max} = \frac{M_{max}}{J_M + J_L} \frac{P_h}{2\pi} = \frac{57.3}{0.0082 + 0.0052} \times \frac{0.01}{2\pi} m/s^2 = 6.8 m/s^2$$

$$a_{amax} = \frac{M_{amax}}{J_M + J_L} \frac{P_h}{2\pi} = \frac{55.834}{0.0082 + 0.0052} \times \frac{0.01}{2\pi} m/s^2 = 6.63 m/s^2$$

采用 M_{max}、M_{amax} 计算该伺服系统能达到的增益为

$$K_s = \frac{30 a_{max}}{v_{max}} = 20.42/s$$

$$K_s = \frac{30 a_{amax}}{v_{max}} = 19.89/s$$

采用 M_{max}、M_{amax} 计算的增益相差较小，因而可按 M_{max} 计算增益。该伺服系统的增益较大，选择的伺服电动机是合理的。

④ 功率验证。最大进给速度时，交流伺服电动机的转速为

$$n_{wmax} = \frac{v_{wmax}}{i P_h} = \frac{4}{0.01} r/min = 400 r/min$$

最大进给速度时，交流伺服电动机的功率为

$$P_f = \frac{M n_{wmax}}{9550} = \frac{11.52 \times 400}{9550} kW = 0.4825 kW$$

快速移动时，伺服系统克服摩擦力需要的驱动功率为

$$P_2 = \frac{M_{emin} n_{max}}{9550} = \frac{1.466 \times 1000}{9550} kW = 0.1535 kW$$

综上可知，进给运动功率小于快速移动时的功率，且快速移动时克服惯性力需要的功率远大于克服摩擦力所需的功率。

2) 伺服电动机产生的运动和转矩经传动比 $i = 1/2$ 的齿轮减速器、轴套联轴器传递到进给滚珠丝杠。减速器齿轮模数为 2mm，齿轮齿数分别为 25、50，齿厚为 12mm。轴套联轴器兼作从动轮轴。

① 计算伺服电动机最高转速。伺服电动机最高转速为

$$n_{max} = \frac{v_{max}}{i P_h} = \frac{10 \times 2}{0.01} r/min = 2000 r/min$$

② 计算最大负载转矩。最大负载转矩为

$$M_e = 11.52 \times \frac{1}{2} \text{N} \cdot \text{m} = 5.76 \text{N} \cdot \text{m}$$

伺服电动机的最高转速 n_{max} 作为额定转速，根据 M_e 初选三菱公司的低惯量 HC-LFS152 型交流伺服电动机，其额定转矩为 $M_e = 7.16 \text{N} \cdot \text{m}$，最大转矩 $M_{max} = 21.6 \text{N} \cdot \text{m}$，额定转速为 $n_{max} = 2000 \text{r/min}$，转子惯量 $J_M = 0.00064 \text{kg} \cdot \text{m}^2$，功率为 1.5kW，质量为 10kg。

③ 分析加速特性。齿轮副的转动惯量为

$$J_g = \frac{\pi}{32} \times 7.85 \times 10^3 \times 0.012 \times \left[0.05^4 + 0.1^4 \times \left(\frac{1}{2}\right)^2\right] \text{kg} \cdot \text{m}^2 = 0.000289 \text{kg} \cdot \text{m}^2$$

负载转动惯量为

$$J_L = 0.0052 \times \left(\frac{1}{2}\right)^2 \text{kg} \cdot \text{m}^2 + 0.000289 \text{kg} \cdot \text{m}^2 = 0.001589 \text{kg} \cdot \text{m}^2$$

则伺服电动机加速时间为

$$t_a = (J_M + J_L)\frac{\pi n_{max}}{30 M_{amax}} = (0.00064 + 0.001589) \times \frac{2000\pi}{30 \times \left(21.6 - 1.466 \times \frac{1}{2}\right)} \text{s} = 0.0224 \text{s}$$

此时，工作台能达到的加速度 a 为

$$a = \frac{M_{amax}}{J_M + J_L} \frac{iP_h}{2\pi} = \frac{21.6 - 1.466 \times \frac{1}{2}}{0.00064 + 0.0001589} \times \frac{1}{2} \times \frac{0.01}{2\pi} \text{m/s}^2 = 7.45 \text{m/s}^2$$

该伺服系统能达到的增益为

$$K_s = \frac{30a}{v_{max}} = 22.35/\text{s}$$

K_s 较大，选择的伺服电动机是合理的。

3）若该镗铣加工中心要求快速移动速度 $v_{max} = 15 \text{m/min}$。仍采用伺服电动机经传动比 $i = 1/2$ 的齿轮减速器、轴套联轴器驱动进给滚珠丝杠的方案。

伺服电动机最高转速为

$$n_{max} = \frac{v_{max}}{iP_h} = \frac{15 \times 2}{0.01} \text{r/min} = 3000 \text{r/min}$$

最大负载转矩 $M_e = 5.76 \text{N} \cdot \text{m}$。

伺服电动机的最高转速 n_{max} 作为额定转速，根据最大负载转矩 M_e 初选三菱公司的超低惯量 HC-RFS353B 型伺服电动机，额定转矩为 $M_e = 11.1 \text{N} \cdot \text{m}$，最大转矩 $M_{max} = 27.9 \text{N} \cdot \text{m}$，额定转速为 $n_{max} = 3000 \text{r/min}$，转子惯量 $J_M = 0.00086 \text{kg} \cdot \text{m}^2$，功率为 3.5kW，质量为 12kg。

伺服系统的加速时间为

$$t_a = (J_M + J_L)\frac{\pi n_{max}}{30 M_{amax}} = (0.00086 + 0.001589) \times \frac{3000\pi}{30 \times \left(27.9 - 1.466 \times \frac{1}{2}\right)} \text{s} = 0.028\text{s}$$

工作台能达到的加速度 a 为

$$a = \frac{v_{max}}{60 t_a} = \frac{15}{60 \times 0.0283} \text{m/s}^2 = 8.83 \text{m/s}^2$$

该伺服系统能达到的增益为

$$K_s = \frac{30a}{v_{max}} = 17.65/\text{s}$$

增益较高，选择的伺服电动机是合理的。

值得注意的是伺服系统加速时间与增益成反比，若追求高增益，则会使驱动功率增加；但加速时间减少不明显。如例 1-2，要求增益 $K_s = 20/\text{s}$，则只能选超低惯量 HC-RFS503 型交流伺服电动机，其额定转矩 $M_e = 15.9\text{N·m}$，最大转矩 $M_{max} = 39.7\text{N·m}$，额定转速 $n_{max} = 3000\text{r/min}$，转子惯量 $J_M = 0.0012\text{kg·m}^2$，功率为 5kW，质量为 17kg。则伺服系统的加速时间为

$$t_a = (J_M + J_L)\frac{\pi n_{max}}{30 M_{amax}} = (0.0012 + 0.001589) \times \frac{3000\pi}{30 \times \left(39.7 - 1.466 \times \frac{1}{2}\right)} \text{s} = 0.022\text{s}$$

$$a = \frac{v_{max}}{60 t_a} = \frac{15}{60 \times 0.022} \text{m/s}^2 = 11.12 \text{m/s}^2$$

该伺服系统能达到的增益为

$$K_s = \frac{30a}{v_{max}} = 22.24/\text{s}$$

伺服电动机额定功率增加 1.5kW，而加速时间只减少 0.006s，没有任何现实意义。伺服系统的实际效果是以加速时间体现的，增益只不过是伺服系统加速时间的另一种简单表达方式。设计时应重视伺服系统加速时间（伺服系统的时间常数）这一关键参数。

采用减速伺服系统，既减小了所需伺服电动机的驱动转矩，又可减小伺服电动机的功率。故高增益伺服系统，多采用额定转速较高的低惯量伺服电动机、一级齿轮减速的传动方案。

对于结构尚未确定，不能计算部件质量和转动部件惯性的普通机床，可根据现有机床，在统计分析的基础上，经类比确定。普通机床的快速移动电动机功率及移动速度参见表 1-5。

表 1-5 机床部件快速移动电动机功率和速度

机床类别	主参数/mm	移动部件名称	速度/(m/min)	功率/kW
卧式车床	400	溜板箱	3~5	0.25~0.6
	630~800	溜板箱	4	1.1

(续)

机床类别	主参数/mm	移动部件名称	速度/(m/min)	功率/kW
卧式车床	1000	溜板箱	3~4	1.5
单柱立车	1250~1600	横梁	0.44	2.2
双柱立车	2000~3150	横梁	0.35	7.5
	5000~10000	横梁	0.3~0.37	17
摇臂钻床	40~50	摇臂	0.9~1.4	1.1~1.2
	75~100	摇臂	0.6	3
	125	摇臂	1.0	7.5
卧式镗床	φ63~φ75	主轴箱、工作台	2.8~3.2	1.5~2.2
	φ85~φ110	主轴箱、工作台	2.5	2.2~2.8
	φ125	主轴箱、工作台	2	4
升降台铣床	250	工作台、升降台	2.5~2.9	0.6~1.7
	320	工作台、升降台	2.3	1.5~2.2
	400	工作台、升降台	2.3~2.8	2.2~3
龙门铣床	800~1000	横梁	0.65	5.5
		工作台	2.0~3.2	4
龙门刨床	1000~1250	横梁	0.57	3.0
	1250~1600	横梁	0.57~0.9	3.0~5.5
	2000~2500	横梁	0.42~0.6	7.5~10

习题与思考题

1-1 机床应满足哪些基本要求？何谓人机关系？

1-2 机床设计的内容和步骤是什么？

1-3 机床的总体方案拟定包括什么内容？机床总体布局的内容和步骤是什么？

1-4 机床分配运动的原则是什么？传动形式如何选择？

1-5 机床的尺寸参数包括哪些参数？如何确定？

1-6 怎样减少机床的振动？降低齿轮的噪声值？

1-7 机床的运动参数如何确定？等比传动有何优点？通用机床公比选用原则是什么？

1-8 标准公比有哪些？是根据什么确定的？数控机床分级传动的公比是否为标准值？

1-9 机床的动力参数如何选择？数控机床与普通机床的动力参数确定方法有什么不同？

第二章

机床的传动设计

机床的主传动系统实现机床的主运动，其末端件直接参与切削加工，形成所需的表面和加工精度，且变速范围宽、传递功率大，是机床中最重要的传动链，设计时应满足以下基本要求：

1）满足机床的使用要求，有足够的变速范围和转速级数；对于直线运动机床，应有足够的双行程数范围和变速级数；合理地满足机床的自动化和生产率的要求；有良好的人机关系。

2）满足机床传递动力的要求，应能传递足够的功率和转矩。

3）满足机床的工作性能要求，应有足够的刚度、精度、抗振性能和较小的热变形。

4）满足经济性要求。

第一节 分级变速主传动系统设计

分级变速主传动系统的设计内容和步骤：在已确定传动形式、主变速传动系统的运动参数的基础上，拟定结构式、转速图；合理分配各传动副的传动比；确定齿轮齿数和带轮直径等；绘制主传动的传动系统图。

一、转速图

1. 转速图的概念

转速图是表示主轴各转速的传递路线和转速值，各传动轴的转速数列及转速大小，以及各传动副的传动比的线图。转速图包括一点三线：一点是转速点；三线是主轴转速线、传动轴线和传动线。

（1）转速点 主轴和各传动轴的转速值，用小圆圈或黑点表示。转速图中的转速值是对数值。

（2）主轴转速线 由于主轴的转速数列是等比数列，所以主轴转速线是间距相等的水平线，相邻转速线间距为 $\lg\varphi$。

（3）传动轴线 距离相等的铅垂线。从左到右按传动的先后顺序排列，轴号写在上面。铅垂线之间距离相等是为了使图示清楚，并不表示传动轴间距离。

（4）传动线 两转速点之间的连线。传动线的倾斜方式代表传动比的大小，传动比大于1，其对数值为正，传动线向上倾斜；传动比小于1，其对数值为负，传动线向下倾斜。倾斜程度表示了升降速度的大小。一个主动转速点引出的传动线的数目，代表该变速组的传动副数；平行的传动线是一条传动线，只是主动转速点不同。

图 2-1 所示为中型车床的 12 级等比转速传动系统图，主轴转速级数 $Z = 12$，公比 $\varphi = 1.41$，主轴转速 $n = 31.5 \sim 1400 \text{r/min}$。故可得轴 Ⅰ 的转速为

$$n_\text{I} = 1440 \times \frac{126}{256} \text{r/min} \approx 710 \text{r/min}$$

电动机与轴 Ⅰ 的传动比为

$$i = \frac{126}{256} = \frac{1}{2.03} = \frac{1}{1.41^{2.04}} = \frac{1}{\varphi^{2.04}}$$

电动机轴与轴 Ⅰ 之间的传动线向下倾斜 2.04 格，使轴 Ⅰ 的转速正好位于转速线上。轴 Ⅰ—Ⅱ 之间的变速组，轴 Ⅰ 转速点上引出三条传动线，说明该变速组有三个传动副。传动线在轴 Ⅱ 上相距一格，说明该变速组是等比数列转速，级比为 φ。

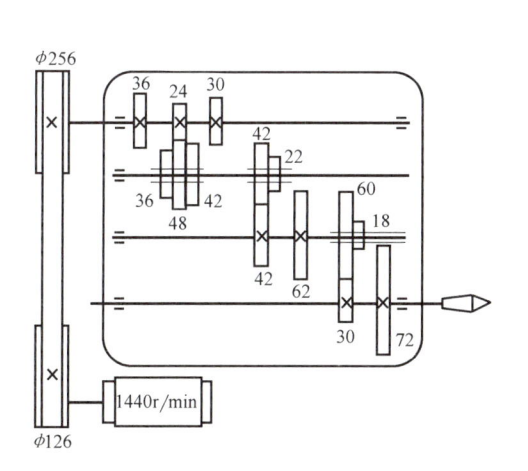

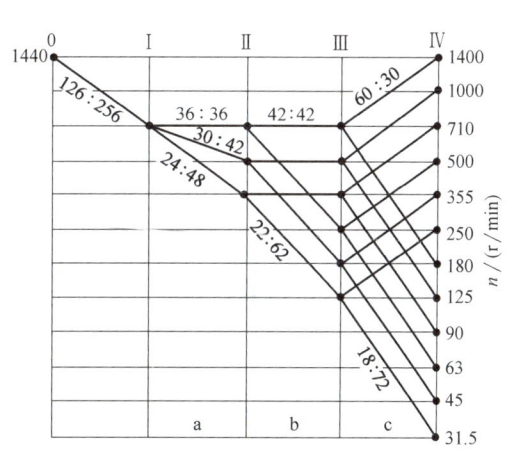

图 2-1 中型车床 12 级等比转速传动系统图

2. 转速图原理

通常，按照动力传递的顺序（从电动机到执行件的先后顺序，即传动顺序）分析车床的转速图。按传动顺序，变速组依次为第一变速组、第二变速组、第三变速组、⋯，分别用 a、b、c、⋯表示。传动副数用 P 表示，变速范围以 r 表示。

图 2-1 所示中型车床主轴的转速数列为

$$n = 1440 \times \frac{126}{256} \times \begin{Bmatrix} 24/48 \\ 30/42 \\ 36/36 \end{Bmatrix} \times \begin{Bmatrix} 22/62 \\ 42/42 \end{Bmatrix} \times \begin{Bmatrix} 18/72 \\ 60/30 \end{Bmatrix}$$

$$= 1440 \times \frac{126}{256} \times \frac{24}{48} \times \frac{22}{62} \times \frac{18}{72} \begin{Bmatrix} 1 \\ \varphi \\ \varphi^2 \end{Bmatrix} \begin{Bmatrix} 1 \\ \varphi^3 \end{Bmatrix} \begin{Bmatrix} 1 \\ \varphi^6 \end{Bmatrix}$$

$$= 31.4 \begin{Bmatrix} 1 \\ \varphi \\ \varphi^2 \end{Bmatrix} \begin{Bmatrix} 1 \\ \varphi^3 \end{Bmatrix} \begin{Bmatrix} 1 \\ \varphi^6 \end{Bmatrix}$$

该机床主运动传动链的结构式为

$$12 = 3_1 \times 2_3 \times 2_6$$

第一变速组 a（轴Ⅰ—Ⅱ之间的变速组），传动副数 $P_a = 3$，级比 $\varphi^{x_a} = \varphi$，级比指数 $x_a = 1$，变速范围 $r_a = \varphi^2$；第二变速组 b（轴Ⅱ—Ⅲ之间的变速组），传动副数 $P_b = 2$，级比 $\varphi^{x_b} = \varphi^3$，级比指数 $x_b = 3$，变速范围 $r_b = \varphi^3$；第三变速组 c（轴Ⅲ—Ⅵ之间的变速组），传动副数 $P_c = 2$，级比 $\varphi^{x_c} = \varphi^6$，级比指数 $x_c = 6$，变速范围 $r_c = \varphi^6$。传动链的变速范围为 $R = r_a r_b r_c = \varphi^{3-1+3+6} = \varphi^{11} = 45$。分级变速中，级比或级比指数从小到大的顺序称为扩大顺序。级比等于公比（级比指数等于1）的变速组称为基本组。基本组的传动副数、级比指数、变速范围分别以 P_0、x_0、r_0 表示。在该车床主传动中，第一变速组为基本组，$P_0 = 3$，$x_0 = 1$，$r_0 = \varphi^2 = 2$。该机床基本组的最小传动比 $i_{01} = 24/48$ 形成的主轴转速数列为 $\{n_1 \quad n_4 \quad n_7 \quad n_{10}\}$；基本组的最大传动比 $i_{03} = 36/36$ 形成的主轴转速数列为 $\{n_3 \quad n_6 \quad n_9 \quad n_{12}\}$。级比指数等于 P_0 的变速组为第一扩大组，即基本组与第一扩大组相乘形成一个新"基本组"，有

$$\begin{Bmatrix} 1 \\ \varphi \\ \varphi^2 \end{Bmatrix} \begin{Bmatrix} 1 \\ \varphi^3 \end{Bmatrix} = \begin{Bmatrix} 1 \\ \varphi \\ \vdots \\ \varphi^5 \end{Bmatrix}$$

第一扩大组的传动副数、级比指数、变速范围分别以 P_1、x_1、r_1 表示。该机床的第二变速组为第一扩大组 $P_1 = 2$，$x_1 = 3$，$r_1 = \varphi^{x_1(P_1-1)} = \varphi^{P_0(P_1-1)} = \varphi^{3 \times (2-1)} = \varphi^3 = 2.82$；扩大顺序中，级比指数等于 $P_0 P_1$ 的变速组称为第二扩大组。第二扩大组的传动副数、级比指数、变速范围分别以 P_2、x_2、r_2 表示。该机床第三变速组为第二扩大组，$P_2 = 2$，$x_2 = P_0 P_1 = 6$，$r_2 = \varphi^{x_2(P_2-1)} = \varphi^{P_0 P_1(P_2-1)} = \varphi^{3 \times 2(2-1)} = \varphi^6 = 8$。第一扩大组与第二扩大组相乘，形成公比为 $\varphi^{x_1} = \varphi^3$ 的等比数列，有

$$\begin{Bmatrix} 1 \\ \varphi^3 \end{Bmatrix} \begin{Bmatrix} 1 \\ \varphi^6 \end{Bmatrix} = \begin{Bmatrix} 1 \\ \varphi^3 \\ \varphi^6 \\ \varphi^9 \end{Bmatrix}$$

从第一扩大组输入动力，第二扩大组输出转速仍是等比数列。该机床的总变速范围为

$$R = r_0 r_1 r_2 = \varphi^{P_0-1+P_0(P_1-1)+P_0 P_1(P_2-1)} = \varphi^{Z-1} = \varphi^{12-1} = 45$$

该机床主运动传动链若有第三扩大组，则有

$$x_3 = P_0 P_1 P_2 = 12$$

等比数列传动链的扩大顺序规律称为级比规律。

3. 结构式和结构网

只表示传动比的相对关系，不表示传动轴（主轴除外）转速值大小的线图称为结构网。由于不表示转速值，因此结构网可画成对称形式，如图2-2所示。从图中可看出各变速组的传动副数和级比指数，以及传动顺序、扩大顺序、传动路线。对照图2-1可知，结构网是传动轴上各转速数列下移

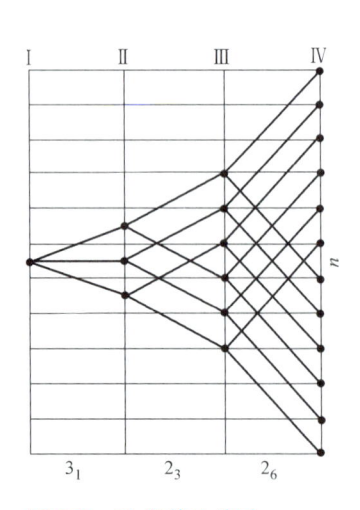

图2-2 12级等比传动系统结构网

至与主轴转速数列对称位置而形成的,因而其保持传动路线不变。

4. 传动系统的转速重合及空转速

综上可知,等比传动系统只要符合级比规律,就能获得连续等比的转速。若某变速组的实际级比指数小于级比规律要求的理论值,则会产生转速重合;若该变速组为双速变速组,则实际级比指数与理论值的差就是重复转速的级数,且重合转速发生在主轴转速数列的中间位置,如图 2-3 所示。若产生重合转速的变速组为三速变速组,则重合转速级数为级比指数差的两倍。值得注意:非最后扩大组的级比指数小于理论值时,会影响到该扩大组之后扩大组的级比指数的大小。如 10 级主轴转速的结构式 $10 = 3_1 \times 2_2 \times 2_5$,第二扩大组级比指数 $x_2 = 5$,机床主轴可获得 10 级连续等比数列转速;若第二扩大组级比指数 $x_2 = 6$,则会产生一级空转速,即主轴第 6、5 级转速的比值为公比的平方。这是因为基本组与第一扩大组产生 5 级等比数列转速,相当于基本组与第一扩大组形成新基本组 5_1。

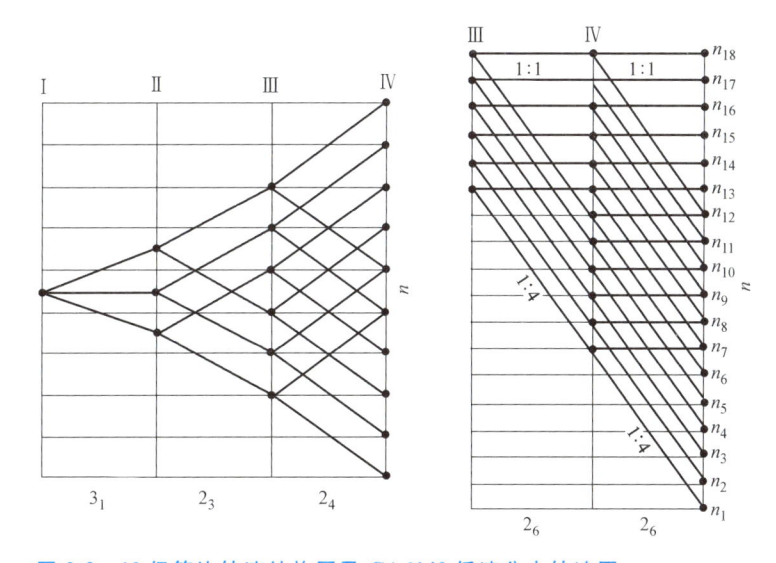

图 2-3　10 级等比转速结构网及 CA6140 低速分支转速图

若某变速组(非基本组)的级比指数大于级比规律要求的理论值,则会产生空转速;若该变速组为双速变速组,则级比指数与理论值的差就是空转速的级数,且空转速发生在主轴转速数列的中间位置。空转速若产生于双级转速的基本组,则将形成对称双公比(或称为混合公比)传动系统。对称双公比传动系统在第二节中详细分析,在此不再赘述。

二、主传动链转速图的拟定原则

根据已确定尺寸参数、运动参数和动力参数,拟定出机床主传动的转速图。设计步骤:根据转速图的拟定原则,确定结构式,画出结构网,然后分配各传动组的最小传动比,最后拟定出转速图。

1. 极限传动比、极限变速范围原则

在设计机床传动时,为防止传动比过小造成从动齿轮太大,应增加变速箱的尺寸,一般限制最小传动比为 $i_{min} \geq 1/4$;为减少振动,提高传动精度,应限制直齿轮的最大传动比 $i_{max} \leq 2$,斜齿圆柱齿轮的最大传动比 $i_{max} \leq 2.5$;直齿轮变速组的极限变速范围为

斜齿圆柱齿轮变速组的极限变速范围为

$$r = 2 \times 4 = 8$$

$$r = 2.5 \times 4 = 10$$

设计时应检查各变速组的变速范围是否超过上述限制。由于变速组的变速范围为 $r_j = \varphi^{P_0 P_1 P_2 \cdots P_{(j-1)}(P_j-1)}$，$j$ 越大，变速范围越大，所以一般只检查最后扩大组。例如，结构式 $12 = 3_1 \times 2_3 \times 2_6$，$\varphi = 1.41$，第二扩大组 2_6 为最后扩大组，其变速范围为

$$r_2 = \varphi^{x_2(P_2-1)} = \varphi^{6 \times (2-1)} = \varphi^6 = 8 \text{（不超限制）}$$

再如，$18 = 3_1 \times 3_6 \times 2_3$，$\varphi = 1.26$，第一变速组的级比指数为 1，是基本组，$P_0 = 3$；第三变速组级比指数为 3，是第一扩大组，$P_1 = 2$；第二变速组级比指数为 $x_b = 6 = P_0 P_1$，因此是第二扩大组，其变速范围为

$$r_2 = \varphi^{x_2(P_2-1)} = \varphi^{6 \times (3-1)} = \varphi^{12} = 2^4 = 16 > 8 \text{（超出限制）}$$

2. 确定传动顺序及传动副数的原则

实现某一等比数列转速，可有不同的变速组组合方案。以上述机床为例，机床类型为中型车床；$Z = 12$，$\varphi = 1.41$，$n_{\min} = 31.5 \text{r/min}$；电动机功率 7.5kW，额定转速 $n_m = 1440 \text{r/min}$；变速组和传动副数的组合可有以下方案：①$12 = 3 \times 2 \times 2$；②$12 = 2 \times 3 \times 2$；③$12 = 2 \times 2 \times 3$；④$12 = 4 \times 3$；⑤$12 = 3 \times 4$；⑥$12 = 6 \times 2$；⑦$12 = 2 \times 6$。

方案④、⑤中，无论哪个变速组为扩大组，都超出极限变速范围，因此不应选用方案④、⑤。

方案⑥、⑦有两个变速组，最少传动轴数为三根、八对齿轮副，轴Ⅱ的长度大；受极限变速范围限制，具有六级等比数列转速的变速组只能为基本组，其滑移齿轮必须分为两组平行排列（简称分组排列），每组的三联滑移齿轮保证该组内只有一对齿轮副处于啮合位置，两组三联滑移齿轮的操纵机构彼此互锁，确保仅有一对齿轮副处于啮合状态，另一变速组的三对齿轮副必须均处于分离状态，以防出现运动干涉；不能将各变速组的变速操纵轴套装在一起集中控制；比方案①、②、③的操纵机构复杂。因此，方案⑥、⑦也是不可取的方案。

进一步分析方案①、②、③，由于该车床的最高转速为 1440r/min，低于电动机的额定转速，所以该车床的主传动系统为降速传动。传动件越靠近电动机，转速就越高，在电动机功率一定的情况下，所需传递的转矩就越小，传动件和传动轴的几何尺寸就越小。因此，从传动顺序来讲，应尽量使前面的传动件多一些，即遵循"前多后少"原则。总之，应采用三联或双联滑移齿轮变速组，且三联滑移齿轮变速组在前其数学表达式为

$$3 \geq P_a \geq P_b \geq P_c \geq \cdots$$

因此应选方案①。

3. 确定扩大顺序的原则

在 $12 = 3 \times 2 \times 2$ 方案中，还有几种扩大方案：①$12 = 3_1 \times 2_3 \times 2_6$；②$12 = 3_1 \times 2_6 \times 2_3$；③$12 = 3_2 \times 2_1 \times 2_6$；④$12 = 3_4 \times 2_1 \times 2_2$；⑤$12 = 3_2 \times 2_6 \times 2_1$；⑥$12 = 3_4 \times 2_2 \times 2_1$。

首先，扩大方案①、②、③、⑤的极限变速范围为

$$r_2 = \varphi^{x_2(P_2-1)} = \varphi^{6(2-1)} = \varphi^6 = 8$$

扩大方案④、⑥的极限变速范围为

$$r_2 = \varphi^{x_2(P_2-1)} = \varphi^{4(3-1)} = \varphi^8 = 16 > 8 \text{（超出允许值）}$$

因此扩大方案④、⑥不宜采用。

变速组 j 的变速范围为 $r_j=\varphi^{x_j(P_j-1)}$。在公比一定的情况下，级比指数和传动副数是影响变速范围的关键因素。只有控制 $x_j(P_j-1)$ 的大小，才能使变速组的变速范围不超过允许值。传动副数多时，级比指数应小一些。考虑到传动顺序中的"前多后少"原则，扩大顺序应采用"前小后大"原则。为与传动顺序区别，这里称为"**前密后疏**"，即变速组中，级比指数越小，传动线越密；级比指数越大，传动线越疏。数学表达式为

$$x_a<x_b<x_c<\cdots$$

因此应选择扩大方案①。

4. 确定最小传动比的原则

为使更多的传动件在相对高速下工作，减小变速箱的结构尺寸，除在传动顺序上前多后少，扩大顺序上前密后疏外，最小传动比应采取"**前缓后急**"原则，也称为递降原则，即在传动顺序上，越靠前最小传动比越大，越靠后最小传动比越小，最后变速组的最小传动比常取 1/4，其数学表达式为

$$i_{a\min}\geq i_{b\min}\geq i_{c\min}\geq\cdots\geq\frac{1}{4}$$

采用"前缓后急"的最小传动比原则，还有利于减小传动件的转角误差，提高传动链末端执行件的旋转精度。

一般情况下，设计传动链时应遵循上述原则，但针对具体情况还要灵活运用。如采用双速电动机驱动时，电动机的级比为 2，但一般机床主传动的公比不会为 2，所以电动机不可能是基本组，只能为第一扩大组，传动顺序和扩大顺序不一致。再如 CA6140 中，轴Ⅰ上安装有双向摩擦离合器，占据一定轴向长度，为使轴Ⅰ不致过长，第一变速组为双联滑移齿轮变速组，第二变速组为三联滑移齿轮变速组，传动顺序中传动副数不是前多后少；轴Ⅰ上的双向摩擦离合器径向尺寸较大，为了使第一变速组齿轮的中心距不致过大，第一变速组采用升速传动。

三、转速图的绘制

根据转速图的拟定原则，确定结构式和结构网后，确定是否需要定比传动。若需要定比传动，首先确定定比传动比的大小，应尽量保证轴Ⅰ为主轴转速线上的一个转速点，然后分配各传动组的传动比，并确定其他中间轴的转速，这样就可画转速图了。

中型车床，$Z=12$，$\varphi=1.41$，$n_{\min}=31.5\text{r/min}$，主轴的转速数列为 {31.5　45　63　90　125　180　250　355　500　710　1000　1400}。确定轴Ⅰ的转速值为 710r/min，则定比传动的传动比为

$$i_0=\frac{710}{1440}=\frac{1}{2.03}$$

确定各变速组的最小传动比，从转速点 710r/min 到 31.5r/min 共有 9 格，三个变速组的最小传动线平均下降 3 格，按照前缓后急的原则，第二变速组最小传动线下降 3 格，第一变速组最小传动线下降 3-1=2 格，第三变速组最小传动线下降 3+1=4 格。

转速图绘制步骤如下：

1）画出转速线、传动轴线，标出转速点、标注转速值，在传动轴上方注明传动轴号，

电动机轴用0标注。

2）在传动轴线Ⅰ上用黑点标出转速点710r/min，计算电动机额定转速点在传动轴线0上的位置，$-\lg 2.03/\lg 1.41 = -2.04$，电动机额定转速在转速点710r/min以上2.04格，用黑点标注，并在旁边注明其转速值，两黑点之间的连线就是定比传动线。

3）画出各变速组最小传动线。

4）画出基本组其他传动线，三条传动线在轴Ⅱ上相距1格；画出第一扩大组第二条传动线，两传动线在轴Ⅲ上相距3格；作第二扩大组第二条传动线，与第一条传动线相距6格。

5）在各传动线上标出传动比或齿数比（直径之比）的大小，如图2-4所示。

6）作扩大组传动线的平行线，就可得到如图2-5所示的转速图。

若该车床与CA6140一样在轴Ⅰ上安装双向摩擦离合器，可采取如下方案：$12 = 2_1 \times 3_2 \times 2_6$。双向摩擦离合器从轴Ⅰ两端组装，致使轴Ⅰ组件必须整体装入变速箱；离合器的摩擦片压力应根据需求适时调节，因而轴Ⅰ必须在轴Ⅱ上面，轴Ⅱ装配后才能装入轴Ⅰ组件；摩擦离合器直径较大，为保证装配关系，轴Ⅰ上的最小齿轮的分度圆应比离合器大两个模数，为使第一变速组轴距不致太大，第一变速组从动齿轮应小些，转速图如图2-5所示。

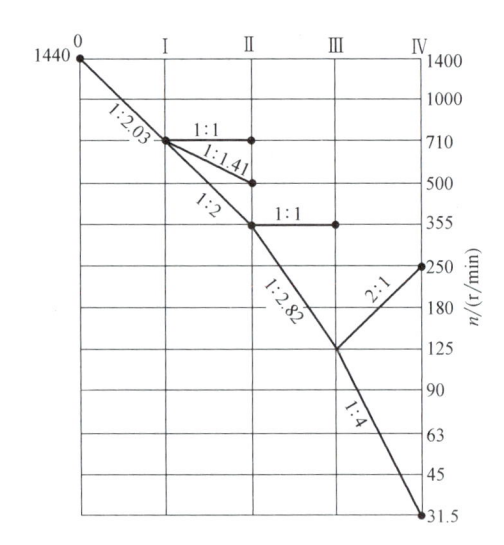

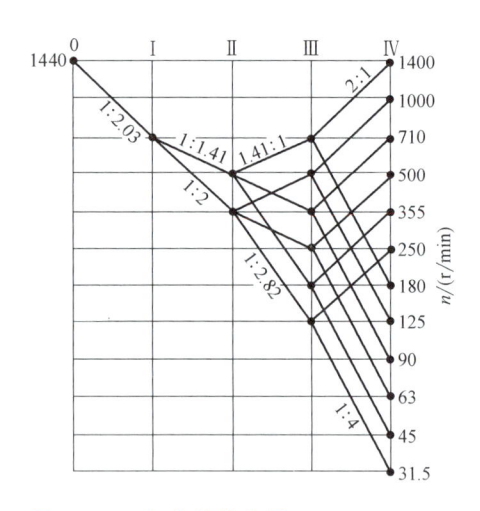

图2-4 转速图的拟定

图2-5 12级等比转速图

四、齿轮齿数的确定

1. 齿轮齿数的确定原则

在保证输出转速准确的前提下，尽量减少齿轮齿数，使齿轮结构尺寸紧凑。确定齿轮齿数的一般原则如下：

1）实际转速n'与标准转速n的相对转速误差δ_n为

$$\delta_n = \frac{n-n'}{n} = 1 - \frac{n'}{n} < \pm(\varphi - 1) \times 10\%$$

2）齿轮副的齿数和$S_z \leqslant 100 \sim 120$；受啮合重合度的限制，直齿圆柱齿轮最小齿数$z_{\min} \geqslant 17$；采用正变位，保证不根切的情况下，直齿圆柱齿轮最小齿数$z_{\min} \geqslant 14$；若齿轮和

轴为键连接，则应保证齿根圆至键槽顶面的距离大于两个模数，以满足其强度要求，即

$$\frac{z_{\min}m-2.5m}{2}-T \geqslant 2m$$

得

$$z_{\min} \geqslant \frac{2T}{m}+6.5$$

式中　T——齿轮的键槽顶面距轴孔中心的距离。

若齿轮和轴为花键连接，内花键大径为 D_j，则最小齿数可计算为

$$z_{\min} \geqslant \frac{D_j}{m}+6.5$$

3）满足结构安装要求，相邻轴承孔的壁厚不小于 3mm。
4）当变速组内各齿轮副的齿数和不相等时，齿数和的差值不能大于 3。
5）齿轮传动副，尤其是主轴和最后传动轴上的齿轮传动副，两齿轮数应为互质数（或没有较大的公约数）。

2. 确定齿轮的齿数

在一个变速组中，主动齿轮的齿数用 z_j 表示，从动齿轮的齿数用 z_j' 表示，$z_j+z_j'=S_{zj}$，则传动比 i_j 为

$$i_j = \frac{z_j}{z_j'} = \frac{a_j}{b_j}$$

式中，a_j、b_j 为互质数，设

$$a_j + b_j = S_{0j}$$

$$z_j = a_j \frac{S_{zj}}{S_{0j}}, \quad z_j' = b_j \frac{S_{zj}}{S_{0j}}$$

由于 z_j 是整数，故 S_{zj} 必定能被 S_{0j} 所整除；如果各传动副的齿数和均为 S_z，则 S_z 能被 S_{01}、S_{02}、S_{03} 整除，换言之，S_z 是 S_{01}、S_{02}、S_{03} 的公倍数。所以确定齿轮齿数时，应在允许的误差范围内，确定合理的 a_j、b_j，进而求得 S_{01}、S_{02}、S_{03}，并尽量使 S_{01}、S_{02}、S_{03} 的最小公倍数为最小，最小公倍数用 S_0 表示，则 S_z 必定为 S_0 的整数倍。设 $S_z=kS_0$，k 为整数系数。然后根据最小传动比或最大传动比中的小齿轮确定 k 值，确定各齿轮的齿数。

[例 2-1]　图 2-1 所示为车床的基本组，$i_{a1}=\varphi^{-2}$，$i_{a2}=\varphi^{-1}$，$i_{a3}=1$，$\varphi=1.41$，试确定基本组各齿轮的齿数。

解

$i_{a1}=\varphi^{-2}=\dfrac{1}{2}$，$S_{01}=3$，$i_{a2}=\varphi^{-1}=\dfrac{5}{7}$，$S_{02}=12$，$i_{a3}=\dfrac{1}{1}$，$S_{03}=2$

S_{01}、S_{02}、S_{03} 的最小公倍数为 12，即 $S_0=12$，则 $S_z=12k$。最小齿轮齿数发生在 i_{a1} 中，$z_{a1}=\dfrac{12k}{3}=4k \geqslant 17$，$k \geqslant 5$。取 $k=6$，$z_{a1}=24$；$z_{a2}=\dfrac{12k}{12}\times 5 = 5k = 30$；$z_{a3}=\dfrac{12k}{2}=6k=36$；$S_z=12k=72$；$z_{a1}'=72-24=48$，$z_{a2}'=72-30=42$，$z_{a3}'=36$。

[例 2-2] 如图 2-6 所示为转速图，试确定该铣床基本组各齿轮齿数。

解 1) 由于 $i_{a2} = \dfrac{1}{2}$，$S_{02} = 3$，要使 S_{01}、S_{02}、S_{03} 的最小公倍数为最小，需使 S_{01}、S_{03} 为 3 的倍数。在转速误差允许的范围内，最大传动比为 $i_{a3} = \dfrac{1}{1.58} \approx \dfrac{5}{8} \approx \dfrac{7}{11} \approx \dfrac{8}{13}$，取 $i_{a3} = \dfrac{8}{13}$，则 $S_{03} = 21$；$i_{a1} = \dfrac{1}{2.52} \approx \dfrac{2}{5} \approx \dfrac{7}{18} \approx \dfrac{11}{28}$，若取 $i_{a1} \approx \dfrac{2}{5}$，则 $S_{01} = 7$，$S_0 = 21$。则齿数 $z_{a1} = 2 \times \dfrac{21k}{7} = 6k$，取 $k = 3$，故 $z_{a1} = 18$；$z_{a2} = \dfrac{21k}{3} = 7k = 21$；$z_{a3} = 8 \times \dfrac{21k}{21} = 8k = 24$；$S_z = 21 \times 3 = 63$；$z'_{a1} = 63 - 18 = 45$，$z'_{a2} = 63 - 21 = 42$，$z'_{a3} = 63 - 24 = 39$。

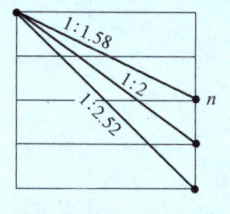

图 2-6 转速图

由于该变速组级比指数为 1 是基本组，按照转速图拟定原则，应为第一变速组，因而转速相对较高，而传递的转矩相对较小，该变速组的齿轮模数较小。若该变速组的齿轮模数 $m = 2.5$ mm，则最小齿轮的齿根圆直径 $d_{fa1} = 38.75$ mm，该齿轮只能与传动轴制成一体，即齿轮轴；这是因为该齿轮若为花键连接，其承载能力很小则该传动轴花键大径应不大于 28mm。

2) 若 $i_{a3} = \dfrac{7}{11}$，则 $S_{03} = 18$；因 S_{01} 不是 3 的倍数，故只好采用变位齿轮，减少（或增加）S_{z1}。但 i_{a1} 是最小传动比，最小齿数齿轮为 z_{a1}，必须按 $S_{01} = 18$ 确定 S_z，因而选择 $i_{a1} = \dfrac{1}{2.52} \approx \dfrac{2}{5} \approx \dfrac{5.142857}{12.857143}$，则 $S_0 = 18$，$S_z = 18k$，于是齿数 $z_{a1} = 5.142857 \times \dfrac{18k}{18} = 5.142857k$，取 $k = 4$，故 $z_{a1} > 17$；$z_{a2} = \dfrac{18k}{3} = 6k = 24$；$z_{a3} = 7 \times \dfrac{18k}{18} = 7k = 28$；$S_z = 18 \times 4 = 72$；$z'_{a2} = 72 - 24 = 48$，$z'_{a3} = 72 - 28 = 44$。

由确定齿轮齿数的原则可知 $69 \le S_{z1} = 7k_1 \le 75$，取 $k_1 = 10$，则 $S_{z1} = 70$。于是有 $z_{a1} = 2 \times \dfrac{70}{7} = 20$，$z'_{a1} = 70 - 20 = 50$。齿轮 z_{a1}、z'_{a1} 的总变位系数为 1；最小齿轮变位系数 $\xi = 0.5$ 时，$d_{fa1} = 46.25$ mm。

3) 若 $i_{a3} = \dfrac{5}{8}$，$i_{a1} = \dfrac{11}{28}$，则 $S_{03} = 13$；$S_{01} = 39$，$S_{02} = 3$，最小公倍数 $S_0 = 39$。则齿数 $z_{a1} = 11 \times \dfrac{39k}{39} = 11k$，取 $k = 2$，故 $z_{a1} = 22$；$S_z = 78$；$z_{a2} = \dfrac{39k}{3} = 13k = 26$；$z_{a3} = 5 \times \dfrac{39k}{13} = 15k = 30$；$z'_{a2} = 52$，$z'_{a3} = 48$。

但是，$i_{a1} \approx \dfrac{2}{5}$，与 $\dfrac{1}{2.52}$ 的相对误差率 $A = \dfrac{2.52 - 2.5}{2.5} = 0.8\%$；$i_{a1} \approx \dfrac{11}{28}$，与 $\dfrac{1}{2.52}$ 的相对误

差率 $A = \dfrac{2.52 \times 11 - 28}{28} = -1\%$,$i_{a1} \approx \dfrac{2}{5}$ 的精度高于 $i_{a1} \approx \dfrac{11}{28}$;故 i_{a1} 仍按 $i_{a1} \approx \dfrac{2}{5}$ 计算齿轮副的齿数。由确定齿轮齿数的原则可知 $75 \leqslant S_{z1} = 7k_1 \leqslant 81$,取 $k_1 = 11$,则 $S_{z1} = 77$;$z_{a1} = 2 \times \dfrac{77}{7} = 22$,$z'_{a1} = 77 - 22 = 55$。齿轮 z_{a1}、z'_{a1} 的总变位系数为 0.5;最小齿轮变位系数 $\xi = 0.5$ 时,$d_{fa1} = 51.25 \text{mm}$。此时最小齿轮可为花键连接齿轮。

3. 最后变速组齿轮齿数的确定

在最后变速组中,两传动副可采用不同的齿轮模数。大模数齿轮,抗弯能力强,传递转矩大,可用于低速传动中;高速传动中则采用小模数多齿数齿轮,增加啮合重合度,提高运动的平稳性,并减少齿轮振动和噪声。

低速传动的齿轮副齿数和、模数、传动比、主动齿轮齿数分别用 S_{z1}、m_1、i_1、z_1 表示;高速传动的齿轮副齿数和、模数、传动比、主动齿轮齿数分别用 S_{z2}、m_2、i_2、z_2 表示。由于两传动副的中心距相等,所以 $S_{z1}m_1 = S_{z2}m_2$,则有

$$\dfrac{S_{z1}}{S_{z2}} = \dfrac{m_2}{m_1} = \dfrac{e_2}{e_1} \quad (e_1、e_2 \text{ 为互质数})$$

$$z_1 = a_1 \dfrac{S_{z1}}{S_{01}} = a_1 \dfrac{S_0 k}{S_{01}}$$

$$z_2 = a_2 \dfrac{S_{z2}}{S_{02}} = a_2 e_1 \dfrac{S_{z1}}{S_{02} e_2} = a_2 e_1 \dfrac{S_0 k}{S_{02} e_2}$$

故可知 S_{z1} 是 S_{01}、S_{02}、e_2 的最小公倍数。因而,确定最后变速组齿轮齿数的步骤:选择 m_1、m_2,计算出 e_1、e_2;由 S_{01}、S_{02}、e_2 算出其最小公倍数 S_0,则 $S_{z1} = S_0 k$;然后确定变速组中最小齿数齿轮 z_1,使 $z_1 \geqslant 17$,求出 k 值;最后确定其他齿轮齿数。

[例 2-3] 某车床的最后变速组,$i_1 = \dfrac{1}{4}$,$m_1 = 4.5$;$i_2 = 2$,$m_2 = 3.5$。确定两齿轮副的齿数。

解 1)$S_{01} = 5$,$S_{02} = 3$;$e_1 = 9$,$e_2 = 7$,选择 $S_0 = 21$,则 $S_{z1} = 21k$,$i_1 = \dfrac{4.2}{16.8}$,$z_1 = 4.2 \times \dfrac{21k}{21} = 4.2k$,取 $k = 4$,则 $z_1 = 17$。$z'_1 = 68$,$\xi = -0.6$,$z_2 = 2 \times 9 \times \dfrac{21 \times 4}{3 \times 7} = 72$,$z'_2 = \dfrac{9 \times 21 \times 4}{3 \times 7} = 36$。

2)选择 $S_0 = 7$,则 $S_{z1} = 7k$,$i_1 = \dfrac{1.4}{5.6}$,$i_2 = \dfrac{4.66667}{2.33333}$;$z_1 = 1.4 \times \dfrac{7k}{7} = 1.4k$,取 $k = 13$,故 $S_{z1} = 7k = 91$,中心距为 $a = S_{z1}m_1/2 = 204.75 \text{mm}$,取 $a = 205 \text{mm}$。可在 $S_{z1} = 91$ 附近选取能被 5 整除的数字,利用齿轮变位,维持中心距不变。显然,S_{z1} 应为 90,故 $z_1 = \dfrac{90}{5} = 18$,$z'_1 = 4 \times \dfrac{90}{5} = 72$,总变位系数 $\xi = 0.555$;$S_{z2} = S_{z1}m_1/m_2 = 117$ 能够被 3 整除,故 $z_2 = 2 \times \dfrac{117}{3} = 78$,$z'_2 = \dfrac{117}{3} = 39$,总变位系数 $\xi = 0.071$。

4. 传动系统齿轮副齿数调整

齿轮传动副的两齿轮齿数为互质数，可减少或避免周期性振动，提高传动精度；减少齿轮磨损，延长使用寿命。

齿轮传动副的两齿轮齿数为互质数，就是确定传动比 $i=\dfrac{z_j}{z_j'}=\dfrac{a_j}{b_j}$ 中的 a_j、b_j，可对两个变速组的各传动比微调，结合变速组内齿数和的差值不能大于3的原则，改变齿轮副的齿数。

以图2-1所示车床为例。第三变速组以分数表示的两传动比 i_{c1}、i_{c2} 的分子、分母均为整数，故乘以 $\sqrt[12]{2}\approx 1.06$，第一变速组的各传动比则都除以1.06，即

$$i_a=\frac{1}{1.06}\times\begin{Bmatrix}1/2\\1/1.41\\1\end{Bmatrix},\ i_c=1.06\times\begin{Bmatrix}1/4\\2\end{Bmatrix}$$

则

$$z_{a1}=\frac{72}{1.06\times 2+1}=23,\ z_{a1}'=72-23=49$$

$$z_{a2}=\frac{72}{1.06\times 1.41+1}=29,\ z_{a2}'=72-29=43$$

$$z_{a3}=\frac{72}{1.06+1}=35,\ z_{a3}'=72-35=37$$

取 $S_{zc1}=91$，大齿轮 z_{c1}' 的变位系数 $\xi=-0.5$，则

$$z_{c1}=\frac{91\times 1.06}{1.06+4}=19,\ z_{c1}'=91-19=72$$

而齿轮 z_{c2}' 的变位系数 $\xi=-0.5$，则

$$z_{c2}=\frac{90\times 1.06\times 2}{1.06\times 2+1}=61,\ z_{c2}'=90-61=29$$

第二变速组在保证传动比近似不变的前提下微量调整齿轮副齿数，可得 z_{b1}、z_{b1}' 为

$$\frac{z_{b1}}{z_{b1}'}=\frac{1}{2.82}=\frac{22}{62}=\frac{23}{65}$$

且 23/65 相对于 $1/(2\sqrt{2})$ 的误差更小，即

$$\delta_{b1}=\left(\frac{23}{65}-\frac{1}{2\sqrt{2}}\right)\times 2\sqrt{2}=0.083\% <(1.41-1)\times 10\%=4.1\%$$

则 $S_z=88$、$z_{b2}=44$、$z_{b2}'=45$，z_{b2}' 的变位系数 $\xi=-0.5$。因而相对误差为

$$\delta_{b2}=1-\frac{44}{45}=2.2\%<4.1\%$$

故符合要求。

第二节　扩大变速范围的传动系统设计

根据前多后少的传动顺序原则，最后扩大组一定是双速变速组。若最后扩大组的变速范围为极限值8，则公比为1.41的传动系统，级比指数为6，结构式为 $12=3_1\times 2_3\times 2_6$，总变速

范围 $R=\varphi^{Z-1}=\varphi^{11}=45$；对于公比为 1.26 的传动系统，最后扩大组的级比指数为 9，结构式为 $18=3_1\times3_3\times2_9$，总变速范围 $R=\varphi^{Z-1}=\varphi^{17}=50$。

一般来说，这样的变速范围不能满足普通机床的要求，如车床 CA6140 的主轴最低转速为 10r/min，最高转速为 1400r/min，变速范围 $R=140$；数控铣床 XK5040-1 的主轴最低转速为 12r/min，最高转速为 1500r/min，变速范围 $R=125$；摇臂钻床 Z3040 的变速范围 $R=80$。因此，必须扩大传动系统的变速范围，满足机床的工艺需求。

一、增加变速组的传动系统

串联变速组传动链的变速范围等于各变数组变速范围的乘积。因而，增加一个变速范围大于 1 的双速变速组，就能增加变速范围。但是受变速组极限变速范围的限制，增加的变速组级比指数往往小于理论值，导致部分转速重复。例如，公比 $\varphi=1.41$，结构式为 $12=3_1\times2_3\times2_6$，第二扩大组级比指数 $x_2=6$，变速范围 $r_2=\varphi^6=8$；增加第三扩大组后，级比指数理论值，变速范围 $r_3=\varphi^{12\times(2-1)}=\varphi^{12}=64$，超出极限变速范围；必须减小 x_3，使 $r_3=\varphi^{x_3(2-1)}=\varphi^{x_3}\le 8=\varphi^6$，$x_3=6$，比理论值小 6。增加第三扩大组后，主轴转速级数理论值为 24 级，实际只获得 24-6=18 级，主轴重复 6 级转速，传动链变速范围为

$$R_{n+1}=(r_0r_1r_2)r_3=45\times8=360$$

二、单回曲机构

单回曲机构又称为背轮机构，传动原理如图 2-7 所示。图中轴Ⅰ是输出轴，z_1、z_4 空套于轴Ⅰ上，M 是双向离合器，与轴Ⅰ花键配合。M 向右滑移与 z_4 结合，运动和转矩经 z_1、z_2、z_3、z_4 传动，传动比 $i_1=\dfrac{z_1}{z_2}\dfrac{z_3}{z_4}$。若两传动比均为最小极限 1/4，则 $i_1=\dfrac{1}{4}\times\dfrac{1}{4}=\dfrac{1}{16}$。M 向左滑移与 z_1 结合，轴Ⅰ的运动不经过 z_1、z_2、z_3、z_4 传动，而直接由轴Ⅰ输出，所以称为单回曲机构，此时，$i_2=1$。单回曲机构的极限变速范围 $r'=\dfrac{i_2}{i_1}=16$，扩大了变速范围。

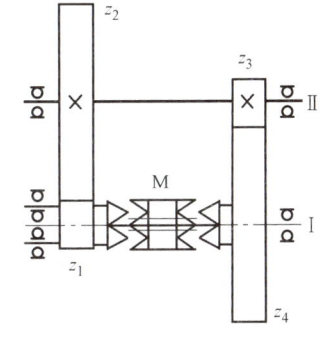

图 2-7 单回曲机构传动原理

公比 $\varphi=1.41$ 时，采用单回曲机构的结构式为 $16=2_1\times2_2\times2_4\times2_8$，变速范围 $R=\varphi^{16-1}\approx180$，为常规传动的 4 倍。

公比 $\varphi=1.26$ 时，采用单回曲机构的结构式为 $24=3_1\times2_3\times2_6\times2_{12}$，变速范围 $R=\varphi^{24-1}\approx203$，也是常规传动的 4 倍。

若增加的变速组为单回曲机构，则公比 $\varphi=1.26$，结构式为 $30=3_1\times3_3\times2_9\times2_{12}$，变速范围 $R_{n+1}=(r_0r_1r_2)r_3=50\times16=800$。

单回曲机构中回曲部分变速的传动链称为分支传动。

三、对称双公比传动系统

在机床主轴的转速数列中，每级转速的使用概率是不相等的。使用最频繁、时间最长的

往往是转速数列的中段，转速数列中较高或较低的几级转速是为特殊工艺设计的，使用概率较小。如果保持常用的主轴转速数列中段的公比 φ 不变，增大不常用的转速公比，就可在不增加主轴转速级数的前提下扩大变速范围。为了设计和使用方便，大公比是小公比的平方，高速端大公比转速级数与低速端相等。在转速图上形成上、下两端为大公比，且大公比转速级数上下对称，因此混合公比传动系统又称为对称双公比传动系统。对称双公比传动系统常用的公比 $\varphi = 1.26$。

1. 基本组传动副数 $P_0 = 2$ 的对称双公比传动系统

基本组传动副数 $P_0 = 2$，公比 $\varphi = 1.26$，12 级转速等比数列速传动链。若基本组级比指数改变为 $1+x'$（其中 x' 为偶数），$P_1 = 3$，$x_1 = P_0 = 2$，$P_2 = 2$，$x_2 = P_0 P_1 = 6$，则转速数列为

$$n_1 \begin{Bmatrix} 1 \\ \varphi^{1+x'} \end{Bmatrix} \begin{Bmatrix} 1 \\ \varphi^2 \\ \varphi^4 \end{Bmatrix} \begin{Bmatrix} 1 \\ \varphi^6 \end{Bmatrix} = n_1 \begin{Bmatrix} 1 \\ \varphi^{1+x'} \end{Bmatrix} \begin{Bmatrix} 1 \\ \varphi^2 \\ \vdots \\ \varphi^{10} \end{Bmatrix}$$

当 $x' = 2$ 时，高低速端各有一个大公比为 φ^2 的转速；当 $x' = 4$ 时，高低速端各有二个大公比转速……，如图 2-8 所示。$P_0 = 2$，$1+x' = 7$ 的 12 级转速对称双公比传动系统结构网和转速图如图 2-9 所示。

图 2-8 对称双公比传动链原理

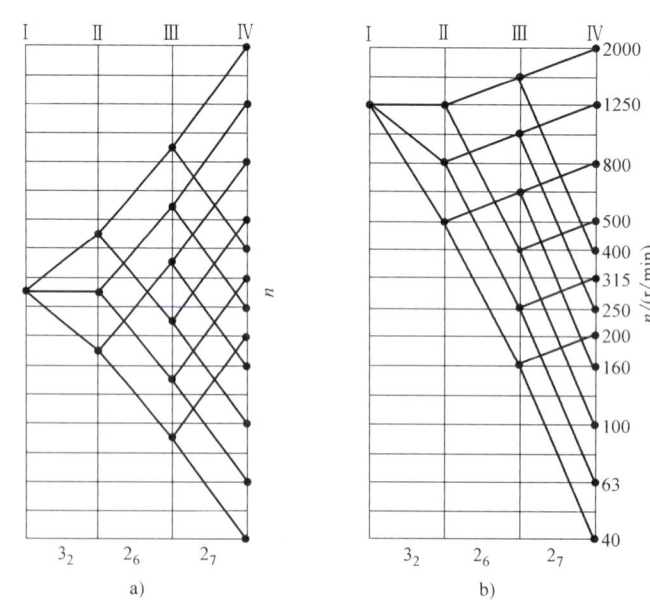

图 2-9 $P_0 = 2$ 的 12 级转速对称双公比传动链结构网和转速图
a) 结构网 b) 转速图

$P_0 = 2$ 的对称双公比传动链的设计原则如下：

1) 基本组的传动副数 $P_0 = 2$，级比指数为 $x'+1$（x' 为高低速端大公比转速级数的总和）。

2) 大公比转速级数必须是偶数。由于变形基本组的变速范围 $r_0 \leqslant 1.26^9 = 8$，所以 $x' \leqslant 8$。若变形基本组是单回曲机构，则 $r_0 \leqslant 1.26^{12} = 16$，$x' \leqslant 10$。

利用基本组传动副数为 2 的对称双公比传动系统理论，可方便地分析双速变速组级比指数为非整数的结构式的主轴转速特性。如公比 $\varphi = 1.41$，$18 = 3_1 \times 3_3 \times 2_{5.5}$，设 $\varphi' = \sqrt{\varphi}$，以 φ' 为公比，结构式改写为 $18 = 3_2 \times 3_6 \times 2_{11}$，以 φ' 为公比的结构式是对称双公比传动系统，高、低速两端各有 6 级转速为大公比 $\varphi = 1.41$，中间段 10 级转速为小公比 $\varphi' = 1.19$。

2. 基本组传动副数 $P_0 = 3$ 的对称双公比传动系统

基本组传动副数 $P_0 = 3$ 的传动系统，只有结构式为 $9 = 3_2 \times 3_3$ 能够形成对称双公比，转速数列为

$$n = n_1 \begin{Bmatrix} 1 \\ \varphi^2 \\ \varphi^4 \end{Bmatrix} \begin{Bmatrix} 1 \\ \varphi^3 \\ \varphi^6 \end{Bmatrix} = n_1 \begin{Bmatrix} 1 \\ \varphi^2 \\ \varphi^3 \\ \vdots \\ \varphi^8 \\ \varphi^{10} \end{Bmatrix}$$

18 级主轴转速的结构网如图 2-10 所示。

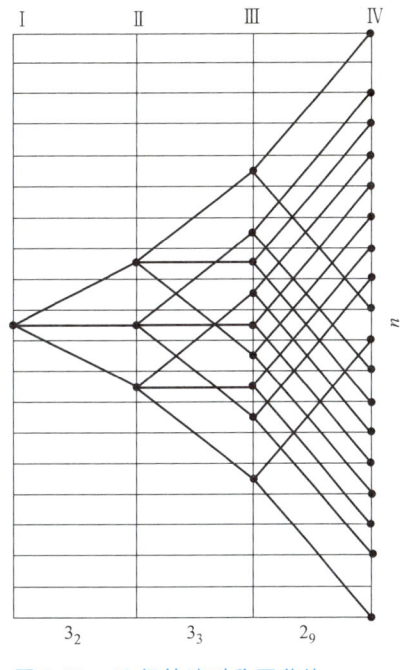

图 2-10 18 级转速对称双公比传动链结构网

[**例 2-4**] 某摇臂钻床的主轴转速范围为 $n = 25 \sim 2000 \mathrm{r/min}$，公比 $\varphi = 1.26$，主轴转速级数 $Z = 16$，试确定该传动系统。

解 该钻床的变速范围为

$$R = \frac{2000}{25} = 80$$

需要的理论转速级数为

$$Z' = \frac{\lg 80}{\lg \varphi} + 1 = 20 > 16$$

采用混合公比传动，大公比格数为 $x' = 20 - 16 = 4$，为偶数，且小于 8，则该钻床的结构式为

$$16 = 2_{1+4} \times 2_2 \times 2_4 \times 2_8$$

按前密后疏的原则，重新排列后得结构式为

$$16 = 2_2 \times 2_4 \times 2_5 \times 2_8$$

结构网如图 2-11 所示。

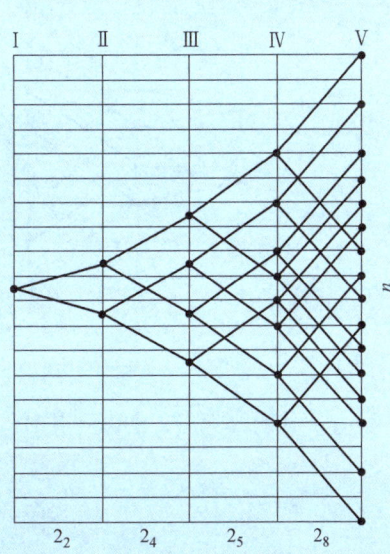

图 2-11 某摇臂钻床主传动链结构网

四、双速电动机传动系统

机床上使用的双速电动机是 YD 系列异步电动机，它是利用改变定子绕组的接线方法和改变绕组磁极数，即低速时将定子绕组连接成三角形，高速时将定子绕组连接成双星形，并改变绕组的通电相序，实现变速。双速电动机是动力源，必须为第一变速组（电变速组），但级比是 2，除可为混合公比传动系统中的变型基本组外，不可能是常规传动系统的基本组，只能作为第一扩大组。因此，机床采用双速电动机时，传动顺序和扩大顺序不一致。由于第一扩大组的级比指数等于基本组的传动副数，故双速电动机对基本组的传动副数有严格要求。由于 $2 \approx 1.26^3 \approx 1.41^2$，所以，当传动系统的公比采用 1.26 时，基本组的传动副数为 3；当传动系统的公比为 1.41 时，基本组的传动副数为 2。

[例 2-5] 某多刀半自动车床，主传动采用双速电动机驱动，电动机型号 YD160L-8/4，额定转速为 730/1450r/min，功率为 7/11kW；车床主轴的转速级数为 8，最低转速为 90r/min，最高转速为 1000r/min。试确定其传动系统。

解 该车床主传动需要的公比为

$$\lg\varphi = \frac{\lg R}{Z-1} = \frac{\lg 1000 - \lg 90}{8-1} = 0.149, \quad \varphi = 1.41$$

故结构式为

$$8 = 2_2 \times 2_1 \times 2_4$$

结构网和转速图如图 2-12 所示。双速电动机的应用，缩短了机械传动链，变相扩大了变速范围。另外，电动机定子绕组级数不同，其功率就不同，一般选择小值。如例 2-5 中车床的额定功率选择 7kW。

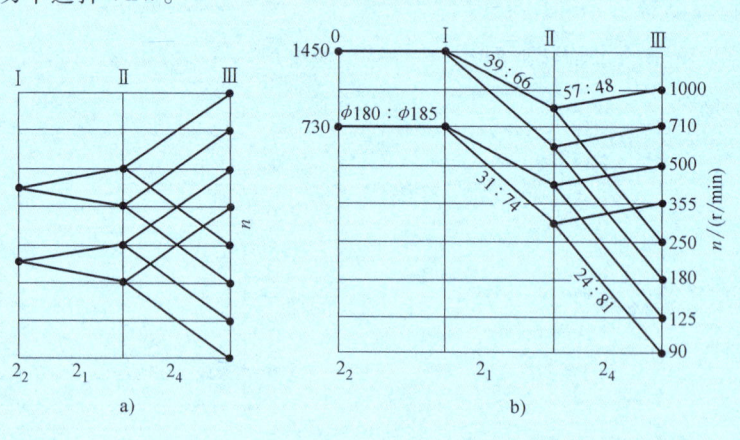

图 2-12 某车床结构网和转速图
a）结构网　b）转速图

第三节　计算转速

众所周知，零件设计的主要依据是所承受的载荷大小，而载荷取决于所传递的功率和转速。外载荷一定时，速度越高，所传递的转矩就越小。对于某一机床，电动机的功率是根据典型工艺确定的,在一定程度上代表着该机床额定负载的大小。对于转速恒定的零件,可计算出传递的转矩大小,从而进行强度设计。对于有多种转速可选择的传动件,则必须确定一个经济合理的计算转速,作为强度计算和校核的依据。

一、机床的功率转矩特性

由切削原理可知,切削力主要取决于切削面积(背吃刀量和宽度的乘积)的大小。切削面积一定时,无论切削速度多大,所承受的切削力都是相同的。因此,主运动为直线运动的机床,可认为在任何能实现的切削速度中,都能进行最大切削面积的切削,即最大切削力存在于一切可能的切削速度中。驱动直线运动的传动件,不考虑摩擦力等因素时,在所有转速下承受的最大转矩是相等的。这类机床的主传动属于恒转矩传动,工作台及主传动链所传递的功率随其速度或转速的降低而线性下降,因而工作台及主传动链中传动件的计算速度或计算转速是工作台及主传动链传动件的最高速度或最高转速。

主运动为旋转运动的机床,传动件传递的转矩不仅与切削力有关,而且与工件或刀具的半径有关。按照工艺需求,加工某一工件时,粗加工时采用大背吃刀量、大进给量(即较大的切削力矩)和低转速;精加工时则相反,采用高转速和小切削力矩。工件或刀具尺寸小时,同样的切削面积,切削力矩小,主轴转速高;工件或刀具尺寸大时,切削力矩相对较大,主轴转速低。众所周知,转矩与角速度的乘积是功率。因而主运动是旋转运动的机床维持功率近似相等,即属于恒功率传动。

通用机床的工艺范围广,变速范围大。有些典型工艺如精车丝杠、铰孔等,工件尺寸小,加工中必须采用小背吃刀量、小进给量和低主轴转速,消耗的功率小,此时主传动不需要传递电动机的全部功率。运动参数是完全考虑这些典型工艺后确定的,零件设计必须找出需要传递全部功率的最低转速,以此确定传动件所能传递的最大转矩。

主轴或其他传动件传递全部功率的最低转速称为计算转速 n_j。图 2-13 所示为主轴的功率和转矩特性图,主轴从计算转速到最高转速之间的每级转速都能传递全部功率,而其输出的转矩则随转速的增高而降低,故称为恒功率变速范围;从计算转速到最低转速之间的每级转速都能传递计算转速时的转矩(由结构强度决定的转矩),输出的功率则随转速成线性下降,故称为恒转矩变速范围。

各类通用机床主轴的计算转速见表 2-1。数控机床由于考虑切削轻金属,变速范围比普通机床宽,计算转速应比表中高一些。但目前数控机床尚无统一标准,在确定转速时可参考同类机床,结合统计分析,再合理确定。

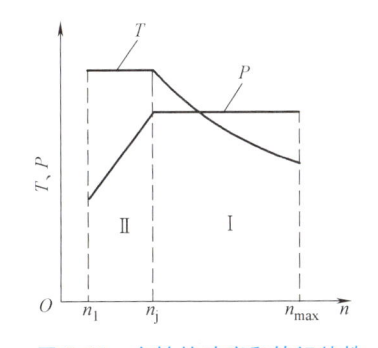

图 2-13 主轴的功率和转矩特性

二、机床变速系统中传动件的计算转速

变速传动中传动件的计算转速,可根据主轴的计算转速和转速图确定。确定传动轴计算转速时,先确定主轴计算转速,再按传动顺序由后往前依次确定,最后确定各传动件的计算转速。

表 2-1 各类通用机床主轴的计算转速

机床类型		计算转速 n_j	
		等比数列传动	双公比、无级传动
中型通用机床和半自动机床	车床 升降台铣床 转塔车床 仿形半自动车床 多刀半自动车床 单轴、多轴自动车床 立式多轴半自动车床 卧式镗铣床（$\phi 63 \sim \phi 90$mm）	$n_j = n_1 \varphi^{\frac{z}{3}-1}$	$n_j = n_1 \left(\frac{n_{max}}{n_1}\right)^{0.3}$
	立式钻床 摇臂钻床 滚齿机	$n_j = n_1 \varphi^{\frac{z}{4}-1}$	$n_j = n_1 \left(\frac{n_{max}}{n_1}\right)^{0.25}$
大型机床	卧式车床（$\phi 1250 \sim \phi 4000$mm） 单柱立车（$\phi 1400 \sim \phi 3200$mm） 双柱立车（$\phi 2000 \sim \phi 12000$mm） 卧式镗铣床（$\phi 110 \sim \phi 160$mm） 落地式镗铣床（$\phi 125 \sim \phi 160$mm）	$n_j = n_1 \varphi^{\frac{z}{3}}$	$n_j = n_1 \left(\frac{n_{max}}{n_1}\right)^{0.35}$
	落地式镗铣床（$\phi 160 \sim \phi 260$mm）	$n_j = n_1 \varphi^{\frac{z}{2.5}}$	$n_j = n_1 \left(\frac{n_{max}}{n_1}\right)^{0.4}$
高精度和精密机床	坐标镗床 高精度车床	$n_j = n_1 \varphi^{\frac{z}{4}-1}$	$n_j = n_1 \left(\frac{n_{max}}{n_1}\right)^{0.25}$

现以图 2-1 所示的车床为例说明。

（1）主轴的计算转速 主轴的计算转速为

$$n_j = n_1 \varphi^{\frac{z}{3}-1} = 31.5 \times 1.41^{\frac{12}{3}-1} \text{r/min} = 90 \text{r/min}$$

（2）各传动轴的计算转速 主轴的计算转速是轴Ⅲ经 18/72 的传动副获得的，此时轴Ⅲ相应转速为 355r/min。但变速组 c 有两个传动副，轴Ⅲ转速为最低转速 125r/min 时，通过 60/30 的传动副可使主轴获得 250r/min 的转速，因 250r/min>90r/min，能传递全部功率，所以轴Ⅲ的计算转速为 125r/min；轴Ⅲ的计算转速是通过轴Ⅱ的最低转速 355r/min 获得的，所以轴Ⅱ的计算转速为 355r/min；同样地，轴Ⅰ的计算转速为 710r/min。

（3）各齿轮副的计算转速 $z18/z72$ 产生主轴的计算转速，轴Ⅲ的相应转速 355r/min 就是主动轮的计算转速；$z60/z30$ 产生的最低主轴转速大于主轴的计算转速，所对应的轴Ⅲ的最低转速 125r/min 即为 $z60$ 的计算转速。

显然，变速组 b 中的两对传动副主动齿轮 $z22$、$z42$ 的计算转速都是 355r/min。变速组 a 中的主动齿轮 $z24$、$z30$、$z36$ 的计算转速都是 710r/min。

第四节 无级变速系统的设计

无级变速能使机床获得最佳切削速度而无相对转速损失，且能够在加工过程中变速，保持恒速切削。无级变速器通常是电变速组，恒功率变速范围为 2~8.5，恒转矩变速范围大于

100，这样就缩短了传动链长度，同时简化了结构设计。无级变速系统容易实现自动化操作，因此是数控机床的主要变速形式。

交流调速电动机利用正弦脉宽调制技术和矢量控制技术实现无级调速。忽略定子绕组电阻和漏感抗时，定子电动势 E_1 与磁通量 Φ、定子绕组电流频率 f_1、定子绕组相电压 U_1 之间的关系为 $U_1 \approx E_1 = 4.44 N_1 f_1 \Phi$（其中 N_1 为励磁线圈匝数）；电磁转矩 M 与三相假想转子电流 I_2'、转子功率因数 $\cos\varphi_2$、磁通量 Φ 之间的关系为 $M = C_m I_2' \Phi \cos\varphi_2$（其中 C_m 为系数）；电动机转速为 $n = (1-s) 60 f_1 / 2p$（其中 s 为转差率）。在额定相电压、额定载荷下工作时，转差率不变，转子电流亦为恒定值。当 f_1 高于额定频率时，Mn 维持额定条件下的大小不变，故 f_1 高于额定频率的调速为恒功率调速。常用的交流变频电动机的额定转速为 1000r/min、1500r/min、2000r/min，恒功率变速范围为 2.25～16。受抗振性能、散热条件等诸多因素的制约，普通感应电动机的恒功率变速范围最高为 1.5，即最高连续转速是额定转速的 1.5 倍。由于电动机在额定条件下工作时，磁场已达到近似饱和的程度，因而当 f_1 低于额定频率时，Φ 近似不变，致使转子的电磁转矩为恒定值，E_1 随电流频率的降低而线性降低，假想转子的输出功率随 f_1 的降低而线性降低，故称 f_1 低于额定频率的调速为恒转矩调速。当恒转矩变速范围超过 200 时，最低转速可达 6r/min。

直流电动机采用脉宽调制系统调速。除永磁转子直流电动机外，直流电动机具有独立的定子励磁电路和转子（电枢）电路。直流电动机转速 n 与励磁磁通 Φ、电枢电压 U、电枢电流 I_a、电枢电阻 R_a 之间的关系为 $n = (U - I_a R_a)/C_e \Phi$；电磁转矩 M 为 $M = C_m I_a \Phi$（其中，C_m 为系数）。①通过减小励磁电流的方法来减小磁通而进行弱磁恒功率调速（转速不低于额定转速），恒功率调速范围≤2（电枢换向器限制了电动机的最高连续转速）；②减小电枢电压实现恒转矩调速（转速不高于额定转速），恒转矩调速范围大于 100；③不能同时减小励磁电流和电枢电压，即不能联合调速，将电动机恒转矩转速（低于额定转速）平稳的升速进入恒功率范围（转速高于额定转速）。

综上可知，直流电动机的结构和调速系统比交流电动机复杂，而调速精度、平稳性等性能指标却劣于交流电动机，故新设计机电设备不再使用直流调速。如整流供电的 CRH2 动车组，采用 MT205 型鼠笼型感应电动机，电压 2000V，电流 106A，额定频率 140Hz，最高频率 220Hz，额定功率 300kW，额定转速 4140r/min，CRH2 八车动车组 MT205 型电动机 16 台，额定功率 4800kW。

伺服电动机和步进电动机都是恒转矩变速范围，且功率不大，不能驱动主运动传动链，只能用于直线进给运动和辅助运动。

如果调速电动机驱动载荷特性是恒转矩的直线运动部件，如龙门刨床的工作台、立式车床的刀架等，则可直接利用电动机的恒转矩变速范围，将电动机直接或通过定比传动拖动直线运动部件，即使电动机的恒转矩变速范围等于直线运动部件的恒转矩变速范围，电动机的额定转速产生直线运动部件的最高速度。

机床主运动传动链的执行件为旋转运动的主轴，由于主轴要求的恒功率变速范围 R_{Pn} 远大于调速电动机的恒功率变速范围 R_{Pm}，因此必须串联分级变速系统来扩大电动机的恒功率变速范围，以满足机床需求。即电动机的额定转速产生主轴的计算转速；电动机的最高转速产生主轴的最高转速。主轴的恒转矩变速范围 R_T 则决定了电动机恒转矩变速范围 R_{Tm} 的大小，$R_{Tm} = R_T$，电动机恒转矩变速范围 R_{Tm} 经分级传动系统的最小传动比，产生主轴的恒转

矩变速范围。 由于电动机恒功率变速范围的存在，简化了分级传动系统。

主运动电动机的调速都是数字控制的，因此无级变速系统串联的分级机械传动链应能自动控制。分级机械传动链可采用电磁离合器或液压缸控制的滑移齿轮变速机构。电磁离合器变速机构，结构复杂、体积大，因而应用受到一定限制；液压缸控制的滑移齿轮自动变速机构，靠电磁换向阀控制齿轮滑移方向。为使滑移齿轮定位精确，使液压缸结构及控制程序简单，常采用双作用液压缸控制双联滑移齿轮的方案，即串联的滑移齿轮变速组都是双速变速组，传动副数 $2 = P_a = P_b = \cdots$。

无级调速电动机的恒功率变速范围为 φ_m，可写成 $\begin{Bmatrix} n_0 \\ \vdots \\ n_0\varphi_m \end{Bmatrix}$，串联一个双速变速组后，输出的转速数列为

$$n = \begin{Bmatrix} n_0 \\ \vdots \\ n_0\varphi_m \end{Bmatrix} \begin{Bmatrix} i_{a1} \\ i_{a2} \end{Bmatrix}$$

保证输出无级转速范围连续的条件为

$$n_0 i_{a2} \leqslant n_0 \varphi_m i_{a1}$$

串联双速变速组的级比、恒功率无级变速范围分别为

$$\varphi_F = \frac{i_{a2}}{i_{a1}} \leqslant \varphi_m$$

$$R_P = \varphi_m \varphi_F \leqslant \varphi_m^2 = \varphi_m^z$$

串联的两个双速变速组后，分级传动链结构式 $4 = 2_1 \times 2_2$，恒功率无级变速范围为

$$R_P = \varphi_m \varphi_F^3 \leqslant \varphi_m^4 = \varphi_m^z$$

即恒功率无级变速范围的最大值为 $R_{P\max} = \varphi_m^z$，如图 2-14 所示。换言之，主轴恒功率变速范围 R_{Pn} 一定，$\varphi_F = \varphi_m$ 时，串联的分级机械传动级数为 $Z_{\min}$，即

$$Z_{\min} = \frac{\lg R_{Pn}}{\lg \varphi_m}$$

$$k_{\min} = \frac{\lg Z_{\min}}{\lg 2}$$

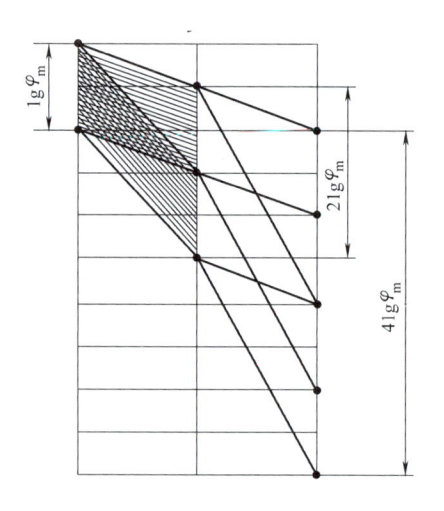

图 2-14 串联变速组特性

其中，k 为自然数，且采用收尾法圆整，即 $1 < Z_{\min} \leqslant 2$ 时，$Z = 2$；$2 < Z_{\min} \leqslant 4$ 时，$Z = 4$。理论上，$\varphi_m > 8$ 时，不能用上式计算 $Z_{\min}$，但实际上 R_{Pn} 远小于 64，用上式计算不会出现问题。采用收尾法圆整，分级传动系统的公比一般比电动机的恒功率变速范围小，分级传动系统的实际公比为

$$\varphi_F = \sqrt[Z-1]{R_{PF}} = \sqrt[Z-1]{\frac{R_{Pn}}{R_{Pm}}} = \sqrt[Z-1]{\frac{R_{Pn}}{\varphi_m}}$$

第二章 机床的传动设计

为减小中间传动轴及齿轮副的结构尺寸，分级传动的最小传动比应采用前缓后急的原则；为降低中间轴齿轮的制造成本，应尽量使齿轮的速度 $v \leqslant 15\text{m/s}$（硬齿面硬度>350HBW）或 $v \leqslant 18\text{m/s}$（软齿面硬度 $\leqslant$ 350HBW），扩大顺序应与传动顺序一致，采用前密后疏的原则。另外，串联的分级传动系统应遵循极限传动比、极限变速范围的原则。

[例 2-6] 有一数控机床，主运动由变频调速电动机驱动，电动机连续功率为 7.5kW，额定转速 $n_0 = 1500\text{r/min}$，最高转速 $n_{0\max} = 4500\text{r/min}$，最低转速 $n_{0\min} = 6\text{r/min}$，主轴转速 $n_{\max} = 3550\text{r/min}$，$n_{\min} = 37.5\text{r/min}$，计算转速 $n_j = 150\text{r/min}$，设计所串联的分级传动系统。

解 1）主轴要求的恒功率变速范围为

$$R_{Pn} = \frac{3550}{150} = 23.7 \approx 24$$

2）电动机的恒功率变速范围为 3，即 $R_{Pm} = \varphi_m = 3$。

3）该系统至少需要的转速级数、变速组数为

$$Z_{\min} = \frac{\lg R_{Pn}}{\lg \varphi_m} = \frac{\lg 24}{\lg 3} = 2.89$$

$$k_{\min} = \frac{\lg 2.89}{\lg 2} = 1.53$$

由于 $2 < Z_{\min} \leqslant 4$，故取 $Z = 4$，则 $k = 2$。

4）分级传动系统的实际公比为

$$\varphi_F = \sqrt[Z-1]{\frac{R_{Pn}}{R_{Pm}}} = \sqrt[4-1]{\frac{24}{3}} = 2$$

5）结构式为

$$4 = 2_1 \times 2_2$$

6）分级传动系统的最小传动比为

$$i_{\min} = \frac{150}{1500} = \frac{1}{10} = \frac{1}{2^{3.322}}$$

根据前缓后急的原则取

$$i_{b1} = \frac{1}{2.82}$$

$$i_{a1} = \frac{1}{2}$$

$$i_0 = \frac{1}{1.77}$$

7）其他传动副的传动比为

$$i_{a2} = i_{a1}\varphi_F = \frac{1}{2} \times 2 = 1$$

$$i_{b2} = i_{b1}\varphi_F^2 = \frac{1}{2.82} \times 2^2 = 1.41$$

8）调速电动机的最低工作转速为

$$n_{\text{mmin}} = 37.5 \times 10 \text{r/min} = 375 \text{r/min}$$

9）电动机最低工作转速时所传递的功率为

$$P_{\text{mmin}} = P_{\text{m}} \times \frac{n_{\text{mmin}}}{n_0} = 7.5 \times \frac{375}{1500} \text{kW} = 1.875 \text{kW}$$

转速图如图 2-15 所示。从转速图中可知，电动机的额定转速产生主轴的计算转速；电动机的最高转速产生主轴的最高转速；电动机的最低转速产生主轴的最低转速。区域 M 是恒转矩变速范围，由分级传动的最小传动比产生，电动机的恒转矩变速范围等于主轴的恒转矩变速范围。区域 P 为恒功率变速范围，有四段部分重合的无级转速，分别是 150～450r/min、300～900r/min、600～1800r/min 和 1200～3550r/min。段与段之间是等比的，比值就是分级传动的公比。每段的无级变速范围 $R_{\text{Fj}} = \varphi_{\text{m}}$。因此，无级变速系统利用调速电动机的电变速特性，能在加工中连续变速，实现恒速切削。

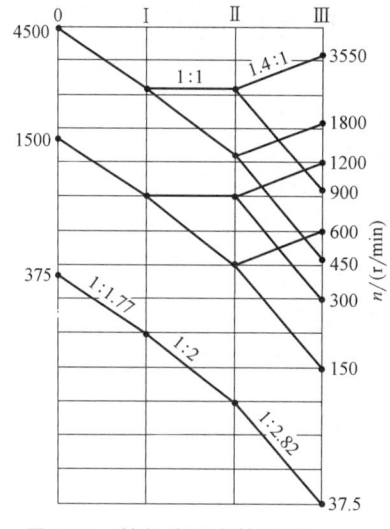

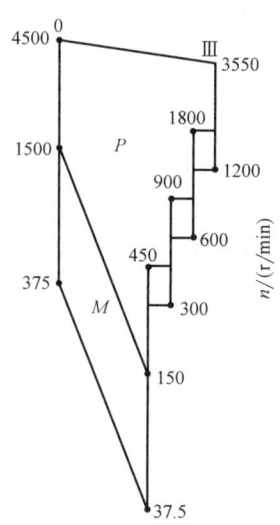

图 2-15 某数控机床转速图

如果要增大每段恒功率无级变速范围 R_{Fj}，则应采用恒功率变速范围 φ_{m} 较大的交流变频主轴电动机，并适当提高电动机的功率。若电动机功率增加到 P'_{m}，增大的比率 $k_{\text{m}} = \frac{P'_{\text{m}}}{P_{\text{m}}}$，则传递功率 P_{m} 的最低转速为 $n'_0 = \frac{n_0}{k_{\text{m}}}$，从而使电动机传递功率为 P_{m} 的转速范围变为 $\varphi'_{\text{m}} = \varphi_{\text{m}} k_{\text{m}}$。从另一个角度考虑，电动机传递功率 P'_{m} 的最低转速（额定转速）仍为 n_0，主轴传递电动机额定功率的最低转速（计算转速）则为 $n'_j = k' n_j$，对于增加功率后的电动机来讲，提高了主轴的计算转速，这样在某种程度上也简化了无级变速中串联的分级传动系统的设计。

[例 2-7] 例 2-6 的机床变频无级调速中，采用 1PH7107-2NF02-0L 型电动机（见表 2-2），额定功率 $P = 9$kW，30min 内的最大功率 12kW，额定转速 $n_0 = 1500$r/min，连续转速 $n_{0\text{max}} = 10000$r/min，最低转速 $n_{0\text{min}} = 6$r/min，确定其分级变速系统。

表 2-2 常用 1PH7 主轴电动机规格

常用规格	轴高 /mm	额定转速 /(r/min)	连续转速 /(r/min)	不同运行状态下功率/kW		额定转矩 /N·m	惯量 /kg·m²	质量 /kg
				S1	S2-30min			
1PH7101-□NF..-0L..(※)	100	1500	10000	3.7	4.9	23.6	0.017	40
1PH7103-□■G02-0 ▲		2000	5500	7	9.25	33.4	0.017	40
1PH7103-□■G02-0L..(※)		2000	10000	7	9.25	33.4	0.017	40
1PH7103-□■F02-0L..(※)		1500	10000	5.5	7	35	0.017	40
1PH7107-□■F02-0 ▲		1500	5500	9	12	57.3	0.029	63
1PH7107-□■F02-0L..(※)		1500	10000	9	12	57.3	0.029	63
1PH7131-□NF..-0L..(※※)	132	1500	8500	11	15	70	0.076	90
1PH7133-□■D02-0 ▲		1000	4500	12	16	114.6	0.076	90
1PH7133-□ND02-0L..(※)		1000	8500	12	16	114.6	0.076	90
1PH7133-□■G02-0 ▲		2000	4500	20	27.5	95.5	0.076	90
1PH7133-□■G02-0L..		2000	8500	20	27.5	95.5	0.076	90
1PH7133-□■F02-0L..(※)		1500	8500	15	20.5	95.5	0.076	90
1PH7133-2GZ02-0MJ3-Z(※)		1500	12000	15	20	95	0.076	90
1PH7135-□■F02-0L..(※)		1500	8500	18.5	25.5	117.8	0.109	130
1PH7137-□■D02-0 ▲		1000	4500	17	22.5	162.3	0.109	130
1PH7137-□ND02-0L..(※※)		1000	8500	17	22.5	162.3	0.109	130
1PH7137-□■G02-0 ▲		2000	4500	28	39	133.7	0.109	130
1PH7137-□■G02-0L..		2000	8500	28	39	133.7	0.109	130
1PH7137-□■F02-0L..(※)		1500	8500	22	30	140.1	0.109	130
1PH7137-2GZ02-0MJ3-Z(※)		1500	12000	22	28	134	0.109	130
1PH7163-□■D03-0 ▲	160	1000	3700	22	30	210.1	0.19	180
1PH7163-□■D03-0L..		1000	7000	22	30	210.1	0.19	180
1PH7163-□■F03-0 ▲		1500	3700	30	41	191.0	0.19	180
1PH7163-□■F03-0L..		1500	7000	30	41	191.0	0.19	180
1PH7167-□■F03-0 ▲		1500	3700	37	51	235.5	0.23	228
1PH7167-□■F03-0L..		1500	7000	37	51	235.5	0.23	228
1PH7167-□■B..-0L..(※※)		500	7000	16	21.5	305.5	0.23	228

注: 1. S1—连续负载时的功率; S2-30min—30min 内的最大功率。
2. □—风扇动力接线法。2 分离式风扇, 接线盒内动力线端子台; 7 分离式风扇, 盒外标准动力接头。
3. ■—信号界面。N 增量式编码器, 非 Drive-CliQ 通信电缆; Q 增量式编码器, Drive-CliQ 通信电缆。
4. B、D、F、G—同步转速 500、1000、1500、2000 (r/min)。
5. 平衡等级—B 整体 R 级平衡, 轴端 Flange 精度 R 级; C 整体 S 级平衡, 轴端 Flange 精度 R 级; D 整体 SR 级平衡, 轴端 Flange 精度 R 级; L 整体 SR 级平衡, 轴端 Flange 精度 R 级, 整体转速提高。
6. 心轴前端, 出风方向—A 有键槽心轴 (含键), 向后出风, 半键平衡; B 有键槽心轴 (含键), 向后出风, 全键平衡; J 无键槽直心轴, 向后出风。
7. 驱动轴数—0 单轴电动机; 2 双轴电动机。
8. ▲保护等级 (IP55, 风扇 IP54)—0 无油封设计, 无涂漆; 2 有油封, 无涂漆; 3 无油封设计, 涂漆; 5 有油封, 涂漆; 6 无油封设计, 两层涂漆; 8 有油封设计, 两层涂漆。
9. (※)—建议选择型; (※※)—建议选择型, 适用于高转矩负载。

解 1) 主轴要求的恒功率变速范围为
$$R_{Pn} \approx 24$$

2) 电动机功率增大系数为
$$k_m = \frac{9}{7.5} = 1.2$$

电动机传递7.5kW时的最低转速为
$$n_0 = \frac{1500}{1.2}\text{r/min} = 1250\text{r/min}$$

电动机传递7.5kW时恒功率变速范围为
$$\varphi'_m = k_m \frac{n_{0\max}}{n_0} = 1.2 \times \frac{10000}{1500} = 8$$

3) 至少需串联的双速变速组数和转速级数为
$$Z_{\min} = \frac{\lg 24}{\lg 8} = 1.52$$
$$k_{\min} = \frac{\lg 1.52}{\lg 2} = 0.61$$

取 $k = 1$,$Z = 2$。

4) 分级传动的实际公比为
$$\varphi_F = \frac{24}{8} = 3$$

5) 结构式为
$$2 = 2_1$$

6) 分级传动系统的最小传动比为
$$i_{\min} = \frac{150}{1250} = \frac{1}{8.33}$$

根据前缓后急的原则,取
$$i_{a1} = \frac{1}{4}$$
$$i_0 = \frac{1}{2.08}$$

7) 其他传动副的传动比为
$$i_{a2} = i_{a1}\varphi_F = \frac{1}{4} \times 3 = \frac{1}{1.33}$$

8) 调速电动机的最低工作转速为
$$n_{m\min} = 37.5 \times 8.33 \text{r/min} = 312.5\text{r/min}$$

9) 电动机最低工作转速时所传递的功率为
$$P_{m\min} = P_m \times \frac{n_{m\min}}{n_0} = 7.5 \times \frac{312.5}{1250}\text{kW} = 1.875\text{kW}$$

转速图如图2-16所示。

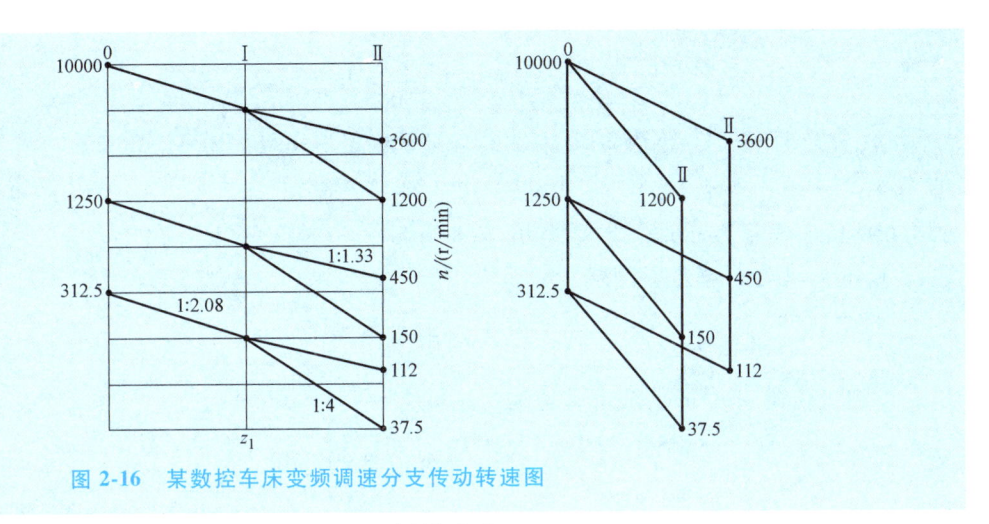

图 2-16 某数控车床变频调速分支传动转速图

主轴传递电动机额定功率（9kW）的最低转速为

$$n_j' = \frac{1500}{8.33} \text{r/min} = 180 \text{r/min}$$

利用 n_j'、P_m' 设计该传动系统，可获得与上述同样的结构式、机械变速系统公比、系统最小传动比等关键参数。

若上述数控车床的主参数为 $\phi 400$mm，则经济最大加工直径 $d_{max} = 200$mm，经济最小加工直径 $d_{min} = (0.2 \sim 0.25) d_{max} = (40 \sim 50)$ mm，取 $d_{min} = 40$mm；400mm 车床硬质合金车刀半精车时切削用量［引自机械工业出版社出版的《机械工程手册》（第2版）中的机械制造工艺及设备卷（二）第2篇切削加工 P2~P10］为 $v_{bjc} = 120 \sim 150$m/min，$f = 0.2 \sim 0.4$mm/r，$a_p = 1.0 \sim 2.0$mm

半精车的最高主轴转速为

$$n_{bjcmax} = \frac{v_{bjcmax}}{\pi d_{min}} = \frac{150}{0.04\pi} \text{r/min} = 1194 \text{r/min} < 1200 \text{r/min}$$

该车床经 i_{a1} 传递的主轴转速（$n = 37.5 \sim 1200$r/min）能满足对工件粗车、半精车、部分精车（如精车丝杠、铰孔等）的转速需求；经 i_{a2} 传递的主轴转速（$n = 112 \sim 3600$r/min）仅用于数控车床的高速精车；这是按照机床工况设计的变频调速分支（并联）传动链；数控车床大部分时间从事对工件的粗加工和半精加工，因而该数控车床正常状态传动比 i_{a1} 的齿轮副啮合、传动比 i_{a2} 的齿轮副分离（低速分支传动）；只有高速精车时，传动比 i_{a1} 断开、传动比 i_{a2} 接通（高速分支传动）。

对于小型数控机床，选择较大的功率增大系数 k_m 和恒功率变速范围 φ_m 较大的主轴电动机，使电动机传递功率为 P_m 的转速范围 $\varphi_m' = \varphi_m k_m \geq R_{Pn}$，可省去滑移齿轮变速组，采用齿形带或多楔带直接将动力传递到主轴上。

[例 2-8] 某全功能数控车床，最大切削直径为 $\phi 320$mm，滑板上的最大回转直径为 $\phi 260$mm，最大切削长度为 500mm，主轴的计算转速 $n_j = 160$r/min，主轴计算转速时的功率 $P_j = 4$kW，主轴的转速范围为 40~4000r/min，试确定该传动系统。

解 主轴要求的恒功率变速范围为

$$R_{\mathrm{Pn}} = \frac{4000}{160} = 25$$

1) 选择 1PH7133-2ND02-0L 主轴电动机，额定功率 P = 12kW，30min 功率 16kW，S6-60%功率 15kW，额定转速 n_0 = 1000r/min，连续转速 $n_{0\max}$ = 8500r/min，额定转矩 M_e = 114.6N·m，质量为 90kg，惯量为 0.076kg·m²。

① 电动机功率增大系数为

$$k_{\mathrm{m}} = \frac{12}{4} = 3$$

电动机传递 4kW 时的最低转速为

$$n_0' = \frac{1000}{3} \mathrm{r/min} = 333\mathrm{r/min}$$

电动机传递 4kW 时"恒功率"变速范围为

$$\varphi_{\mathrm{m}}' = k_{\mathrm{m}} \frac{n_{0\max}}{n_0} = 3 \times \frac{8500}{1000} = 25.5$$

实质上，1PH7133-2ND02-0L 主轴电动机转速从 333~1000r/min 产生的功率随转速线性增大，从 4~12kW，恒转矩调速，转矩近似为 114.6N·m；主轴电动机转速从 1000~8500r/min，都能传递 12kW。为使主轴电动机计算转速时产生的功率较高，主轴电动机的最高转速产生主轴的最高转速，主轴的计算转速 n_j 对应于主轴电动机的计算转速 n_{mj}，即

$$n_{\mathrm{mj}} = \frac{8500}{25} \mathrm{r/min} = 340\mathrm{r/min}$$

而主轴电动机计算转速时产生的功率为

$$P_{\mathrm{mj}} = 12 \times \frac{340}{1000} \mathrm{kW} = 4.08\mathrm{kW}$$

② 至少需串联的双速变速组转速级数为

$$Z_{\min} = \frac{\lg 25}{\lg 25} = 1$$

故传动系统只有定比传动。

③ 确定电动机 340r/min、主轴转速 160r/min 的传动比，即

$$i_0 = \frac{160}{340} = \frac{1}{2.125}$$

1PH7133-2ND02-0L 型电动机外形尺寸为 260mm（宽）×270mm（高），质量 90kg，需与主轴有较大距离，且安装调整应方便。因此对于主运动传动系统只有定比传动的机床，传动方式首选带传动。电动机转速越高，带轮直径越小，电动机的最高转速决定了同步带轮直径，且同步带的带宽小、载荷修正系数（工况系数）大，因此该类机床广泛采用多楔带传动，只有小功率机床才采用同步带传动。

PL（楔距 4.7mm）多楔带带体薄（10mm），柔性好，适应带轮直径≥75mm 的传动，带速可达 40m/s，振动小、发热少，运转平衡。带轮直径分别为 90mm、190mm，多楔带的楔数可采用 16、18、20，即带宽可为 75.2mm、84.6mm、94mm。

④ 主轴电动机的最低工作转速为
$$n_{\text{mmin}} = 40 \times 2.125 \text{r/min} = 85 \text{r/min}$$

⑤ 电动机最低工作转速时所传递的功率为
$$P_{\text{mmin}} = P_{\text{m}} \frac{n_{\text{mmin}}}{n_0} = 4.08 \times \frac{85}{340} \text{kW} = 1.02 \text{kW}$$

⑥ 电动机额定转速 $n_0 = 1000 \text{r/min}$ 时主轴的最低转速为
$$n'_{\text{j}} = \frac{1000}{2.215} \text{r/min} = 470 \text{r/min}$$

无论恒转矩变速还是恒功率变速都靠改变主轴电动机的电源频率实现。

若用主偏角 75°、前角 10°、刀具寿命 60min 的硬质合金车刀车削材质为 45 钢的 ϕ160mm×50mm 的圆柱体，320mm 车床硬质合金车刀粗车时的切削用量 [引自机械工业出版社出版的《机械工程手册》（第 2 版）中的机械制造工艺及设备卷（二）第 2 篇切削加工 P2~P10] 为 $v_{\text{c}} = 80 \sim 100 \text{m/min}$，$f = 0.3 \sim 0.6 \text{mm/r}$，$a_{\text{p}} = 3 \sim 5 \text{mm}$

粗车工件时最低转速为
$$n_{\text{cmin}} = \frac{80}{0.16\pi} \text{r/min} \approx 160 \text{r/min} = n_{\text{j}}$$

主切削力的经验指数式 [引自机械工业出版社出版的《机械工程手册》（第 2 版）中的机械制造工艺及设备卷（二）第 1 篇机械加工工艺基础 P1~P33] 为

$$F_{\text{c}} = C_{\text{Fc}} a_{\text{p}}^{x_{\text{Fc}}} f^{y_{\text{Fc}}} v_{\text{c}}^{n_{\text{Fc}}} K_{\text{Fc}}$$

由《机械工程手册》（第 2 版）中的机械制造工艺及设备卷（二）的表 1.2-2 可知：$C_{\text{Fc}} = 2650$，$x_{\text{Fc}} = 1$，$y_{\text{Fc}} = 0.75$，$n_{\text{Fc}} = -0.15$；修正系数 K_{Fc} 与被加工工件的力学性能、前角、主偏角、刃倾角、刀具圆弧半径、刀具寿命有关，根据机械制造工艺及设备卷（二）的表 1.2-3、表 1.2-4 计算修正系数 $K_{\text{Fc}} = 0.87$。

当 $f = 0.5 \text{mm/r}$，$a_{\text{p}} = 5 \text{mm}$，$v_{\text{c}} = 80 \text{m/min}$ 时，主切削力及理论主切削切率为
$$F_{\text{c}0.5} = 3552 \text{N}$$
$$P_{\text{c}0.5} = F_{\text{c}0.5} \frac{v_{\text{c}}}{60} \times 10^{-3} = 3552 \times \frac{80}{60} \times 10^{-3} \text{kW} = 4.736 \text{kW}$$

当 $f = 0.6 \text{mm/r}$，$a_{\text{p}} = 5 \text{mm}$，$v_{\text{c}} = 80 \text{m/min}$ 时，主切削力及理论主切削功率为
$$F_{\text{c}0.6} = 4072 \text{N}$$
$$P_{\text{c}0.6} = F_{\text{c}0.6} \frac{v_{\text{c}}}{60} \times 10^{-3} = 4072 \times \frac{80}{60} \times 10^{-3} \text{kW} = 5.43 \text{kW}$$

定比为多楔带传动，其机械效率为 0.96~0.98；为留有一定安全余量，主运动机械效率按 $\eta = 0.9$ 计算，则电动机应输出的功率为

$$P_{\text{mc}0.5} = \frac{P_{\text{c}0.5}}{\eta} = \frac{4.736}{0.9} \text{kW} = 5.26 \text{kW}$$

$$P_{\text{mc0.6}} = \frac{P_{\text{c0.6}}}{\eta} = \frac{5.43}{0.9} \text{kW} = 6.03 \text{kW}$$

长度 500mm 的工件粗车外圆消耗的最长时间为

$$t_{\max} = \frac{l}{n_c f} = \frac{500}{160 \times 0.3} \text{min} = 10.42 \text{min} < 30 \text{min}$$

该车床粗车时,主轴最低转速为 160r/min,电动机输出的最小理论功率为

$$P_{\text{mcmin}} = 4.08 \times \frac{16}{12} \text{kW} = 5.44 \text{kW}$$

$$P_{\text{mc0.5}} = 5.26 \text{kW} < P_{\text{mcmin}} < P_{\text{mc0.6}} = 6.03 \text{kW}$$

因此,该类车床的主运动采用 1PH7133-2ND02-0L 型电动机驱动时,能实现切削用量 $f = 0.5\text{mm/r}$,$a_p = 5\text{mm}$ 的粗加工,具有一定的粗加工性能。

2) 选择 1PH7133-2GZ02-0MJ3-Z 电动机,额定功率 $P = 15\text{kW}$,30min 功率 20kW,额定转速 $n_0 = 1500\text{r/min}$,连续转速 $n_{0\max} = 12000\text{r/min}$;额定转矩 $M_e = 95\text{N} \cdot \text{m}$,质量为 90kg,惯量为 $0.076\text{kg} \cdot \text{m}^2$。

电动机功率增加系数

$$k_m = \frac{15}{4} = 3.75$$

电动机传递 4kW 的最低转速为

$$n_0' = \frac{1500}{3.75} \text{r/min} = 400 \text{r/min}$$

电动机传递 4kW 时"恒功率"变速范围为 25 时,电动机最高转速 $n_{0\max}'$ 为

$$n_{0\max}' = 25 \times n_0' = 25 \times 400 \text{r/min} = 10000 \text{r/min} < 12000 \text{r/min}$$

由变频器限定电动机的最高转速。

主运动传动链的传动比为

$$i = 160/400 = 1/2.5$$

分析:不采用压轮的情况下,传动比小,多楔带的主动轮包角小。小带轮尺寸一定时,从动带轮直径大。

在恒功率变速范围工作时,转矩与转速呈反比;1PH7133-2ND02-0L 转矩为 95N·m 的主轴转速为

$$n_{\text{mj}} = \frac{160 \times 3 \times 114.6}{95} \text{r/min} = 579 \text{r/min}$$

主轴转速低于 n_{mj} 时,1PH7133-2ND02-0L 型电动机产生的转矩大;主轴转速高于 n_{mj} 时,1PH7133-2GZ02-0MJ3-Z 电动机传递的转矩大。

对于增加功率的机床主轴电动机,应保证其低速性能。故应选用 1PH7133-2ND02-0L 型电动机。

第五节　进给传动系统的设计

一、进给传动的载荷特点

进给传动用来实现机床的进给运动和辅助运动。机床的进给运动大多数为直线运动。直线进给运动的载荷是切削力，与切削面积成正比。根据工艺规程，不同的机床，有其相应的最大切削面积，对应有最大切削力，最大切削力则可能出现于任何进给速度中。因此，直线运动的进给传动是恒转矩载荷，传动件的计算转速（速度）是该传动件可能出现的最大转速（或速度）。

二、进给传动的分类及组成

进给传动按运动链的性质可分为外联系进给传动链和内联系进给传动链。进给链按其控制方式及变速形式可分为普通机床分级变速进给链和数控机床无级变速进给链。

通用机床的外联系传动链可与快速移动共用一台电动机，这种驱动形式传动链短，结构紧凑；也可与主运动共用一台电动机，这种驱动形式空载功率小，容易保证传动链执行件之间的严格传动比，特别适用于内联系进给传动链。外联系进给传动链一般包括变速机构、换向机构（如换向惰轮）、运动分配机构、过载保护机构和运动转换（将回转运动变换成直线运动）机构（齿轮齿条副、丝杠螺母副等）。若快速移动由单独的电动机驱动，快速移动与机动进给的交汇处应有超越机构，以免运动干涉。多方向进给传动的运动分配机构，在传动顺序上，应位于变速机构之后，以减少变速组数目，简化结构，方便操作。内联系进给传动链只包括传动比准确的变速机构。

数控机床的进给传动系统，每一进给运动采用一个伺服电动机，直接或通过定比传动机构与滚珠丝杠相连接，在丝杠（或伺服电动机）等旋转零件端部安装脉冲发生器，或在工作台侧安装光栅，用同步脉冲控制伺服电动机，保证工作台运动速度的精确度和定位精度。

三、进给传动的基本要求

进给传动系统应满足以下要求：
1）具有较高的静刚度。
2）具有良好的快速响应性，良好的抗振性能，噪声低，有良好的防爬行性能，良好的切削稳定性。
3）进给系统有较高的传动精度和定位精度。
4）能满足工艺需求，有足够的变速范围。
5）结构简单，制造工艺性好，调整维修方便，操纵轻便灵活。
6）制造成本低，有较好的经济性。

四、分级进给传动设计的原则

对于等差数列进给传动，设计时应以满足工艺需求为目的。随机数列进给传动系统，如齿轮加工机床的分齿运动链、车床的非标准螺纹进给传动链等，采用交换齿轮机构。等比进给传动应遵循以下原则：

（1）**进给传动系统的极限传动比、极限变速范围** 进给传动系统速度低，负荷小，消耗的功率小，因而齿轮薄、模数小，极限传动比为 $i_{min} \geqslant \frac{1}{5}$，$i_{max} \leqslant 2.8$，极限变速范围 $R = 2.8 \times 5 = 14$。

（2）**进给传动链传动顺序、扩大顺序、最小传动比原则** 等比数列转速（速度）进给运动传动链与主运动传动链相同，转速图拟定应按照传动顺序前多后少、扩大顺序前密后疏、最小传动比前缓后急的原则。

五、无级变速进给系统

进给传动系统的无级变速系统，普通机床多采用液压无级调速，数控机床一般采用伺服电动机无级调速。

液压无级调速利用调速阀等流量控制阀改变阀口过流面积或液流通道的长短来调节液体阻力的大小，调节液压缸出口流量，实现速度变化。其运动平稳性好，变速范围可达 200，但不易实现准确的速度调节，故适用于外联系进给传动。

交流伺服电动机与无刷直流伺服电动机结构相同，转子磁场由永久磁铁形成，属于同步电动机，恒转矩调速，内装光电编码器；采用矢量控制技术调速的为交流伺服电动机，采用脉宽调制技术控制的为直流伺服电动机。伺服电动机分为小惯量、中惯量、大惯量伺服电动机。小惯量电动机的长径比约为 5，其转动惯量约为普通直流电动机的 1/10，响应快，适用于数控机床；大惯量电动机能在较大过载转矩下长期工作，并能直接与滚珠丝杠连接而不需要中间传动装置，还可在低速下稳定地运转，输出转矩大，但由于转动惯量大，因此响应慢。

伺服电动机组成的无级调速系统，按有无检测和反馈装置可分为开环伺服系统和闭环伺服系统。按照检测和反馈装置的位置不同，闭环伺服系统可分为全闭环伺服系统（习惯上仍称为闭环伺服系统）和半闭环伺服系统。

开环伺服系统是没有检测和反馈装置的伺服系统，数控装置发出的脉冲，经环形分配器、功率放大器，驱动步进电动机旋转，运动经齿轮（或同步带）、滚珠丝杠螺母副，带动工作台等执行件移动，如图 2-17 所示。步进电动机每接收一个脉冲，便旋转一个固定的角度（步进角）α，带动工作台移动一个固定的距离（脉冲当量）Q。滚珠丝杠的导程为 P_h，步进电动机到工作台等执行件的传动比为 i，则脉冲当量 Q 为

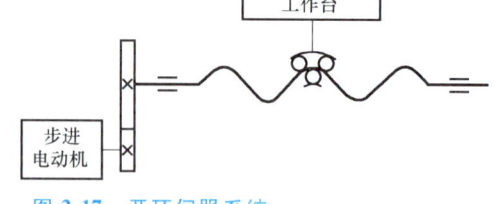

图 2-17 开环伺服系统

$$Q = \frac{\alpha}{360} P_h i$$

如果数控系统发出 N 个进给脉冲，工作台等执行件的移动量为

$$S = QN = \frac{\alpha}{360} P_h i N$$

由上式可知，开环伺服系统的精度取决于步进角、传动系统的传动精度和滚珠丝杠的精

度，定位精度一般为 0.01~0.02mm。开环伺服系统结构简单、精度低；突然加载或脉冲频率剧烈变化时，执行件的运动可能发生误差，即常说的"失步"现象。因此，开环伺服系统适用于精度要求不高的数控机床中。

闭环伺服系统是检测装置安装在工作台等执行件上的伺服系统。检测装置将工作台等执行件的实际位移量反馈给数控装置，与控制量相比较，根据比较结果对伺服电动机进行控制，或对伺服电动机的指令进行修正补偿，能完全消除工作台等执行件的移动误差。常用的检测装置有脉冲编码器（旋转角度检测、转速检测）和直线光栅（位置监测）。闭环伺服系统的定位精度取决于检测装置的精度；但系统结构复杂，成本高。因此，闭环伺服系统适用于伺服电动机进给系统驱动的精密数控机床上。

伺服电动机利用脉冲编码器形成的系统称为半闭环伺服系统，即在工作台等执行件上不安装检测装置的伺服系统。补偿环是伺服系统的一部分，不能检测工作台等执行件的运动误差，所以半闭环伺服系统的精度比开环伺服系统高，比闭环伺服系统低。如图 2-18 所示的半闭环伺服系统，反馈装置补偿环路仅包括伺服电动机，调整和测试简单，但不能补偿传动机构和丝杠螺母副的传动误差，伺服系统的精度取决于传动系统的制造精度。数控机床的进给系统多数为半闭环伺服系统。

数控进给传动链为恒转矩调速，工作台的最高速度（转速）为工作台的计算速度（转速），进给传动链仅有定比传动。因而伺服电动机的额定转速为电动机的计算转速，产生工作台的快速移动速度；伺服电动机额定转矩应不小于最大负载转矩，为减小负载转矩，进给传动链可采用减速传动；另外进给传动链应有良好的加速特性。

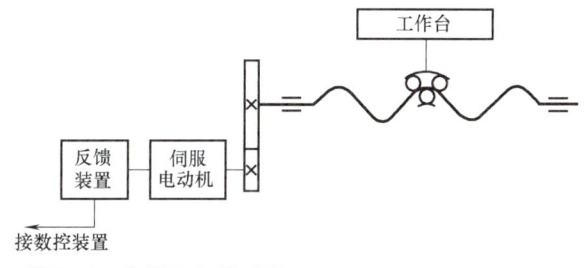

图 2-18 半闭环伺服系统

六、直线伺服电动机进给传动系统

直线伺服电动机是直接将电能转化为直线运动的机械能的电力驱动装置，是为了适应高速加工或微量进给精加工技术发展的需要而出现的新型电动机，可直接驱动工作台或刀架直线运动。直线伺服电动机用于开环控制系统时，定位精度约为 0.03mm，最高速度可达 0.4~0.5m/s；直线伺服电动机用于闭环控制系统时，定位精度可达 0.001mm，最高速度可达 1~2m/s。

直线伺服电动机的工作原理与旋转伺服电动机相似，可看作旋转伺服电动机沿径向剖开，向两边拉伸展平后形成，如图 2-19 所示。旋转电动机的定子演变为直线伺服电动机的初级，转子演变为次级，旋转磁场演变为直线运动磁场。

直线伺服电动机为获得较大的驱动力，在宽度方向上采用双初级、双次级的对称磁路结构；为使直线伺服电动机初级、次级能相对直线运动，其初级、次级有不同的长度，相对长的级一般固定不动（定子），相对短的级做直线移动（动子），如图 2-20 所示。

直线伺服电动机分为同步式和感应式两类。同步式的次级是由永久磁铁排列而成的；感应式的次级与笼型异步旋转电动机相似，可认为是笼型异步旋转电动机的转子径向剖开，向两边拉伸展平后形成的。直线伺服电动机初级是嵌装在磁性铁心中的通电线圈。

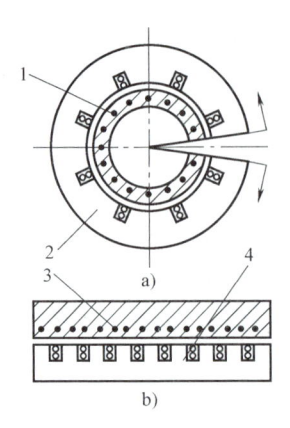

图 2-19 直线伺服电动机的形成机理
a）旋转伺服电动机　b）直线伺服电动机
1—转子　2—定子　3—次级　4—初级

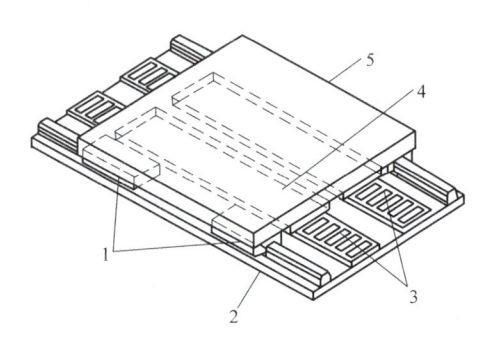

图 2-20 直线伺服电动机传动示意图
1—滚动导轨　2—床身　3—电动机次级
4—电动机初级　5—工作台

采用直线伺服电动机驱动，省去齿轮、齿形带和滚珠丝杠副等机械传动，简化了机床结构，且避免了由传动机构的制造精度、弹性变形、磨损、热变形等因素引起的传动误差。直线伺服电动机通电后，在初级中产生行波磁场，推动动子（工作台）直线运动。这种非接触式直接驱动，结构简单，维护方便，可靠性高，体积小，传动刚度高，响应快，可获得较高的瞬时加速度。但是，由于直线伺服电动机的磁力线外泄，机床装配、操作和维护时，必须安装有效的隔磁、防磁；另外，直线伺服电动机安装在工作台下面，散热困难，应配有良好的散热措施。

1993 年，德国 EX-CELL-O GmbH 公司开始将直线伺服电动机应用于加工中心，其进给速度大幅度提高，可达 60m/min，缩短了定位时间，提高了生产率，且提高了机床的加工精度。

第六节　结构设计

一、变速箱结构及传动轴组件的布置

变速箱的主要特点：为保证机床的运动，有较高的几何精度、传动精度和运动精度；有足够的强度、刚度；振动小，噪声低；操作应方便灵活。

变速箱内传动轴的布置应充分考虑安装、调整、维修和散热等因素，按空间三角形分布，并根据运动的性能、标准零部件尺寸及机床的形式合理确定各传动轴位置，图 2-21 所示为立式镗铣加工中心主轴箱展开图。主运动采用变频电动机驱动，连续输出功率为 7.5kW，$i_1 = \dfrac{1}{4}$，$i_2 = 1$，级比为 4，主轴转速为 15~4500r/min。

立式数控机床其主轴是铅垂的，为提高传动精度，传动轴应是铅垂的，以避免使用传动精度低的锥齿轮。电动机安装形式 V1，直接与轴Ⅰ相连，电动机尺寸约为 ϕ270mm。空心主轴内有吹屑管，主轴上部安装进气管和换刀控制机构。为安装、维修方便，轴Ⅰ与电动机应有一定距离，因此传动副的中心距 a 较大，有

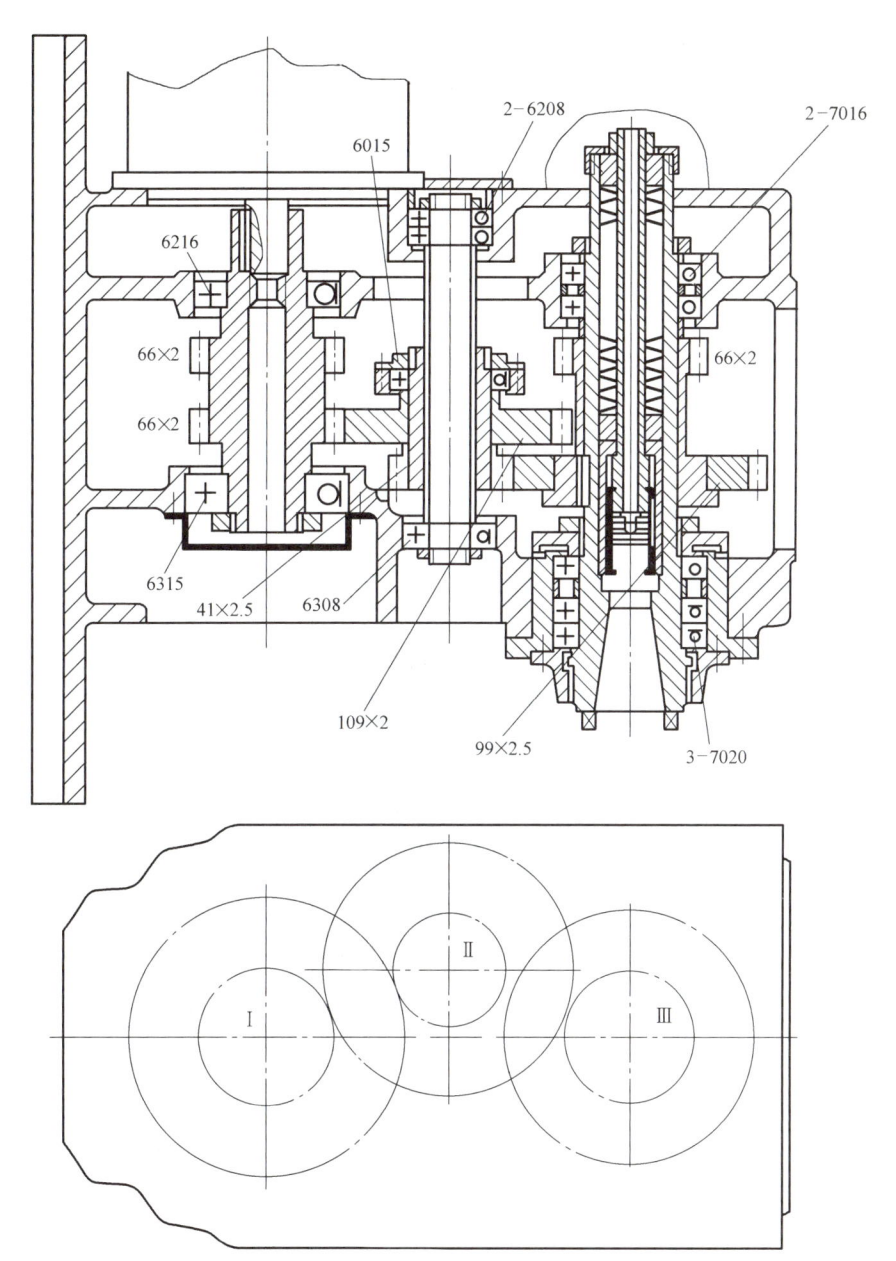

图 2-21 立式镗铣加工中心主轴箱展开图

$$a = \frac{m(z_1 + z_1')}{2} = \frac{5}{4} \times \frac{mz_1'}{2} = \frac{5}{8} mz_1'$$

$$d_1' = mz_1' = \frac{8}{5}a$$

从动齿轮 d_1' 直径大。为减小 d_1'，需增大其传动比，因此，必须增加定比降速传动。由于主轴最高转速等于电动机的最高转速，增加定比机构后，传动比 i_{a2} 等于定比机构传动比 i_0 的倒数，变为升速。由齿轮的齿面接触疲劳强度计算式可知，齿轮副的齿数比相同，传递的转矩相等时，中心距相等，故定比传动（轴Ⅰ—Ⅱ）的中心距与轴Ⅱ—Ⅲ的中心距相等。为使主轴轴承受热后，主轴轴心的横向位置保持不变，应使轴Ⅰ、轴Ⅲ的轴心连线为主轴箱中心线。为提高传动精度，避免主轴上的小齿轮过小，根据误差传递规律，传动比 i_0、i_{a1} 采用前缓后急的分配原则，即

$$i_0 = \frac{1}{1.65}, \quad i_{a1} = \frac{1}{2.41}, \quad i_{a2} = 1.65$$

定比机构传动比 i_0 与传动比 i_{a2} 从整体上可认为是，i_0 的从动齿轮 z'_0 和 i_{a2} 的主动齿轮 z_{a2} 为惰轮。为简化结构和设计，齿轮的尺寸参数可相等。为缩短轴向长度，在 i_{a1} 对应啮合位置增加一个齿轮 z_0，将齿轮 z'_0 和 z_{a2} 合并为一。另外，定比机构传动比 i_0 相对较大，增加了齿轮 z_0 的齿数，方便轴Ⅰ组件与电动机轴的装配连接。轴Ⅰ上端的轴承孔和下端的轴承孔挡肩应大于齿轮的齿顶圆直径，以保证齿轮轴Ⅰ的装配工艺性能。轴Ⅰ的螺纹孔用于拆卸齿轮轴。在螺纹孔中拧入一螺钉，螺钉顶在固定的电动机轴端面上，拧紧螺钉就可将齿轮轴拆卸出来。由《机械设计》所学内容可知，螺纹的有效承载圈数是 8~10 圈，所以应在螺纹下面钻较大的沉孔，以减小螺钉和螺孔的螺纹长度。

从另一个角度考虑，要减小 d'_1，可将传动比 $i_1 = \frac{1}{4}$ 分为两个传动副串联传动，增加中间传动轴Ⅱ。因此传动比 i_2 中需增加惰轮，从而使轴Ⅰ—Ⅱ的中心距与轴Ⅱ—Ⅲ的中心距相等。为简化齿轮轴Ⅰ的结构，方便加工，轴Ⅰ的两齿轮采用相同的尺寸参数，则轴Ⅱ上的从动齿轮 z'_1 与惰轮尺寸参数相同。为减小轴向长度，将齿轮 z'_{11} 与惰轮合并为一，形成与上述方案相同的结构。在结构设计中，有时设计的出发点不同，但可得出相同的结论。主轴箱结构及传动展开图如图 2-21 所示。该机床的齿轮线速度，除传动比 i_{a1} 的齿轮副（线速度约为 15m/s）外，都超过 30m/s，故齿轮的第Ⅱ组精度都为 5 级，齿轮的精加工形式为磨齿。

安装深沟球轴承的传动轴Ⅰ、轴Ⅱ，采用一端轴承的内外圈轴向固定，而另一端轴承外圈轴向自由的轴向定位方式，使轴受热膨胀时能自由伸展；若采用圆锥滚子轴承，则应两端轴向定位。由于轴Ⅲ的最高转速为 4500r/min，超过轻系列角接触球轴承的极限转速，所以轴Ⅲ的支承轴承采用超轻系列角接触轴承，下端采用三联组配 [型号为 7020TBT，T 表示三联组配，BT 表示两套轴承同向（即"T"）且与第三套轴承背靠背安装（即"B"）]；主轴上端为双联组配 [型号为 7016T，T 表示两角接触轴承同向安装（即"T"）]。精度等级为 P4（或 SP）。

二、齿轮的轴向布置

1. 齿轮轴向布置原则

1）滑移齿轮机构中，当一对齿轮副完全脱离啮合后，另一对齿轮才能进入啮合。为此，滑移齿轮的滑移行程理论值应为齿轮宽度 b 的 2 倍，并留有 Δ = 1~2mm 行程余量，齿轮的齿宽 $b = (6~12)m_n$，其中 m_n 为齿轮的法向模数。

2）尽量减小变速组的轴向长度，应采用窄式排列。

3）由于变速组中，大多数齿轮传动副的传动比小于 1。因而滑移齿轮应装在主动轴上，以减小滑移齿轮的质量，使其易于操纵。

2. 一个变速组中齿轮的轴向布置

（1）窄式排列　在三联滑移齿轮变速组中，最大滑移齿轮与最小固定齿轮啮合，因而

最大滑移齿轮的齿顶不能越过任意一个固定齿轮的齿顶。当最大滑移齿轮位于中间时，滑移行程取决于最大、次大固定齿轮的间隔距离，即最大、次大固定齿轮内侧为限位边；为减小变速组的轴向长度，三个滑移齿轮靠在一起，固定齿轮分离安装，相隔距离为一个滑移行程，即 $2b+\Delta$，如图 2-22 所示。变速组轴向总长度等于相距最远的两固定齿轮外侧距离，这种排列为窄式排列。双联齿轮变速组窄式排列的总长度为 $B>4b+\Delta$；三联齿轮变速组窄式排列的总长度为 $B>7b+2\Delta$。其中未计入齿轮插齿（或滚齿）时刀具的越程槽宽度等工艺尺寸。

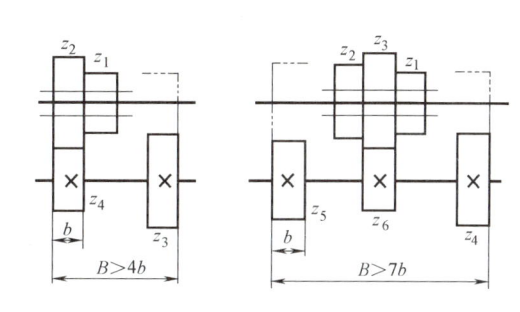

图 2-22 齿轮的窄式排列

窄式排列存在次大、最小滑移齿轮的齿顶越过最小固定齿轮齿顶的现象。只要次大滑移齿轮的齿顶与最小固定齿轮的齿顶不出现齿顶干涉，三联滑移齿轮变速组就能实现滑移变速。即三联滑移齿轮顺利啮合的条件为

$$\frac{mz_2+mz_6}{2}+2m \leqslant \frac{mz_3+mz_6}{2}$$

整理后得

$$z_3-z_2 \geqslant 4$$

即最大滑移齿轮与次大滑移齿轮的齿数差应不小于 4。

（2）亚宽式排列　当最大滑移齿轮与次大滑移齿轮的齿数差小于 4 时，可改变滑移齿轮变速顺序，只让最小滑移齿轮的齿顶越过最小固定齿轮的齿顶。如将窄式排列中（见图 2-22）最小滑移齿轮、最小固定齿轮向右侧（见图 2-23）移动一个滑移行程，即最大、最小固定齿轮靠在一起，次大、最小固定齿轮间隔两个滑移行程，最大、最小滑移齿轮间隔一个滑移行程，最大、次大滑移齿轮靠在一起，这种排列的轴向总长度为 $B>9b+3\Delta$。此时，滑移齿轮变速过程中，只有最小滑移齿轮的齿顶越过最小固定齿轮的齿顶，改变顺利啮合条件为：最大、最小滑移齿轮的齿数差不小于 4。这种排列方式称为亚宽式排列。

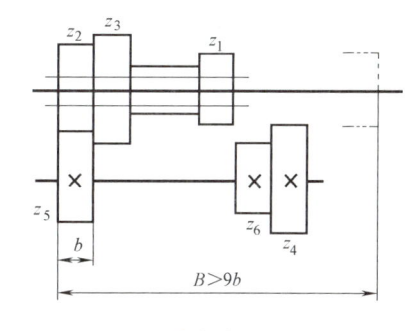

图 2-23 滑移齿轮变速组的亚宽式排列

若将图 2-23 中最小传动比齿轮传动副 z_1/z_4 与次大传动比齿轮副 z_2/z_5 位置对调，则形成从高到低（或由低到高）的顺序变速，如图 2-24 所示，三联滑移齿轮顺序变速的亚宽式顺利啮合条件为最大、次大滑移齿轮的齿数差不小于 4。

（3）宽式排列　若将图 2-22 所示的窄式排列中的滑移齿轮分离安装，相隔距离为 $2b+\Delta$，固定齿轮的间隔距离增加为 $4b+2\Delta$，则形成无齿顶干涉的齿轮排列，如图 2-25 所示。即滑移齿轮滑移变速过程中，

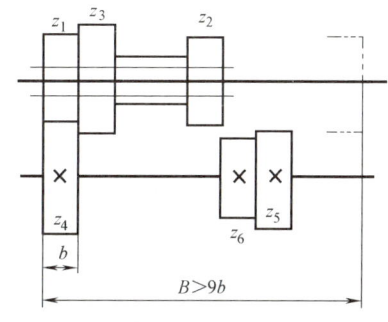

图 2-24 顺序变速的亚宽式排列

滑移齿轮的齿顶没有越过任何固定齿轮的齿顶，故称为无齿顶干涉条件的齿轮排列；变速组的轴向长度为 $11b+4\Delta$，因该变速组齿轮轴向排列尺寸大，习惯上称为宽式排列。双联滑移齿轮变速组宽式排列的轴向长度为 $6b+2\Delta$。

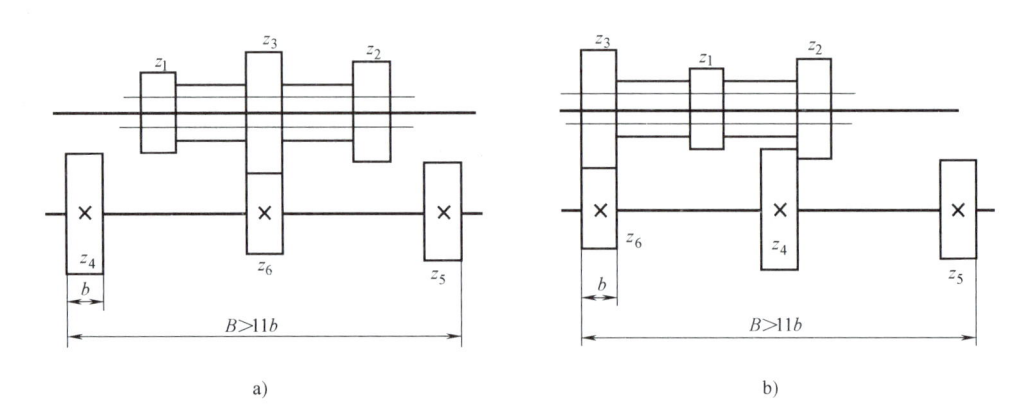

图 2-25 无齿顶干涉条件的排列
a）最大滑移齿轮居中的无齿顶干涉条件的排列　b）最小滑移齿轮居中的无齿顶干涉条件的排列

3. 相邻两个变速组齿轮的轴向排列

（1）并行排列　相邻两个变速组的公共传动轴上，从动齿轮和主动齿轮分别安装，主动齿轮安装在一端，从动齿轮安装在另一端；三条传动轴上的齿轮排列呈阶梯形，其轴向总长度为两变速组轴向长度之和，如图 2-26 所示。这种排列结构简单，应用范围广，但轴向长度较大。

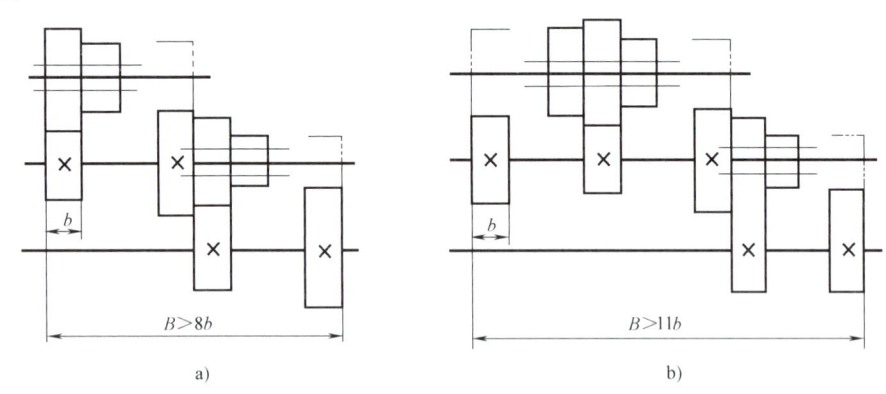

图 2-26 两变速组的并行排列
a）四级转速的并行排列　b）六级转速的并行排列

（2）交错排列　如图 2-27 所示，相邻两个变速组的公共传动轴上的主、从动齿轮交替安装，使两变速组的滑移行程部分重叠，从而减短了轴向长度。为使齿轮顺利滑移啮合，相邻齿轮模数相同时齿数差应不小于 4，且大齿轮位于外侧。在图 2-26b 中，第一变速组有三对齿轮副，窄式排列时轴向长度为 $B_a>7b+2\Delta$；第二变速组有两对齿轮副，窄式排列时轴向长度为 $B_b>4b+\Delta$，两相邻变速组并行排列时轴向总长度为 $B>11b+3\Delta$。交错排列时，轴Ⅱ上第二变速组 36 齿的主动齿轮，比第一变速组 41 齿的从动齿轮少 5 个齿，满足齿数差要求；

第一变速组 33 齿的滑移齿轮能够越过 36 齿的齿轮，因而将其安装在 41 齿齿轮的内侧；52 齿主动齿轮比 48 齿的从动齿轮多 4 个齿，也满足齿数差要求，因而固定在 48 齿从动齿轮的外侧。第一变速组的齿轮排列中插入了 36 齿的主动齿轮，轴向长度增加一个齿宽，长度变为 $B_a>8b+2\Delta$；第二变速组的齿轮排列中插入了 48 齿的从动齿轮，轴向长度也增加一个齿宽，长度变为 $B_b>5b+\Delta$；交错排列的轴向长度为轴 Ⅱ 的轴向长度 $B>9b+2\Delta$，比并行排列的轴向长度短。

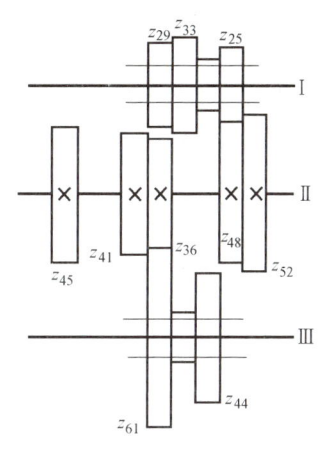

图 2-27　两个变速组的交错排列

（3）**公用齿轮传动结构**　相邻两个变速组的公共传动轴上，将某一从动齿轮和主动齿轮合而为一，形成既是第一变速组的从动齿轮，又是第二变速组的主动齿轮的单公用齿轮。两变速组可减少一个齿轮，轴向长度可减短一个齿轮宽度。公用齿轮的应力循环次数是非公用齿轮的两倍，根据等寿命理论，公用齿轮应为变速组中齿数较多的齿轮。因此，公用齿轮常出现于前一级变速组的最小传动比和后一级变速组的最大传动比中。在图 2-28 中，第一变速组的主动齿轮，不满足最大、次大齿轮齿数差的要求，采用了亚宽式排列，36 齿与 33 齿从动齿轮之间插入了第二变速组的 27 齿与 17 齿的主动齿轮，由于第二变速组采用窄式排列，故 27 齿与 17 齿的主动齿轮间隔为 $2b+\Delta$，致使轴 Ⅰ 上最大、次大滑移齿轮分离 $2b+\Delta$；第一变速组 38 齿的从动齿轮（图中有剖面线的齿轮）作为公用齿轮；同样，在第二变速组 17 齿与 38 齿齿轮之间，插入 33 齿的从动齿轮，轴 Ⅲ 上最大、最小滑移齿轮分离一个齿宽；两级三联滑移齿轮变速组总的轴向长度 $B>11b+3\Delta$。

在图 2-29 中，轴 Ⅱ 上 z_{35}、z_{23} 为公用齿轮。最小公用齿轮为易损件。两变速组的轴向长度与变速组 b 相等。变速组 a 的级比为

$$\varphi^{x_a}=\frac{32}{23}\times\frac{35}{18}\approx 2.82$$

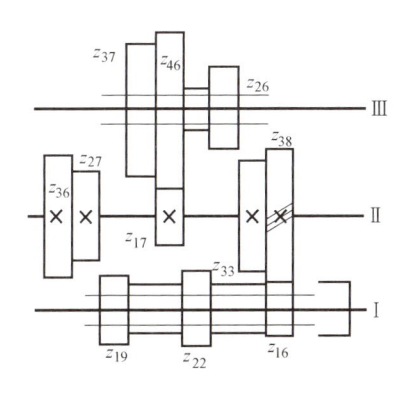

图 2-28　单公用齿轮的交错排列

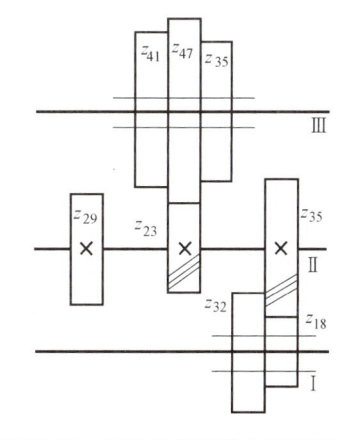

图 2-29　双公用齿轮的交错排列

变速组 b 的级比为

$$\varphi^{2x_b} = \frac{35}{35} \times \frac{47}{23} \approx 2 \Rightarrow \varphi^{x_b} = \sqrt{2} = 1.41$$

即公比为 1.41，变速组 b 为基本组，$P_0 = 3$，变速组 a 为第一扩大组。为保证传动精度，具有双公用齿轮的变速系统一般采用变位齿轮。

三、提高传动精度的措施

1. 误差传递规律

齿轮的齿形加工时，齿坯的几何中心 O_1 与机床工作台旋转轴心 O_2 存在同轴度误差，偏移量为 e_1；同样地，齿轮的几何中心 O_1 与传动轴旋转轴心 O 也存在同轴度误差，偏移量为 e_2；设点 O_1、O_2 与 O 在一条直线上，且相对于点 O 方向相同，如图 2-30 所示，总偏移量 $e = e_1 + e_2$；齿轮的齿廓在以点 O_2 为圆心的分度圆上均匀分布，分度圆上的齿距为 $2\pi r/z$；齿轮绕点 O 旋转时，每转一齿，传动轴的理论转角、最大、最小转角分别为 $360°/z$、$360°r/[(r-e)z]$、$360°r/[(r+e)z]$。转动一齿的最大转角误差为

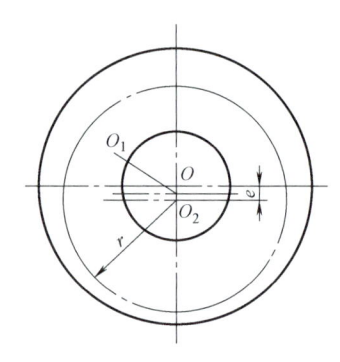

图 2-30 齿轮的几何偏心、运动偏心

$$\delta_{\theta\max+} = \frac{360°e}{z(r-e)} \approx \frac{360°e}{zr}, \quad \delta_{\theta\max-} = \frac{360°e}{z(r+e)} \approx \frac{360°e}{rz}$$

设与之啮合的齿轮分度圆半径为 $2r$，即传动比为 $1/2$。当主动齿轮转过 θ 时，从动齿轮转过 $\theta/2$；当主动齿轮转过 $\theta' = \theta \pm \delta_\theta$ 时，理论上从动齿轮应转过 $\theta'/2 = \theta/2 \pm \delta_\theta/2$。由于齿轮是啮合传动，彼此转过的齿数相等，从动齿轮实际转过的角度为 $\theta/2$。从动齿轮由主动齿轮引起的最大转角误差为

$$\frac{\theta}{2} - \frac{\theta'}{2} = \frac{\theta}{2} - \frac{\theta}{2} \mp \frac{\delta_\theta}{2} = \mp \frac{\delta_\theta}{2} = \mp i\delta_\theta$$

从动齿轮最大转角误差为主动齿轮的转角误差与传动比之积。如果传动比大于 1，则转角误差在传动中将被扩大；如果传动比小于 1，则转角误差将在传动中将被缩小。

在传动链中，前一级传动件的转角误差，经缩小放大后，与从动齿轮的转角误差一起，传给后一级传动副，再按后一级传动副传动比的大小进行扩大或缩小。即在传动链中，传动件在传递运动和转矩的同时，也将传动件的转角误差按传动比的大小进行放大或缩小，依次向后传递，最终反映在执行件上。若该传动件至执行件的总传动比小于 1，则该传动件的转角误差在传动中被缩小；反之，则将被扩大。

2. 提高传动精度的措施

制造误差、装配误差、轴承的径向圆跳动及传动轴的横向弯曲等，都能使齿轮等传动件形成几何偏心或运动偏心，产生转角误差。要提高传动精度，需从以下几方面采取措施：

1) 尽量缩短传动链。传动副越少，误差源越少。

2) 使尽量多的传动路线采用前缓后急的降速传动，且末端传动组件（包括轴承）要有较高的制造精度、支承刚度，必要时采用校正机构，这样可缩小前面传动件的传动误差，且末端组件不产生或少产生传动误差。

3) 升速传动,尤其是传动比大的升速传动,传动件的制造精度应高一些,传动轴组件应有较高的支承刚度。减小误差源的误差值,避免误差在传动中扩大。

4) 传动链应有较高的刚度,减少受载后的弯曲变形。主轴及较大传动件应做动平衡,或采用阻尼减振结构,以提高抗振能力。

习题与思考题

2-1 何谓转速图中的一点三线?机床的转速图表示什么?

2-2 结构式与结构网表示机床的什么内容?

2-3 在等比传动系统中,总变速范围与各变速组的变速范围有什么关系?与主轴的转速级数有什么关系?

2-4 在等比传动系统中,各变速组的级比指数有何规律?

2-5 拟定转速图的原则有哪些?

2-6 在机床转速图中,为什么要有传动比限制?各变速组的变速范围是否一定在限定的范围内?为什么?

2-7 机床传动系统为什么要前多后少、前密后疏、前缓后急?

2-8 公比 $\varphi=1.26$,结构式为 $24=3_2 \times 2_3 \times 2_6 \times 2_{12}$,计算各变速组的级比、变速范围及总变速范围,并指出该结构式表示什么类型的传动链。在保证结构式性质不变的情况下,想要缩短传动链,应采用什么措施?

2-9 某机床公比 $\varphi=1.26$,主轴转速级数 $Z=16$,$n_1=40 \mathrm{r/min}$,$n_{\max}=2000 \mathrm{r/min}$,试拟定出结构式,画出结构网;假定电动机功率 $P=4 \mathrm{kW}$,额定转速 $n_m=1440 \mathrm{r/min}$,试确定齿轮齿数,画出转速图。

2-10 某机床的主轴转速为 $n=40 \sim 1800 \mathrm{r/min}$,公比 $\varphi=1.41$,电动机转速 $n_m=1440 \mathrm{r/min}$,试拟定结构式、转速图;确定齿轮齿数、带轮直径比,验算转速误差;画出传动系统图。

2-11 某机床的主轴转速 $n=100 \sim 1120 \mathrm{r/min}$,转速级数 $Z=8$,电动机转速 $n_m=1440 \mathrm{r/min}$,试拟定结构式,画出转速图和传动系统图。

2-12 宽式排列中是否有滑移齿轮齿数差要求?最大滑移齿轮是否一定居中?能否实现顺序变速?为什么?

2-13 适用于大批量生产模式的专门化机床,主轴转速 $n=45 \sim 500 \mathrm{r/min}$,为简化结构采用了双速电动机,$n_m=720/1440 \mathrm{r/min}$,试画出该机床的转速图和传动系统图。

2-14 举例说明避免背轮机构高速空转的措施。

2-15 求图 2-31 所示某机床传动系统中各齿轮、主轴、传动轴的计算转速。

2-16 某数控机床,主轴 $n=31.5 \sim 3000 \mathrm{r/min}$,计算转速 $n_j=125 \mathrm{r/min}$,主传动采用变频电动机驱动,电动机转速为 $n_m=6 \sim 4500 \mathrm{r/min}$,额定转速 $n_d=1500 \mathrm{r/min}$,功率为 $P=7.5 \mathrm{kW}$。试设计电动机串联的分级传动系统。

2-17 某数控机床,主轴 $n=22.5 \sim 4500 \mathrm{r/min}$,计算转速 $n_j=750 \mathrm{r/min}$,主传动采用变频电动机驱动,电动机转速为 $n_m=6 \sim 4500 \mathrm{r/min}$,额定转速 $n_d=1500 \mathrm{r/min}$,功率为 $P=7.5 \mathrm{kW}$。试设计电动机串联的分级传动系统。

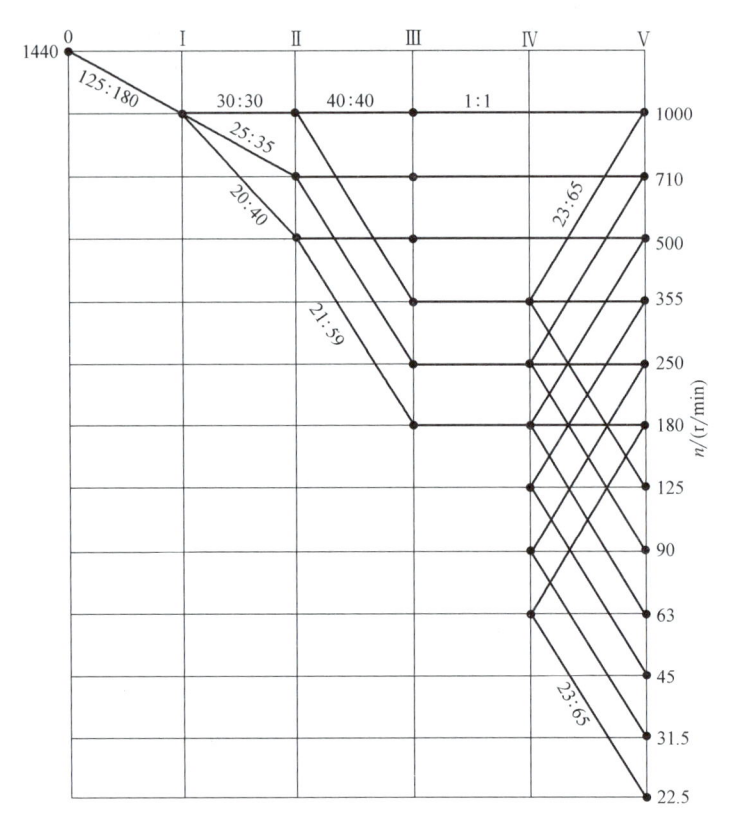

图 2-31 某机床的转速图

2-18 某数控机床，主轴 $n=31.5 \sim 2400 \mathrm{r/min}$，计算转速 $n_j = 200 \mathrm{r/min}$，主传动采用变频电动机驱动，电动机转速为 $n_m = 6 \sim 4500 \mathrm{r/min}$，额定转速 $n_d = 1500 \mathrm{r/min}$，功率为 $P = 7.5 \mathrm{kW}$。试设计电动机串联的分级传动系统。

2-19 无级变速有哪些优点？

2-20 数控机床主传动设计有哪些特点？

2-21 机床进给传动链与主传动链相比有哪些不同？

2-22 三联滑移齿轮的最大与次大齿轮的齿数差小于4时，为顺利滑移啮合变速，应采用什么措施？

2-23 有公用齿轮的交错排列有什么优点？

2-24 提高传动链的传动精度应采用什么措施？

2-25 结构式是转速图的数学表达式，它是否具有乘法的交换率和分配率？为什么？

2-26 直线运动的主传动链和进给传动链其载荷特性是否相同？其计算转速怎样确定？

2-27 误差传递的规律是什么？如何提高传动链的传动精度？传动件的转角误差与哪些因素有关？

2-28 某机床主运动传动链的结构式为 $16 = 2_2 \times 2_4 \times 2_5 \times 2_8$，公比 $\varphi = 1.26$，主轴的最高转速 $n_{max} = 2000 \mathrm{r/min}$。试确定机床主轴的各级转速。

2-29 某机床主运动传动链的结构式为 $24 = 3_1 \times 2_3 \times 2_6 \times 2_{10.5}$，公比 $\varphi = 1.26$，主轴的最低转速 $n_{min} = 10 \mathrm{r/min}$。试指出该机床主运动传动链的特点，并确定机床主轴的各级转速。

第三章

机床主要部件设计

第一节　主轴组件设计

主轴组件由主轴及其支承轴承、传动件、定位元件等组成。它是主运动的执行件，是机床重要的组成部分。它的功能是缩小主运动的传动误差，并将运动传递给工件或刀具进行切削，形成表面成形运动，以及承受切削力和传动力等载荷。主轴组件直接参与切削，其性能影响加工精度和生产率，因而是决定机床性能和经济性指标的重要因素。

一、主轴组件应满足的基本要求

1. 旋转精度

主轴的旋转精度是机床几何精度的组成部分。旋转精度是主轴组件装配后，静止或低速空载状态下，刀具或工件安装基面上的全跳动值。它取决于主轴、主轴的支承轴承、箱体孔等的制造精度、装配和调整精度。例如，主轴支承轴颈的圆柱度、轴承内径、滚道的圆柱度及其同轴度，滚动体的圆柱度，以及两箱体孔的圆柱度及其同轴度等因素，均可使刀具或工件定位基面上产生径向圆跳动；轴承支承端面、主轴轴肩等对回转轴线的垂直度误差，推力轴承的滚道与支承端面的平行度误差，以及滚动体的圆柱度误差等因素，可使主轴产生轴向圆跳动。刀具或工件定位基面自身的制造误差，也是影响主轴组件旋转精度的主要因素之一。

2. 静刚度

静刚度简称刚度，是主轴组件在静载荷作用下抵抗变形的能力，通常以主轴端部产生单位位移弹性变形时位移方向上所施加的力表示。

典型的主轴力学模型为外伸梁（简支梁和悬臂梁的组合）。当外伸端受径向作用力 F（单位为 N），受力方向上的弹性位移为 δ（单位为 μm）时，如图 3-1 所示，主轴的刚度 K 为

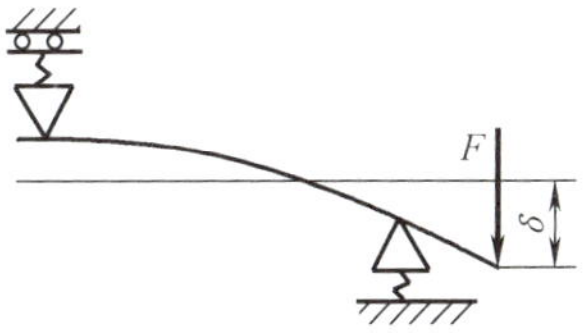

图 3-1　主轴组件刚度简图

$$K = \frac{F}{\delta}$$

由材料力学可知，弹性位移 δ 是位移方向上的力 F、主轴组件结构参数（如尺寸、支承跨距、支承刚度等）的函数。为简化刚度计算，引入柔度 H（单位为 μm/N），即刚度的倒数。

主轴刚度是综合性参数，与主轴自身的刚度和支承轴承刚度相关。主轴自身的刚度取决

于主轴的惯性矩、主轴端部的悬伸量和支承跨距；支承轴承刚度由轴承的类型、精度、安装形式、预紧程度等因素决定。

3. 动刚度

机床在额定载荷下切削时，主轴组件抵抗变形的能力，称为动刚度。工件毛坯硬度不匀、尺寸误差、断续切削、多刃切削等因素，使切削力成为变量。主轴组件的弹性位移随之成为变化的值，形成振动。动刚度实际上是抵抗受迫振动和自激振动的能力。切削力等外载引起的弹性位移的不断变化称为受迫振动；主轴、刀具、工件、导轨、支承件等内部系统自身形成的振动称为自激振动，习惯上也称为切削稳定性。

主轴组件的动刚度直接影响加工精度和刀具的使用寿命，是机床重要的性能指标。但目前，抗振性的指标尚无统一标准，设计时可在统计分析的基础上结合试验进行确定。

动刚度与静刚度成正比，在共振区，与阻尼（振动的阻力）近似成正比。可通过增加静刚度、增加阻尼比来提高动刚度。

4. 温升与热变形

主轴组件工作时，轴承的摩擦形成热源，而切削热和齿轮啮合热的传递导致主轴部件温度升高，产生热变形。主轴热变形可引起轴承间隙变化、轴心位置偏移、定位基面的形状尺寸和位置产生变化；润滑油温度升高后，黏度下降，阻尼降低。因此，主轴组件的热变形将严重影响加工精度。

各类机床对温升都有一定限制，如高精度机床，室温为 20℃ 时，连续运转下允许的温升 T_{20} 为 8~10℃；精密机床的 T_{20} 为 15~20℃；普通机床的 T_{20} 为 30~40℃。室温如果不是 20℃ 时，温升 T_t 的许可值可计算为

$$T_t = T_{20} + K_t(t-20)$$

式中　K_t——润滑剂修正系数，润滑油牌号为 N32、N46 时，K_t 分别为 0.6、0.5；脂润滑时，$K_t = 0.9$。

5. 精度保持性

主轴组件的精度保持性是指长期保持其原始制造精度的能力。主轴组件的主要失效形式是磨损，所以精度保持性又称为耐磨性。主要磨损有主轴轴承的疲劳磨损，以及主轴轴颈表面、装夹刀具的定位基面的磨损等。磨损的速度与摩擦性质、摩擦副的结构特点、摩擦副材料的硬度、摩擦面积、摩擦面表面精度及润滑方式等有关，如普通机床主轴，一般采用 45 或 60 优质结构钢，主轴支承轴颈及装卡刀具的定位基面经高频感应淬火，硬度为 50~55HRC。

二、主轴滚动轴承

1. 轴承的选择

机床主轴最常用的轴承是滚动轴承，主要原因如下：

1) 适度预紧后，滚动轴承有足够的刚度，有较高的旋转精度，能满足机床主轴的性能要求，能在转速和载荷变化幅度很大的条件下稳定工作。

2) 可由专门生产厂大批量生产，质量稳定，成本低，经济性好。特别是轴承行业针对机床主轴的工作性质，研制生产了 NN3000K、234400 及 Gamet（加梅）轴承，更使滚动轴承稳占主轴轴承的主导地位。

3) 滚动轴承容易润滑。与滑动轴承相比，滚动轴承的缺点有以下三点：①滚动体的数量有限，因此滚动轴承旋转中的径向刚度是变化的；②滚动轴承摩擦力大，摩擦系数 $f=0.002\sim0.008$，阻尼比小，阻尼比 $\zeta=0.02\sim0.04$；③滚动轴承的径向尺寸较大，因此在动刚度性能高的卧式精密机床（如外圆磨床、卧轴平面磨床、精密车床）中，滑动轴承仍有一定的应用领域。主轴组件的抗振性主要取决于前轴承，因而有的机床前支承采用滑动轴承，后支承采用滚动轴承。

2. 主轴滚动轴承的类型选择

机床主轴较粗，主轴轴承的直径较大，轴承所承受的载荷远小于其额定动载荷，其比值约为 1/10。因此，一般情况下，承载能力和疲劳寿命并不是选择主轴轴承的主要依据。

主轴轴承应根据刚度、旋转精度和极限转速来选择。轴承的刚度与轴承的类型有关，线接触的滚子轴承比点接触的球轴承刚度高，双列轴承比单列轴承的刚度高，且刚度是载荷的函数，适当预紧不仅能提高旋转精度，也能提高刚度。轴承的极限转速与轴承滚动体的形状有关，对于同等尺寸的轴承，球轴承的极限转速高于滚子轴承，圆柱滚子轴承的极限转速高于圆锥滚子轴承；对于同一类型的轴承，滚动体的分布圆越小，滚动体越小，极限转速越高。轴承的轴向承载能力和刚度，由强到弱依次为推力球轴承、推力角接触球轴承、圆锥滚子轴承、角接触球轴承；承受轴向载荷轴承的极限转速由高到低依次为角接触球轴承、推力角接触球轴承、圆锥滚子轴承、推力球轴承。

（1）双列圆柱滚子轴承　图3-2a所示为双列圆柱滚子轴承，滚子直径小，数量多（50~60个），具有较高的刚度；两列滚子交错布置，减小了刚度的变化量；外圈无挡边，加工方便；主轴内孔为锥孔，锥度为1：12，轴向移动内圈使之径向变形，调整径向间隙和预紧；黄铜实体保持架，利于轴承散热。轴承型号为NN3000K。

对于切削力方向固定不变的机床主轴，由于影响旋转精度最大的因素是轴承内圈的径向圆跳动，因而NN3000K的派生系列轴承NNU4900K内圈无挡边，滚动体、保持架与外圈一体，内圈滚道可装在主轴上精磨，进一步减小了内圈滚道与主轴旋转轴心的同轴度误差，提高了旋转精度。

另外，NN3000K为超轻系列轴承；NNU4900K为特轻系列轴承，且内孔直径较大，以保证外圈滚道的加工精度。双列圆柱滚子轴承只能承受径向载荷。

（2）双向推力角接触球轴承　轴承型号为234400，接触角为60°，滚动体直径小，极限转速高；外圈和箱体孔为间隙配合，安装方便，且不承受径向载荷；与双列圆柱滚子轴承配套使用。图3-2b所示为双向推力角接触球轴承的示意图。

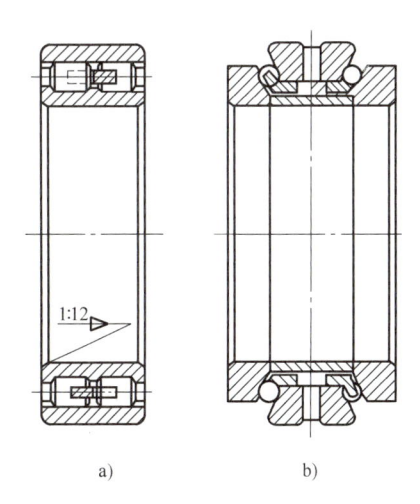

图3-2 轴承示意图
a）NN3000K型轴承　b）234400型轴承

（3）角接触球轴承　如图3-3a所示，接触角是过外圈上滚珠接触长度的中点和滚珠球心的直线与各滚珠球心组成的平面的夹角，接触角越大，轴向载荷的承载能力就越强，径向载荷的承载能力则相反。角接触球轴承常用的型号有7000C系列和7000AC系列，前者接触角为15°，后者接触角为25°。7000C系列多用于极限转速高、轴向负载小的机床，如内圆磨床主轴等；7000AC系列多用于极限转速高于双列滚子轴承且轴向载荷较大的机床，如车床主轴和加工中心主轴。

为提高支承刚度，可采用两个角接触球轴承组合安装。组合的方式有三种：图3-4a所示为背靠背组合（配置代号为DB）；图3-4b所示为面对面组合（配置代号为DF）；图3-4c所示为同向组合（配置代号为DT）。从图中可知，背靠背组合的支点A、B（接触线与轴线的交点）间距大，所以支承刚度比面对面的组合高。轴承工作时，滚动体与内外圈摩擦产生热量，使轴承温度升高。轴承外圈安装在箱体上，散热条件比内圈好。所以内圈温度高，径向热膨胀使轴承过盈量增加；轴向热变形伸长，背靠背组合使轴承过盈量减少，可部分补偿径向变形导致的过盈增加。面对面组合则因轴伸长而使轴承过盈量增加，使轴承过盈进一步增加。因此机床主轴使用的轴承组合应为背靠背组合或采用同向安装形成轴承组。两同向安装的轴承组形成背靠背组合配置。另外，还有三联组配轴承，即前两轴承同向组合，接触线朝前，后轴承与之背靠背。数控机床主轴的角接触球轴承采用三联组合安装。

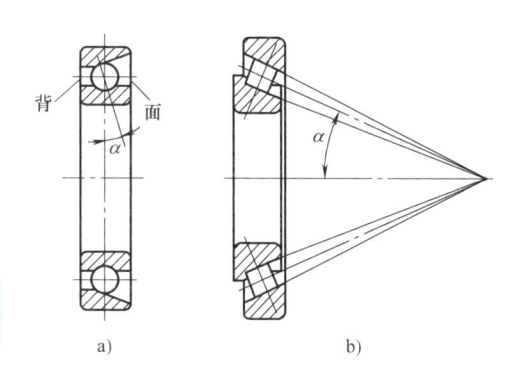

图 3-3 轴承示意图
a) 角接触球轴承 b) 圆锥滚子轴承

图 3-4 角接触球轴承的组合
a) 背靠背组合 b) 面对面组合 c) 同向组合

图3-3b所示为圆锥滚子轴承，与锥齿轮相似，内圈滚道锥面、外圈滚道锥面与圆锥滚子轴线形成的锥面相交于一点，以保证圆锥滚子的纯滚动。圆锥滚子轴线形成的锥面与轴承轴线的夹角（即半锥角）等于接触角。由于圆锥滚子轴承是线接触，所以承载能力和刚度较高。圆锥滚子旋转时，离心力的轴向分力使滚子大端与内圈挡边之间产生滑动摩擦，摩擦面积大，发热量大，因而极限转速较低。轴承代号为30000。

（4）双列圆锥滚子轴承 如图3-5所示，双列圆锥滚子轴承有一个公用外圈、两个内圈，且内圈小端无挡边，可取出内圈，修磨中间隔套，调整预紧量。双列圆锥滚子轴承是背靠背的角接触轴承，支点距离大，线接触，滚子数量多，刚度和承载能力大，可承受纯径向力，也可承受以径向力为主的径向与双向轴向载荷，适用于中低速、中等以上载荷的机床主轴前支承。图3-5a所示为35200系列轴承；图3-5b所示为Gamet轴承H系列，适用于前支承；图3-5c所示为Gamet轴承P系列，与H系列配套使用，适用于后支承。这类轴承特点：空心滚子，且两列滚子数量相差一个，改善了轴承的动刚度；采用黄铜实体保持架，并充满空间，润滑油只能通过空心滚子进行冷却，且旋转中在离心力轴向分力的作用下润滑油流向滚子大端摩擦面，润滑和冷却效果好；后支承受力小，单列滚子，外圈有16~20根弹簧，能自动预紧。

3. 轴承的精度选择

轴承的精度应采用 P2、P4、P5 级和 SP、UP 级。SP、UP 级轴承的旋转精度相当于 P4、P2 级，内、外圈的尺寸精度比旋转精度低一级，相当于 P5、P4 级。这是因为轴承的工作精度主要取决于旋转精度，主轴支承轴颈和箱体轴承孔可按一定配合要求配作，适当降低轴承内、外圈的尺寸精度可降低成本。

切削力方向固定不变的主轴，如车床、铣床、磨床等，通过滚动体，始终间接地与切削力方向上的外圈滚道表面的一条线（线接触轴承）或一点（球轴承）接触，由于滚动体是大批量生产的，且直径小，圆柱度误差小，其圆度误差可忽略。因此，决定主轴旋转精度的是轴承的内圈径向圆跳动 t_{ir}，即内圈滚道表面相对于轴承内径轴线的同轴度。切削力方向随主轴的旋转同步变化的主轴，主轴支承轴颈的某一条线或点间接地跟半径方向上的外圈滚道表面对应的线或点接触。影响主轴旋转精度的因素为轴承内圈的径向圆跳动、滚动体的圆度误差、外圈的径向圆跳动。由于轴承内圈滚道直径小，且滚道外表面磨削精度高，因而误差较小，主轴旋转精度主要取决于外圈的径向圆跳动 t_{er}，即外圈滚道表面相对于轴承外径轴线的同轴度；推力轴承影响主轴旋转精度（轴向圆跳动）的最大因素是动圈支承面的轴向圆跳动 t_s。主轴滚动轴承内（动）圈的旋转精度见表 3-1，主轴滚动轴承外圈的旋转精度见表 3-2。

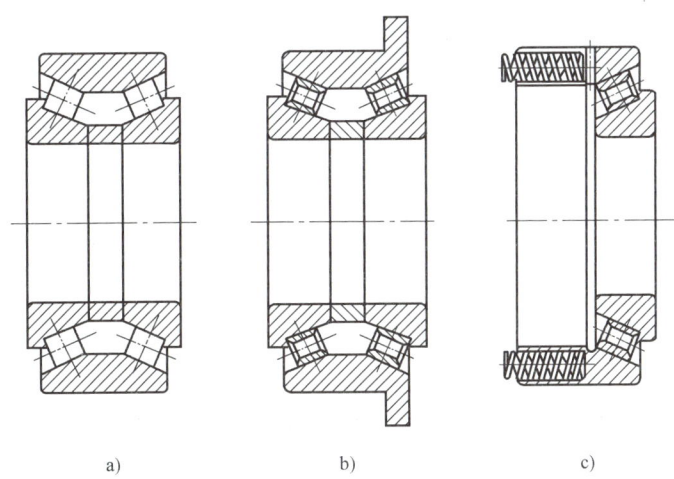

图 3-5 圆锥滚子轴承示意图

a) 35200 系列轴承　b) Gamet 轴承 H 系列　c) Gamet 轴承 P 系列

表 3-1 主轴滚动轴承内（动）圈的旋转精度

轴承内径/mm		>50~80			>80~120			>120~150		
精度等级		P2	P4	P5	P2	P4	P5	P2①	P4	P5
圆柱滚子轴承及角接触球轴承	t_{ir}/μm	2.5	4	5	2.5	5	6	2.5	6	8
	$t_{is}^{②}$/μm	2.5	5	8	2.5	5	9	2.5	7	10
圆锥滚子轴承	t_{ir}/μm	—	4	7	—	5	8	—	6	11
	$t_{is}^{②}$/μm	—	4	—	—	5	—	—	7	—
推力球轴承	t_s/μm	—	3	4	—	3	4	—	4	5

① P2 级轴承最大内径为 150mm。
② t_{is} 指内圈轴向圆跳动。

表 3-2　主轴滚动轴承外圈的旋转精度

轴承外径/mm	>80~120			>120~150			>150~180			>180~250		
精度等级	P2	P4	P5	P2	P4	P5	P2	P4	P5	P2	P4	P5
向心轴承[1] t_{er}/μm	5	6	10	5	7	11	5	8	13	7	10	15
圆锥滚子轴承 t_{er}/μm	—	6	10	—	7	11	—	8	13	—	10	15

[1] 向心轴承包括圆柱滚子轴承和角接触球轴承。

众所周知，两点确定一条直线。从工艺的角度考虑，三点支承的旋转轴必然存在同轴度误差，运动中必然出现干涉现象。因而，理论上主轴是两支承，可简化为外伸梁。前、后轴承的精度对主轴旋转精度的影响是不同的。图 3-6a 所示为当后轴承的轴心偏移 δ_b（径向圆跳动值的一半）时，主轴端部产生的轴心偏移量 δ_2 为

$$\delta_2 = \frac{a}{l}\delta_b$$

式中　a——主轴悬伸量（mm）；

l——主轴两支承点之间的距离（mm）。

图 3-6b 所示为当前轴承轴线偏移 δ_a 时，主轴端部产生的轴心偏移量 δ_1 为

$$\delta_1 = \left(1 + \frac{a}{l}\right)\delta_a$$

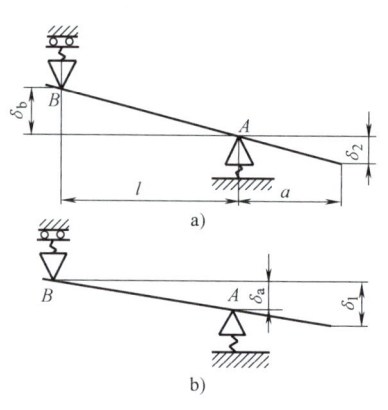

图 3-6　轴承轴心线偏移对主轴端部的影响

由此可知，前轴承的精度对主轴的影响较大。因此，前轴承的精度应比后轴承高一级。

切削力方向固定不变的机床，主轴轴承精度按表 3-3 选取。切削力方向随旋转方向而同步变化的主轴，轴承按外圈径向圆跳动选择。由于外径尺寸较大，相同精度时误差大，若保持径向圆跳动值不变，可按内圈高一级的轴承精度选择。

表 3-3　主轴轴承精度选择

机床精度等级	前轴承精度	后轴承精度
普通精度级	P5 或 P4(SP)	P5 或 P4(SP)
精密级	P4(SP) 或 P2(UP)	P4(SP)
高精度级	P2(UP)	P2(UP)

4. 轴承刚度

轴承存在间隙时，只有切削力方向上的少数几个滚动体承载，径向承载能力和刚度极低；轴承零间隙时，在外载作用下，轴线沿 F_r 方向移动一距离 δ_r，F_r 方向对应的半圈滚动体承载，处于外载作用线上的滚动体受力最大，其载荷 Q_r 是滚动体平均载荷的 5 倍，滚动体的载荷随着与外载作用线距离的增大而减小；轴承受轴向载荷时，各滚动体承受的轴向力 Q_a 相等。滚动体受力 Q_r、Q_a 方向相同，皆在接触线上。当接触角为 α 时，滚动体列数为 i，单列滚动体个数为 z。轴承所承受的径向力、轴向力分别为 F_r、F_a，单个滚动体所承受的最大载荷 Q_r、Q_a 分别为

$$Q_r = \frac{5F_r}{iz\cos\alpha}, \quad Q_a = \frac{F_a}{z\sin\alpha} \tag{3-1}$$

球轴承的钢球直径记为 d_b，则在外载作用下轴承的变形为

$$\delta_r = \frac{0.436}{\cos\alpha}\sqrt[3]{\frac{Q_r^2}{d_b}}, \quad \delta_a = \frac{0.436}{\sin\alpha}\sqrt[3]{\frac{Q_a^2}{d_b}} \tag{3-2}$$

滚子轴承线接触的长度（滚子不包括两端倒角宽度的长度）为 l_a，在外载作用下的变形为

$$\delta_r = \frac{0.077}{\cos\alpha}\frac{Q_r^{0.9}}{l_a^{0.8}}, \quad \delta_a = \frac{0.077}{\sin\alpha}\frac{Q_a^{0.9}}{l_a^{0.8}} \tag{3-3}$$

零间隙时球轴承的刚度为

$$K_r = \frac{dF_r}{d\delta_r} = 1.18\sqrt[3]{F_r d_b (iz)^2 (\cos\alpha)^5}, \quad K_a = \frac{dF_a}{d\delta_a} = 3.44\sqrt[3]{F_a d_b z^2 (\sin\alpha)^5} \tag{3-4}$$

滚子轴承的刚度为

$$K_r = \frac{dF_r}{d\delta_r} = 3.39 F_r^{0.1} l_a^{0.8} (iz)^{0.9} (\cos\alpha)^{1.9}, \quad K_a = \frac{dF_a}{d\delta_a} = 14.43 F_a^{0.1} l_a^{0.8} z^{0.9} (\sin\alpha)^{1.9} \tag{3-5}$$

机床主轴常用轴承的 d_b、z、l_a 见表3-4。

表 3-4 主轴常用轴承的滚动体参数

轴承内径/mm		50	60	70	80	90	100	110	120	140	160
7000C 7000AC	z	18	18	19	20	20	20	20	20		
	d_b/mm	8.731	10.716	12.303	12.7	14.233	15.875	17.463	19.05		
234400	z				26	28	28	28	30	30	30
	d_b/mm				10	11	11.113	13.494	13	15.875	18
NN3000K	iz				52	54	60	52	50	56	52
	l_a/mm				9	10	10	12.8	13.8	14.8	16.6

从上述计算式可看出，<u>滚动轴承的刚度随载荷的增加而增大</u>。计算轴承刚度时，若载荷无法确定，可取该轴承额定动载荷的 1/10 代替外载。

线接触轴承，载荷的 0.1 次幂与刚度成正比，对刚度的影响较小。计算刚度时，可忽略预紧载荷。点接触轴承，载荷的 1/3 次幂与刚度成正比，预紧力对轴承刚度影响较大，计算刚度时应考虑预紧力。有预紧力 F_{a0} 时，径向和轴向载荷分别为

$$F_r = F_{re} + F_{a0}\cot\alpha, \quad F_a = F_{ae} + F_{a0} \tag{3-6}$$

式中 F_{re}、F_{ae} ——径向、轴向外载荷（N）。

角接触球轴承的预紧分为轻预紧、中预紧、重预紧三种。轻预紧用于高速主轴；中预紧用于中低速主轴；重预紧用于分度主轴。双联组配轴承最小预紧力 F_{a0} 为最大轴向载荷 F_{ae} 的 35%；而对于三联组配，则为 24%。角接触球轴承是通过内、外圈轴向错位实现预紧的；双联或三联组配轴承是通过改变轴承间的隔套宽度或修磨内外圈宽度实现预紧的。

虽然载荷对<u>圆柱滚子轴承</u>的刚度影响不大，但轴承<u>径向游隙影响旋转精度</u>。因此也必须通过预紧，<u>消除轴承游隙并使之产生一定过盈量，使轴承承载后不受力一侧的滚动体仍能保持与滚道接触</u>。内径小于 200mm 的 NN3000K 和 NNU4900K 系列轴承径向预紧量（滚子包络

圆直径与外圈滚道孔径之差）为 5~10μm。预紧步骤：将轴承外圈装入箱体孔中测量滚道直径 D_1，在不安装内圈定位隔套的情况下装上轴承内圈；旋转螺母推动轴承内圈沿锥度为 1∶12 的主轴移动，直到滚子包络圆直径 $D_2-D_1 \geq (5~10)$ μm 为止，然后测量定位隔套长度 l，如图 3-7 所示，按此尺寸精磨隔套端面。装上隔套后，拧紧螺母就可得到需要的预紧量。

三、主轴

1. 主轴的结构及材质选择

主轴的端部安装夹具和刀具，随着夹具和刀具的标准化，主轴端部已有统一标准。主轴为外伸梁，承受的载荷从前往后依次降低，故主轴常为阶梯形。对于车床、铣床、加工中心等机床，为通过棒料或拉紧刀具，其主轴为阶梯形空心轴。

主轴的载荷相对较小，一般情况下，引起的应力远小于钢的屈服强度。因此，机械强度不是选择主轴材料的依据。

当主轴的直径、支承跨距、悬伸量等尺寸参数一定时，主轴的惯性矩为定值；主轴的刚度取决于材料的弹性模量。但钢材的弹性模量 $E = (2.06 \pm 0.1) \times 10^5$ MPa，差别很小。因此刚度也不是选择主轴材料的依据。

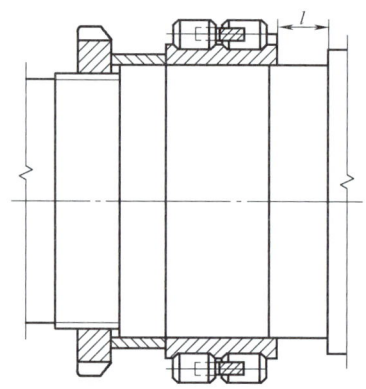

图 3-7 NN3000K 轴承预紧示意图

主轴材料，只根据耐磨性、热处理方法及热处理后的变形大小来选择即可。耐磨性取决于硬度，故机床主轴材料为淬火钢或渗碳淬火钢，高频淬硬。普通机床主轴，一般采用 45 或 60 优质结构钢，主轴支承轴颈及装夹刀具的定位基面高频淬火，硬度为 50~55HRC；精密机床主轴，可采用 40Cr 高频淬硬或低碳合金钢（如 20Cr、16MnCr5）渗碳淬火，硬度不低于 60HRC；高精度机床主轴，可采用 65Mn，淬硬 52~58HRC；高精度磨床砂轮主轴、镗床、加工中心主轴，采用渗氮钢（如 38CrMoAlA），表面硬度为 1100~1200HV。必要时，应进行冷处理。

2. 主轴的技术要求

主轴轴承是根据载荷性质、转速、机床的精度选择的。主轴支承轴颈和箱体轴承孔的精度必须与其配合的轴承相适应，以保证主轴的旋转精度和刚度。以图 3-8 所示的车床主轴和箱体轴承孔为例进行说明，各项对应指标见表 3-5。

表 3-5 主轴支承轴颈及箱体轴承孔的精度指标

指标名称	P5	P4(SP)	P2(UP)	P5	P4(SP)	P2(UP)
直径 φ 公差	JS5 或 k5	JS4	JS3	JS5[①]	JS5[①]	JS4[①]
				H5[②]	H5[②]	H4[②]
圆度 t 和圆柱度 t_1	IT3/2	IT2/2	IT1/2	IT3/2	IT2/2	IT1/2
倾斜度 t_2	—	IT3/2	IT2/2	—	—	—
跳动 t_3	IT1	IT1	IT0	IT1	IT1	IT0

（续）

指标名称		P5	P4(SP)	P2(UP)	P5	P4(SP)	P2(UP)
同轴度 t_4		IT5	IT4	IT3	IT5	IT4	IT3
表面粗糙度 Ra 值/μm	D、$d \leqslant 80mm$	0.2	0.2	0.1	0.4	0.4	0.2
	D、$d \leqslant 250mm$	0.4	0.4	0.2	0.8	0.8	0.4

① 轴向固定端直径公差。
② 轴向非固定端直径公差代号。

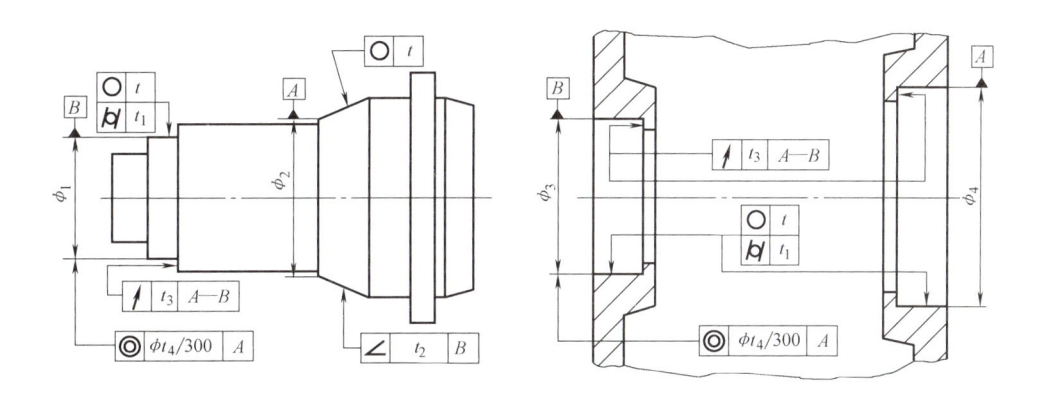

图 3-8 车床主轴、箱体轴承孔简图及其技术要求

定位基面的精度按机床精度标准选择。普通机床主轴、安装齿轮等传动件的部位与两支承轴颈轴线的同轴度公差可取尺寸公差的 1/2；转速大于 600r/min 的主轴，非配合表面的表面粗糙度 Ra 值 $\leqslant 1.6\mu m$；线速度 $v \geqslant 3m/s$ 的主轴，主轴组件应做一级动平衡。

四、主轴组件

1. 传动方式

主轴上的传动方式，主要有带传动和齿轮传动。带传动是靠摩擦力传递动力的，结构简单，中心距调整方便；能抑制振动，噪声低，工作平稳，特别适用于高速主轴。线速度小于 30m/s 时，可采用 V 带传动；多楔带的线速度可大于 30m/s。多楔带是在绳芯结构平带的基础上增加若干纵向 V 形楔的环形带，具有平带的柔软和 V 带的摩擦力大的特点。其承载机理仍是平带，带体薄，强度高，效率高，曲挠性能好，虽然线速度不甚高，但带轮尺寸小，转速可达 6000r/min，是近年来发展较快的一种应用广泛的传动带，有取代普通 V 带的趋势。同步带是以玻璃纤维绳芯、钢丝绳为强力层，外覆聚氨酯或氯丁橡胶的环形带，带的内周有梯形齿，与同步带轮啮合传动，传动比准确，线速度小于 50m/s；高速环形平带用于带速恒定的传动，丝织（天然丝、锦纶丝或涤纶丝）高速平带线速度可达 100m/s。

齿轮能传递较大的转矩，结构紧凑，尤其适用于变速传动。为降低噪声，通常采用硬齿面、小模数齿轮，尽量降低齿轮的线速度。线速度小于 15m/s 时，采用 6 级精度的齿轮；线速度大于 15m/s 时，则采用 5 级精度的齿轮。

另外，电动机直接驱动主轴，也是精密机床、高速加工中心和数控车床常用的一种驱动形式，如平面磨床的砂轮主轴，电动机轴就是机床主轴。转速大于 3000r/min 的主轴，可采用变频调速电动机直接驱动，如内装电动机主轴，即"电主轴"。

2. 传动件的布置

为了使传动带更换方便，防止油类的侵蚀，带轮通常安装在后支承的外侧。

多数主轴采用齿轮传动。齿轮可位于两支承之间，也可位于后支承外侧。齿轮在两支承之间时，应尽量靠近前支承，若主轴上有多个齿轮，则大齿轮靠近前支承。由于前支承直径大，刚度高，大齿轮靠近前支承可减少主轴的弯曲变形，且转矩传递长度短，扭转变形小。齿轮位于后支承外侧，前后支承能获得理想的支承跨距，支承刚度高；前后支承距离较小，加工方便，容易保证其同轴度，能够实现模块化生产。为提高动刚度，限制最大变形量，在齿轮外侧可增加辅助支承。辅助支承为径向游隙较大的轴承，且不能预紧，以避免辅助支承同轴度误差造成的影响。由于辅助支承存在间隙，因而当主轴载荷较小、主轴辅助支承部位的变形量小于间隙值时，辅助支承不起作用；只有主轴载荷较大、主轴辅助支承部位的变形量大于间隙值时，辅助支承才起作用。

3. 主轴轴向定位

推力轴承在主轴上的位置，影响主轴的轴向精度和主轴热变形的方向和大小。为使主轴具有足够的轴向刚度和轴向定位精度，必须恰当配置推力轴承的位置。轴向推力轴承配置如图 3-9 所示。图 3-9a 所示为前端定位，推力轴承安装在前支承内侧，前支承结构复杂，受力大，温升高，主轴受热膨胀向后伸长，对主轴前端位置影响较小，故适用于轴向精度和刚度要求高的高精度机床和数控机床。图 3-9b 所示为后端定位，前支承结构简单，无轴向力影响，温升低，但主轴受热膨胀向前伸长，主轴前端轴向误差大，故适用于轴向精度要求不高的普通机床，如卧式车床、立铣等。图 3-9c 所示为两端定位，推力轴承安装在前、后两支承内侧，前支承发热较小，两推力轴承之间的主轴受热膨胀时会产生弯曲，既影响轴承的间隙，又使轴承处产生角位移，影响机床精度，故适用于较短的主轴或轴向间隙变化不影响正常工作的机床，如钻床、组合机床。

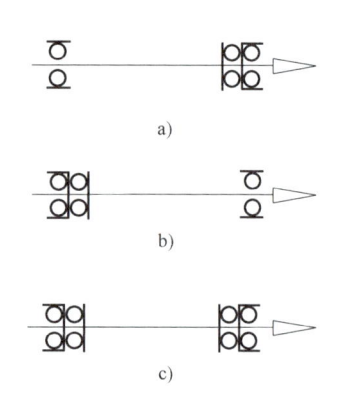

图 3-9 推力轴承配置形式
a) 前端定位 b) 后端定位
c) 两端定位

五、主轴主要尺寸参数的确定

主轴的尺寸参数主要包括：主轴前后支承轴颈 D_1、D_2，主轴内孔直径 d，主轴前端的悬伸量 a，以及主轴的支承跨距 L。这些参数直接影响主轴旋转精度和刚度。

1. 主轴前支承轴颈的确定

主轴是外伸梁。由材料力学可知，外伸梁的刚度为

$$K = \frac{F}{\delta} = \frac{3EI}{a^2(l+a)}$$

由上述计算式可知，主轴的刚度与其截面惯性矩成正比，而惯性矩与直径的四次方成正比，主轴直径越大，刚度值越大；但直径增大，轴承及传动件尺寸也随之增大，在精度不变的前提下，尺寸误差、几何误差会增大；主轴组件质量增加，会导致主传动的空载功率增加；轴

承的直径增大，还能使其极限转速降低。因此应综合考虑，合理地确定机床主轴前支承轴颈，在保证组件刚度的同时，尽量减小结构尺寸。

主轴前支承轴颈可按主传动功率选择，见表3-6；也可按主参数选择，或参考同类机床，在统计分析的基础上，结合计算确定。

表3-6 主轴前支承轴颈的选择

主传动功率/kW		5.5	7.5	11	15
主轴前支承轴颈 /mm	车床	60~90	75~110	90~120	100~160
	升降台铣床	60~90	75~100	90~110	100~120
	外圆磨床	55~70	70~80	75~90	75~100

车床和铣床，主轴为阶梯形，$D_2=(0.7\sim0.9)D_1$；对于磨床主轴，则有 $D_2=D_1$。

2. 主轴内孔直径的确定

许多机床都是空心主轴。由力学可知，外径为 D、内径为 d 的空心轴的惯性矩为

$$I_k = \frac{\pi}{64}(D^4-d^4)$$

与实心主轴惯性矩的比值为

$$\frac{I_k}{I_s}=\frac{D^4-d^4}{D^4}=1-\left(\frac{d}{D}\right)^4=1-\omega^4$$

式中 ω ——刚度衰减系数。

刚度衰减系数对主轴刚度的影响见表3-7。可以看出，$\omega>0.7$ 时，刚度衰减加快。因此机床上规定 $\omega\leq0.7$。不同的机床对主轴中心孔都有具体要求，如车床主轴 $\omega\leq0.55\sim0.6$；铣床主轴的孔径 d 比拉杆直径大 5~10mm。

表3-7 刚度衰减系数对主轴刚度的影响

ω	0.5	0.6	0.7	0.75	0.8
刚度损失(%)	6.25	12.96	24.01	31.64	40.96

3. 主轴前端部悬伸量 a 的确定

主轴前端部悬伸量 a 是指主轴定位基面至前支承径向支反力作用点之间的距离。悬伸量 a 一般取决于主轴端部的结构形式和尺寸、主轴轴承的布置形式及密封形式。在满足结构要求的前提下，应尽量减小悬伸量 a，提高主轴的刚度。在初步确定时可取 $a=D_1$。为缩短悬伸量 a，主轴前端部可采用短锥结构；推力轴承放在前支承内侧，采用角接触轴承取代径向轴承，接触线与主轴轴线的交点在前支承前面。推力轴承和主轴传动件产生位置矛盾时，由于悬伸量对主轴刚度的影响大，应首先考虑悬伸量，使传动件距前支承略远一些。

4. 主轴支承跨距 l 的确定

主轴支承跨距 l 是指两支承支反力作用点之间的距离，是影响主轴组件刚度的重要尺寸参数。

主轴组件的刚度主要取决于主轴的自身刚度和主轴的支承刚度。主轴自身的刚度与支承跨距成反比，即在主轴轴颈、悬伸量等参数一定时，跨距越大，主轴端部变形越大；主轴轴承弹性变形引起的主轴端部变形，随跨距的增大而减小，即跨距越大，轴承刚度对主轴端部的影响越小。

根据叠加原理，主轴端部最大变形量 δ 是在刚性支承上弹性主轴引起的主轴端部变形 δ_1 和刚性主轴弹性支承引起的主轴端部变形 δ_2 的代数和。其力学模型如图 3-10 所示。

图 3-10a 所示为弹性主轴在刚性支承上的受力简图。由材料力学可知，当端部受力 F 时，主轴端部变形 δ_1 为

$$\delta_1 = \frac{Fa^2}{3EI}(l+a)$$

图 3-10b、c 所示为弹性支承刚性主轴受力简图，R_A、R_B 为前、后支承的支反力，K_A、K_B 分别为前、后支承的刚度，前、后支承的变形量 δ_A、δ_B 分别为

$$\delta_A = \frac{R_A}{K_A} = \frac{F}{K_A}\left(1+\frac{a}{l}\right), \quad \delta_B = \frac{R_B}{K_B} = \frac{F}{K_B}\frac{a}{l}$$

刚性主轴弹性支承引起的主轴端部变形 δ_2 为

$$\delta_2 = \delta_{21}+\delta_{22} = \delta_A\left(1+\frac{a}{l}\right)+\delta_B\frac{a}{l} = \frac{F}{K_A}\left(1+\frac{a}{l}\right)^2+\frac{F}{K_B}\left(\frac{a}{l}\right)^2$$

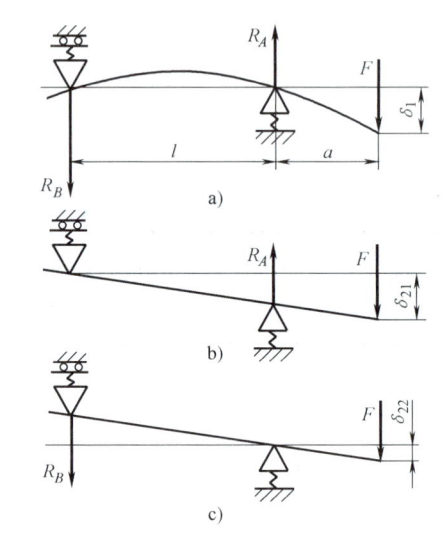

图 3-10 主轴组件刚度分解简图
a) 主轴自身刚度对主轴端部的影响
b) 前支承刚度对主轴端部的影响
c) 后支承刚度对主轴端部的影响

主轴端部的总挠度 δ 为

$$\delta = \delta_1+\delta_2 = \frac{Fa^2}{3EI}(l+a)+\frac{F}{K_A}\left[\left(1+\frac{a}{l}\right)^2+\frac{K_A}{K_B}\left(\frac{a}{l}\right)^2\right] \tag{3-7}$$

主轴组件的柔度 H 为

$$H = \frac{\delta}{F} = \frac{a^2}{3EI}(l+a)+\frac{1}{K_A}\left[\left(1+\frac{a}{l}\right)^2+\frac{K_A}{K_B}\left(\frac{a}{l}\right)^2\right] \tag{3-8}$$

式中 $E = 2.06\times10^5$ MPa。计算惯性矩时，外径 $D = (D_1+D_2)/2$；a 已确定；轴承型号确定后，刚度 K_A、K_B 则可计算出来。因此引起柔度 H 变化的唯一因素是跨距 l。

柔度 H 的二阶导数为

$$H'' = \frac{1}{K_A}\left(\frac{6a^2}{l^4}+\frac{4a}{l^3}\right)+\frac{1}{K_B}\frac{6a^2}{l^4}$$

故可知，柔度 H 的二阶导数大于零。因此，主轴组件存在最小柔度值，即最大刚度值。当柔度 H 一阶导数等于零时，主轴组件刚度为最大值，这时的跨距 l 应为最佳跨距 l_0，即

$$H' = \frac{a^2}{3EI}+\frac{1}{K_A}\left(\frac{-2a}{l_0^2}-\frac{2a^2}{l_0^3}\right)+\frac{1}{K_B}\frac{-2a^2}{l_0^3} = 0$$

整理后得

$$l_0^3-\frac{6EI}{K_A a}l_0-\frac{6EI}{K_A}\left(1+\frac{K_A}{K_B}\right) = 0 \tag{3-9}$$

可通过解一元三次方程，得到最佳支承跨距 l_0；考虑到剪切变形的影响，在式（3-9）中，加入修正项，用计算机循环计算。修正后将 l_0 记为

$$l_0 = \left\{ \left[\frac{6EI}{K_A a} + 0.5417(D^2 - d^2) \right] l + \frac{6EI}{K_A} \left(1 + \frac{K_A}{K_B} \right) \right\}^{\frac{1}{3}} \tag{3-10}$$

计算程序见下：①将 $l=4a$ 代入式中，计算出 l_{01}；②将 $l=l_{01}$ 代入式中，计算出 l_{02}；③将 $l=l_{02}$ 代入式中，计算出 l_{03}；④将 $l=l_{03}$ 代入式中，计算出 l_{04}，l_{04} 即为千分位的精确值。

以计算确定的 l_0 为依据，进行主轴组件的结构设计。当结构确定的主轴跨距较大或次最后变速组与最后变速组采用并行排列时，可增加中间支承，即采用三支承主轴；若中间支承可预紧，则应将中间支承作为后支承，以缩小主轴跨距、增加后支承轴颈，提高主轴组件静刚度，后支承作为辅助支承，且轴承径向游隙较大。

5. 主轴组件的刚度校核

结构设计完成后，所有的结构和尺寸参数已经确定，但由于主轴组件是机床最关键的部件之一，因此必须校核计算主轴组件在计算转速、额定载荷时的刚度或挠度。

径向轴承（深沟球轴承、圆柱滚子轴承或双列圆柱滚子轴承）简化后的支承点在轴承宽度的中部。角接触轴承（角接触球轴承、圆锥滚子轴承）支承点在接触线与轴线的交点处，到轴承宽度中点的距离为 e，轴承的平均直径为 d_m，接触角为 α，则 $e = \frac{d_m}{2}\tan\alpha$。双联组配角接触轴承及双内圈的圆锥滚子轴承，支承点为最前面轴承接触线与轴线的交点，如图 3-11 所示。图 3-11a 所示为背靠背组合配置的轴承；图 3-11b 所示为同向组合配置的轴承；图 3-11c 所示为双列圆锥滚子轴承，由于是双内圈轴承，所以支承点位置按两个轴承确定。

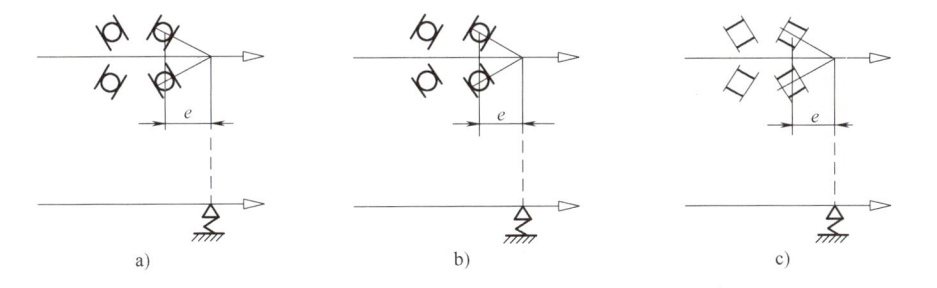

图 3-11 轴承的支承简化
a）背靠背组合配置轴承的支承简化 b）同向组合配置轴承的支承简化 c）双列圆锥滚子轴承的支承简化

（1）对主轴组件静刚度校核 主轴两支承之间的外径、内径可按当量直径 D_e、d_e 计算。当量直径可计算为

$$D_e = \sqrt[4]{\frac{1}{l}\sum_{i=1}^{n} D_{ei}^4 l_i}, \quad d_e = \sqrt[4]{\frac{1}{l}\sum_{i=1}^{n} d_{ei}^4 l_i} \tag{3-11}$$

式中 D_{ei}、d_{ei}、l_i——阶梯轴各段外径、内径及其长度（mm）。

主轴的当量惯性矩为

$$I = \frac{\pi}{64}(D_e^4 - d_e^4) = 0.049(D_e^4 - d_e^4) \tag{3-12}$$

主轴悬伸端的最小直径为两支承间的最大尺寸 D_1，其当量直径、惯性矩 I_a 可根据式

(3-11)、式（3-12）计算。

主轴弹性变形引起的轴端变形为

$$\delta_1 = \frac{Fa^2}{3E}\left(\frac{l}{I}+\frac{a}{I_a}\right) \tag{3-13}$$

由于 $a \approx \frac{1}{3}l_0$，长度小，而 I_a 相对较大，引起的轴端变形小，对主轴刚度的影响较小，故初步校核计算时可忽略主轴悬伸部分变形而引起的端部变形。只有 δ_1 的计算结果接近或大于要求值时，才详细计算。有时可将 I 替代 I_a 进行计算，即主轴自身的刚度 K_s 为

$$K_s = \frac{3EI}{a^2(l+a)} = \frac{30.28}{a^2(l+a)}(D_e^4-d_e^4) \tag{3-14}$$

式中　$E=2.06\times10^5\text{N/mm}^2$。当当量内径、外径之比不大于 0.5 时，可不考虑内孔对刚度的影响。

轴承的弹性变形引起的主轴端部的变形 δ_2 为

$$\delta_2 = \frac{F}{K_A}\left(1+\frac{a}{l}\right)^2 + \frac{F}{K_B}\left(\frac{a}{l}\right)^2 \tag{3-15}$$

由于后轴承相对刚度较大，承受的负载相对较轻，故变形较小，且对主轴端部的影响也小。初步校核刚度时，可忽略后轴承造成的影响。

由式（3-13）、式（3-15）可得出主轴组件受力后的端部变形，进而计算出主轴组件的刚度。

（2）对主轴组件动刚度校核　当切削力为交变力 $F\cos\omega t$ 时（ω 为激振频率），可以作为 $Fe^{i\omega t}$ 的实部，因此有

$$Fe^{i\omega t} = F(\cos\omega t + i\sin\omega t)$$

主轴组件在激振力方向上做弯曲振动，振源在作用力延长线与轴线的交点处。主轴组件的质量为 m，静刚度为 K，主轴的阻尼系数为 c，则振动方程为

$$m\frac{d^2x}{dt^2} + c\frac{dx}{dt} + Kx = Fe^{i\omega t}$$

由高等数学、理论力学可知，$c \geq 2\sqrt{mK} = 2m\omega_0$ 时，主轴组件受力点的运动是非周期性运动，即非振动。因而将 $c_0(c_0=2m\omega_0)$ 称为临界阻尼系数。令 $c=c_0\zeta$，ζ 称为阻尼比。主轴前轴承采用双列圆柱滚子轴承或角接触球轴承组合配置时，$\zeta=0.02\sim0.03$；前轴承采用圆锥滚子轴承或双列圆柱滚子轴承与推力角接触球轴承组合时，$\zeta=0.03\sim0.04$；当轴承预紧载荷较大或采用三支承时，阻尼比取大值，则上式可写为

$$\frac{d^2x}{dt^2} + 2\zeta\omega_0\frac{dx}{dt} + \omega_0^2 x = \frac{F}{m}e^{i\omega t} \tag{3-16}$$

它的解包括通解和特解两部分。其中，通解 x_1 为

$$x_1 = Ae^{-\zeta\omega_0 t}\sin\left(\sqrt{1-\zeta^2}\,\omega_0 t + \alpha\right) \tag{3-17}$$

式中　x_1——通解，衰减振动，振幅 $Ae^{-\zeta\omega_0 t}$ 随时间而减小，最终消失，所以称为瞬态解；

　　　A——系数，初始状态的振幅；

　　　$e^{-\zeta\omega_0 t}$——振幅的衰减速度。

微分方程式（3-16）的特解 x_2 为

$$x_2 = Be^{i\omega t} \tag{3-18}$$

式中　x_2——特解，谐振运动；

　　　B——振幅。

当 $t \to \infty$ 时，$x = x_2$，x_2 又称为稳定解。将 x_2 代入微分方程式（3-16），整理得

$$B(-\omega^2 + i2\zeta\omega_0\omega + \omega_0^2)e^{i\omega t} = \frac{F}{m}e^{i\omega t}$$

$$B = \frac{F}{m}\frac{1}{\omega_0^2 - \omega^2 + i2\zeta\omega_0\omega} = \frac{F}{K}\frac{1}{1-\lambda^2 + i2\zeta\lambda}$$

式中　λ——频率比，$\lambda = \dfrac{\omega}{\omega_0}$。

则有

$$x_2 = \frac{F}{K}\frac{1}{1-\lambda^2 + i2\zeta\lambda}e^{i\omega t} \tag{3-19}$$

动柔度 H_ω 为

$$H_\omega = \frac{x_2}{Fe^{i\omega t}} = \frac{1}{K}\frac{1}{(1-\lambda^2)+i(2\zeta\lambda)} = \frac{1}{K}\frac{(1-\lambda^2)-i(2\zeta\lambda)}{(1-\lambda^2)^2+4\zeta^2\lambda^2} \tag{3-20}$$

也可写为

$$H_\omega = |H_\omega|e^{-i\varphi} = G_\omega + iI_\omega \tag{3-21}$$

动柔度的模 $|H_\omega|$（幅值）为

$$|H_\omega| = \frac{1}{K}\frac{1}{\sqrt{(1-\lambda^2)^2+4\zeta^2\lambda^2}}$$

动柔度的相角 φ 为

$$\varphi = \arctan\left(\frac{2\zeta\lambda}{1-\lambda^2}\right)$$

动刚度 K_ω 的模为

$$K_\omega = K\sqrt{(1-\lambda^2)^2+4\zeta^2\lambda^2} \tag{3-22}$$

动刚度 K_ω 与静刚度 K 成正比，是频率比 λ 的函数。为分析频率比对动刚度的影响，可将动刚度对频率比取导数，且使一阶导数等于零，得到动刚度极值（或拐点）对应的频率比，即

$$K_\omega' = 2K\frac{-\lambda(1-\lambda^2)+2\zeta^2\lambda}{\sqrt{(1-\lambda^2)^2+4\zeta^2\lambda^2}} = 0$$

整理得 $\lambda = \sqrt{1-2\zeta^2}$，通过动刚度的二阶导数判断频率比为该值时的性质，有

$$K_\omega'' = 2K\frac{(\lambda^2-1)^3+2\zeta^2(1+3\lambda^4)}{\sqrt{[(1-\lambda^2)^2+4\zeta^2\lambda^2]^3}}$$

由于 $\lambda = \sqrt{1-2\zeta^2}$，将 $2\zeta^2 = 1-\lambda^2$ 代入上式得

$$K_\omega'' = 2K\frac{(\lambda^2-1)^3+(1-\lambda^2)(1+3\lambda^4)}{\sqrt{[(1-\lambda^2)^2+4\zeta^2\lambda^2]^3}} = 2K\frac{2\lambda^2(1+\lambda^2)(1-\lambda^2)}{\sqrt{[(1-\lambda^2)^2+4\zeta^2\lambda^2]^3}} > 0$$

所以，$\lambda=\sqrt{1-2\zeta^2}$ 时的动刚度为最小值，最小动刚度为

$$K_{\omega\min}=2K\zeta\sqrt{1-\zeta^2} \qquad (3\text{-}23)$$

动柔度实部 G_ω 为

$$G_\omega=\frac{1}{K}\frac{1-\lambda^2}{(1-\lambda^2)^2+4\zeta^2\lambda^2}$$

G_ω 为极值时，$G'_\omega=0$，即

$$G'_\omega=\frac{1}{K}\frac{2\lambda(1-\lambda^2)^2-8\zeta^2\lambda}{[(1-\lambda^2)^2+4\zeta^2\lambda^2]^2}=\frac{u}{v}=0$$

所以，$u=0$，$4\zeta^2=(1-2\lambda^2)^2$，$\lambda=\sqrt{1\pm 2\zeta}$。当动柔度实部为极值，即 $G'_\omega=0$，$u=0$ 时，G_ω 的二阶导数为

$$G''_\omega=\frac{u'}{v}+\left(\frac{1}{v}\right)'u=\frac{u'}{v}+\left(\frac{1}{v}\right)'\times 0=\frac{u'}{v}$$

$$=\frac{1}{K}\times\frac{2(1-\lambda^2)^2-8\lambda^2(1-\lambda^2)-8\zeta^2}{[(1-\lambda^2)^2+4\zeta^2\lambda^2]^2}=\frac{1}{K}\times\frac{-\lambda^2(1-\lambda^2)}{2\zeta^4(1+\lambda^2)^2}$$

当 $\lambda=\sqrt{1-2\zeta}$ 时，$G''_\omega<0$，动柔度的实部有最大值 $G_{\omega\max}$，得

$$G_{\omega\max}=\frac{1}{4K\zeta(1-\zeta)} \qquad (3\text{-}24)$$

当 $\lambda=\sqrt{1+2\zeta}$ 时，$G''_\omega>0$，动柔度的实部有最小值 $G_{\omega\min}$，得

$$G_{\omega\min}=\frac{-1}{4K\zeta(1+\zeta)} \qquad (3\text{-}25)$$

（3）切削稳定性计算　图 3-12 所示的切削系统，如果上次切削后留下切削波纹，其振幅为 δ_0，则这一次切削后，表面波纹振幅为 δ_1。切削厚度的实际变化量为 $\delta_0-\delta_1$，引起的切削力的变动量为 ΔF，则

$$\Delta F=bK_{cb}(\delta_0-\delta_1)$$

式中　b——切削宽度（mm）；

K_{cb}——单位切削宽度时的切削刚度 [N/(μm·mm)]。

根据刚度的含义，则有

$$\delta_1=\Delta FH_\omega$$

联立上述两式，解得

$$\frac{\delta_1}{H_\omega}=\Delta F=bK_{cb}(\delta_0-\delta_1)$$

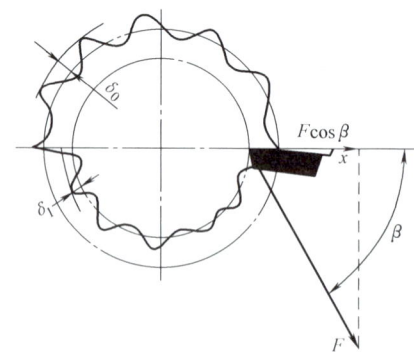

图 3-12　切削稳定性计算简图

$$\frac{\delta_0}{\delta_1}=\frac{H_\omega K_{cb}b+1}{H_\omega bK_{cb}}=\frac{H_\omega+\dfrac{1}{bK_{cb}}}{H_\omega}=\frac{G_\omega+\mathrm{i}I_\omega+\dfrac{1}{bK_{cb}}}{G_\omega+\mathrm{i}I_\omega}$$

切削稳定的条件为 $\delta_0-\delta_1\geq 0$，即多次切削后，波纹振幅逐渐减小。稳定切削的临界值为 $\delta_0/\delta_1=1$。考虑到波纹振幅都是矢量，其比值按绝对值代入上式，有

$$\frac{G_\omega + \mathrm{i}I_\omega + \dfrac{1}{bK_{\mathrm{cb}}}}{G_\omega + \mathrm{i}I_\omega} = \pm 1$$

分子、分母的实部、虚部的绝对值分别相等，有

$$\frac{1}{bK_{\mathrm{cb}}} + G_\omega = \pm G_\omega$$

由于 K_{cb} 的倒数不可能为零，等式右边只能取负值，则

$$b = -\frac{1}{2G_\omega K_{\mathrm{cb}}}$$

当 G_ω 为最小值时，得到临界切削宽度

$$b_{\lim} = \frac{2K\zeta(1+\zeta)}{K_{\mathrm{cb}}} \tag{3-26}$$

对于一般机床，存在一个不产生自激振动的最大切削宽度。在设计机床时，可根据其性能要求，规定切削稳定时的最大切削宽度，从而求出对机床的刚度要求。机床各方向的刚度不同，横向变形对机床加工精度的影响最大，所以，一般计算径向（横向）切削力 F_x 方向上的刚度 K_x，如图 3-12 所示。

$$F_x = F\cos\kappa_{\mathrm{r}}\cos\beta$$

$$K_x \geq \frac{K_{\mathrm{cb}} b_{\lim}}{2\zeta(1+\zeta)}\cos\kappa_{\mathrm{r}}\cos\beta \tag{3-27}$$

式中　κ_{r}——刀具的主偏角。

机床的最大切削力一定，刀具的主偏角 κ_{r} 越小，径向切削力越大，需要的横向刚度 K_x 值就越大，因而通常计算横向切削（切槽或切断）时的横向刚度 K_x，即

$$K_x \geq \frac{K_{\mathrm{cb}} b_{\lim}}{2\zeta(1+\zeta)}\cos\beta \tag{3-28}$$

K_{cb}、β 与切削用量有关，见表 3-8。切削速度或进给量增大，K_{cb} 减小，β 增大；当 K_x 一定时，K_{cb} 降低，$b_{\lim}$ 增大，即高速时允许的 $b_{\lim}$ 较大。为安全起见，机床设计时，取稳定性的下限来决定极限切削宽度，即取 $K_{\mathrm{cb}} = 2.46\,\mathrm{N/(\mu m \cdot mm)}$，$\beta = 68.8°$。

表 3-8　切削 45 钢时的 K_{cb}、β

切削速度/(m/min)	50				100				200			
进给量	0.1	0.2	0.4	0.8	0.1	0.2	0.4	0.8	0.1	0.2	0.4	0.8
$K_{\mathrm{cb}}/[\mathrm{N/(\mu m \cdot mm)}]$	2.46	2.06	1.73	1.47	2.21	1.81	1.50	1.25	2.06	1.67	1.36	1.12
$\beta/(°)$	68.8	73.3	77	80	73.2	77	79.8	82	75.5	78.4	80.7	82.5

注：1. 切削试验条件：硬质合金刀具，前角 $\gamma_{\mathrm{o}} = 6°$，后角 $\alpha_{\mathrm{o}} = 5°$，刃倾角 $\lambda_{\mathrm{s}} = 0°$，主偏角 $\kappa_{\mathrm{r}} = 45°$，刀尖圆弧半径 $r = 0.8\,\mathrm{mm}$。

2. 进给量单位为 mm/r 或 mm/齿。

不同的机床，有不同的极限切削宽度 $b_{\lim}$，设计时可查阅机床设计手册。比如，推荐的车床稳定性指标：工件材料为 45 钢；工件悬臂安装，横向切削；工件直径 $d = 0.2D_{\max}$，长度 $l = 0.3D_{\max}$（$D_{\max}$ 为主参数）；硬质合金刀具，前角 $\gamma_{\mathrm{o}} = 6°$，后角 $\alpha_{\mathrm{o}} = 5°$；切削速度 $v = 50\,\mathrm{m/min}$，进给量 $f = 0.1 \sim 0.2\,\mathrm{mm/r}$。稳定性良好时，$b_{\lim} \geq (0.01 \sim 0.02)D_{\max}$；稳定性一般

或轻型机床时，$b_{\lim} \geq 0.005 D_{\max}$。

如果代入床身的阻尼比系数，则式（3-28）计算出的刚度为床身 x 方向的刚度。

式（3-28）计算出的刚度是切削力在 D 点的刚度 K_D（见图 3-13），而主轴组件的刚度规定为端部（C 点）受力的刚度 K_C，因而需把 K_D 折算为 K_C。

为简化计算，主轴 AB 段和 AC 段的当量惯性矩视为与主轴 AB 段的惯性矩相等，皆为 I，则当力 F 作用于 C 点时，主轴端部的变形为

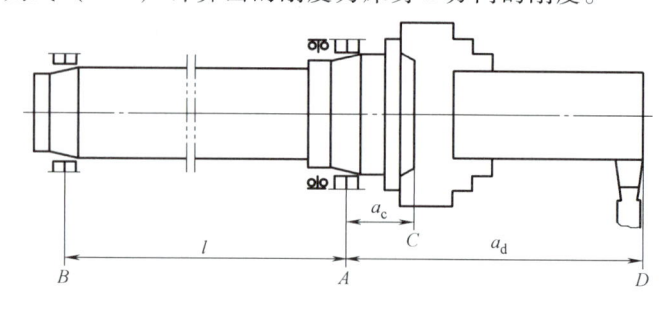

图 3-13　车床主轴部件刚度计算简图

$$\delta_{sc} = \frac{Fa_c^2}{3EI}(l+a_c)$$

当径向力 F 作用于 D 点时，设 CD 段的惯性矩也为 I，主轴 D 点的弹性位移为

$$\delta_{sd} = \frac{Fa_d^2}{3EI}(l+a_d), \quad \frac{\delta_{sd}}{\delta_{sc}} = \frac{a_d^2}{a_c^2}\frac{l+a_d}{l+a_c}$$

前后轴承产生的弹性变形对主轴端部的影响以前支承为主。为简化计算，可认为轴承产生的变形主要是由前支承引起的，而后支承的影响可忽略不计，即轴承产生的变形而引起的主轴端部变形为

$$\delta_{zc} = \frac{F}{K_A}\frac{(l+a_c)^2}{l^2}, \quad \delta_{zd} = \frac{F}{K_A}\frac{(l+a_d)^2}{l^2}$$

$$\frac{\delta_{zd}}{\delta_{zc}} = \frac{(l+a_d)^2}{(l+a_c)^2}$$

对许多机床计算分析和测试可知，主轴自身变形引起的端部变形约占主轴组件总变形的 60%；支承引起的变形约占总变形的 40%，即

$$\delta_c = \delta_{sc} + \delta_{zc}, \quad \delta_{sc} = 0.6\delta_c$$

$$\delta_d = \delta_{sd} + \delta_{zd} = \delta_{sc}\frac{a_d^2}{a_c^2}\frac{l+a_d}{l+a_c} + \delta_{zc}\frac{(l+a_d)^2}{(l+a_c)^2}$$

$$= \delta_c\left[0.6\frac{a_d^2}{a_c^2}\frac{l+a_d}{l+a_c} + 0.4\frac{(l+a_d)^2}{(l+a_c)^2}\right]$$

力 F 作用于 D 点时主轴组件的柔度为

$$H_D = H_C\left[0.6\frac{a_d^2}{a_c^2}\frac{l+a_d}{l+a_c} + 0.4\frac{(l+a_d)^2}{(l+a_c)^2}\right]$$

力 F 作用于 D 点时主轴组件的刚度为

$$K_C = K_D\left[0.6\frac{a_d^2}{a_c^2}\frac{l+a_d}{l+a_c} + 0.4\frac{(l+a_d)^2}{(l+a_c)^2}\right] = K_D\frac{l+a_d}{l+a_c}\left(0.6\frac{a_d^2}{a_c^2} + 0.4\frac{l+a_d}{l+a_c}\right) \quad (3-29)$$

由于测算 K_D 时工件的直径 $d = 0.2D_{max}$，主轴 A 点至工件悬伸端 D 点的当量惯性矩 I_D 小于主轴悬伸段当量惯性矩 I_C，根据式（3-13）可知，式（3-29）计算出的主轴刚度应略大于由式（3-13）和式（3-15）计算出的主轴刚度。

6. 提高主轴部件性能的措施

（1）**提高旋转精度**　在保证主轴制造精度和轴承精度的同时，采用定向误差装配法可进一步提高主轴组件的旋转精度。

主轴组件装配后，插入主轴锥孔测量心轴的径向圆跳动 δ_1 值。它是主轴轴承的径向圆跳动量引起的主轴端部的径向圆跳动 δ_{z1}、δ_{z2} 值和主轴锥孔相对于前后支承轴颈的径向圆跳动 δ_{zc} 值的综合反映。δ_{z1}、δ_{z2}、δ_{zc} 都是矢量，因此这三项误差按一定方向装配，可使误差相互抵消。

首先，测出前后轴承内圈的径向圆跳动值及其方向，计算出 δ_{z1}、δ_{z2}；将主轴放在 V 形架上，测出锥孔的径向圆跳动 δ_{zc} 值。将三项误差矢量首尾连接，形成封闭三角形，利用余弦定理，求出 α、β 角，按此角度装配，可基本抵消误差，提高主轴旋转精度，如图 3-14a 所示。为简化装配，或三误差矢量不能形成封闭三角形时，可将数值小的两误差矢量指向一个方向，而较大的误差矢量指向相反方向，使矢量和 δ_1 减小，如图 3-14b 所示。

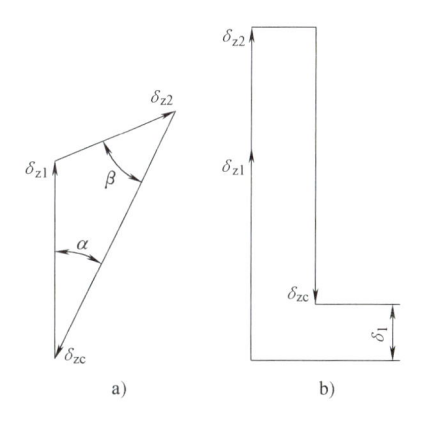

图 3-14　误差矢量装配法
a）矢量封闭法　b）矢量定向法

（2）**提高刚度**　除提高主轴自身刚度外，还可采用以下措施：

1）角接触轴承为前支承时，接触线与主轴轴线的交点应位于轴承前面。

2）传动件应位于后支承外侧，且传动力使主轴端部变形的方向不能与切削力造成的主轴端部的变形方向相同，两者的夹角应大一些，最佳为 180°，以部分补偿切削力造成的变形（主轴为带传动时，应采用卸荷式机构，避免主轴承受传动带拉力；齿轮也可采用卸荷式机构）。

3）适当增加一个支承内的轴承数目，适度预紧，采用辅助支承，以提高支承刚度。

（3）**提高动刚度**　除提高主轴组件的静刚度，使固有频率增高，避免共振外，还可采用如下措施：

1）用圆锥液压胀套取代螺纹等轴向定位件；径向定位采用小锥度过盈配合或渐开线花键；滑移齿轮采用渐开线花键配合。

2）采用三支承主轴。

3）旋转零件的非配合面全部进行较精密的切削加工，并做动平衡。

4）设置消振装置，增加阻尼。可在较大的齿轮上切削出一个圆环槽，槽内灌注铅，主轴转动时，铅就会产生相对微量运动，消耗振动能量，从而抑制振动；如果是水平主轴，则可采用动压滑动轴承，提高轴承阻尼；圆锥滚子轴承的滚子大端有滑动摩擦，阻尼比其他滚动轴承高，因而在极限转速许可的情况下，优先采用圆锥滚子轴承，增加滚动轴承的预紧力，也可增加轴承的阻尼。

5）采用动力油润滑轴承，控制温升，减少热变形。

第二节 支承件的设计

机床的支承件包括床身、立柱、横梁、摇臂、箱体、底座、工作台和升降台等。它们相互连接构成机床基础,支承机床工作部件,并保证机床零部件的相对位置和相对运动精度。因此,支承件决定了机床的动态刚度,支承件设计也是机床设计的重要环节之一。

一、支承件应满足的基本要求

(1) 足够的静刚度和较高的固有频率 支承件的静刚度包括整体刚度、局部刚度和接触刚度,如卧式车床床身,载荷通过支承导轨面施加到床身上,使床身产生整体弯曲扭转变形,且使导轨产生局部变形和使导轨面产生接触变形。

支承件的整体刚度又称为自身刚度,与支承件的材料及截面形状、尺寸等影响惯性矩的参数有关。局部刚度是指支承件载荷集中的局部结构处抵抗变形的能力,如床身导轨的刚度,主轴箱在主轴轴承孔附近部位的刚度,摇臂钻床的摇臂在靠近立柱处的刚度及底座安装立柱部位的刚度等。接触刚度是指支承件的结合面在外载作用下抵抗接触变形的能力,接触刚度 K_j 用结合面的平均压强 p(MPa)与变形量 δ(μm)之比表示。由于结合面在加工中存在平面度误差和表面精度误差,当接触压强很小时,结合面只有几个高点接触,实际接触面积小,接触变形大,接触刚度低;当接触压强较大时,结合面上的高点产生变形,接触面积扩大,变形量的增加比率小于接触压强的增加,因而接触刚度较高。故接触刚度是压强的函数,随接触压强的增加而增大。接触刚度还与结合面的结合形式有关,活动接触面(结合面间有相对运动)的接触刚度小于等接触面积固定接触面(结合面间无相对运动)的接触刚度。由此可知,接触刚度取决于结合面的表面粗糙度和平面度、结合面的大小、材料硬度、接触面的压强等因素。

支承件的固有频率是刚度与质量比值的平方根,即 $K=m\omega_0^2$,固有频率的单位为 rad/s。当激振力(断续切削力、旋转零件的离心力等)的频率 ω 接近固有频率时,支承件将产生共振。设计时应使固有频率高于激振频率30%,即 $\omega_0>1.3\omega$。由于激振力多为低频,故支承件应有较高的固有频率。在满足刚度的前提下,应尽量减小支承件质量。另外,支承件的质量往往占机床总质量的80%以上,固有频率在很大程度上反映了支承件的设计合理性。

(2) 良好的动态特性 支承件应有较高的静刚度、固有频率,使整机的各阶固有频率远离激振频率,在切削过程中不产生共振;支承件还必须有较大的阻尼,以抑制振动的振幅;薄壁面积应小于400mm×400mm,避免薄壁振动。

(3) 结构合理 支承件应结构合理,成形后进行时效处理,充分消除内应力,形状稳定,热变形小,受热变形后对加工精度的影响较小。

(4) 排屑畅通、工艺性好 支承件应排屑畅通;工艺性好,易于制造,成本低;吊运安装方便。

二、支承件的受力分析

支承件的受力分析是支承件设计的首要环节。通过受力分析,找出影响支承件刚度的最大因素;根据分析计算及相关技术资料,进行结构设计。

第三章 机床主要部件设计

支承件的功能是支承和承载，因而支承件承受多个载荷，如切削力，以及所支承零部件的质量、传动力等。按照各载荷对机床支承件的不同影响，将机床分为中小型机床、精密和高精度机床、大型机床。

（1）中小型机床　该类机床的载荷以切削力为主。工件的质量、移动部件（如中小型卧式车床的刀架）的质量等相对较小，支承件在受力分析时可忽略不计。

（2）精密和高精度机床　该类机床的工艺特性是精加工，切削力小，支承件在受力分析时可忽略。载荷以移动部件的质量和热应力为主，如双柱立式坐标镗床的横梁，在进行受力分析时，主要考虑主轴箱在横梁中部时引起的横梁弯曲和扭转变形。

（3）大型机床　该类机床加工的工件大而重，切削力大，移动部件的质量也较大，因而支承件受力分析时，工件质量、移动部件质量和切削力都要考虑，如重型车床、落地式车床、落地式镗铣床、龙门式铣刨床等。

受力分析时，通常将最小截面的最大尺寸远小于其法向尺寸的支承件称为梁或柱；将最大截面的最小尺寸远大于其法向尺寸的支承件称为板；将支承件的三维尺寸为同一尺寸数量级的支承件称为体。

下面以中型卧式车床床身为例，进行受力分析。中型卧式车床床身受力状况如图3-15所示。车刀位于床身中部，横向切削，载荷为主切削力 F_y、径向切削力 F_x，床身扭转中心为点 O。F_x 使床身在 x 方向产生弯曲变形，变形量为 δ_x；F_y 使床身在 y 方向上产生弯曲变形，变形量为 δ_y；F_x、F_y 产生绕 z 轴的扭转力矩为 T，$T = \dfrac{F_y d}{2} + F_x h$，使床身扭转变形，扭转角为 θ，如图3-16所示。床身的横向弯曲变形量就是工件的半径误差，即 $\delta_{r1} = \delta_x$；床身的纵向弯曲变形量引起的工件半径误差为 δ_{r2}，由图可知

$$\delta_{r2} = \sqrt{\frac{d^2}{4} + \delta_y^2} - \frac{d}{2} \approx \frac{d}{2}\left(1 + \frac{2\delta_y^2}{d^2}\right) - \frac{d}{2} = \frac{\delta_y^2}{d}$$

δ_{r2} 对工件精度的影响较小；床身的扭转变形引起的工件半径误差 δ_{r3} 为

$$\delta_{r3} = \sqrt{(4h^2 + d^2)\sin^2\frac{\theta}{2} + \frac{d^2}{4} + d\sqrt{4h^2 + d^2}\sin\frac{\theta}{2}\cos\left(\alpha + \frac{\theta}{2}\right)} - \frac{d}{2}$$

由于扭转变形角 θ（rad）很小，所以 $\sin\dfrac{\theta}{2} = \dfrac{\theta}{2}$，于是有

$$\cos\frac{\theta}{2} \approx \sqrt{1 - \left(\frac{\theta}{2}\right)^2} \approx 1 - \frac{\theta^2}{8} \approx 1$$

$$\cos\left(\alpha + \frac{\theta}{2}\right) = \cos\alpha - \frac{\theta}{2}\sin\alpha = \frac{2h}{\sqrt{4h^2 + d^2}} - \frac{\theta d}{2\sqrt{4h^2 + d^2}}$$

代入 δ_{r3}，得

$$\delta_{r3} = \sqrt{(4h^2 + d^2)\frac{\theta^2}{4} + \frac{d^2}{4} + hd\theta - \frac{d^2}{2}\frac{\theta^2}{2}} - \frac{d}{2} = h\theta$$

当 θ 为角度（°）时，有

$$\delta_{r3} = \frac{\pi}{180}h\theta \approx 0.0175h\theta$$

由此可知，扭转变形造成的工件半径误差与扭转角成正比。车床床身弯扭变形引起的工件半径误差为 δ，$\delta = \delta_{r1} + \delta_{r2} + \delta_{r3} \approx \delta_{r1} + \delta_{r3}$。因此在设计卧式车床床身时，应根据横向弯曲变形、扭转变形进行结构设计。

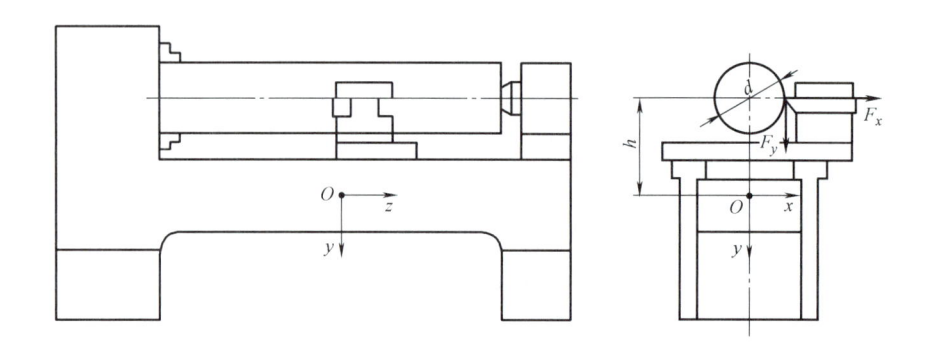

图 3-15　中型卧式车床床身受力分析简图

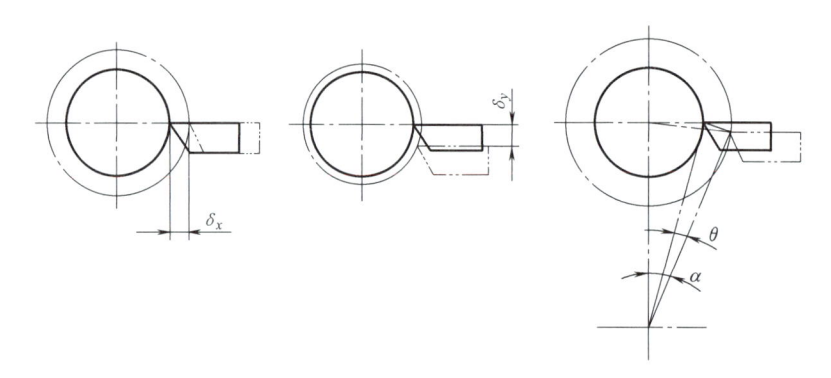

图 3-16　车床床身变形对工件精度的影响简图

三、支承件的结构设计

支承件的变形，主要是弯扭变形。而抗弯刚度、抗扭刚度都是截面惯性矩的函数，随支承件截面惯性矩的增大而增加。表 3-9 列出了不同形状支承件的抗弯、抗扭惯性矩，表中各支承件的截面积皆为 10000mm²。

表 3-9　截面形状与惯性矩的关系

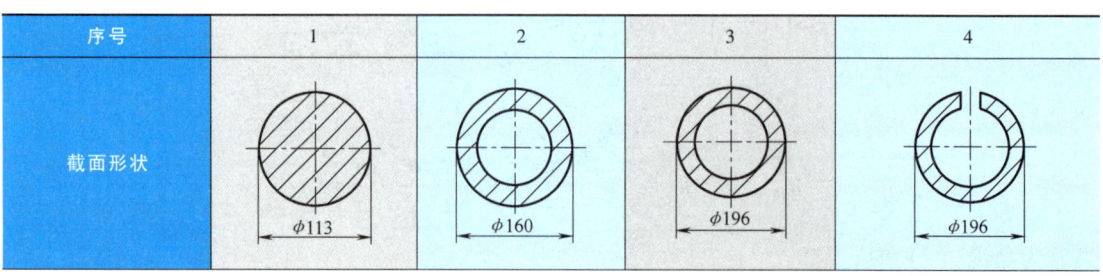

序号	1	2	3	4
截面形状	φ113	φ160	φ196	φ196

（续）

I_w	/cm⁴	800	2416	4027	—
	(%)	100	302	503	—
I_n	/cm⁴	1600	4832	8054	108
	(%)	100	302	503	7
序号		5	6	7	8
截面形状		100×100实心方形	141×141方形（内孔）	173×173方形（内孔）	250×95矩形（内孔218×63）
I_w	/cm⁴	833	2460	4170	6930
	(%)	104	308	521	866
I_n	/cm⁴	1406	4151	7037	5590
	(%)	88	259	440	350

注：EI_w 称为抗弯刚度，GI_n 称为抗扭刚度，E、G 分别为材料的弹性模量、剪切弹性模量。

从表 3-9 中可看出：

1）空心截面比实心截面的惯性矩大；加大轮廓尺寸，减小壁厚，可提高支承件的刚度；设计时在满足工艺要求的前提下，应尽量减小壁厚。

2）方形截面的抗弯刚度比圆形截面的抗弯刚度大，而其抗扭刚度比圆形截面的抗扭刚度小；矩形截面在高度方向上的抗弯刚度比方形截面的抗弯刚度大，而其宽度方向上的抗弯刚度和抗扭刚度比方形截面的抗弯刚度和抗扭刚度小。因此，承受一个方向弯矩为主的支承件，其截面形状应为矩形，高度方向应为受弯方向；承受弯扭组合作用的支承件，截面形状应为方形；承受纯扭矩的支承件，其截面形状应为圆环形。

3）不封闭截面的刚度远小于封闭截面的刚度，其抗扭刚度下降更大，因此在可能的情况下，应尽量把支承件做成封闭形状。截面不能封闭的支承件应进行刚度补偿。

四、提高支承件静刚度的措施

空心床身铸造时需安装型芯和型砂，从铸造工艺角度考虑，支承件的截面不能完全封闭；为减小机床占地面积，应使结构紧凑，床身、主轴箱等支承件中要安装电器件、液压件和传动件等零部件。从性能角度考虑，支承件的截面也不能完全封闭；卧式机床床身由于考虑排屑、切削液的回流，中间部分往往不能上下封闭。支承件不封闭的部位，将存在刚度损失，必须进行补偿。导轨支承工作部件，并为其导向，因而导轨刚度要求高，壁厚相对较大，导轨与床身的连接部位除要求平滑过渡、防止应力集中外，还应加强过渡连接处的局部刚度。另外，箱体的轴承孔处也应有提高刚度的措施。

1. 隔板和加强肋

连接外壁之间的内壁称为隔板，又称为肋板。隔板的作用是将局部载荷传递给其他壁板，从而使整个支承件能比较均匀地承受载荷。因此，支承件不能采用全封闭截面时，应采用隔板等结构加强支承件的刚度。

纵向隔板能提高抗弯刚度，如图 3-17 所示。当纵向隔板的高度方向与载荷 F 的方向相同时，增加的惯性矩为 $\frac{1}{12}h^3 b$；当纵向隔板的高度方向与作用力 F 的方向垂直时，增加的惯

性矩为 $\frac{1}{12}hb^3$。由于 $l \gg b$，所以纵向隔板的高度方向应垂直于弯曲面的中性层。

横向隔板能提高抗扭刚度。如图 3-18 所示，方框形截面（$H=B$）悬臂梁的长度为 L，$L=2.62H$，抗扭刚度为 GI_n；横向隔板的极惯性矩为 I_{np}，则增加 k 条横向隔板后，抗扭刚度增加为 $G(I_n+kI_{np})$。一般情况下，横向隔板的间距 $l=(0.865\sim1.31)H$。

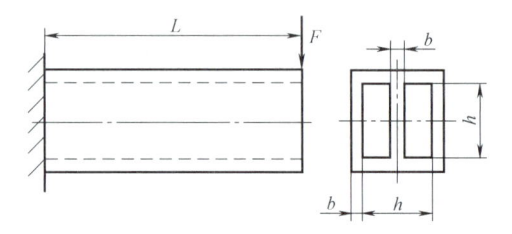

图 3-17 支承件的纵向隔板

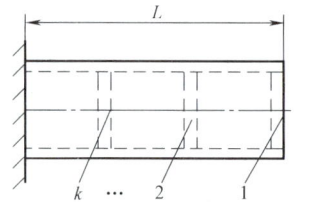

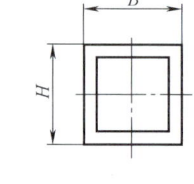

图 3-18 支承件的横向隔板

斜向隔板既能提高抗弯刚度，又能提高抗扭刚度。可将斜向隔板视为折线式或波浪形的纵向隔板，隔板与前、后壁每连接一次，形成一个横隔板，即斜隔板是由多个横隔板和纵隔板连续组合而形成的，如图 3-19 所示，因此斜向隔板可提高抗弯和抗扭刚度。较长的支承件常采用这种隔板。

加强肋又称为肋条，一般配置在外壁内侧或内壁上，其主要用途是加强局部刚度和减少薄壁振动。图 3-20a 所示的加强肋用来提高导轨与床身过渡连接处的局部刚度；图 3-20b 所示的加强肋用来提高箱体轴承孔处的局部刚度；图 3-20c、d、e 所示为工作台等板形支承件的加强肋，可提高抗弯刚度，避免薄壁振动。加强肋高度约为支承件壁厚的 5 倍。如图 3-21 所示为立柱隔板和加强肋布置简图。

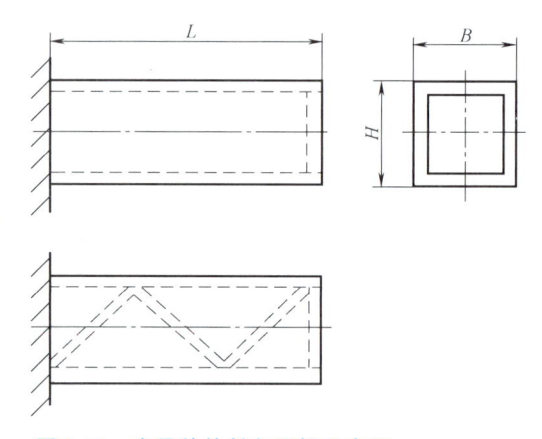

图 3-19 支承件的斜向隔板示意图

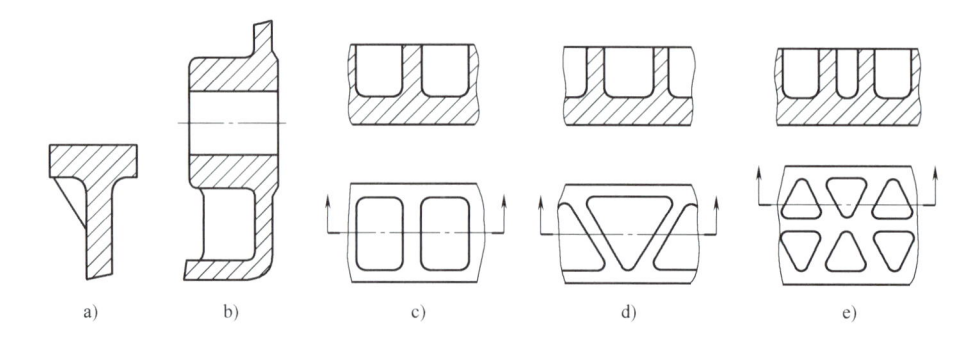

图 3-20 支承件的加强肋示意图
a）导轨与床身连接过渡处的肋条 b）轴承孔处的肋条 c）工作台的方形肋条
d）工作台的 W 形肋条 e）工作台的 X 形肋条

在满足工艺要求和刚度的前提下，应尽量减小支承件的壁厚和隔板、加强肋的厚度。铸铁支承件的外壁厚可根据当量尺寸 C 来选择（见表 3-10）。当量尺寸 C 可确定为

$$C = \frac{1}{3}(2L+B+H)$$

式中　L、B、H——支承件的长、宽、高（m）。

支承件的壁厚、隔板厚度和加强肋的厚度也可按支承件的质量（kg）或最大外形尺寸（mm）确定，隔板的厚度可取 $(0.8 \sim 1)t$，加强肋的厚度可取 $(0.7 \sim 0.8)t$，见表 3-11。

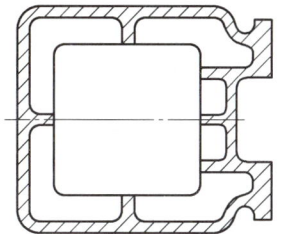

图 3-21　立柱隔板和加强肋布置简图

表 3-10　根据当量尺寸 C 选择壁厚 t

C/m	0.75	1.0	1.5	1.8	2.0	2.5	3.0	3.5	4.0
t/mm	8	10	12	14	16	18	20	22	25

表 3-11　支承件壁厚、隔板和加强肋的厚度与质量和外形尺寸的关系

质量/kg	外形尺寸/mm	壁厚/mm	隔板厚/mm	加强肋厚/mm	质量/kg	外形尺寸/mm	壁厚/mm	隔板厚/mm	加强肋厚/mm
≤5	≤300	7	6	5	101~500	1700	14	12	8
6~10	500	8	7	5	501~800	2500	16	14	10
11~60	750	10	8	6	801~1200	3000	18	16	12
61~100	1250	12	10	8	>1200	>3000	20~30		

2. 支承件开孔后的刚度补偿

立柱或梁中为安装机件或工艺的需要，往往需要开孔。立柱或梁上开孔会造成刚度损失。刚度的降低与孔的位置和大小有关。立柱或梁上孔的尺寸对刚度的影响见表 3-12。由表 3-12 可知，在弯曲平面垂直的壁上开孔，抗弯刚度的损失大于在弯曲平面平行的壁上开孔；在立柱或梁上开孔，抗扭刚度的损失比抗弯刚度的损失大。对于矩形截面的抗扭刚度，在较窄的壁上开孔，对刚度的影响比在较宽的壁上开孔的影响大。为弥补开孔后的刚度损失，可在孔上加盖板，用螺栓将盖板固定在壁上，也可将孔的周边加厚（翻边），如表 3-12 中的序号 6；在翻边的基础上，加嵌入式盖板，补偿效果最佳。表 3-12 中的序号 6 加嵌入式盖板后，相对抗弯刚度为 0.91，相对抗扭刚度为 0.41。另外，在孔周边翻边，可增加局部刚度，翻边直径 D 与孔径 d 之比 $D/d \leq 2$，壁厚 t 与翻边高度 h 之比 $t/h \leq 2$ 时，刚度增加较大。

表 3-12　立柱或梁上孔的尺寸对刚度的影响

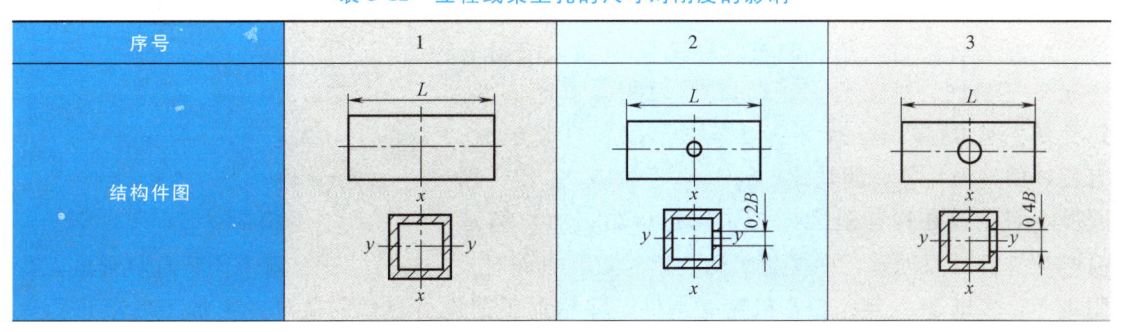

序号	1	2	3
结构件图			

(续)

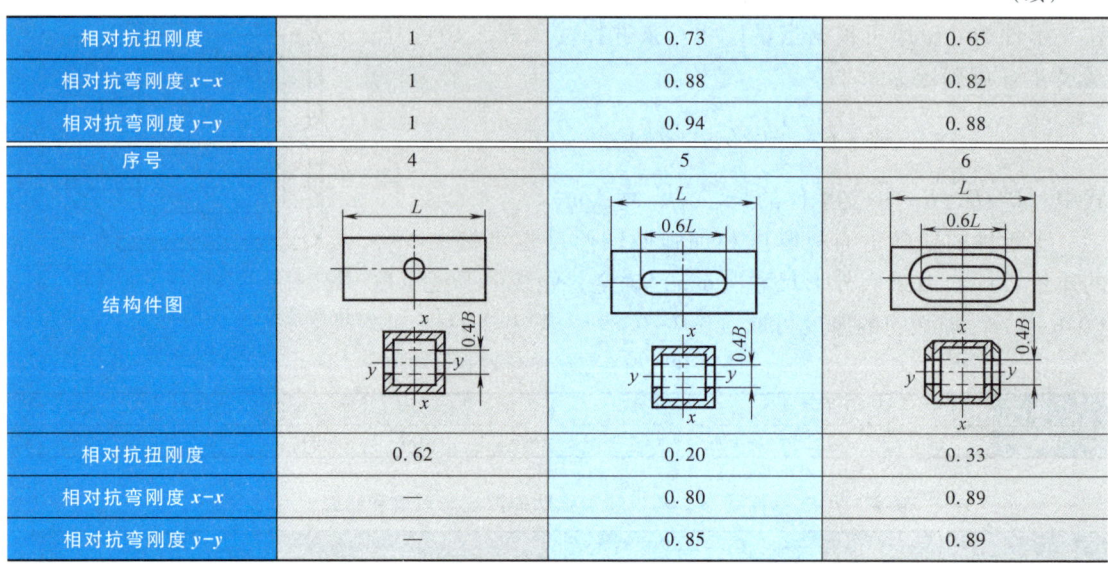

相对抗扭刚度	1	0.73	0.65
相对抗弯刚度 x-x	1	0.88	0.82
相对抗弯刚度 y-y	1	0.94	0.88
序号	4	5	6
结构件图			
相对抗扭刚度	0.62	0.20	0.33
相对抗弯刚度 x-x	—	0.80	0.89
相对抗弯刚度 y-y	—	0.85	0.89

注：1. 立柱或梁的横截面为方框形，边长为 B。
    2. x-x、y-y 平行于弯曲中性层。

一般情况下，立柱或梁外壁上开孔的尺寸应小于该方向尺寸的 20%；如果开孔尺寸不大于该方向尺寸的 10%，则孔的存在对刚度的影响较小，故不需要进行刚度补偿。

3. 提高接触刚度

相对滑动的连接面和重要的固定结合面需进行精磨或配对刮研，以增加真实的接触面积，提高其接触刚度。固定结合面精磨时，表面粗糙度 Ra 值 $\leqslant 1.6\mu m$；配刮削时，在 25.4mm×25.4mm 平面内，高精度机床均布的刮研点数不少于 12 点，精密机床为 8 点，普通机床则应不少于 6 点。

紧固螺栓应使结合面有不小于 2MPa 的接触压强，以消除结合面的平面度误差，增大真实的结合面积，提高结合刚度。结合面承受弯矩时，应使较多的紧固螺栓布置在受拉一侧，承受拉应力；结合面承受转矩时，螺栓应远离扭转中心，均匀地分布于四周。支承件的连接凸缘可采用加强肋增加局部刚度，如图 3-22 所示。

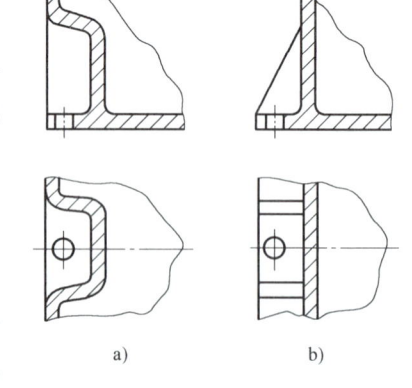

图 3-22 连接凸缘加强肋简图
a) 壁龛式加强肋 b) 三角形加强肋

五、支承件的材料

1. 铸铁

一般支承件用灰铸铁制成，在铸铁中加入少量合金元素（如铬、硅、稀土元素等），可提高其耐磨性。铸铁铸造性能好，容易得到复杂的形状，且阻尼大，有良好的抗振性能，阻尼比 $\zeta=(0.5\sim3)\times10^{-3}$。铸件因壁厚不匀导致在冷却过程中产生铸造应力，所以铸造后必须进行时效处理，并尽量采用自然时效。自然时效是将铸件放在露天任其日晒雨淋，少则 1 年，多则 3~5 年；精密机床支承件，除粗加工前进行自然时效外，粗加工后应进行人工时效处理，充分消除铸造应力。人工时效是将工件放在200℃以下的退火炉中，以60~80℃/h的加热速度缓慢加温到530~550℃，铸件壁厚20mm时保温4h，壁厚每增加25mm，保温时间增加2h，然后以30℃/h的冷却速度炉冷至200℃以下出炉。梁类支承件（如床身、立柱、横梁等）也可利用共振原理进行振动时效，消除内应力。振动时效时，支承件放在弹性支承（如废轮胎）上，激振器安装在支承件中部。激振器的频率为一次横向弯曲振动的共振频率。激振器可视为质量偏心的、偏心矩可调的无级变速电动机。这种方法时效时间短，比人工时效节能；缺点是按照一次弯曲共振频率时效，中间部分振幅大，消除应力效果较好，两端振幅小，效果较差。

镶装导轨的支承件，如床身、立柱、横梁、底座、工作台等，常用的灰铸铁牌号为HT150；与导轨制作在一起的支承件常采用HT200；齿轮箱体常采用HT250；主轴箱箱体常采用HT300、HT350。

2. 钢材

用钢板和型钢焊接支承件，制造周期短，不必制作木模，特别适合于生产数量少、品种多的大中型机床床身的制造。由于钢的弹性模量 $E = 2.06 \times 10^5$ MPa，铸铁的弹性模量 $E = 1.22 \times 10^5$ MPa，钢的弹性模量约为铸铁的1.7倍，所以钢板焊接床身的抗弯刚度约为铸铁床身的1.45倍。在刚度要求相同时，钢板焊接床身的壁厚比铸铁床身减小1/2，质量减小20%~30%。焊接床身可做成封闭的结构。钢板焊接床身的缺点是阻尼约为铸铁的1/3，抗振性能差。为提高其抗振性能，可采用阻尼焊接结构或在空腔内充入混凝土等措施。

焊接床身常用钢材型号为Q235A、20钢。焊接床身壁厚见表3-13。

表3-13 焊接床身壁厚 （单位：mm）

机床规格	外壁、隔板厚度	加强肋厚度	导轨支承壁厚度
大型机床	20~25	15~20	30~40
中型机床	8~15	6~12	18~25

3. 树脂混凝土

树脂混凝土是制造机床床身的新型材料，又称为人造花岗石。之所以称为树脂混凝土，是因为它以树脂和稀释剂代替混凝土中的水泥和水，与各种尺寸规格的花岗石块或大理石块等骨料均匀混合、捣实固化而形成。树脂为黏结剂，相当于水泥，常用不饱和聚酯树脂、环氧树脂、丙烯酸树脂等合成树脂。稀释剂的作用是降低树脂黏度，浇注时有较好的渗透力，防止固化时产生气泡。有时也要加入固化剂，改变树脂分子链结构，使原有的线型或支链型结构转化成体型分子链结构。有时还要加入增韧剂，提高树脂混凝土的抗冲击性能和抗弯强度。

树脂混凝土的力学性能及其与铸铁的对比见表3-14。另外，树脂混凝土的阻尼比为灰铸铁的8~10倍，因而抗振性能好；对切削液、润滑剂等有极好的耐蚀性；与金属黏结力强、可根据不同的结构要求，预埋金属件，减少金属加工量；生产周期短，浇注时无大气污染，浇注出的床身静刚度比铸铁床身的静刚度高16%~40%。树脂混凝土的缺点是某些力学性能（如抗拉强度）较低。它可用增加预应力钢筋或加强纤维来提高抗弯刚度；用钢板焊接出支承件的周边框架，在空腔中充入树脂混凝土而形成的结构，适合用作大中型机床结构较简单的支承件。

表 3-14 树脂混凝土的力学性能及其与铸铁的对比

性能	树脂混凝土	铸铁	性能	树脂混凝土	铸铁
密度/(g/cm³)	2.4	7.0	对数衰减率	0.04	
弹性模量/MPa	$3.8×10^4$	$1.22×10^5$	线膨胀系数/℃$^{-1}$	$16×10^{-6}$	$11×10^{-6}$
抗压强度/MPa	145		热导率/[W/(m·K)]	1.5	54
抗拉强度/MPa	14	250	比热容/[J/(kg·K)]	1250	544

六、提高支承件动刚度

机床是由部件组合而成的，部件则是由许多零件或构件装配形成的。机床存在许多运动接触面和固定接触面，这些接触面的接触刚度和接触面的阻尼比是不同的。结构在不同的方向具有不同的刚度，因而机床存在许多固有频率和主振型。常见的振动有整机摇晃振动、结合面间的相对振动和零部件的本体振动。

整机摇晃振动是机床整体在地基支承上的振动。摇晃振动时，机床上各点振幅沿高度和长度方向呈线性分布。垂直于宽度方向平面内的摇晃，共振频率最低。整机摇晃动刚度主要取决于支承件连接部位和基础的刚度与阻尼。共振频率为 15~30Hz，阻尼比 $\zeta = 0.03~0.06$。

结合面处部件间的相对振动是指整个部件作为一个刚体在结合面处相对于另一部件的直线振动或扭转振动。对于移动结合面，共振频率较低（为 40~100Hz），阻尼比 $\zeta = 0.04~0.1$；对于固定结合面，共振频率为 80~150Hz，高于移动结合面，阻尼比 $\zeta = 0.02~0.05$，比移动结合面低。

机床零部件的本体振动包括主轴组件的弯曲振动、传动系统的扭转振动、支承件的弯曲振动和扭转振动等。床身的一次水平弯曲振动，主振系统是床身，共振频率为 80~140Hz，其振动的特点：各点的振动方向一致，同一横截面上的上下各点的振幅相差不大，越接近长度方向（z 轴），中部振幅越大。床身的一次扭转振动，共振频率为 30~120Hz，其振动的特点：两端振动方向相反，振幅为两端大中间小。床身二次水平弯曲振动，共振频率为 90~150Hz。

各种振动对加工精度的影响并不相同。对车床来讲，整机摇晃振动引起刀具和工件的相对振动较小，只要刀架、溜板箱、主轴箱中没有与整机摇晃振动相同固有频率的零件，其危害就不大。一次水平弯曲，引起工件与刀具之间的相对振动，该振动直接影响加工精度。床身的扭转振动，也在刀具和工件之间引起有害的振动，且影响是线性的，使加工件留下振纹。扭转振动和一次弯曲振动频率低，易在主轴范围内多刃切削时形成共振，危害较大。

由式（3-22）可知，主轴组件的动刚度为

$$K_\omega = K\sqrt{(1-\lambda^2)^2 + 4\zeta^2\lambda^2}$$

将支承件振动系统的阻尼比（振动系统的阻尼由结合面的摩擦阻尼与材料的内摩擦阻尼组成，通常结合面的阻尼占主要地位）取代主轴轴承的阻尼比，上式就成为支承件的动刚度。利用导数性质，可求出动刚度相对于频率比的极值，即共振时的动刚度 $K_{\omega\min}$ 为

$$K_{\omega\min} = 2K\zeta\sqrt{1-\zeta^2} \approx 2K\zeta$$

共振时，$\lambda = \dfrac{\omega}{\omega_0} = \sqrt{1-2\zeta^2} \approx 1-\zeta^2 \approx 1$。为便于对机床支承件动刚度进行分析比较，一般以共振时的动刚度作为支承件的动刚度。由上式可知，要提高支承件的动刚度，应提高支承件的静刚度和阻尼比；或通过提高静刚度来提高支承件的固有频率，使激振频率远小于支承件自身的固有频率，以避免共振，从而提高动刚度。

（1）提高静刚度和固有频率　在不增加支承件质量的前提下，合理地选择支承件的截面形状，合理地布置隔板和加强肋，是提高静刚度和固有频率的简单且有效的方法。

（2）增加阻尼

1）封闭的空心支承件中充注高阻尼材料。对于铸铁支承件，可保留型芯，采用封砂结构。普通卧式车床床身可采用双壁支承导轨，型芯安装在铁板上（铁板为床身外壁的一部分）。该铁板固定在型腔中，并与床身外壁浇注在一起形成局部的封砂结构，如图 3-23 所示。卧式数控车床为减少床

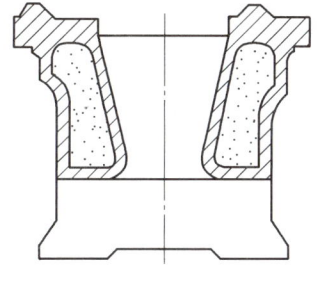

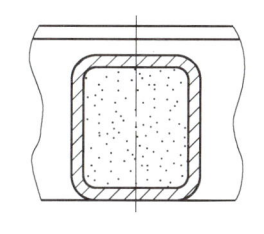

图 3-23　普通卧式车床床身

身的热变形，将床身导轨倾斜于工件后上方，使切屑不与床身接触，避免了切屑所携带的切削热的传递。切屑不与床身接触，使床身可采用封闭结构，以提高床身的静刚度；型腔内可保留型芯，提高动刚度，如图 3-24 所示。图 3-24a 所示为中型卧式数控车床，图 3-24b 所示为大型卧式数控车床，床身底座可为焊接结构。图 3-25 所示为升降台铣床悬梁悬伸部分的断面图，在箱形铸件中装入四个铁块，并充满直径为 6~8mm 的钢球，再注满高黏度油。振动时，油在钢球间运动产生的黏性摩擦及钢球、铁块间的碰撞，可消散振动能量，增大阻尼。

2）增加阻尼的焊接结构。焊接支承件，其阻尼比与焊接方式、焊接长度和焊缝间距有关，见表 3-15。焊接长度为结构件长度的 58.7% 时，静刚度略有降低，而动刚度显著提高，这种断续焊接的结构称为阻尼焊接结构。其实质是结合面受载后产生较大压力，未焊接的部位在振动中做微小的相对滑移，消耗一部分振动能量，从而提高了动刚度。图 3-26 所示为增加结合面阻尼的焊接结构，它是通过预加载荷使焊接部位宽度为 B 的平面紧密接触，振动时具有一定接触应力的干面相对微小滑移，利用材料结合面的摩擦阻尼提高抗振性能。

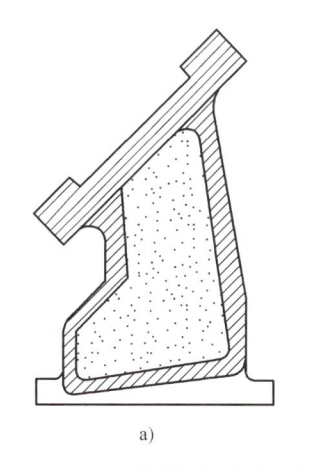

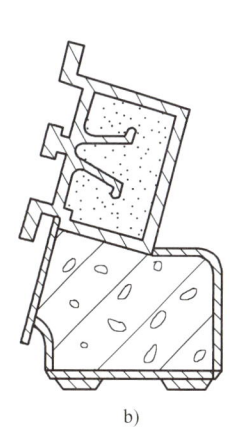

图 3-24　卧式数控车床倾斜床身
a）中型卧式数控车床　b）大型卧式数控车床

焊接结构也可在空腔内充注水泥或高阻尼材料（见图 3-24b），可进一步提高阻尼比。

3）可采用树脂混凝土等高阻尼材料作为支承件。

4) 支承件外表面刷涂高阻尼材料。支承件外表面可刷涂高阻尼材料（如沥青基胶泥减振剂、高分子聚合物、机床腻子等），涂层厚度越大，阻尼越大。这是不改变结构设计和支承件刚度却可提高阻尼的方法，阻尼比 ζ 可达 $0.05 \sim 0.1$。

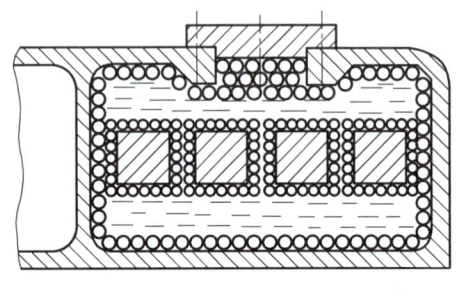

图 3-25 升降台铣床悬梁悬伸部分的断面图

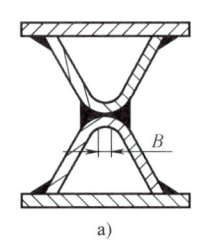

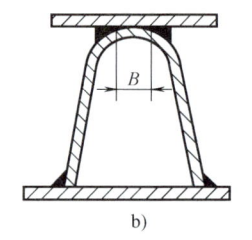

图 3-26 增加结合面阻尼的焊接结构
a) X 形阻尼焊接结构　b) 倒 U 形阻尼焊接结构

表 3-15　不同焊缝尺寸对构件刚度的影响

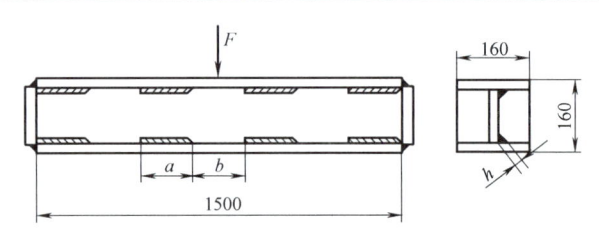

焊接方式	单面焊缝						双侧焊缝
焊脚高 h/mm	4.0	4.0	4.0	4.0	4.5	5.5	5.5
焊缝长 a/mm	220	270	320	1500	1500	1500	1500
焊缝间距 b/mm	203	140	73	0	0	0	0
焊接率（%）	58.7	72	85.3	100	100	100	100
固有频率 ω_0/Hz	175	183	190	196	196	201	210
静刚度 K/(N/μm)	28.4	30.8	32.6	33.0	33.5	35.0	35.8
阻尼比 ζ/10^{-3}	2.3	0.34	0.33	0.32	0.30	0.29	0.25
动刚度 K_ω/(N/μm)	13	2.1	2.15	2.1	2.0	2.0	1.8

第三节　导轨设计

一、导轨的功用和基本要求

导轨的功用是支承并引导运动部件沿一定的轨迹运动。它承受其支承的运动部件和工件（或刀具）的质量及切削力。

导轨按运动性质可分为主运动导轨、进给运动导轨和移置导轨。主运动导轨副之间相对运动速度较高，主要用于立车花盘、龙门铣刨床、普通刨插床及拉床、插齿机等；进给运动导轨副之间的相对运动速度较低，机床中大多数导轨属于进给运动导轨。移置导轨的功能是调整部件之间的相对位置，在机床工作中没有相对运动，如卧式车床的尾座导轨等。

导轨按摩擦性质可分为滑动导轨和滚动导轨。滑动导轨又可细分为静压滑动导轨、动压滑动导轨和普通滑动导轨。静压导轨是液体摩擦，导轨副之间有一层液压油膜，多用于高精度机床进给导轨。动压导轨也是液体摩擦，与静压导轨的区别仅在于油膜的形成方式不同。静压导轨靠液压系统提供液压油膜；动压导轨利用滑移速度带动润滑油从大间隙处向狭窄处流动，形成动压油膜，因而动压导轨适用于运动速度较高的主运动导轨。普通滑动导轨为混合摩擦，导轨间有一定动压效应，但由于速度较低，油楔不能隔开导轨面，导轨面仍处于直接接触状态。机床中大多数导轨属于混合摩擦。滚动导轨在导轨面间装有滚动元件（绝大多数为钢球），因而是滚动摩擦，广泛应用于数控机床和精密、高精度机床。

导轨按受力状态可分为开式导轨和闭式导轨。开式导轨利用部件质量和载荷，使导轨副在全长上始终保持接触。开式导轨不能承受较大的倾覆力矩，适用于大型机床的水平导轨。当倾覆力矩较大时，为保持导轨副始终接触，需增加辅助导轨副，如图3-27所示压块和床身导轨的下底面 A 组成辅助导轨副，从而形成闭式导轨。也可以说，闭式导轨去掉辅助导轨副就是开式导轨。

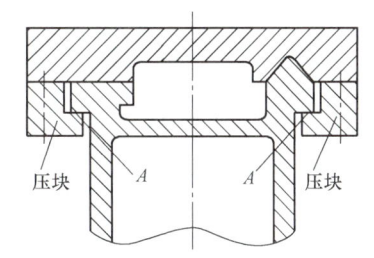

图 3-27 闭式导轨简图

导轨具有承载和导向功能，且多数导轨的摩擦状态为混合摩擦。所以，导轨应满足以下要求：

（1）导向精度　导向精度主要是指导轨副相对运动时的直线度（直线运动导轨）或圆度（圆周运动导轨）。影响导向精度的因素很多，如导轨的几何精度和接触精度、导轨的结构形式和装配精度、导轨和支承件的刚度和热变形等。对于动压导轨和静压导轨，导向精度还与油膜刚度有关。导轨的几何精度直接影响导向精度，因此在国家标准中对导轨纵向直线度及横向直线度的检验都有明确规定。接触精度指导轨副摩擦面实际接触面积占理论面积的百分比。磨削和刮研的导轨面，接触精度按机械行业标准《金属切削机床　装配通用技术条件》（JB/T 9874—1999）的规定，用着色法检验，以 25.4mm×25.4mm 面积内的接触点数来衡量。

（2）精度保持性　精度保持性是导轨设计制造的关键，也是衡量机床优劣的重要指标之一。影响精度保持性的主要因素是磨损，即导轨的耐磨性。常见的磨损形式有磨料（或磨粒）磨损、黏着磨损（或咬焊）和接触疲劳磨损。磨料磨损常发生在边界摩擦和混合摩擦状态，磨粒夹在导轨面间随之相对运动，形成对导轨表面的"切削"，使导轨面划伤。磨料的来源是润滑油中的杂质和切屑微粒。磨料的硬度越高，相对运动速度越高，压强越大，对导轨副的危害就越大。磨料磨损是不可避免的，因而减少磨料磨损是导轨保护的重点。黏着磨损又称为分子机械磨损。在载荷作用下，实际接触点上的接触应力很大，以致产生塑性变形，形成小平面接触。在没有油膜的情况下，裸露的金属材料分子之间的相互吸引和渗透，使接触面形成黏结而发生咬焊。当存在薄而不匀的油膜时，导轨副相对运动，油膜就会被压碎破裂，造成新生表面直接接触，产生咬焊黏着。导轨副的相对运动使摩擦面形成黏结咬焊、撕脱、再黏着的循环过程。由此可知，黏着磨损与润滑状态有关，干摩擦和半干摩擦状态时，极易产生黏着磨损。机床导轨应避免黏着磨损。接触疲劳磨损发生在滚动导轨中。滚动导轨在反复接触应力的作用下，材料表层疲劳，产生点蚀。同样，接触疲劳磨损也是不可避免的，它是滚动导轨、滚珠丝杠的主要失效形式。

（3）刚度　导轨承载后的变形，影响部件之间的相对位置和导向精度，因此要求导轨应具有足够的刚度。导轨的变形包括接触变形、扭转变形，以及导轨支承件变形引起的导轨变形。导轨的变形主要取决于导轨的形状、尺寸及与支承件的连接方式、受载情况等。

（4）低速运动平稳性　当进给传动系统低速转动或间歇微量进给时，应保证导轨运行平稳、进给量准确，不产生爬行（时快时慢或时走时停）现象。低速运动平稳性与导轨的材料及结构尺寸、润滑状况、动静摩擦系数之差和导轨运动的传动系统刚度有关。低速运动平稳性对高精度机床尤为重要。

除满足上述要求外，导轨还应结构简单、工艺性好。

二、滑动导轨结构设计

1. 导轨的截面形状

导向是导轨的主要功能。要使动导轨严格按规定的轨迹运动，需限定除运动轨迹外的五个自由度。支承导轨制造或安装在床身、立柱、横梁、摇臂等支承件上，导轨的摩擦面宽度远小于运动长度，因而导轨可视为窄定位板（见图3-28中的平面a），只能限制两个自由度（沿y轴的移动和绕x轴的转动）；在一个坐标面中的两条窄支承平面a、b形成一个定位平面，可限制三个自由度（沿y轴的移动和绕x轴、z轴的转动）；要准确导向，需增加另一坐标面上的窄支承平面c，以限制两个自由度（沿x轴的移动和绕y轴的转动），从而形成最基本的双矩形导轨。该导轨具有结构简单、容易制造、刚度和承载能力大、安装调整方便等优点。缺点是导轨面磨损后不能自动补偿，应有间隙调整机构。这种导轨广泛用于普通精度机床和中型机床中，如中型车床、组合机床、升降台铣床、数控机床等。为使平面c定位可靠，保证导向精度，应用镶条调整c面与动导轨结合面之间的间隙，如将窄支承平面a、c绕纵向（z轴）旋转45°，则形成如图3-29所示的导轨组合。三角形和矩形导轨的组合兼有导向性好、制造方便和刚度高的优点，广泛应用于车床、磨床、龙门铣床、龙门刨床、滚齿机、坐标镗床等机床的床身导轨。当减小角度α时，三角形导轨的导向性能提高，而承载能力和刚度下降；增大角度α时，则相反。因此，一般机床的三角形导轨的角度α常取90°；重型机床的三角形导轨α≥90°；精密机床和滚齿机的三角形导轨α<90°。如果将图3-28中的平面c旋转并移动，则形成如图3-30所示的燕尾形和矩形导轨的组合。燕尾导轨

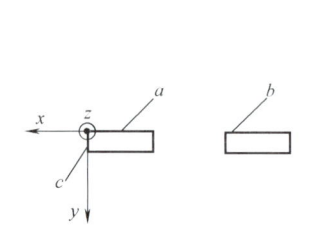

图 3-28　基本导轨面

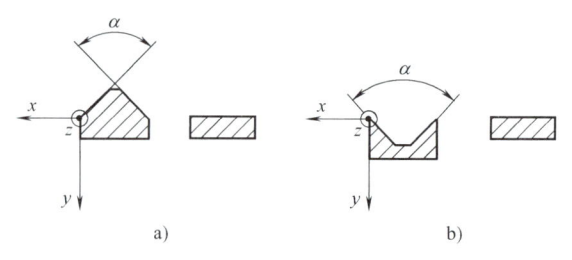

图 3-29　三角形导轨、矩形导轨的组合
a）凸三角形导轨、矩形导轨的组合
b）凹三角形导轨、矩形导轨的组合

与矩形导轨的组合具有调整方便、承受力矩大的特点，多应用于横梁、立柱、摇臂的导轨副。

三角形导轨是矩形导轨的一个角旋转而成的，可限制四个自由度。两个平行的三角形导轨组合，为过定位。虽然具有接触刚度好，以及导向性和精度保持性高的优点，但加工困难，只能配合加工，故应用较少，仅用于精密机床，如丝杠车床、单柱坐标镗床等。双燕尾形导轨（通常简称为燕尾导轨），是未采用辅助导轨副的闭式导轨，如图 3-31 所示。燕尾导轨高度小，可承受倾覆力矩。同样，燕尾导轨是过定位，必须用镶条调整摩擦面的间隙。这种导轨刚度差，加工、检验、维修不方便，适用于受力小、结构层数多、间隙调整方便的地方，如卧式刨床的滑枕导轨、卧式升降台铣床的床身导轨、卧式车床的横向进给导轨和刀架导轨等。

图 3-30 燕尾形与矩形导轨的组合
a) 凸燕尾与矩形导轨的组合
b) 凹燕尾与矩形导轨的组合

2. 导轨间隙的调整

（1）辅助导轨副的间隙调整　辅助导轨副用压板来调整间隙。压板用螺钉紧固在运动部件上，如图 3-32 所示。如图 3-32a 所示为通过精磨或刮削压板厚度调整间隙，这种方法结构简单，应用广泛；如图 3-32b 所示为利用改变垫片层数和垫片厚度调整间隙，垫片是由许多薄钢片组成的；如图 3-32c 所示为通过压板与导轨间的平镶条来调节间隙。

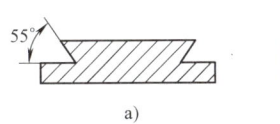

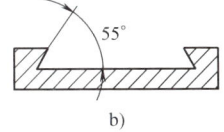

图 3-31 双燕尾形导轨
a) 凸燕尾形导轨　b) 凹燕尾形导轨

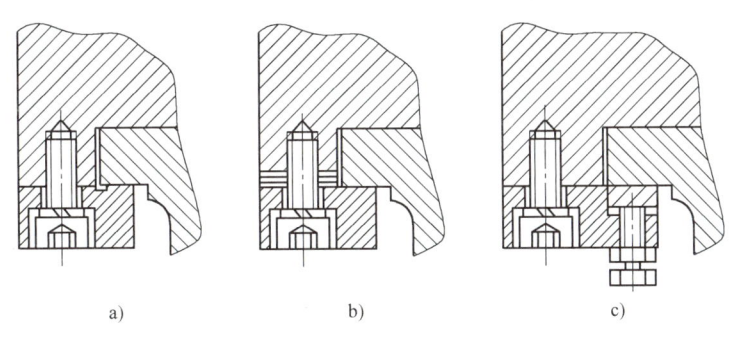

图 3-32 辅助导轨副的间隙调整方法
a) 精磨或刮削压板厚度调整　b) 垫片调整　c) 平镶条调整

（2）矩形导轨和燕尾形导轨的间隙调整　矩形导轨和燕尾形导轨常用镶条来调整侧面间隙。从提高刚度的角度考虑，镶条应放在不受力或受力较小的一侧。镶条分为平镶条和斜镶条两种。全长厚度相等，横截面为平行四边形或矩形的镶条称为平镶条，平镶条靠横向移动来调整导轨侧面间隙；全长厚度按 1∶100～1∶40 的斜度变化的镶条称为斜镶条，斜镶条通过两斜面的相对纵向移动来调整导轨侧面间隙。

导轨副的平镶条及间隙调整方法如图 3-33 所示。图 3-33a 所示矩形平镶条用于矩形导轨；图 3-33b、c 所示平行四边形平镶条和梯形平镶条用于燕尾形导轨。如图 3-33c 所示的导轨间隙调整有顺序要求，必须在间隙调整完毕后，才能拧紧紧固螺栓。平镶条易制造，且调整方便。但图 3-33a、b 所示的平镶条较薄，调整间隙的各螺钉单独调整，调整力不均匀，在调整螺钉与平镶条接触处存在变形，故刚度较差。

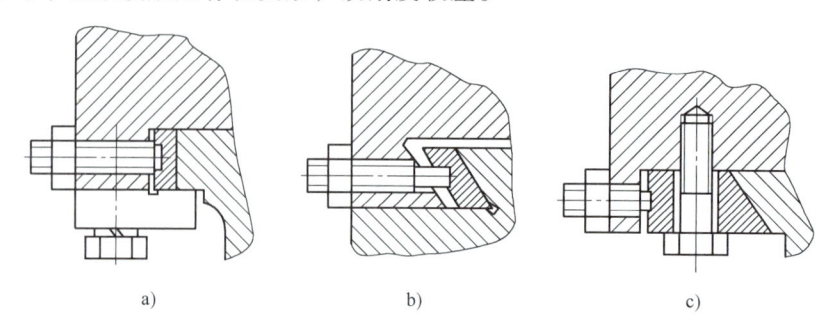

图 3-33 导轨副的平镶条及间隙调整方法
a) 矩形平镶条　b) 平行四边形平镶条　c) 梯形平镶条

动导轨的一个导轨面在长度方向上（移动方向）做成斜面，斜度与镶条的斜度相等，倾斜方向则相反。两斜度相等、倾斜方向相反的斜面配合，可纵向移动镶条调整导轨横向间隙。镶条配刮前应有一定的长度余量，以减少刮削量或避免因刮削量不足而造成废品。镶条平面与支承导轨面、镶条斜面与动导轨斜面配刮后，截去长度余量，固定在动导轨上，如图 3-34 所示。如图 3-34a 所示的调整方法是用螺钉推动镶条纵向移动，沟槽在配刮后铣出，结构简单、调整方便。但螺钉凸肩和镶条沟槽间的间隙会引起镶条在运动中的窜动。如图 3-34b 所示为用双螺钉调节，避免了镶条窜动，性能较好。如图 3-34c 所示为将镶条沟槽变为圆孔，将螺钉凸肩变为带圆柱销的调整套，圆柱销与圆孔配作，通过配合精度控制镶条的窜动。这种方法调整方便，但纵向尺寸较长。

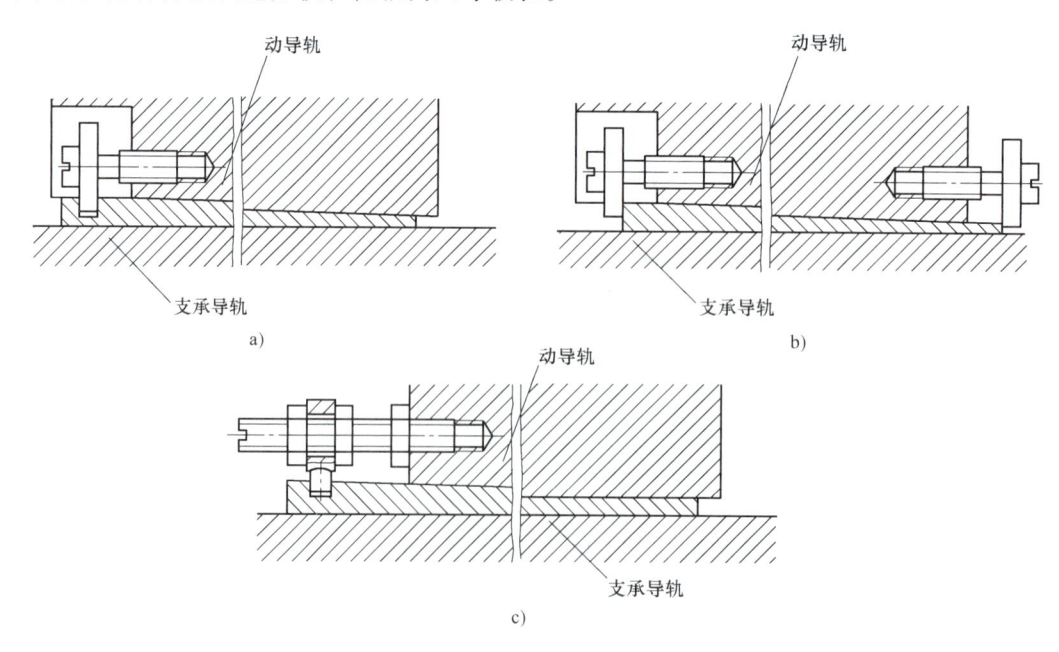

图 3-34 斜镶条的间隙调整
a) 单螺钉调整间隙　b) 双螺钉调整间隙　c) 单螺钉双锁紧螺母调整间隙

三、提高滑动导轨耐磨性的措施

1. 选用合适的材料

（1）铸铁　铸铁是一种成本低，具有良好减振性和耐磨性，易于铸造和切削加工的材料。常用的铸铁有灰铸铁、孕育铸铁、耐磨铸铁等。

需手工刮削且与支承件做成一体的导轨，一般采用HT200，在润滑与防护较好的条件下HT200有一定的耐磨性。对耐磨性能要求高、精加工方式为磨削且与床身做成一体的导轨，一般采用孕育铸铁HT300。所谓孕育铸铁，是指在铁液中加入少量孕育剂（如硅、锰、铝、稀土等），使铸铁获得均匀的珠光体和细片状石墨的金相组织，从而提高强度和硬度的铸铁。孕育铸铁HT300在机床上应用很广，如在卧式车床、转塔车床、升降台铣床及磨床等机床上都获得广泛应用。为提高耐磨性能，可进行接触电阻淬火或高频感应淬火。接触电阻表面淬火，表层大部分为细小马氏体组织，淬硬层厚0.2~0.25mm，表层硬度可达50HRC以上，耐磨性可提高1~2倍，基本上避免了铸铁导轨的黏着磨损；硬度不低于180HBW的导轨可进行高频感应淬火，淬火后硬度为48~53HRC，淬火深度为1.2~2.5mm，淬硬层组织主要为细小马氏体，高频感应淬火可使耐磨性提高2倍以上。

机床导轨专用耐磨铸铁是在相应牌号的灰铸铁中添加磷、铜、钛、钼、钒等用于细化晶粒的元素，从而提高了耐磨性的铸铁。对于普通机床（如车床、磨床等）床身、滑板、工作台等支承件及其导轨，可采用高磷耐磨铸铁MTP30（w_P = 0.4%~0.65%），其耐磨性比HT300提高1倍以上，目前应用日趋广泛。钒钛耐磨铸铁适用于制造各类中小型机床的导轨铸件，它的力学性能好，优于高磷耐磨铸铁，熔铸工艺简单，耐磨性比孕育铸铁HT300提高1.5~2倍。对于精密机床（如坐标镗床、螺纹磨床等）的床身、立柱、工作台等支承件及其导轨，采用磷铜钛耐磨铸铁MTPCuTi20、MTPCuTi25、MTPCuTi30，容易保证铸件质量，其耐磨性比孕育铸铁HT300高1.5~2倍。中小型精密机床、仪表机床的床身等支承件及其导轨，也可采用铬钼铜耐磨铸铁MTCrMoCu25、MTCrMoCu30、MTCrMoCu35，其耐磨性比孕育铸铁高2倍以上。耐磨铸铁成本较高，为保证导轨耐磨性，且使机床有较好的经济效益，导轨可采用耐磨铸铁，支承件采用灰铸铁HT150，导轨镶装于支承件上。

（2）钢　为提高导轨的耐磨性，可采用淬硬的钢导轨，铸铁、淬火钢组成的导轨副能够防止黏着磨损，抗磨粒磨损的性能比不淬硬的铸铁导轨副高5~10倍，并随合金成分和硬度的增加而提高。淬火钢导轨一般镶装在支承件上。镶钢导轨材料有合金工具钢或轴承钢（如9Mn2V、GCr15等）、淬火钢（如45、T8A等）、渗碳钢或氮化钢（如20CrMnTi或38CrMoAlA）。镶钢导轨工艺复杂，加工困难，为减少热变形，需分段制作、拼装、树脂粘接，并用螺栓固定在支承件上。目前，国内有的数控机床和加工中心采用镶钢导轨。

（3）塑料　镶装导轨所用的塑料，主要是聚四氟乙烯。聚四氟乙烯有"塑料王"之称，它的摩擦系数很小，与铸铁摩擦时摩擦系数为0.03~0.05，且动、静摩擦系数相差很小，具有良好的防止爬行的性能；具有优异的耐热性，能够在-250~260℃条件下稳定工作，且摩擦系数在工作温度范围内几乎保持不变；强酸、强碱及各种氧化剂对其毫无作用，甚至沸腾的"王水"也不能与其产生任何化学反应；化学稳定性极好，超过玻璃、陶瓷、不锈钢、金。纯聚四氟乙烯极不耐磨，需加入青铜粉、石墨等添加剂增加耐磨性。聚四氟乙烯导轨软带可用环氧树脂粘贴在动导轨上，其接触压强应小于0.35MPa。目前，聚四氟乙烯导轨软带已被广泛应用。上海蓝菱科技发展公司6S系列导轨软带技术指标已达到美国ASTMD3308标准，性能指标见表3-16；广州机床研究所生产的TSF机床导轨软带与铸铁的摩擦系数见表3-17。

表3-16 6S-001聚四氟乙烯软带的技术指标

项目	指标	项目	指标
密度/(g/cm^3)	3.08~3.12	极限pv值/(MPa·m/s)	0.6
抗拉强度/MPa	20	磨损量/(mm/100km)	<0.12
摩擦系数(N30号机械润滑油)	0.05	粘接抗剪强度/MPa	10

注：1. 摩擦系数检验条件：干摩擦；$v=1$m/s。
    2. 极限pv值检验条件：$p=0.15$MPa，$v=7.86$m/min。

表3-17 TSF聚四氟乙烯软带对铸铁的摩擦系数

滑动速度/(mm/min)		3	5	10	25	50	100	200	400	500
N32号机械润滑油	f_0	0.01	0.012	0.015	0.016	0.018	0.018	0.023	0.026	0.026
	f_d	0.01	0.012	0.015	0.016	0.018	0.018	0.023	0.026	0.026
干摩擦	f_0	0.013	0.015	0.016	0.018	0.020	0.022	0.024	0.029	0.029
	f_d	0.013	0.015	0.016	0.018	0.020	0.022	0.024	0.029	0.029

FQ-1、SF-1、GS导轨板是在钢板上烧结球状青铜颗粒并浸渍聚四氟乙烯的板材，导轨板厚度为1.5~3mm，青铜颗粒上浸渍的聚四氟乙烯表层厚0.025mm。导轨板可用环氧树脂粘接（或同时用螺钉固定）在动导轨上。导轨板既有聚四氟乙烯良好的摩擦特性，又有青铜和钢的刚性和导热性，适用于中小型精密机床和数控机床，特别是润滑不良（如立式导轨）或无法润滑的导轨。

另外，环氧型耐磨涂层导轨也是常用的一种塑料导轨。环氧型耐磨涂层是以经过改性的环氧树脂为基体，加入固体润滑材料、增强材料等添加剂混合而成的。广州机床研究所生产的HNT环氧耐磨涂层导轨材料就属于这一类。HNT-3适用于中小型精密机床导轨和数控机床导轨；HNT-5适用于大中型机床导轨。HNT涂料主要技术指标见表3-18。西欧国家生产的数控机床普遍采用涂塑导轨。

表3-18 HNT涂料的主要技术指标

项目	指标	项目	指标
密度/(g/cm^3)	1.8	粘接抗剪强度/MPa	18
摩擦系数	<0.035	抗压强度/MPa	95

导轨副材料的选用原则：为提高导轨副的耐磨性，防止黏着磨损，导轨副应采用不同的材料制造；如果采用相同的材料，也应用不同的热处理方式使两者具有不同的硬度。在滑动导轨中，长导轨各处的使用概率不等，导致磨损不匀，不均匀磨损对加工精度的影响较大。因此，长导轨应采用较耐磨的和硬度较高的材料制造。普通机床的动导轨多用聚四氟乙烯导轨软带，支承导轨采用淬硬的孕育铸铁。精密机床、高精度机床的导轨面需刮削，可采用耐磨铸铁导轨副，但动导轨的硬度应比支承导轨的硬度低15~45HBW。

2. 导轨面的精加工方法及其精度

提高导轨的表面精度，增加真实的接触面积，能提高导轨的耐磨性。导轨表面一般要求

表面粗糙度 Ra 值≤0.8μm。精刨导轨时，刨刀沿一个方向切削，使导轨表面疏松，易引起黏着磨损，所以导轨的精加工尽量不用精刨。磨削导轨能将导轨表层疏松组织磨去，提高耐磨性，可用于导轨淬火后的精加工。刮削导轨表面接触均匀，不易产生黏着磨损，不接触的表面可储存润滑油，提高耐磨性；但刮削工作量大。因此，长导轨面一般采用精磨；短导轨面和动导轨面可采用刮削。精密机床（如坐标镗床、导轨磨床）导轨副，导轨表面质量要求高，可在磨削后刮研。

3. 导轨的许用压强对导轨耐磨性的影响

导轨的压强是影响导轨耐磨性的主要因素之一。若导轨的许用压强选取过大，则会导致导轨磨损加快；若许用压强选取过小，则又会增加导轨尺寸。动导轨材料为铸铁，支承导轨材料为铸铁或钢时，中型通用机床主运动导轨和滑动速度较大的进给运动导轨，平均许用压强为 0.4~0.5MPa，最大许用压强为 0.8~1.0MPa；滑动速度较低的进给运动导轨，平均许用压强为 1.2~1.5MPa，最大许用压强为 2.5~3.0MPa。重型机床由于尺寸大，许用压强可为中型通用机床的 1/2。精密机床的许用压强更小，以减少磨损，保持高精度，如磨床的平均许用压强为 0.025~0.04MPa，最大许用压强为 0.05~0.08MPa。专用机床、组合机床切削条件是固定的，负荷比通用机床大，许用压强可比通用机床小 25%~30%。动导轨粘贴聚四氟乙烯软带和导轨板时，应使动导轨压强 p 与滑移速度 v 的乘积<极限 pv 值。

为减小平均压强，卧式机床工作时，应保证两水平导轨都受压；对于立式机床的垂直导轨，应有配重装置来抵消移动部件的重力。常用的配重装置为链条链轮组，链轮固定在支承件上，链条两端分别连接重锤和动导轨及移动部件，重锤质量大致为运动部件质量的 85%~95%，未平衡的重力由链轮轴承与导轨的摩擦阻力及绕在链轮上的链条的阻力来补偿。

导轨运动精度要求高的机床和承载能力大的重型机床，为减小导轨面的接触压强，减小静摩擦系数，提高导轨的耐磨性和低速运动的平稳性，可采用卸荷导轨。如图 3-35 所示为常用的机械卸荷导轨装置，导轨上的一部分载荷由辅助导轨上的滚动轴承承受，摩擦性质为滚动摩擦。一个卸荷点的卸荷力可通过调整螺钉调节碟形弹簧来实现。如果机床为液压传动，则应采取液压卸荷。液压卸荷导轨是在导轨上加工出纵向油槽，油槽结构与静压导轨相同，只是油槽的面积较小，因而液压油进入油槽后，油槽压力

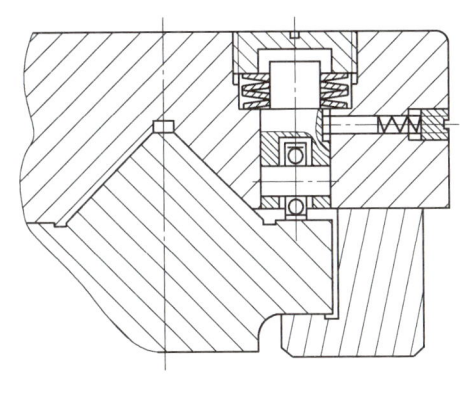

图 3-35 常用的机械卸荷导轨装置

不足以将动导轨及运动部件浮起，但油压力作用于导轨副的摩擦面之间，减小了接触面的压强，改善了摩擦性质。如果导轨的负载变动较大，则应在每一进油孔上安装节流器。

4. 导轨的润滑对耐磨性的影响

从摩擦性质来看，普通滑动导轨处于具有一定动压效应的混合摩擦状态。混合摩擦的动压效应不足以把导轨摩擦面隔开。提高动压效应，改善摩擦状态，可提高导轨的耐磨性。导轨的动压效应主要与导轨的滑移速度、润滑油黏度、导轨面上油槽形式和尺寸有关。导轨副相对滑移速度越高，润滑油的黏度越大，动压效应越显著。润滑油的黏度可根据导轨的工作条件和润滑方式选择，如低载荷（压强 p≤0.1MPa）的速度较高的中小型机床进给导轨可

采用 N32 号机械润滑油；中等载荷（压强 $p>0.1\sim0.4\mathrm{MPa}$）的速度较低的机床导轨（大多数机床属于此类）和垂直导轨可采用 N46 号机械润滑油；重型机床（压强 $p>0.4\mathrm{MPa}$）的低速导轨可采用 N68、N100 号机械润滑油。导轨面上的油槽尺寸、油槽形式对动压效应的影响，在于储存润滑油的多少，储存润滑油越多，动压效应越大；导轨面的长度与宽度之比 L/B 越大，越不容易储存润滑油。因此，在动导轨上加工横向油槽，相当于减小导轨的长宽比，提高了储存润滑油的能力，从而提高了动压效应；在导轨面上加工纵向油槽，相当于提高了导轨的长宽比，从而降低了动压效应。普通导轨的横向油槽数 K，可按表 3-19 选择。油槽的形式如图 3-36 所示。如图 3-36a 所示只有横向油槽，整个导轨宽度都可形成动压效应；如图 3-36b、c 所示有纵向油槽，可集中注油，方便润滑。但由于纵向油槽不产生动压效应，因而减少了形成动压效应的宽度。卧式导轨应首先考虑如图 3-36a 所示的结构形式，但需向每个横向油槽中注油；在不能保证向每个横向油槽注油时，可采用如图 3-36b 所示的形式；垂直导轨可采用如图 3-36c 所示的形式，从油槽的上部注油。在卧式三角形导轨面和矩形导轨的侧面上加工油槽时，应将纵向油槽加工在上面，如图 3-36d、3-36e 所示，注油孔应对准纵向油槽，使润滑油能顺利流入各横向油槽。油槽尺寸参考表 3-20。

表 3-19 普通滑动导轨横向油槽数与导轨长宽比的关系

L/B	≤10	>10~20	>20~30	>30~40
K	1~4	2~6	4~10	8~13

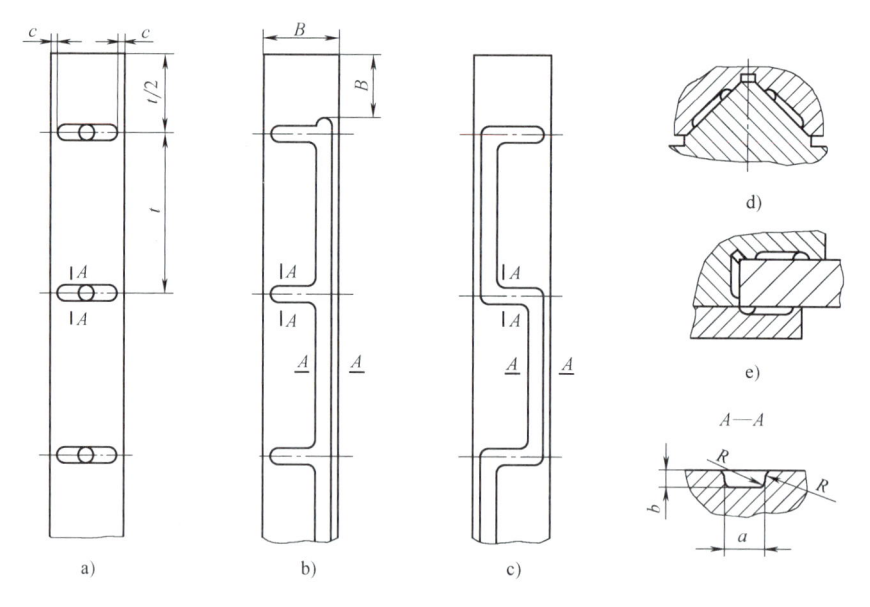

图 3-36 普通滑动导轨的油槽形式
a) 基本油槽形式 b) 集中供油槽形式 c) 垂直导轨油槽形式
d) 三角导轨油槽 e) 闭式导轨油槽

表 3-20 普通滑动导轨润滑油槽的尺寸 （单位：mm）

B	a	b	c	R
>20~40	1.5	3	4~6	0.5
>40~60	1.5	3	6~8	0.5

(续)

B	a	b	c	R
>60~80	3	6	8~10	1.5
>80~100	3	6	10~12	1.5
>100~150	5	10	14~18	2
>150~200	5	10	20~25	2
>200~300	5	14	30~50	2

四、静压导轨

将具有一定压强的润滑油，经节流器通入动导轨的纵向油槽中，形成承载油膜，将导轨副的摩擦面隔开，实现液体摩擦，这种靠液压系统产生的液压油形成承载油膜的导轨称为静压导轨。静压导轨的优点：摩擦系数为 0.005~0.01，机械效率高；导轨面被油膜隔开，不产生黏着磨损，导轨精度保持性好；导轨的油膜较厚，有均化表面误差的作用，相当于提高了制造精度；油膜的阻尼比大（$\zeta=0.04$~0.06），因此静压导轨有良好的抗振性能；静压导轨低速运动平稳，防爬行性能良好。静压导轨的缺点：结构复杂，需有一套完整的液压系统。因此，静压导轨适用于具有液压传动系统的精密机床和高精度机床的水平进给运动导轨。

常用的静压导轨为闭式导轨，如图 3-37 所示。液压泵产生的液压油，经可变节流器节流后，通入导轨面油腔 A 和辅助导轨面油腔 B。假定初始状态，节流器的膜片在平直状态，导轨面油腔节流口节流缝隙宽度为 h_{c1}，辅助导轨面节流口节流缝隙宽度为 h_{c2}，导轨面油膜厚度与辅助导轨面厚度相等，皆为 h_0。每个油腔形成一个独立的液压支承点，在液压力的作用下动导轨及其运动部件便浮起来，形成液体摩擦。

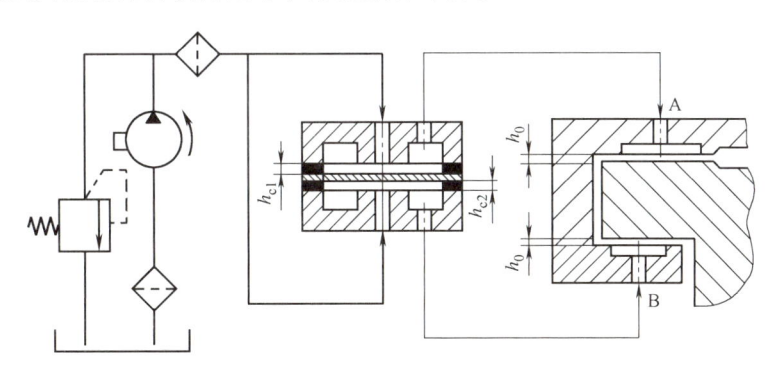

图 3-37 可变节流器反馈式静压导轨

导轨受载后，动导轨及其移动部件向下移动一个位移 e（图 3-37 中未示出），此时导轨副摩擦面间隙由 h_0 变为 h_1，$h_1=h_0-e$，油液经导轨摩擦面的缝隙流回油箱的阻力增大，油液流出导轨摩擦面后的压强可视为零，导致油腔 A 的压强增高为 p_1（与缝隙节流压强损失相等）；辅助导轨摩擦面之间的间隙由 h_0 变为 h_2，$h_2=h_0+e$，辅助导轨摩擦面的回油阻力减小，导致油腔 B 的压强减小至 p_2。p_1、p_2 反馈给可变节流器，在压差 p_1-p_2 的作用下，膜片向下弯曲，使节流器上腔节流缝隙变宽，节流阻力减小，下腔节流缝隙变窄，节流阻力增大，连通导轨副油腔 A 的油液压强进一步增大，而油腔 B 的油液压强进一步减小，在油腔

A 与油腔 B 油液压差的作用下，平衡外载。闭式静压导轨适用于双矩形导轨。

如果去掉油腔 B，则如图 3-37 所示的静压导轨就变为开式静压导轨。开式静压导轨的节流器可采用固定节流器。开式静压导轨适用于三角形矩形组合导轨副，且动导轨为凸三角形，以便于油腔的加工。

为使静压导轨副摩擦面具有均匀一致的间隙，导轨面的几何精度和接触精度要求较高。动导轨在全长上的直线度和平面度：高精度和精密机床公差等级为 4 级；普通机床和大型机床为 5 级。导轨副摩擦面在 25.4mm×25.4mm 上均匀接触点数：高精度机床不少于 20 点；精密机床不少于 16 点；普通机床不少于 12 点。刮研点的深度：高精度和精密机床 3~5μm；普通机床和大型机床 6~10μm。为减少静压导轨的磨粒磨损，液压泵入口应安装粗滤器，液压油进入节流器前需进行精滤，过滤精度：中小型机床油液中最大颗粒为 10μm；大型机床油液中最大颗粒为 20μm。

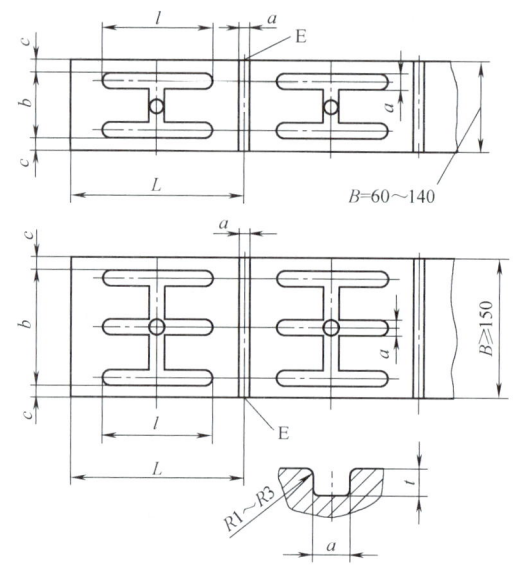

图 3-38 静压导轨油腔

直线运动的静压导轨，油腔应加工在动导轨上，在摩擦面上形成承载油膜；圆周运动的静压导轨油腔可加工在支承导轨上，便于液压油的输送。为承受倾覆力矩，每个导轨面上的油腔个数应多于两个。油腔常用的形状如图 3-38 所示，图中 $a \approx 0.1B$，$t = 0.5a$，$c = 2a$。为避免相邻油腔液压油的相互影响，可在中间加工回油槽 E。

五、直线滚动导轨

1. 滚动导轨概述

导轨副摩擦面之间放置钢球等滚动体，使滑动摩擦变为滚动摩擦，形成滚动导轨。滚动导轨的优点：摩擦系数小（$f = 0.002 \sim 0.005$），且静、动摩擦系数很接近；起动功率小，运动平稳，不易出现爬行；重复定位精度可达 $0.1 \sim 0.2 \mu m$；磨损小，精度保持性好，寿命长；可采用油脂润滑，润滑系统简单。滚动导轨的缺点：抗振性能较差；对污物比较敏感，必须装有良好的防护装置。滚动导轨适用于对运动灵敏度要求高的机床，如精密机床（M1432A 等）和各种数控机床。

滚动导轨已形成系列，由专业厂生产，使用时可根据精度、寿命、刚度、结构进行选择。

滚动导轨按循环形式分为循环式和非循环式。循环式滚动导轨的滚动体在运动过程中，沿工作轨道和返回轨道做连续循环运动；动导轨的移动行程不受限制，因而应用广泛。滚动体不循环的滚动导轨，其滚动体由保持架相对固定，并始终与支承导轨接触。保持架的长度与支承导轨长度相等，保持架的长度限制了滚动导轨的工作行程，因此非循环式滚动导轨多用于短行程导轨。

2. 滚动导轨副的工作原理

GGB 型直线循环式滚动导轨副如图 3-39 所示，支承导轨 1 用螺钉固定在支承件上。滑座 3 固定在移动部件上，沿支承导轨 1 做直线运动。滑座中装有四组滚珠 2，在支承导轨与滑座组成的直线滚道中滚动。当滚珠 2 滚动到滑座 3 的端部时，经合成树脂制成的端面挡球板 5、回球孔 4 回到另一端形成循环。四组滚珠与支承导轨和滑座相当于四个直线运动角接触球轴承，接触角为 45°。上边两组（图示位置）直线运动角接触球轴承形成三角形导轨，下边两组形成三角形辅助导轨，即滚动导轨是闭式导轨，四个方向上的承载能力相同。为保证滑座的制造精度，便于调整滚珠间的间隙，滑座长度一般较小，相当于短 V 形支承。这样，每条支承导轨上至少有两个滑座，形成稳定的定位面，以便承受较大的倾覆力矩。

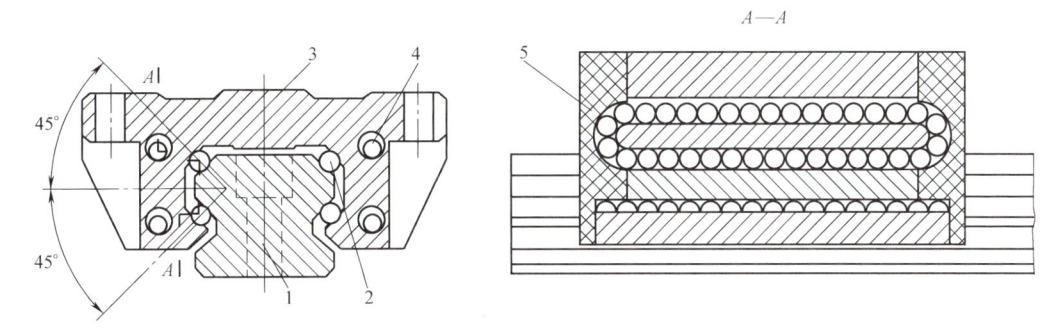

图 3-39 GGB 型直线循环式滚动导轨副原理图

1—支承导轨 2—滚珠 3—滑座 4—回球孔 5—挡球板

3. 精度与刚度

滚动导轨副的精度分为 1~6 级，1 级最高，6 级最低。数控机床应采用 1 级或 2 级精度。

滚动导轨副的刚度与滚动轴承一样是载荷的函数，随载荷的增加而增加。因此，滚动导轨副应考虑预紧载荷。GGB 型滚动导轨副由制造厂选配不同直径的钢球来确定预紧力，用户可根据预紧要求订货。

4. 滚动导轨的设计

滚动导轨的设计计算是以在一定的载荷下移动一定距离，90% 的支承不发生点蚀为依据的。这个载荷与滚动轴承一样称为额定动载荷 C，移动的距离称为滚动导轨的额定寿命。滚动导轨副的额定寿命为 50km，滚子导轨块的额定寿命为 100km。GGB 型滚动导轨的公称尺寸是支承导轨的宽度 B，承载能力见表 3-21。滚动导轨副的预期寿命，除与额定动载荷和导轨上单个滑座的实际工作载荷 F 有关外，还与导轨副的硬度、滑块部分的工作温度有关。

表 3-21 GGB 型滚动导轨副单个滑座的承载能力

公称尺寸 B/mm	16	20	25	32	40	50	63	45
额定动载荷 C/kN	7.4	12	17.3	24.5	32.5	52.4	77.3	32.5
额定静载荷 C_0/kN	11.2	17.5	25.3	54.4	44.9	70.2	100.9	44.6

注：规格 45 为非标系列。

进行滚动导轨设计时，可初选滚动导轨的型号，按公式计算预期寿命 L_m。对于滚珠导轨，有

$$L_m = 50\left(\frac{C}{F}\frac{f_1}{f_2}\right)^3 \geqslant 50\text{km}$$

对于滚子导轨，有

$$L_m = 100\left(\frac{C}{F}\frac{f_1}{f_2}\right)^{\frac{10}{3}} \geqslant 100\text{km}$$

式中　F——单个滑块的工作载荷（N）；

　　　f_1——系数，$f_1 = f_H f_T f_C$；

　　　f_H——硬度系数，当滚动导轨副硬度为58～64HRC 时，$f_H = 1.0$，硬度≥55～58HRC 时，$f_H = 0.8$，硬度≥50～55HRC 时，$f_H = 0.53$；

　　　f_T——温度系数，当工作温度≤100℃时，$f_T = 1$；

　　　f_C——接触系数，每根导轨上安装两个滑块时，$f_C = 0.81$，安装三个滑块时，$f_C = 0.72$，安装四个滑块时，$f_C = 0.66$；

　　　f_2——载荷/速度系数，无冲击振动、滚动导轨的移动速度 $v \leqslant 15\text{m/min}$ 时，$f_2 = 1 \sim 1.5$，轻冲击振动、$v > 15 \sim 60\text{m/min}$ 时，$f_2 = 1.5 \sim 2$，冲击振动、$v > 60\text{m/min}$ 时，$f_2 = 2 \sim 3.5$。

进行导轨设计时，也可根据额定寿命和工作载荷 F，计算出导轨副的额定动载荷 C，按额定动载荷 C 选择滚动导轨型号。额定动载荷 C 可计算为

$$C = \frac{f_2}{f_1}F$$

如果工作静载荷 F_0 较大，则选择的滚动导轨的额定静载荷 $C_0 \geqslant 2F_0$。

六、低速运动平稳性

1. 爬行现象和机理

工作台的移动简图如图3-40所示。当电动机驱动齿轮1转动时，经传动机构驱动工作台2沿支承导轨直线运动。当齿轮1以很低的速度匀速转动时，工作台2出现速度不均匀的跳跃式运动，速度时快时慢，甚至出现间歇运动，时走时停。这种低速运动不均匀现象称为爬行。在间歇微量进给时，也会出现爬行现象。

运动速度不均匀的低速爬行，影响机床的加工精度、定位精度，使工件表面精度降低；爬行现象严重时会导致机

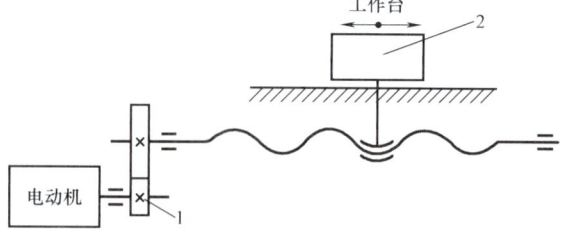

图3-40　工作台的移动简图
1—齿轮　2—工作台

床不能正常工作。在精密机床、数控机床及大型机床中，爬行现象的危害极大，因而爬行的临界速度是评价机床性能的一个重要指标。

爬行是一种摩擦自激振动。其主要原因是摩擦面上的动摩擦系数小于静摩擦系数，且动摩擦系数随滑移速度的增加而减小（摩擦阻尼），以及传动系统弹性变形。如图3-41所示为进给传动的力学模型。主动件以极低的速度匀速移动，速度为 v；传动机构简化为一个刚度

为 K 的等效弹簧和阻尼系数为 c_1 的等效阻尼（传动系统的总阻尼）。动导轨及工作台质量为 m，沿支承导轨的 x 方向移动，静摩擦力为 F_0，刚开始移动时的动摩擦力为 F_d。当主动件以极低的速度匀速移动，驱动力小于工作台的静摩擦力 F_0 时，工作台不运动，因而传动机构产生弹性变形，相当于压缩等效弹簧；主动件继续运动，等效弹簧的压缩量增加至 x_0，恢复力 $Kx_0 = F_0$ 时，工作台开始移动，同时静摩擦瞬间变为动摩擦，在摩擦力差 $\Delta F = F_0 - F_d$ 的作用下工作台加速，由于动摩擦系数在低速范围内随运动速度 $\dot{x}$ 的增加而近似线性下降，即动摩擦力 $F = F_d - c_2\dot{x}$（c_2 为导轨副的动摩擦阻尼系数），导致工作台进一步加速。当等效弹簧的压缩量逐渐恢复，驱动力减小到与动摩擦力 F 相等时，由于惯性使工作台向前冲过一小段距离后才开始减速，这样等效弹簧将有一定的拉伸量，同时动摩擦力增加；当驱动力与等效弹簧恢复力之差小于动摩擦力 F 时，工作台停止移动。这种现象不断重复出现爬行现象。在边界摩擦和混合摩擦状态下，动摩擦系数的变化是非线性的，在等效弹簧压缩过程中，工作台的速度小于主动件的速度，工作台的速度尚未减到零时，等效弹簧的弹性恢复力又有可能大于动摩擦力，使工作台再次加速，出现时快时慢的爬行现象。

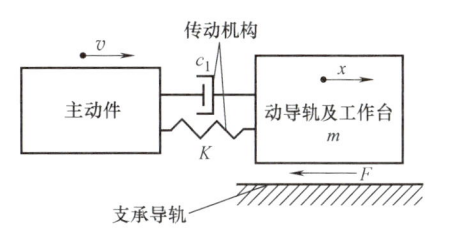

图 3-41 进给传动的力学模型

低速微量进给运动的运动方程为

$$m\ddot{x} + c_1(\dot{x} - v) - K(x_0 + vt - x) + (F_d - c_2\dot{x}) = 0$$

式中　$(\dot{x} - v)$——工作台相对于主动件的运动速度；

$(x_0 + vt - x)$——工作台相对于主动件的位移，即等效弹簧的压缩量。

设　　$(c_1 - c_2)/m = 2\omega_0\zeta$，　$K/m = \omega_0^2$，　$\omega' = \omega_0\sqrt{1-\zeta^2} \approx \omega_0$

式中　ω_0——弹性传动系统振动的固有角频率；

ζ——阻尼比，$\zeta = 0.01 \sim 0.04$。

整理得

$$\ddot{x} + 2\omega_0\zeta\dot{x} + \omega_0^2 x = \frac{\Delta F}{m} + \frac{c_1 v}{m} + \omega_0^2 vt$$

运动方程的特解 x_2 为

$$x_2 = avt + b$$

式中　a、b——系数。

确定 a、b 系数，有

$$2a\omega_0\zeta v + a\omega_0^2 vt + \omega_0^2 b = \omega_0^2 vt + \frac{c_1 v}{m} + \frac{\Delta F}{m}$$

$$a = 1,\quad b = \frac{c_1 v}{K} - \frac{2\zeta v}{\omega_0} + \frac{\Delta F}{K} = \frac{c_2 v}{K} + \frac{\Delta F}{K}$$

运动方程的通解 x_1 为

$$x_1 = e^{-\zeta\omega_0 t}(A\sin\omega_0 t + B\cos\omega_0 t)$$

式中　A、B——系数。

二阶常系数线性非齐次方程的解 x 为

$$x = e^{-\zeta\omega_0 t}(A\sin\omega_0 t + B\cos\omega_0 t) + vt + \frac{c_2 v}{K} + \frac{\Delta F}{K}$$

运动的初始条件为 $t=0$ 时，$\dot{x}=0$，$\ddot{x}=\frac{\Delta F}{m}$，且有

$$\dot{x} = \omega_0 e^{-\zeta\omega_0 t}[(-A\zeta - B)\sin\omega_0 t + (-B\zeta + A)\cos\omega_0 t] + v$$

$$\dot{x}_{t=0} = \omega_0(-B\zeta + A) + v = 0 \tag{3-30}$$

$$\ddot{x} = \omega_0^2 e^{-\zeta\omega_0 t}[(A\zeta^2 + 2B\zeta - A)\sin\omega_0 t + (B\zeta^2 - 2A\zeta - B)\cos\omega_0 t]$$

$$\ddot{x}_{t=0} = \omega_0^2(B\zeta^2 - 2A\zeta - B) = \frac{\Delta F}{m} = Dv\omega_0 \tag{3-31}$$

式中　D——运动均匀性系数，$D = \frac{\Delta F}{v\sqrt{Km}}$。

将式（3-30）与式（3-31）联立，计算中忽略 ζ^2 项，得

$$A = -\frac{v}{\omega_0}(1 + D\zeta)$$

$$B = -\frac{v}{\omega_0}(D - 2\zeta)$$

运动方程的解为

$$x = -\frac{v}{\omega_0}e^{-\zeta\omega_0 t}[(D\zeta + 1)\sin\omega_0 t + (D - 2\zeta)\cos\omega_0 t] + vt + \frac{c_2 v}{K} + \frac{\Delta F}{K}$$

工作台的运动速度为

$$\dot{x} = v\{1 - e^{-\zeta\omega_0 t}[\cos\omega_0 t + (\zeta - D)\sin\omega_0 t]\}$$

$$= v[1 - (1 - 2D\zeta + D^2 + \zeta^2)^{\frac{1}{2}} e^{-\zeta\omega_0 t}\cos(\omega_0 t + \alpha_0)]$$

对于一个传动系统而言，其系统刚度 K 和动导轨及工作台的质量 m 是一定的，因而其固有频率 ω_0 是一个定值。由上式可知：当阻尼比 ζ 为负值，即 $c_1 - c_2 < 0$ 时，$e^{-\zeta\omega_0 t} > 1$，且随着运动的继续而增大，无论 D 多大，工作台都将出现爬行现象，且停止时间越来越长。因为随运动时间增加，$(1 - 2D\zeta + D^2 + \zeta^2)^{\frac{1}{2}} e^{-\zeta\omega_0 t}\cos(\omega_0 t + \alpha_0) > 1$ 的时间就会增加。在阻尼比 ζ 很小的情况下，动导轨及工作台的运动速度取决于 D 值的大小，故 D 称为运动均匀性系数。$e^{-\zeta\omega_0 t} < 1$，随着运动的继续，$e^{-\zeta\omega_0 t}$ 越来越小，工作台逐步趋于等速运动，ζ 越大，过渡过程越短。因此，改变摩擦性质，改善润滑条件，使 ζ 为较大的正值，可消除爬行。在混合摩擦时，滑动导轨的动摩擦阻尼 c_2 很小，导轨副材料为钢或淬硬铸铁对聚四氟乙烯塑料时，$c_2 \approx 0$；滚动导轨副的动摩擦阻尼 $c_2 = 0$；静压导轨为液体摩擦，c_2 为负值。因此机床低速微量进给时，$c_1 - c_2 > 0$，即爬行是衰减振动，爬行至等速运动的时间主要由 c_1 决定。

综上所述，当 $e^{-\zeta\omega_0 t}[\cos\omega_0 t + (\zeta - D)\sin\omega_0 t] < 1$ 时，工作台不出现运动停顿，并随着运动的持续逐渐趋于等速运动；当 $e^{-\zeta\omega_0 t}[\cos\omega_0 t + (\zeta - D)\sin\omega_0 t] > 1$ 时，工作台出现运动停顿，即发生爬行；当 $e^{-\zeta\omega_0 t}[\cos\omega_0 t + (\zeta - D)\sin\omega_0 t] = 1$ 时，是运动爬行的临界点。满足这一关系的 D 值称为临界运动均匀系数 D_c，此时的主动件速度称为临界速度 v_c。

工作台的最小运动速度 $\dot{x}_{\min}=0$。由高等数学可知：速度为极值时，速度的一阶导数为零，即

$$\dot{x}=v\{1-e^{-\zeta\omega_0 t}[\cos\omega_0 t+(\zeta-D_c)\sin\omega_0 t]\}=0$$

$$\cos\omega_0 t+(\zeta-D_c)\sin\omega_0 t=e^{\zeta\omega_0 t} \tag{3-32}$$

$$\ddot{x}=\omega_0 v e^{-\zeta\omega_0 t}[D_c\cos\omega_0 t+(1-D_c\zeta+\zeta^2)\sin\omega_0 t]=0$$

略去 ζ^2 项，整理得

$$D_c\cos\omega_0 t+(1-D_c\zeta)\sin\omega_0 t=0 \tag{3-33}$$

$$\tan\omega_0 t=\frac{-D_c}{1-D_c\zeta}, \quad \tan(-\omega_0 t)=\frac{D_c}{1-D_c\zeta}=\tan(2\pi-\omega_0 t)$$

$$\omega_0 t=2\pi-\arctan\frac{D_c}{1-D_c\zeta}$$

$$\sin\omega_0 t=\frac{-D_c}{\sqrt{1-2D_c\zeta+D_c^2}}, \quad \cos\omega_0 t=\frac{1-D_c\zeta}{\sqrt{1-2D_c\zeta+D_c^2}}$$

将 $\sin\omega_0 t$、$\cos\omega_0 t$ 的值代入式（3-32），得

$$2\pi-\arctan\frac{D_c}{1-D_c\zeta}=\frac{1}{2\zeta}\ln(1-2D_c\zeta+D_c^2)$$

由上式可见，D_c 值仅与 ζ 的大小有关。传动系统的扭转阻尼比 $\zeta=0.02\sim0.04$；D_c 与 ζ 的数值对应关系见表 3-22。由于 ζ 较小，可近似计算运动均匀性系数 D_c，$D_c\approx 2\sqrt{\pi\zeta}$。

表 3-22　D_c 与 ζ 的数值对应关系

ζ	0.01	0.015	0.02	0.025	0.03	0.035	0.04
D_c	0.365055	0.45345	0.53093	0.60180	0.66825	0.73158	0.79262

根据临界运动均匀系数 D_c 可得主动件临界运动速度 v_c，即

$$v_c=\frac{\Delta F}{D_c\sqrt{Km}}\approx\frac{\Delta F}{2\sqrt{\pi Km\zeta}}=\frac{F\Delta f}{2\sqrt{\pi Km\zeta}}$$

式中　F——导轨面上的正向作用力（N）；

Δf——静动摩擦系数之差，见表 3-23。

表 3-23　摩擦副的摩擦系数

导轨副材料	静摩擦系数 f_0	动摩擦系数 f_d	差值 Δf
铸铁-铸铁	0.25~0.27	0.15~0.17	0.1
钢-铸铁	0.20~0.25	0.05~0.15	0.12
铸铁-青铜	0.20~0.25	0.15~0.17	0.06
铸铁-聚四氟乙烯	0.05~0.07	0.02~0.03	0.03
钢-钢	0.13~0.16	0.05~0.10	0.07
钢-青铜	0.15~0.20	0.1~0.15	0.05

注：试验条件压强为 0.2MPa，润滑油为 N68。

2. 消除爬行的措施

降低爬行临界速度可采取以下措施。

（1）减小静动摩擦系数之差　改变动摩擦系数随速度增加而减小的特性。

1）用滚动摩擦代替滑动摩擦。采用滚动导轨和滚珠丝杠螺母，滚动摩擦系数为 0.005，几乎没有静动摩擦系数差，且动摩擦系数不随速度变化。

2）用液体摩擦代替滑动摩擦。采用静压导轨或液压卸荷导轨，摩擦特性为液体摩擦或临界摩擦状态，液体摩擦的摩擦系数为 0.001~0.005，摩擦力是油层间的剪切力，摩擦系数小，并且没有动静摩擦系数之差，动摩擦系数随速度的增加而增加。

3）采用减摩材料。支承导轨材料为铸铁、运动导轨粘贴聚四氟乙烯塑料时，$\Delta f = 0.03$，动摩擦系数基本不变。由表 3-17 可知，广州机床研究所生产的 TSF 导轨抗磨软带，静动摩擦系数之差为零，摩擦系数 $f_0 = f_d \leqslant 0.029$。另外，FQ-1 等导轨板都具有良好的防爬性能。

4）采用专用导轨油。防爬导轨油是在高黏度润滑油中加入活性添加剂，可使油分子紧密吸附在导轨面上，运动停止后油膜也不会被挤坏，这样使得摩擦变为液体摩擦，从而防止了低速运动爬行现象的出现。

（2）提高传动系统的刚度　尽量减小动导轨及工作台的质量。应注意以下事项。

1）机械传动的微量进给机构如采用丝杠螺母传动，丝杠的拉压变形占整个传动系统的 30%~50%，故应适当加大丝杠直径以提高拉压刚度。轴承适度预紧，消除间隙。

2）缩短传动链，合理分配传动比，采用先密后疏的原则，使多数传动件受力较小。

3）对液压传动进给机构，应防止油液混入空气。油液混入空气后，其容积弹性模量会急剧下降。

第四节　滚珠丝杠螺母副机构

一、滚珠丝杠副的工作原理及特点

滚珠丝杠副是将丝杠、螺母皆加工成凹半圆弧形螺纹，如图 3-42 所示，在螺纹之间放入滚珠形成的。当丝杠、螺母相对转动时，滚珠沿螺旋滚道滚动，螺纹摩擦为滚动摩擦，从而提高了传动精度和传动机械效率。为了防止滚珠从螺母中滚出来，在螺母的螺旋槽两端设有回程引导装置，使滚珠能自动返回其入口循环流动。

滚珠丝杠副有以下特点。

1）传动效率高，摩擦损失小。滚珠丝杠副的传动效率 $\eta = 0.92~0.96$，比普通丝杠螺母副提高了 3~4 倍。因此，功率消耗只相当于普通丝杠螺母副的 1/4~1/3。

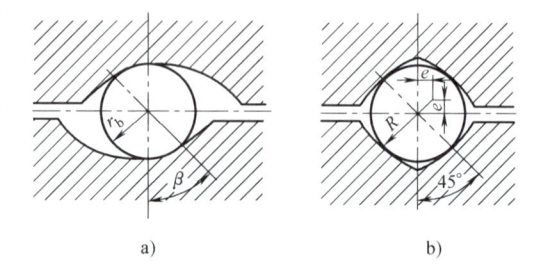

图 3-42　滚珠丝杠副螺纹滚道法向截面的形状
a）单圆弧　b）双圆弧

2）适当预紧，可消除丝杠和螺母的螺纹间隙，反向时就可以消除空行程死区，定位精度高，刚度好。

3）运动平稳，不出现爬行现象，传动精度高。

4) 有可逆性。可以从旋转运动转换为直线运动，也可以从直线运动转换为旋转运动，即丝杠和螺母都可以作为主动件。

5) 磨损小，使用寿命长。

6) 制造工艺复杂。滚珠丝杠和螺母等元件的加工精度和表面质量要求高，故制造成本高。

7) 不能自锁。特别是对于垂直丝杠，由于工作台的自身重力，运动部件在传动停止后不能自锁，需增加制动装置。

二、滚珠丝杠副的结构和轴向间隙的调整方法

各种不同结构的滚珠丝杠副，其主要区别在于螺纹滚道的法向截面的形状、滚珠循环方式及轴向间隙的调整和预加负载的方法三个方面。

1. 螺纹滚道法向截面的形状及其主要尺寸

螺纹滚道的法向截面形状有单圆弧型面和双圆弧型面两种，接触角皆为 45°，如图 3-42 所示。

（1）单圆弧型面　如图 3-42a 所示，滚珠直径 $d \approx 0.6P_h$，P_h 为螺纹导程；螺纹滚道曲率半径为 R，$R = (1.04 \sim 1.12) r_b$。磨削滚道的砂轮形状与滚道法向截面一致。滚道磨削采用成形法加工，可获得较高的精度。接触角 β 随初始间隙和轴向负荷 F 的大小而变化。为保证接触角 $\beta = 45°$，必须严格控制径向间隙。消除间隙和调整预紧采用双螺母结构。承载后，随 F 的增大，接触变形增大，β 增大，即 β 由接触变形的大小决定。当接触角 β 增大后，传动效率 η、轴向刚度 K 及承载能力也随之增大。

（2）双圆弧型面　如图 3-42b 所示，滚珠在滚道内只与相切的两点接触，接触角 β 不变。两圆弧交接处有一油沟槽，可容纳润滑油和污物，有助于滚珠滚动的流畅。有较高的接触强度，但制造较复杂。接触角 $\beta = 45°$，螺纹滚道的圆弧半径 $R = 1.04r_b$ 或 $R = 1.11r_b$，偏心距 $e = (R - r_b)\sin 45°$。

2. 滚珠循环方式

滚珠丝杠副按循环方式可分为内循环和外循环两类。如图 3-43 所示为外循环螺旋槽式滚珠丝杠副，在螺母的外圆上铣有螺旋槽，并在螺母内部装上挡珠器，挡珠器的舌部切断螺纹滚道，迫使滚珠流入通向螺旋槽的孔中

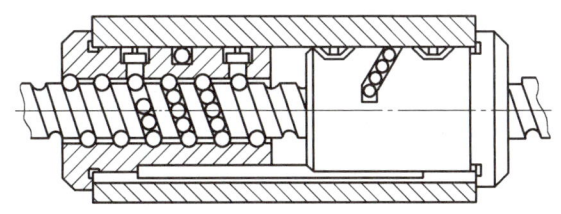

图 3-43　外循环螺旋槽式滚珠丝杠副

而完成循环。如图 3-44 所示为内循环滚珠丝杠副，在螺母外侧孔中装有接通相邻滚道的反向器，迫使滚珠翻越丝杠的螺牙顶进入相邻滚道。通常一个螺母上装有三个反向器（即采用三列的结构），这三个反向器彼此沿螺母圆周相互错开 120°，轴向间隔为 $(4/3 \sim 7/3)P_h$，P_h 为螺纹导程；有的装两个反向器（即采用双列结构），反向器错开 180°，轴向间隔为 $3/2P_h$。

3. 滚珠丝杠副轴向间隙的调整和施加预紧力的方法

滚珠丝杠副的轴向间隙会造成滚珠丝杠起动、停止及受冲击载荷时运动不稳定，反向时有空行程，会影响传动精度和定位精度。常用的双螺母消除轴向间隙的结构形式有以下

三种。

（1）垫片调隙式（见图3-45） 通常用螺钉连接滚珠丝杠两个螺母的凸缘，并在凸缘间加垫片。调整垫片的厚度使螺母产生轴向位移，以达到消除间隙和产生预紧力的目的。这种结构的优点是构造简单、可靠性好、刚度高及装卸方便；但缺点在于调整复杂。

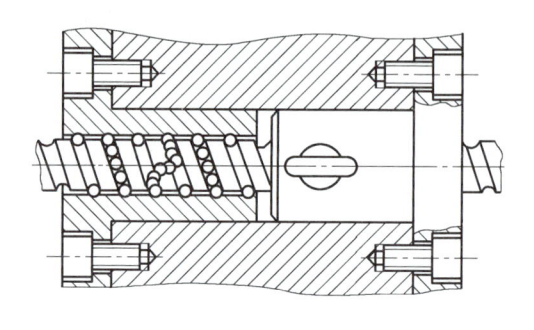

（2）螺纹调隙式（见图3-46） 单螺母1的外端有凸缘，单螺母2的外端有三角形螺纹，它伸出套筒外，并用双圆螺母固定。旋转圆螺母，即可消除间隙，并产生预紧力；调整好后再用另一个圆螺母将它锁紧。双螺母调整的优点是结构紧凑，调整方便，因而应用较广泛；但双螺母调整间隙不是很精确。

图3-44 内循环滚珠丝杠副

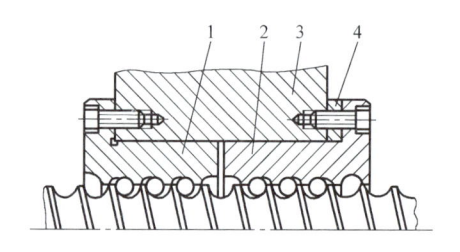

图3-45 双螺母垫片调隙式结构
1、2—单螺母 3—螺母座 4—调整垫片

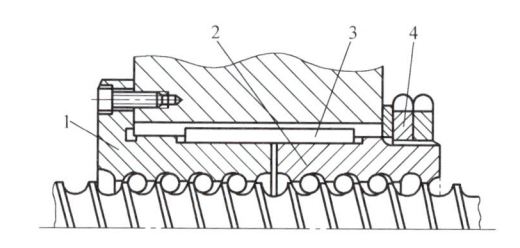

图3-46 双螺母螺纹调隙式结构
1、2—单螺母 3—平键 4—调整螺母

（3）齿差调隙式（见图3-47） 两个螺母的凸缘制成圆柱齿轮，两齿轮的齿数相差一个齿，螺母的凸缘齿轮套入内齿轮中，内齿轮用螺钉或定位销固定在螺母座上。调整时，先取下两端的内齿轮，两个滚珠螺母相对于螺母座同方向转动，滚珠丝杠导程为 P_h，每转过一个齿，两螺母的相对轴向位移量 $e = \dfrac{P_h}{z_1 z_2}$。齿差调整间隙，调整精确；但结构尺寸大，调整装配比较复杂。它适用于高精度的传动机构。

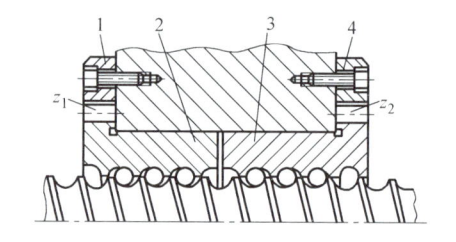

图3-47 双螺母齿差调隙式结构
1、4—内齿轮 2、3—单螺母

另外，滚道法向截面为双圆弧的滚珠丝杠副，也可采用单螺母结构，通过增大钢球直径消除间隙。

三、滚珠丝杠副的标准公差等级

滚珠丝杠副（GB/T 17587.3—2017）按使用范围及要求分为0、1、2、3、4、5、7和10级八个标准公差等级，0级最高。各类机床滚珠丝杠副的推荐标准公差等级见表3-24。允许任意315mm行程内行程变动量 v_{315p}（GB/T 17587.3—2017）见表3-25。

表 3-24　各类机床滚珠丝杠副的标准公差等级选择

机床种类		标准公差等级			
		x（横向）	y（立向）	z（纵向）	w（刀杆）
开环系统	数控车床	2、3	—	3	—
	数控磨床	1、2	—	2	—
	数控钻床	3	3、4	3	—
	数控铣床	2	2	2	—
	数控镗床	1、2	1、2	1、2	3
	数控坐标镗床	1、2	1、2	1、2	2
	自动换刀数控机床	1、2	1、2	1、2	3
	数控线切割机床	2	—	2	—
坐标镗床、螺纹磨床		1、2	1、2	1、2	2
普通机床、通用机床		4	4	4	—
仪表机床		1、2	1、2	1、2	—

表 3-25　允许任意 315mm 行程内行程变动量 v_{315p}　　　　（单位：μm）

标准公差等级	0	1	2	3	4	5	7	10
v_{315p}	4	6	8	12	16	23	—	—

四、滚珠丝杠的设计计算

滚珠丝杠副的主要失效形式和滚动轴承一样为疲劳点蚀，在额定动载荷作用下，疲劳寿命为 10^6 转。滚珠丝杠由专业工厂生产，一般仅为选择计算。当滚珠丝杠副在较高转速下工作时，应按寿命条件选择尺寸，并校核其载荷是否超过额定静载荷；低速工作时，应按寿命和额定静载荷两种方法确定其尺寸，选择较大者；转速低于 10r/min 时，可按额定静载荷选择其尺寸。

变转速和变载荷条件下的等效载荷为 F_m，有

$$F_m = \left(\sum_{i=1}^{k} F_i^3 n_i t_i \right)^{\frac{1}{3}} \left(\sum_{i=1}^{k} n_i t_i \right)^{-\frac{1}{3}}$$

式中　n_i——各种工作转速（r/min）；
　　　t_i——相应转速的工作时间（min）。

变速条件下的平均转速为 n_m，有

$$n_m = \frac{1}{t} \sum_{i=1}^{k} n_i t_i$$

式中　t——各种转速下工作的总时间（min）。

载荷在 F_{min} 和 F_{max} 间周期变化、时间分配不明确时，等效载荷 F_m、等效转速 n_m 分别为

$$F_m = \frac{2F_{max} + F_{min}}{3}$$

$$n_m = \frac{2n_{max} + n_{min}}{3}$$

预期疲劳寿命 L'_h 为

$$L'_h = \frac{10^6}{60n_m}\left(\frac{C_a}{F_m}\frac{f_1}{f_2}\right)^3 \geqslant L_h$$

式中　C_a——丝杠的额定动载荷（N），见表3-26、表3-27；
　　　f_1——精度系数，1、2级丝杠 f_1 = 1，3、4级丝杠 f_1 = 0.9；
　　　f_2——载荷稳定性系数，工作平稳和轻微冲击时，f_2 = 1～1.2，中等冲击时，f_2 = 1.2～1.5，较大冲击和振动时，f_2 = 1.5～2.5；
　　　L_h——额定寿命（h），普通机床 L_h = 15000h，数控机床和精密机床 L_h = 20000h。

滚珠丝杠计算动载荷 C'_a 为

$$C'_a = \sqrt[3]{\frac{60n_m L_h}{10^6}}\frac{f_2}{f_1}F_m \leqslant C_a$$

可根据计算动载荷选择丝杠的型号。滚珠丝杠副的尺寸系列及承载能力见表3-26、表3-27。验算额定静载荷 C_{0a}，有

$$C_{0a} \geqslant \frac{f_1}{f_3}P_m$$

式中　f_3——硬度影响系数，硬度 ≥58HRC 时，f_3 = 1，硬度为 55～58HRC 时，f_3 = 0.9，硬度为 50～55HRC 时，f_3 = 0.6。

表 3-26　内循环滚珠丝杠副的尺寸系列及承载能力

型号	公称直径/mm	导程/mm	钢球直径/mm	丝杠底径/mm	丝杠外径/mm	循环列数 G	循环列数 GD	螺母长度/mm G	螺母长度/mm GD	额定载荷/N 动载荷	额定载荷/N 静载荷
2504-3	25	4	2.381	22.1	24.2	3	3×2	40	72	6486	6486
2504-4		4	2.381	22.1		4	4×2	44	78	7933	7933
2505-3		5	3.175	21.2		3	3×2	46	80	10252	10252
2505-4		5	3.175	21.2		4	4×2	50	90	12539	12539
2506-3		6	3.969	20.2		3	3×2	52	92	13595	13595
2506-4		6	3.969	20.2		4	4×2	60	108	16628	16628
3205-3	32	5	3.175	28.2	31.5	3	3×2	46	82	11575	11575
3205-4		5	3.175	28.2		4	4×2	52	92	14158	14158
3206-3		6	3.969	27.2		3	3×2	52	92	15683	15683
3206-4		6	3.969	27.2		4	4×2	60	108	19182	19182
3208-3		8	4.763	26.3	31	3	3×2	66	115	20012	20012
3208-4		8	4.763	26.3		4	4×2	75	135	24476	24476
3210-3		10	5.953	24.4		3	3×2	80	140	25628	25628
3210-4		10	5.953	24.4		4	4×2	90	160	31348	31348

（续）

型号	公称直径/mm	导程/mm	钢球直径/mm	丝杠底径/mm	丝杠外径/mm	循环列数 G	循环列数 GD	螺母长度/mm G	螺母长度/mm GD	额定载荷/N 动载荷	额定载荷/N 静载荷
4005-3	40	5	3.175	36.2	39.2	3	3×2	50	85	12833	12833
4005-4						4	4×2	55	95	15696	15696
4006-3		6	3.969	35.2	39	3	3×2	58	100	17299	17299
4006-4						4	4×2	64	112	21158	21158
4008-3		8	4.763	34.3	38.8	3	3×2	66	116	22180	22180
4008-4						4	4×2	76	134	27128	27128
4010-3		10	5.953	32.9	38.4	3	3×2	84	144	29896	29896
4010-4						4	4×2	94	162	36565	36565
5005-3	50	5	3.175	46.2	49	3	3×2	50	85	14168	14168
5005-4						4	4×2	55	95	17328	17328
5006-3		6	3.969	45.2		3	3×2	58	100	19179	19179
5006-4						4	4×2	64	112	23458	23458
5008-3		8	4.763	44.3	48.8	3	3×2	70	118	24311	24311
5008-4						4	4×2	80	138	29735	29735
5010-3		10	5.953	42.9	48.5	3	3×2	82	142	33135	33135
5010-4						4	4×2	94	162	40527	40527
5010-5						5	5×2	103	194	45554	45554
5012-3		12	7.144	41.4	48	3	3×2	100	170	41187	41187
5012-4						4	4×2	110	195	50376	50376

注：1. 摘自山东博特精工公司丝杠样本。该产品为双圆弧型面。
2. G 为内循环固定反相器单螺母；GD 为内循环固定反相器双螺母垫片预紧。

表 3-27 外循环滚珠丝杠副的尺寸系列及承载能力

型号	公称直径/mm	导程/mm	钢球直径/mm	丝杠底径/mm	丝杠外径/mm	循环列数 CM	循环列数 CDM	螺母长度/mm CM	螺母长度/mm GDM	额定载荷/N 动载荷	额定载荷/N 静载荷
2504-2.5	25	4	2.381	22.1		1×2.5	1×2.5×2	39	72	5868	14817
2504-5						2×2.5	2×2.5×2	56	102	10488	30239
2505-2.5		5	3.175	21.2	24.5	1×2.5	1×2.5×2	40	80	9274	22300
2505-5						2×2.5	2×2.5×2	62	108	16132	44100
2506-2.5		6	3.969	20.2		1×2.5	1×2.5×2	44	86	12300	27500
2506-5						2×2.5	2×2.5×2	64	123	22413	55100
2508-2.5		8	4.763	19.3	24	1×2.5	1×2.5×2	52	101	15568	32100
2508-5						2×2.5	2×2.5×2	76	153	28283	64547

（续）

型号	公称直径/mm	导程/mm	钢球直径/mm	丝杠底径/mm	丝杠外径/mm	循环列数 CM	循环列数 CDM	螺母长度/mm CM	螺母长度/mm GDM	额定载荷/N 动载荷	额定载荷/N 静载荷
3205-2.5	32	5	3.175	28.2	31.2	1×2.5	1×2.5×2	42	80	10472	28233
3205-5						2×2.5	2×2.5×2	62	115	18616	57092
3206-2.5		6	3.969	27.2		1×2.5	1×2.5×2	46	87	14189	35243
3206-5						2×2.5	2×2.5×2	66	125	25209	70693
3208-2.5		8	4.763	26.3	31	1×2.5	1×2.5×2	58	106	18104	42221
3208-5						2×2.5	2×2.5×2	86	156	32114	84015
3210-2.5		10	6.35	24.9		1×2.5	1×2.5×2	70	130	25092	56700
3210-5						2×2.5	2×2.5×2	102	185	46424	113700
4005-2.5	40	5	3.175	36.2	39.5	1×2.5	1×2.5×2	45	86	11610	36500
4005-5						2×2.5	2×2.5×2	65	123	20444	71901
4006-2.5		6	3.969	35.2		1×2.5	1×2.5×2	48	94	15650	44119
4006-5						2×2.5	2×2.5×2	66	126	27822	89211
4008-2.5		8	4.763	34.3		1×2.5	1×2.5×2	58	106	20066	52886
4008-5						2×2.5	2×2.5×2	82	156	35648	106247
4010-2.5		10	6.35	32.4	39	1×2.5	1×2.5×2	72	137	28658	69000
4010-3						2×1.5	2×1.5×2	90	171	33467	83140
4010-5						2×2.5	2×2.5×2	103	194	52217	140500
5006-2.5	50	6	3.969	45.2	49.2	1×2.5	1×2.5×2	48	94	17351	55922
5006-5						2×2.5	2×2.5×2	68	126	30553	112353
5008-2.5		8	4.763	44.3		1×2.5	1×2.5×2	60	112	21655	67012
5008-5						2×2.5	2×2.5×2	85	158	39305	134024
5010-3		10	6.35	42.4	49	2×1.5	2×1.5×2	90	171	37238	105231
5010-5						2×2.5	2×2.5×2	103	195	58100	177800
5012-3		12	7.144	41.4	48.6	2×1.5	2×2.5×2	107	205	43551	124500
5012-5						2×2.5	2×2.5×2	123	231	67950	218800

注：1. 摘自山东博特精工公司丝杠样本。该产品为双圆弧型面。
2. CM 为外循环插管埋入式单螺母；CDM 为外循环插管埋入式单螺母垫片预紧。

五、稳定性及支承

长径比较大的滚珠丝杠，应进行压杆稳定性计算，并使临界载荷 $F_{cr}/F_m \geqslant 2.5$。

当 $4\mu \dfrac{l}{d_1} > 85$ 时，有

$$F_{cr} = \frac{\pi^3 E d_1^2}{64(\mu l)^2}$$

当 $4\mu \dfrac{l}{d_1} < 85$ 时，有

$$F_{\text{cr}} = \frac{120\pi d_1^4}{d_1^2 + 0.0032\mu^2 l^2}$$

式中　d_1——滚珠丝杠的螺纹小径（mm）；

　　　l——滚珠丝杠的最大工作长度（mm）；

　　　μ——丝杠长度系数。其值取决于螺杆端部的支承形式，见表 3-28。

表 3-28　丝杠长度系数

螺杆端部支承形式	螺杆端部结构	两端固定	一端固定一端铰支	两端铰支	一端固定一端自由
丝杠长度系数	μ	0.5	0.7	1	2

注：用滚动轴承支承时，只有径向约束时为铰链支承，径向和横向均有约束时为固定支承。

由上式可知，长度系数越小，所获得的临界载荷越大，越容易满足稳定性条件。从长度系数可知，两端固定支承时，长度系数最小。因此滚珠丝杠的支承应首先考虑两端固定的支承形式，其次考虑一端固定一端铰支的支承形式。垂直丝杠可采用一端（上端）固定，一端自由的支承。但两端固定形式装配和调整较困难，故常用一端固定一端铰支的支承形式。当转速较高时，固定端可采用接触角为 60°的双向推力角接触球轴承或采用接触角为 40°的角接触球轴承双联组配（背对背或面对面配置）；当转速较低时，可采用两个推力球轴承与深沟球轴承组合支承，深沟球轴承居中。铰支端可采用深沟球轴承。滚珠丝杠用推力角接触球轴承如图 3-48 所示，其型号尺寸系列及承载能力见表 3-29。

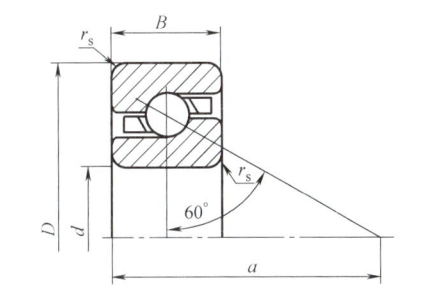

图 3-48　滚珠丝杠用推力角接触球轴承

表 3-29　滚珠丝杠用推力角接触球轴承型号尺寸系列及承载能力

轴承型号	外形尺寸/mm					额定载荷/kN		极限转速/（r/min）		质量/kg
	d	D	B	$r_{\min}$	a	C_a	C_0	脂润滑	油润滑	
7602025TVP	25	52	15	1.0	41	22	30.5	11000	16000	0.16
7602030TVP	30	62	16	1.0	48	26	39	9000	13000	0.24
7602035TVP	35	72	17	1.1	55	30	50	8000	11000	0.34
7602040TVP	40	80	18	1.1	62	37.5	64	7000	9500	0.44
7602045TVP	45	85	19	1.1	66	38	68	6700	9000	0.50
7602050TVP	50	90	20	1.1	71	39	75	6300	8500	0.67
7602055TVP	55	100	21	1.5	78	40.5	81.5	6000	8000	0.75
7602060TVP	60	110	22	1.5	86	56	112	5000	6700	0.96
7602065TVP	65	120	23	1.5	92	57	122	4800	6000	1.20
7602070TVP	70	125	24	1.5	96	65.5	137	4500	6000	1.32
7602075TVP	75	130	25	1.5	101	67	150	4300	5600	1.45
7602080TVP	80	140	26	2.0	108	76.5	175	4000	5300	1.76
7602085TVP	85	150	28	2.0	116	86.5	196	3800	5000	2.19
7602090TVP	90	160	30	2.0	123	98	224	3600	4800	2.69

[例 3-1] 选择例 1-2 所述数控镗铣加工中心的滚珠丝杠螺母副。

解 (1) 滚珠丝杠的精度选择 该数控镗铣加工中心的定位精度为±0.12mm/300mm，重复定位精度为±0.006mm；由表 3-25 可知，滚珠丝杠取 1 级精度。

(2) 滚珠丝杠的选择 丝杠的最大载荷 $F_{max} = 6315\text{N}$，丝杠的最小载荷 F_{min} 为摩擦力，矩形导轨的当量摩擦系数 $\mu' = 0.04$，则有

$$F_{min} = \mu' G = 0.04 \times (500+300) \times 9.8\text{N} = 314\text{N}$$

等效载荷为

$$F_m = \frac{2F_{max} + F_{min}}{3} = 4315\text{N}$$

最大进给速度 $v_{max} = 4000\text{mm/min}$。设丝杠导程 $P_h = 10\text{mm}$，伺服电动机与丝杠直联 $i = 1$，则丝杠最大进给转速为

$$n_{max} = \frac{v_{max}}{iP_h} = 400\text{r/min}$$

最小进给速度 $v_{min} = 10\text{mm/min}$，丝杠最小进给转速为

$$n_{min} = \frac{v_{min}}{iP_h} = 1\text{r/min}$$

等效转速 n_m 为

$$n_m = \frac{2n_{max} + n_{min}}{3} = 267\text{r/min}$$

丝杠的工作寿命取 20000h，$f_1 = 1$，$f_2 = 1.5$，滚珠丝杠计算动载荷 C_a' 为

$$C_a' = \sqrt[3]{\frac{60n_m L_h}{10^6}} \frac{f_2}{f_1} F_m = 44260\text{N}$$

由表 3-26 所列内循环滚珠丝杠副的尺寸系列及承载能力可得，应选择内循环滚珠丝杠 4010-4-1，$C_a = 45700\text{N}$。

(3) 选择丝杠轴承 丝杠采用伺服电动机端轴向固定另一端铰支的支承形式。固定端采用一对面对面推力角接触球轴承 7622030TVP/DF/P4，$C_a = 26000\text{N}$，预加载荷 $F_0 = 2600\text{N}$；铰支端采用深沟球轴承 6206/P5。轴承寿命为

$$L_h = \frac{10^6}{60n_m}\left(\frac{C_a}{F_0 + F_m}\right)^3 = 3318\text{h}$$

铰支端轴承寿命计算略。

(4) 稳定性校核 经结构设计，丝杠长度 $l = 1200\text{mm}$，丝杠螺纹小径 $d_1 = 32.9\text{mm}$，见表 3-28，丝杠长度系数 $\mu = 0.7$，则

$$4\mu \frac{l}{d_1} = 102 > 85$$

弹性模量 $E = 210 \times 10^5 \text{MPa}$，临界负荷 F_{cr} 为

$$F_{cr} = \frac{\pi^3 E d_1^2}{64(\mu l)^2} \approx 15600\text{N}$$

$F_{cr}/F_m = 3.6 > 2.5$

符合稳定性要求。

垂直传动的滚珠丝杠必须装有制动装置。图 3-49 为数控卧式铣镗床主轴箱进给丝杠的制动装置示意图。锥形摩擦离合器的动锥（即旋转锥）通过齿轮副与垂直传动相连接。当需要主轴箱上下移动时，电磁铁线圈通电，吸引制动锥（即移动锥）右移，使摩擦离合器分离。此时伺服电动机接收控制机的指令，将旋转运动通过减速装置，带动滚珠丝杠副旋转，螺母带动主轴箱垂直移动。当伺服电动机停止转动时，电磁铁线圈亦同时断电，在弹簧作用下摩擦离合器压紧，利用摩擦力矩使得滚珠丝杠不能自由转动，因此主轴箱不会因自重而降落。

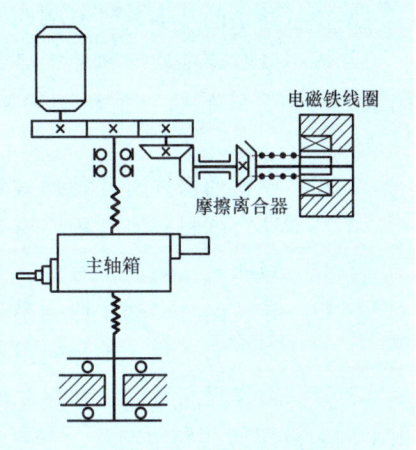

图 3-49 数控卧式铣镗床主轴箱进给丝杠的制动装置示意图

垂直传动滚珠丝杠也可采用内装制动装置的伺服电动机直接驱动滚珠丝杠，以简化垂直运动传动机构。

习题与思考题

3-1 为什么对机床主轴要提出旋转精度、刚度、抗振性、温升及耐磨性要求？

3-2 主轴部件采用的滚动轴承有哪些类型？其特点和选用原则是什么？

3-3 试分析主轴的结构参数（跨度 L、悬伸量 a、外径 D 及内孔 d）对主轴部件抗弯刚度的影响。

3-4 主轴前后轴承的径向圆跳动量分别为 δ_A、δ_B，试计算 δ_A、δ_B 在主轴前端 C 处引起的径向圆跳动。

3-5 提高主轴刚度的措施有哪些？

3-6 主轴的轴向定位有几种？各有什么特点？CA6140 车床为什么采用后端定位？而数控机床为什么采用前端定位？

3-7 怎样根据机床切削力的特性选择主轴滚动轴承的精度？

3-8 选择主轴材料的依据是什么？

3-9 主轴的技术要求主要有哪几项？若达不到这些要求，则会有什么影响？

3-10 为什么多数数控车床采用倾斜床身？

3-11 怎样提高支承件的动态刚度？

3-12 隔板和加强肋有什么作用？使用原则有哪些？

3-13 试述铸铁支承件、焊接支承件的优缺点，并说明其应用范围。

3-14 树脂混凝土支承件有什么特点？目前应用于什么类型的机床？

3-15 支承件截面形状的选用原则是什么？

3-16 怎样补偿不封闭支承件的刚度损失？

3-17 为什么固定结合面要求有较高的表面精度？

3-18 导轨的基本要求有哪些？

3-19 按摩擦性质导轨分为哪几类？各具有什么摩擦性质？各适用于什么场合？什么是闭式导轨、开式导轨、主运动导轨和进给运动导轨？大多数普通滑动导轨属于什么摩擦性质？

3-20 导轨的磨损有几种形式？导轨防护的重点是什么？

3-21 导轨的材料有几种？有什么特点？各适用于什么场合？

3-22 聚四氟乙烯软带有什么优点？复合导轨板有什么特点？

3-23 导轨副材料选用原则是什么？

3-24 常见的直线运动导轨组合形式有哪几种？试说明其主要性能及应用场合。

3-25 怎样提高普通滑动导轨的动压效应？静压导轨的油腔与普通滑动导轨的油槽有什么不同？液压卸荷导轨与静压导轨有什么区别？

3-26 如何选择滚动导轨？

3-27 什么是爬行现象？产生于什么类型的运动中？产生爬行的原因是什么？消除爬行的措施有哪些？

3-28 滚珠丝杠有什么特点？应用于什么场合？试述滚珠丝杠消除轴向间隙的方法。

3-29 某数控铣床，工作台进给的当量转速为 200r/min，当量负载为 500N，滚动丝杠长度为 1000mm。如采用内循环齿差调整预紧的双螺母滚珠丝杠副传动，试计算确定滚珠丝杠副的型号，并做压杆稳定校核。

第四章

组合机床设计

第一节 概 述

组合机床是根据工件加工需要，以大量系列化、标准化的通用部件为基础，配以少量专用部件，对一种或数种工件按预先确定的工序进行加工的高效专用机床。组合机床能够对工件进行多刀、多轴、多面、多工位同时加工，可完成钻孔、扩孔、镗孔、攻螺纹、铣削、车孔端面等工序。随着组合机床技术的发展，其工艺应用范围日益扩大，如焊接、热处理、自动测量和自动装配、清洗等非切削工序。

组合机床广泛应用于大批量生产的行业，如汽车、拖拉机、电动机、内燃机、阀门、缝纫机等制造业。组合机床主要加工箱体类零件，如气缸体、变速箱体、气缸盖、阀体等。一些重要零件（虽然生产批量不大）的关键加工工序，也采用组合机床来保证其加工质量。目前，组合机床正向高效、高精度、高自动化的柔性化方向发展。

一、组合机床的组成

如图 4-1 所示为一台单工位双面复合式组合机床。它主要由滑台 1、镗削头 2、夹具 3、多轴箱 4、动力箱 5、立柱 6、立柱底座 7 和中间底座 8，以及控制部件和辅助部件（图中未示出）等组成。其中夹具 3 和多轴箱 4 是按加工对象设计的专用部件，其余均为通用部件，且专用部件中的绝大多数（70%~90%）零件也是通用零件。

加工时，刀具由电动机通过动力箱、多轴箱驱动作旋转主运动，并通过各自的滑台带动做直线进给运动。

二、组合机床的类型

根据所选用的通用部件的规格，以及结构和配置形式等方面的差异，可将组合机床分为大型组合机床和小型组合机床两大类。习惯上，滑台台面宽度 $B \geqslant 250$mm 的为大型组合机床，滑台台面宽度 $B<250$mm 的为小型组合机床。本章只介绍大型组合机床及其设计。

根据大型组合机床的配置形式，可将其分为具有固定夹具的单工位组合机床、具有移动夹具的多工位组合机床和转塔式组合机床三类。

1. 具有固定夹具的单工位组合机床

单工位组合机床特别适用于加工大中型箱体类零件。在整个加工循环中，夹具和工件固定不动，通过动力部件使刀具从单面、双面或多面对工件进行加工（见图 4-2）。这类机床加工精度较高，但生产率较低。

按照组成部件的配置形式及动力部件的进给方向，单工位组合机床又可分为卧式、立式、倾斜式和复合式四种类型。

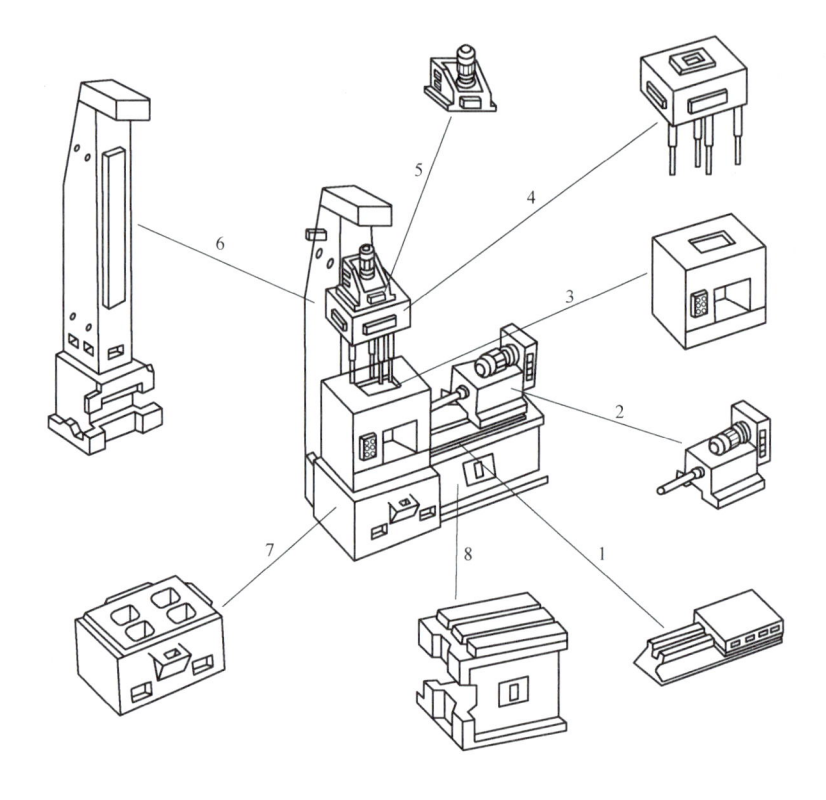

图 4-1　单工位双面复合式组合机床

1—滑台　2—镗削头　3—夹具　4—多轴箱　5—动力箱　6—立柱
7—立柱底座　8—中间底座

（1）卧式组合机床　卧式组合机床（见图 4-2a）的刀具主轴呈水平布置，动力部件沿水平方向进给。按加工要求的不同，可配置成单面、双面或多面的形式。

（2）立式组合机床　立式组合机床（见图 4-2b）的刀具主轴呈垂直布置，动力部件沿垂直方向进给。一般只有单面配置一种形式。

（3）倾斜式组合机床　倾斜式组合机床（见图 4-2c）的动力部件呈倾斜布置，沿倾斜方向进给。可配置成单面、双面或多面的形式，以加工工件上的倾斜表面。

（4）复合式组合机床　复合式组合机床（见图 4-1）是上述两种或三种形式的组合。

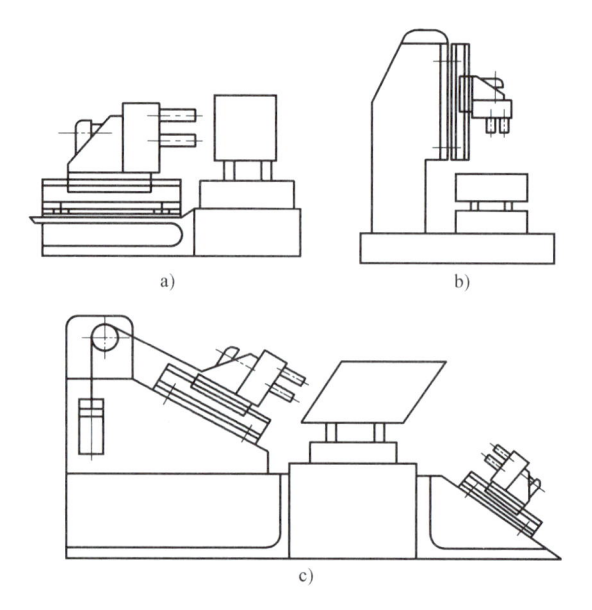

图 4-2　具有固定夹具的单工位组合机床

a）卧式组合机床　b）立式组合机床
c）倾斜式组合机床

2. 具有移动夹具的多工位组合机床

多工位组合机床的夹具和工件可按预定的工作循环，做间歇的移动或转动，以便依次在不同工位上对工件进行不同工序的加工。这类机床生产率高，但加工精度不如单工位组合机床，多用于大批量生产中对中小型零件的加工（见图 4-3）。

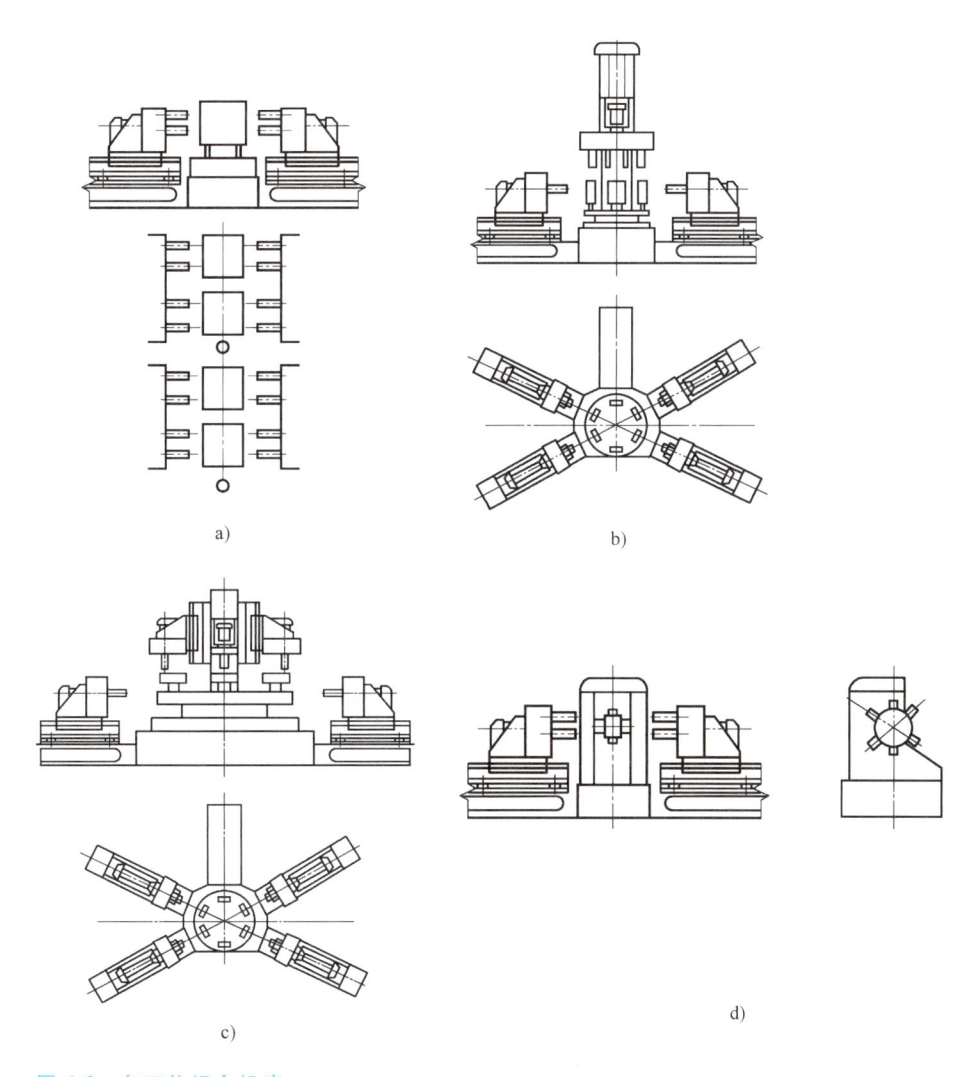

图 4-3 多工位组合机床
a) 移动工作台组合机床　b) 回转工作台组合机床
c) 中央立柱式组合机床　d) 鼓轮式组合机床

多工位组合机床按照夹具和工件的输送方式不同，可分为移动工作台组合机床、回转工作台组合机床、中央立柱式组合机床和鼓轮式组合机床四种类型。

(1) 移动工作台组合机床　如图 4-3a 所示为工作台移动的组合机床，可先后在两个工位上从两面对工件进行加工，夹具和工件可随工作台直线移动来实现工位的变换。

(2) 回转工作台组合机床　如图 4-3b 所示为一台六工位回转工作台组合机床，在每一工位上可以同时加工一个或多个工件，其上的夹具和工件安装在绕垂直轴线回转的回转工作台上，并随其做周期转动以实现工位的变换。由于这种机床适用于对中小型工件进行多面、多工序加工，具有专门的装卸工位，使装卸工件的辅助时间与机动时间重合，所以能获得较高的生产率。

（3）中央立柱式组合机床　如图4-3c所示为一台六工位中央立柱式组合机床，其上的夹具和工件安装在绕垂直轴线回转的环形回转工作台上，并随其做周期转动以实现工位的变换。在环形回转工作台周围及中央立柱上均可布置动力部件，在各个工位上对工件进行多工序加工。

（4）鼓轮式组合机床　如图4-3d所示为一台鼓轮式组合机床，其上的夹具和工件安装在绕水平轴线回转的鼓轮上，并做周期转动以实现工位的变换。鼓轮式组合机床在鼓轮的两端布置动力部件，从两面对工件进行加工。

3. 转塔式组合机床

转塔式组合机床（见图4-4）的特点是几个多轴箱安装在转塔回转工作台上，各个多轴箱依次转到加工位置对工件进行加工。按多轴箱是否做进给运动，可将这类机床分为只实现主运动的转塔式多轴箱组合机床和既可实现主运动又可随滑台做进给运动的转塔式多轴箱组合机床两类。

（1）只实现主运动的转塔式多轴箱组合机床　多轴箱安装在转塔回转工作台上（见图4-4a），主轴由电动机通过多轴箱内的传动装置带动做旋转主运动；工件安装在滑台的回转工作台上（若不需工件转位，则可直接安装在滑台上），由滑台带动做进给运动。

（2）既可实现主运动又可随滑台做进给运动的转塔式多轴箱组合机床　这类机床（见图4-4b）的工件固定不动（也可以做周期转位），转塔式多轴箱安装在滑台上并随滑台做进给运动。

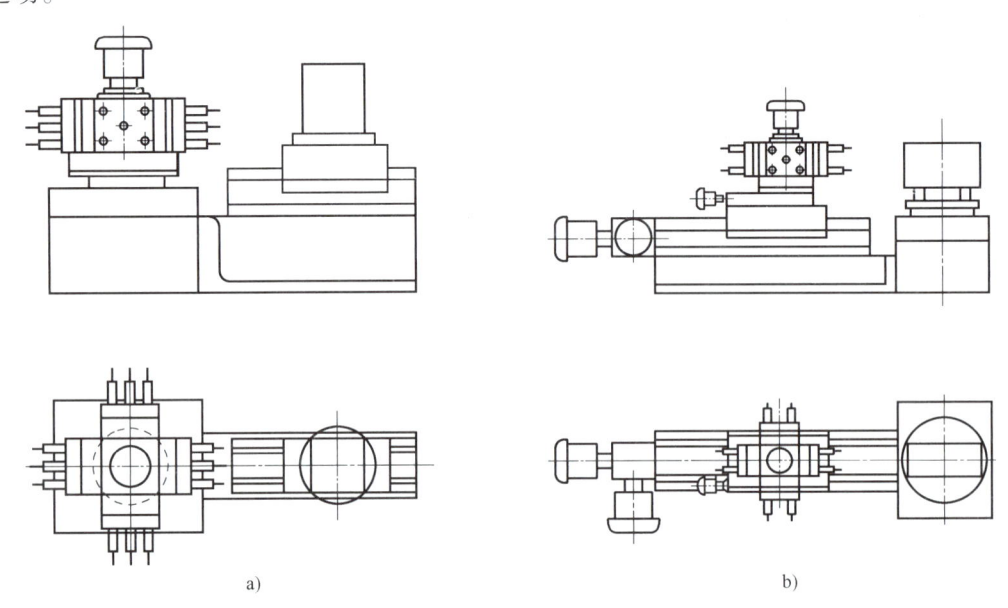

图 4-4　转塔式组合机床

a）工件进给转塔式组合机床　b）转塔进给组合机床

转塔式组合机床可以完成一个工件的多工序加工，因而可以减少机床台数和占地面积，适用于中小批量生产的场合。

三、组合机床的通用部件

通用部件是组合机床的基础。部件通用化程度的高低标志着组合机床的技术水平。在组合机床设计中，通用部件的选择是重要内容之一。

1. 通用部件的分类

按通用部件在组合机床上的作用，可分为以下五类。

（1）动力部件　动力部件是组合机床的主要部件，它为刀具提供主运动和进给运动。动力部件包括动力滑台及其相配套使用的动力箱和各种单轴工艺头，如铣削头、钻削头、镗孔车端面头等。其他部件均以选定的动力部件为依据来配套选用。

（2）支承部件　支承部件是组合机床的基础部件，它包括侧底座、立柱、立柱底座和中间底座等，用于支承和安装各种部件。组合机床各部件之间的相对位置精度、机床的刚度主要由支承部件保证。

（3）输送部件　输送部件用于带动夹具和工件移动和转动，以实现工位的变换，因此，要求其具有较高的定位精度。输送部件主要包括移动工作台和回转工作台。

（4）控制部件　控制部件用于控制组合机床按预定的加工程序进行循环工作，它包括可编程序逻辑控制器（PLC）、各种液压元件、操纵板、控制挡铁和按钮台等。

（5）辅助部件　辅助部件包括用于实现自动夹紧工件的液压或气动装置、机械扳手、冷却和润滑装置、排屑装置及上下料的机械手等。

2. 通用部件的型号、规格及配套关系

按通用部件标准，动力滑台的主参数为其工作台面宽度，其他通用部件的主参数用与其配套的滑台主参数来表示。例如，1HY32M1B 表示台面宽度为 320mm，经过第一次重大改进，采用镶钢导轨的精密液压滑台；1TX40A 表示与台面宽度为 400mm 的滑台配套，主轴径向轴承采用短圆柱滚子轴承、用于精加工的铣削头。

等效采用 ISO 2562 国际标准设计的"1 字头"通用部件，按精度分为普通级、精密级（M）和高精度级（G）三种精度等级，其主要规格、型号及其配套关系见表 4-1。

表 4-1　"1 字头"系列通用部件的规格、型号及其配套关系

部件	标准	型号					
		250mm	320mm	400mm	500mm	630mm	800mm
液压滑台	GB/T 3668.4—1983	1HY25 1HY25M 1HY25G	1HY32 1HY32M 1HY32G	1HY40 1HY40M 1HY40G	1HY50 1HY50M 1HY50G	1HY63 1HY63M 1HY63G	1HY80 1HY80M 1HY80G
机械滑台		1HJT25 1HJT25M 1HJT25G	1HJT32 1HJT32M 1HJT32G	1HJT40 1HJT40M 1HJT40G	1HJT50 1HJT50M 1HJT50G	1HJT63 1HJT63M 1HJT63G	1HJT80 1HJT80M 1HJT80G
动力箱	GB/T 3668.5—1983	1TD25	1TD32	1TD40	1TD50	1TD63	1TD80

(续)

部件	标准	型号					
		250mm	320mm	400mm	500mm	630mm	800mm
滑台侧底座	GB/T 3668.6—1983	1CC251 1CC252 1CC251M 1CC252M	1CC321 1CC322 1CC321M 1CC322M	1CC401 1CC402 1CC401M 1CC402M	1CC501 1CC502 1CC501M 1CC502M	1CC631 1CC632 1CC631M 1CC632M	1CC801 1CC802 1CC801M 1CC802M
有导轨立柱	GB/T 3668.11—1983	1CL25 1CL25M 1CL$_b$25 1CL$_b$25M	1CL32 1CL32M 1CL$_b$32 1CL$_b$32M	1CL40 1CL40M 1CL$_b$40 1CL$_b$40M	1CL50 1CL50M 1CL$_b$50 1CL$_b$50M	1CL63 1CL63M	
铣削头	GB/T 3668.9—1983	1TX25 1TX25G	1TX32 1TX32G	1TX40 1TX40G	1TX50 1TX50G	1TX63 1TX63G	
钻削头		1TZ25	1TZ32	1TZ40			
镗削头		1TA25	1TA32	1TA40-N			

注：1. 机械滑台型号中，1HJ××型为滚珠丝杠传动。
    2. 侧底座型号中，1CC××1型高度为560mm；1CC××2型高度为630mm。
    3. 立柱型号中，1CL$_b$××型与机械滑台配套使用；1CL××型与液压滑台配套使用。

3. 典型通用部件

（1）"1字头"动力滑台 动力滑台上安装动力箱和单轴工艺头，实现组合机床的直线进给运动。在组合机床自动线中，动力滑台也作为输送部件使用。

"1字头"动力滑台由滑座、滑鞍和驱动部件等组成；采用双矩形闭式导轨，纵向用双矩形的外侧导向，斜镶条调整导轨间隙；压板与支承导轨组成辅助导轨副，防止倾覆力矩过大导致滑鞍（动导轨）与滑座（支承导轨）分离。这种导轨制造工艺简单，导向精度高，刚度好。滑座导轨材料有两种，分别在型号后加A、B以示区别：A表示滑座导轨材料为HT300，高频感应淬火，硬度为42~48HRC；B表示滑座为镶钢导轨，淬火硬度达48HRC以上。

"1字头"动力滑台分为1HY液压滑台、1HJT机械滑台、NC-1HJT交流伺服数控机械滑台三个系列。1HY、1HJT、NC-1HJT滑台可跨系列通用。

液压滑台与机械滑台的主要区别：液压滑台由调速阀无级调节，变换进给速度方便，液压系统的压力继电器使机床工作稳定，机床易实现自动化；但较大的温度变化影响液压系统的性能，液压系统维修较困难。机械滑台需更换交换齿轮（如图4-5所示1HJT传动系统图中的A、B、C、D），实现有级变速。

1HJT机械滑台快速移动电动机带有断电制动器。工进时，快速电动机处于制动状态，进给电动机运动经交换齿轮驱动蜗杆蜗轮转动，蜗轮带动行星轮系的转臂旋转。由于连接快速移动电动机轴的恒星轮被制动，使行星轮在绕左侧恒星轮（图示位置）公转的同时自转；又由于双联行星齿轮齿数不同，因而驱动右侧恒星轮转动，经定比机构，驱动滚珠丝杠副使工作台运动。快速移动时，由于蜗轮不能为主动件，致使行星轮系的转臂被制动，行星轮系

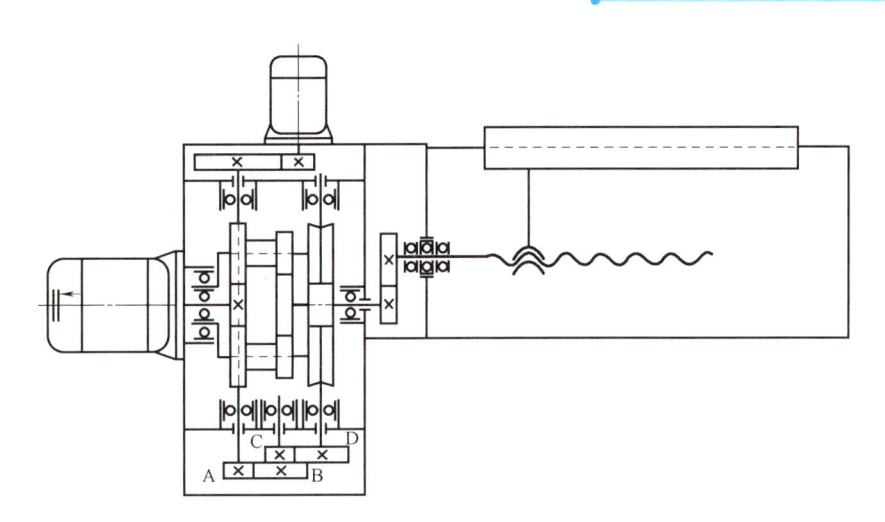

图 4-5　1HJT 机械滑台传动系统图

变为定轴轮系，快速运动经左侧恒星轮、双联行星轮、右侧恒星轮、定比机构、滚珠丝杠副驱动工作台快速移动。快速移动时可不停止工作进给，其实际移动速度为 $v_h \pm v_w$。1HJT 机械滑台的主要技术性能见表 4-2。

表 4-2　1HJT 机械滑台主要技术性能

滑台尺寸 /(mm×mm)	行程 /mm	$d \times P_h$ /(mm×mm)	F/N	P_1/kW	P_2/kW	v_w /(mm/min)	v_h /(m/min)
250×500	250、400	32×8	8000	0.37	1.1	19.8~638.9	8
320×630	400、630	40×8	12500				
400×800	400、630、1000	50×10	20000	0.55	1.5	15.3~533.8	6.9
500×1000		63×10	32000	0.75			
630×1250	630、1000	63×12	50000	1.5	2.2	11.9~544	5.9
800×1600		80×12	80000	2.2	3.2		

注：$d \times P_h$—滚珠丝杠直径（mm）×螺距（mm）；v_h—快速移动速度；P_1—工进功率；P_2—快速移动功率；v_w—工进速度。

NC-1HJT 数控机械滑台是 1HJT 系列机械滑台的派生产品，采用了大连组合机床研究所研制的 ZHS-ACO$_4$D 交流伺服系统，能自动变换进给速度和工作循环，在较大的范围内实现了自动调速、位置控制、程序控制。它适用于多品种、小批量柔性生产。带光电编码器的交流伺服电动机采用 SPWM（Sinusoidal Pulse Width Modulation）控制技术，转速在 750r/min 以下为恒转矩调速，转速在 750~2400r/min 为恒功率调速。运动通过一级定比齿轮减速驱动滚珠丝杠，驱动滑鞍移动，开环系统伺服电动机的转角误差为 ±0.072°。由光栅尺组成的全闭环系统，滑鞍位置精度可达 ±2μm。

（2）1TD 系列动力箱　动力箱是为主轴提供切削主运动的部件。动力箱安装于滑台上，前端与多轴箱连接。动力箱的输出轴驱动多轴箱的传动轴和主轴实现切削主运动。

1TD 系列动力箱按结构形式可分为小型组合机床动力箱和大型组合机床动力箱两种。小型组合机床动力箱型号为 1TD12~25，动力箱为平键输出轴或端面键输出轴，即动力箱输出轴铣成"凸"形，多轴箱输入轴为"凹"形，1TD20、1TD25的传动比 i 分别为 21/31、21/38；大型组合机床动力箱型号为1TD32~80，动力箱为平键输出轴，传动比 $i=1/2$。动力箱结构如图4-6所示。动力箱的主要参数见表4-3。

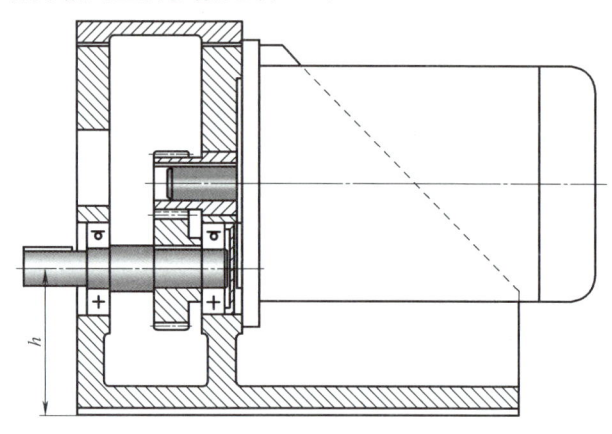

图 4-6　1TD 动力箱结构示意图

表 4-3　动力箱的主要参数

型号	h/mm	n/P_1、P_2、P_3/(r/min)	$B_1×H_1$/(mm×mm)	$B×L$/(mm×mm)
1TD25	125	520/1.5；785/2.2	320×250	320×320
1TD32	125	715/2.2；720/3.0、4.0；470/1.5、2.2	400×320	320×400
1TD40	160	720/5.5、7.5；480/3.0、4.0、5.5	500×400	400×500
1TD50	200	720/7.5；480/4.0、5.5；730/11；485/7.5	630×500	500×630
1TD63	250	730/11、15；485/7.5、11；735/18.5；485/18.5	800×630	630×800

注：h—输出轴至滑台的距离（mm）；n/P_1、P_2、P_3—输出转速（r/min）/输出功率（kW）；$B_1×H_1$—与多轴箱的连接尺寸（mm×mm）；$B×L$—与滑台的连接尺寸（mm×mm）。

（3）1TX系列铣削头　1TX系列铣削头用于钢、铸铁及有色金属的平面铣削和铣槽、铣扁工艺。普通精度级的铣削头用于粗铣；采用密齿面铣刀可进行大进给量强力铣削；高精密级（G）的铣削头用于高效高精度铣削，进给速度最高可达 2.5m/min，最高精度可达平面度公差 0.01/1000~0.03/1000mm，表面粗糙度 Ra 值 $\leq 0.4\mu m$。

1TX系列铣削头分为Ⅰ型、Ⅱ型。Ⅰ型手动移动和夹紧滑套，如图4-7所示；Ⅱ型液压自动移动和夹紧滑套，具有液压自动让刀机构，避免工件返回装卸工位时刀尖划伤已加工表面。1TX系列铣削头与其大一规格的滑台配套，或与同规格的1XG系列铣削工作台配套组成各种组合铣床。铣削头主轴孔锥度为 7∶24。刀盘由拉杆拉紧，靠端面键传动。

1TX系列铣削头转速应根据具体工序而定，同一种材料，加工面积小，铣刀盘直径小，转速高；铣削面积大，铣刀盘直径大，转速低。低速时仅40r/min，高速时可达1600r/min，因而需配有专用的传动装置。1NG型带传动装置，高速传动，用于有色金属的加工；1NGb、1NGe顶置式齿轮传动装置（交换齿轮变速），主要用于对铸铁、钢及有色金属的铣削加工，应用范围较广；1NGc尾置式交换齿轮变速传动装置，主要用于立式配置形式；1NGd手柄变速传动装置，用于要求经常改变切削速度的场合。1TX铣削头主要性能参数见表4-4。

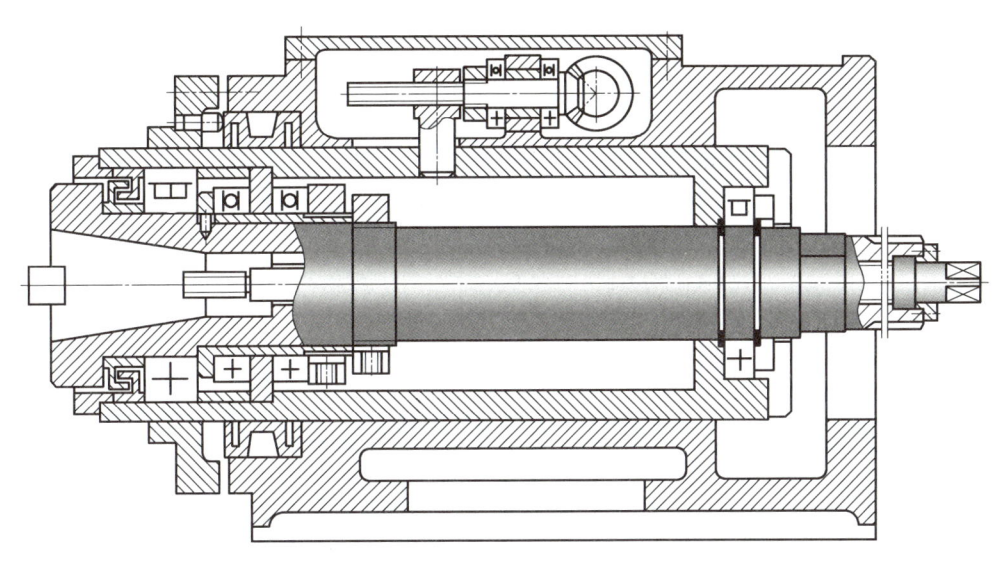

图 4-7 1TX Ⅰ 型铣削头结构示意图

表 4-4 1TX 铣削头主要性能参数

型号	功率/kW	滑套调整量/mm	刀盘直径/mm	主轴转速/(r/min)	
				低速组	高速组
1TX20、1TX20G	1.1、1.5	63	80~200	125~630	200~1000
1TX25、1TX25G	2.2、3	63	100~250	100~500	160~800
1TX32、1TX32G	3、4、5.5	80	125~320	80~400	125~630
1TX40、1TX40G	7.5、11	80	160~400	63~320	100~500
1TX50、1TX50G	15、18.5、22	100	200~500	50~250	80~400
1TX63	22、30、37	100	250~630	40~160	80~320
1TX63G	15、18.5、22、30	100	250~630	63~200	160~500

注：1. 表中 1TX32、1TX32G、1TX40、1TX40G、1TX50、1TX50G 型主轴转速为采用 1NGb 传动装置时的转速范围。
2. 配套使用的尾置式交换齿轮变速传动装置 1NGc20、1NGc25、1NGc32、1NGc40 型转速范围见表 4-5；1NGc50 型转速范围为低速组 80~250r/min、高速组 200~630r/min。

（4）1TA 系列镗削头　1TA 镗削头与同规格的 1HY、1HJT 动力滑台配套组成组合镗床，完成对铸铁、钢及有色金属工件镗孔，尺寸精度可达 7 级，表面粗糙度 Ra 值 ≤1.6μm。镗削头结构示意图如图 4-8 所示，主轴前端与卧式车床的短锥结构相似；镗削小直径孔

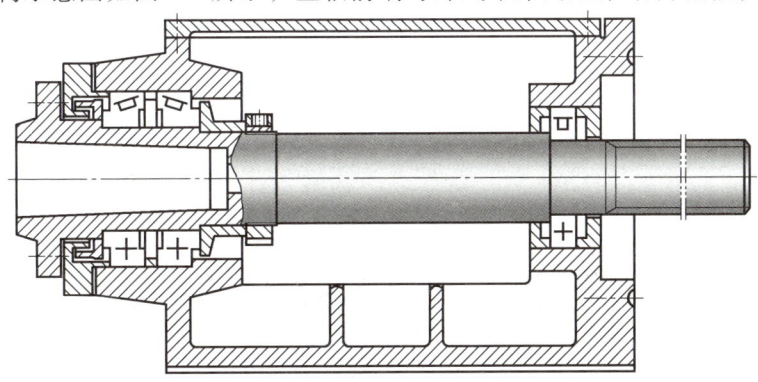

图 4-8 1TA 镗削头结构示意图

时，镗刀杆用4~6号莫氏锥孔定位；镗削较大直径孔时，外短锥（锥度1∶4）作定位基面，拔销（图中未示出）传动转矩。1TA镗削头主要技术参数见表4-5。

表4-5　1TA镗削头主要技术参数

型号	功率/kW	镗孔直径/mm	主轴前轴承颈/mm	配套传动装置	主轴转速/(r/min)	
					低速组	高速组
1TA20	1.1、1.5	20~100	60	1NG20	800~3200	
				1NGe20	125~630	200~1000
				1NGc20	200~1000	
1TA25	2.2、3.0	32~125	70	1NG25	630~2500	
				1NGe25	100~500	160~800
				1NGc25	160~800	
1TA32	3、4	50~160	85	1NG32	500~1600	
				1NGb32	80~400	125~630
				1NGc32	125~400	320~1000
1TA40	7.5	80~200	100	1NG40	400~1250	
				1NGb40	63~320	100~500
				1NGc40	100~320	250~800

（5）1TZ系列钻削头　1TZ系列钻削头与同规格的1HY、1HJT动力滑台配套组成组合钻床，完成钻孔、扩孔、倒角、锪平面等工艺。

1TZ系列钻削头的结构与1TA系列镗削头相似，区别只有前支承为N0000型单列圆柱滚子轴承，一对推力球轴承前端轴向定位，后支承为00000型深沟球轴承。1TZ系列钻削头主要性能参数见表4-6。

表4-6　1TZ系列钻削头主要性能参数

型号	功率/kW	主轴外伸端尺寸		最大钻孔直径/mm
		外径/mm	孔径×深度/(mm×mm)	
1TZ12	0.75	40	28×85	10
1TZ16	1.1	40	28×85	16
1TZ20	1.5	50	36×106	20
1TZ25	2.2	50	36×106	25
1TZ32	3、4、5.5	67	48×129	32

注：表中最大钻孔直径的工件材料为45钢。

第二节　组合机床总体设计

组合机床总体设计的内容和步骤与普通机床相同，但由于组合机床只加工一种或数种工件的特定工序，工艺范围窄，主要技术参数已知，且工艺方案一旦确定，也就确定了结构布局。因而总体设计的侧重点不同，主要是通过工件分析掌握机床设计的依据，画出详细的加工零件工序图；通过工艺分析画出加工示意图；然后进行总体布局，画出机床尺寸联系图。总体设计内容和方法大致如下。

一、制订工艺方案

零件加工工艺方案决定了组合机床的加工质量、生产率、总体布局和夹具结构等。所以，在制订工艺方案时，必须认真分析被加工零件的图样，并深入现场了解零件的形状、大小、材料、硬度、刚性、加工部位的结构特点、加工精度和表面粗糙度，现场所采用的定位、夹紧方法，工艺过程，所采用的刀具及切削用量，生产率要求，以及现场的环境和条件等。若条件允许，则还应广泛收集国内外有关技术资料，制订合理的工艺方案。制订工艺方案时，还要考虑下列四点基本原则。

1. 选择合适、可靠的工艺方法

根据被加工零件的材料，加工部位的尺寸、形状、结构特点、加工精度、表面粗糙度及生产率要求等，结合组合机床的工艺范围及所能达到的加工精度，选择合适、可靠的工艺方法，以保证机床有稳定的加工质量和较高的生产率。

2. 粗、精加工要合理安排

一般情况下，在大批量生产或零件加工精度要求较高时，应将粗、精加工工序分开，以利于保证加工精度和保持精加工机床的工作精度；生产批量不大时，在能够保证加工质量的前提下，也可将粗、精加工集中在同一机床上进行，以利于减少机床台数，提高经济效益。

3. 工序集中的原则

为了提高机床生产率，减少机床台数，要求尽量贯彻工序集中的原则。但是，工序集中程度过高会使机床结构复杂，调整使用不便，可靠性下降，并有可能由于切削负荷过大而引起工件变形，降低加工精度，所以应合理地考虑工序集中。例如，单一工序可以相对集中在一台机床或同一工位上完成，如钻孔、镗孔、攻螺纹等。但要考虑孔距的限制，以免给多轴箱的设计带来困难或无法进行。大量的钻孔、镗孔工序不宜集中在同一主轴箱上完成。因为钻孔和镗孔的直径及加工时所采用的转速都相差很大，会导致主轴箱的设计困难，且钻孔的轴向力会影响镗孔的加工精度。铰孔和镗孔也不宜集中在同一主轴箱上完成。因为铰孔用低转速、大进给量切削，而镗孔用高转速、小进给量切削，会使主轴箱设计困难。

4. 定位基准及夹紧点的选择原则

粗基准的选用要求：保证能迅速可靠地加工出精基准；保证各加工表面有足够的加工余量，并尽量使主要加工表面加工余量均匀；保证各加工表面与不加工表面之间的相互位置精度。同时需考虑定位准确、夹紧可靠、夹具结构简单、操作方便。因此，应选择毛坯上平整、光洁、尺寸较大、没有浇口和冒口的不加工表面或加工余量小的表面作为粗基准。

箱体类和法兰类零件一般选择"一面两孔"为精定位基准；轴类零件一般选择V形块定位，且在加工过程中应尽量使用统一的精基准。同时应注意组合机床多刀、多面、多工位加工的特点。选择定位基准和夹紧部位时，应使工件有较多的敞开面，以利于加工。另外，还应注意组合机床加工时切削力大、工件受力方向经常改变的特点，结合工件、夹紧刚度的因素，慎重地选择夹紧点。

二、确定组合机床的配置形式和结构方案

通常，在确定工艺方案的同时，也就大体上确定了组合机床的配置形式和结构方案。但是还要考虑下列因素的影响。

1. 加工精度的影响

工件的加工精度要求，往往影响组合机床的配置形式和结构方案。例如，加工精度要求较高时，应采用固定夹具的单工位组合机床；加工精度要求较低时，可采用移动夹具的多工位组合机床；工件各孔间的位置精度要求较高时，应采用在同一工位上对各孔同时精加工的方法；工件各孔间的同轴度要求较高时，应单独进行精加工等。

2. 工件结构状况的影响

工件的形状、大小和加工部位的结构特点，对机床的结构方案也有一定的影响。例如，对于外形尺寸和质量较大的工件，一般采用固定夹具的单工位组合机床；对多工序的中小型零件，则宜采用移动夹具的多工位组合机床；对于大直径的深孔加工，宜采用具有刚性主轴的立式组合机床等。

3. 生产率的影响

生产率往往是决定采用单工位组合机床、多工位组合机床还是组合机床自动线的重要因素。例如，从其他因素考虑应采用单工位组合机床，但由于满足不了生产率的要求，就不得不采用多工位组合机床，甚至用自动线来进行加工。而在选择多工位组合机床时，还要考虑工位数的因素，在工位数不超过三个，并能满足生产率要求时，应选用移动工作台组合机床；在工位数超过四个时，才选用回转工作台或鼓轮式组合机床。

4. 现场条件的影响

使用组合机床的现场条件对组合机床的结构方案也有一定的影响。例如，使用单位的气候炎热，车间温度过高，使用液压传动机床不够稳定，则宜采用机械传动的结构形式。使用单位的刃磨刀具、维修、调整能力及车间布置的情况，都将影响组合机床的结构方案。

三、"三图一卡"的编制

编制"三图一卡"的工作内容包括：绘制被加工零件工序图、加工示意图、机床联系尺寸图、编制生产率计算卡。"三图一卡"是组合机床总体方案的具体体现。

（一）被加工零件工序图

被加工零件工序图是根据选定的工艺方案，表明零件形状、尺寸、硬度及在所设计的组合机床上完成的工艺内容和所采用的定位基准、夹紧点的图样。它是组合机床设计的主要依据，也是制造、验收和调整机床的重要技术条件。图4-9为汽车变速器上盖单工位双面卧式钻、铰孔组合机床的被加工零件工序图。

1. 在被加工零件工序图上应标注的内容

1）加工零件的形状、主要外廓尺寸和本机床要加工部位的尺寸、精度、表面粗糙度、几何精度等技术要求，以及对上道工序的技术要求等。

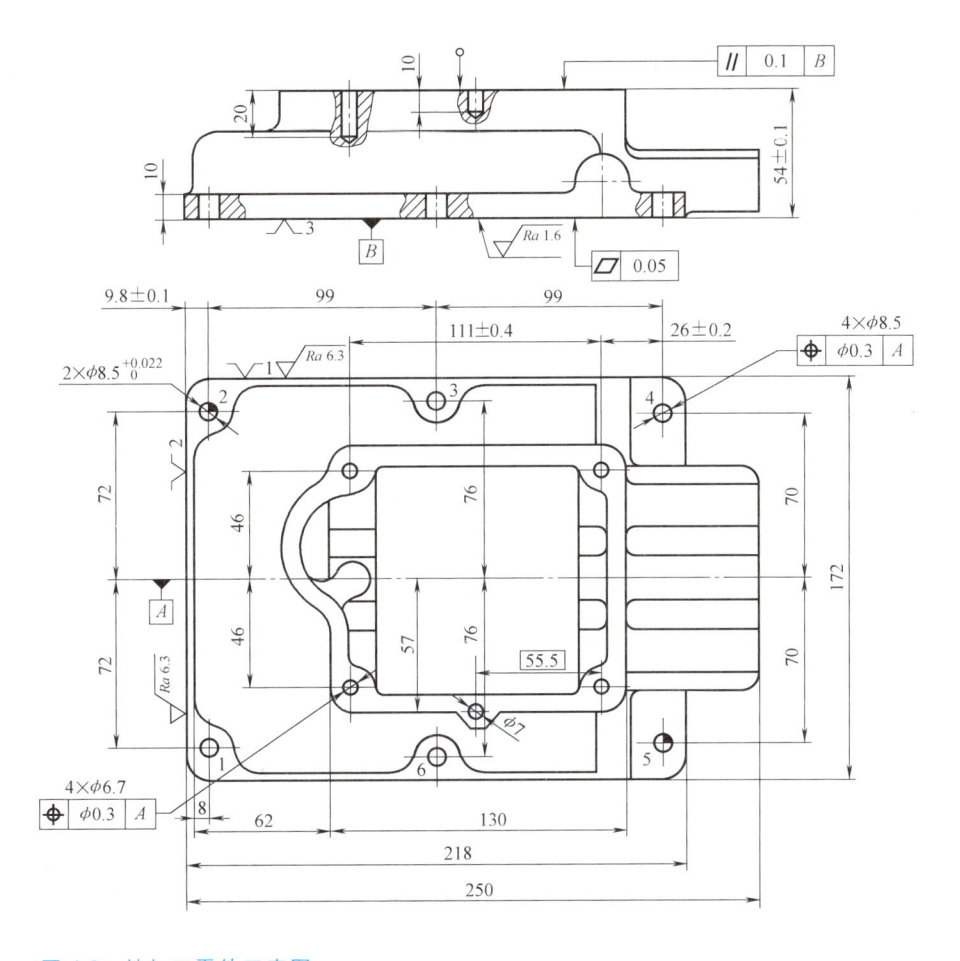

图 4-9 被加工零件工序图

2）本工序所选定的定位基准、夹紧部位及夹紧方向。

3）加工时若需要中间向导，则应表示出工件与中间向导间有关部位的结构和尺寸，以便检查工件、夹具、刀具之间是否相互干涉。

4）被加工零件的名称、编号、材料、硬度及加工部位的加工余量等。

2. 绘制被加工零件工序图的一些规定

1）本工序的加工部位用粗实线绘制，其余部位用细实线绘制。定位基准、夹紧部位、夹紧方向等需用符号表示；本道工序保证的尺寸、角度等，均在尺寸下用横线标出。

2）加工部位的位置尺寸应由定位基准算起。但有时也可将工件某一主要孔的位置尺寸从定位基准算起，其余各孔的位置尺寸再从该孔算起。当定位基准与设计基准不重合时，要进行换算。位置尺寸的公差不对称时，要换算成对称公差尺寸，如尺寸 $10_{-0.3}^{-0.1}$ 应换算成 9.8±0.1。

3）注明零件对机床加工提出的某些特殊要求，如对精镗孔机床应注明是否允许留有退刀痕迹。

4）对简单的零件，可直接在零件图上做必要的说明，而不必另行绘制被加工零件工序图，如铣削组合机床和单轴镗孔组合机床等。

(二) 加工示意图

加工示意图是被加工零件工艺方案在图样上的反映，表示被加工零件在机床上的加工过程，刀具的布置，工件、夹具、刀具的相对位置关系，以及机床的工作行程及工作循环等。加工示意图是刀具、夹具、多轴箱、电气和液压系统设计选择动力部件的主要依据，是整台组合机床布局形式的原始要求，也是调整机床和刀具所必需的重要技术文件。图 4-10 为汽车变速器上盖孔双面钻（铰）加工示意图。

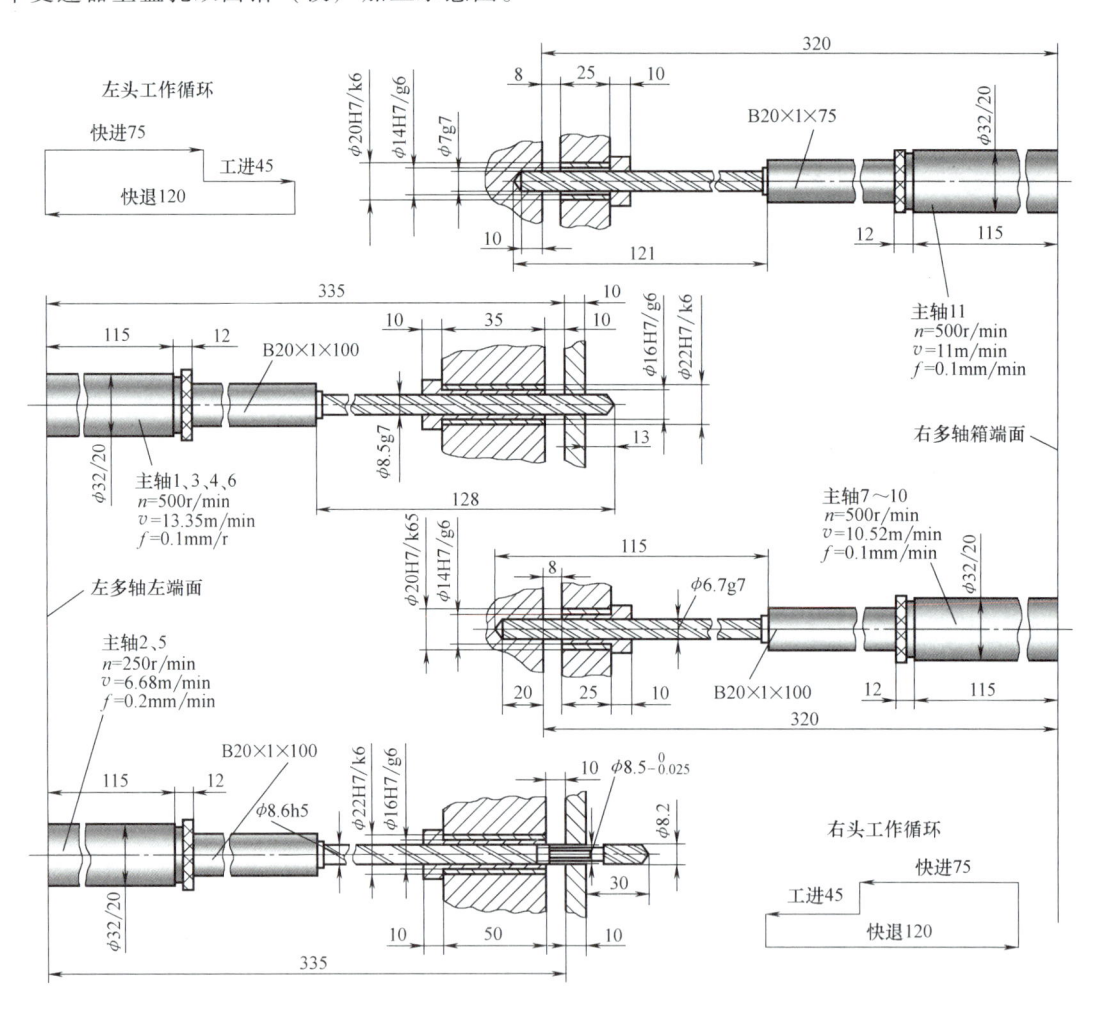

图 4-10 汽车变速器上盖孔双面钻（铰）加工示意图

1. 在加工示意图上应标注的内容

1) 机床的加工方法、切削用量、工作循环和工作行程。

2) 工件、夹具、刀具及多轴箱之间的相对位置及其联系尺寸，如工件端面至多轴箱端面间的距离、刀具刀尖至多轴箱端面之间的距离等。

3) 主轴的结构类型、尺寸及外伸长度；刀具类型、数量和结构尺寸；接杆（包括镗杆）、浮动卡头、导向装置、攻螺纹靠模装置的结构尺寸；刀具与导向装置的配合，刀具、接杆、主轴之间的连接方式。刀具应按加工终了位置绘制。

2. 绘制加工示意图之前的有关计算

绘制加工示意图之前，应进行刀具、导向装置的选择，以及切削用量、转矩、进给力、功率和有关联系尺寸的计算。

（1）刀具的选择　选择刀具，应考虑工艺要求与加工尺寸精度、工件材质、表面粗糙度及生产率的要求。只要条件允许，应尽量选用标准刀具。为了提高工序集中程度并满足精度要求，可以采用复合刀具。孔加工刀具的长度应保证，加工终了时刀具螺旋槽尾端与导向套之间有 30~50mm 的距离，以便于在排出切屑和刀具磨损后有一定的向前调整量。在绘制加工示意图时，应注意从刀具总长中减去刀具锥柄插入接杆孔内的长度。

（2）导向套的选择　组合机床加工孔时，除采用刚性主轴加工方案外，零件上孔的位置精度主要靠刀具的导向装置来保证。因此，正确选择导向装置的类型，合理确定其尺寸、精度，是设计组合机床的重要内容，也是绘制加工示意图时必须要解决的问题。导向装置有两大类，即固定式导向装置和旋转式导向装置。在加工孔径不大于 40mm 或摩擦表面的线速度小于 20m/min 时，一般采用固定式导向装置，刀具或刀杆的导向部分，在导向套内既转动又做轴向移动。固定式导向装置一般由中间套、可换导套和压套螺钉组成。中间套的作用是在可换导套磨损后，可较为方便地更换，不会破坏钻模体上的孔的精度。表 4-7 列出了固定式导向装置的部分标准尺寸。表 4-8 列出了钻孔和扩孔时，导向套长度、导向套端面与工件端面间距离、刀具切出长度等有关尺寸。加工孔径较大或线速度大于 20m/min 时，一般采用旋转式导向装置。旋转式导向装置是将旋转副和直线移动（导向）副分别设置。它按旋转副和直线副的相对位置可分为内滚式和外滚式两种导向装置。

表 4-7　固定式导向装置的部分标准尺寸　　　　　　　　　　　（单位：mm）

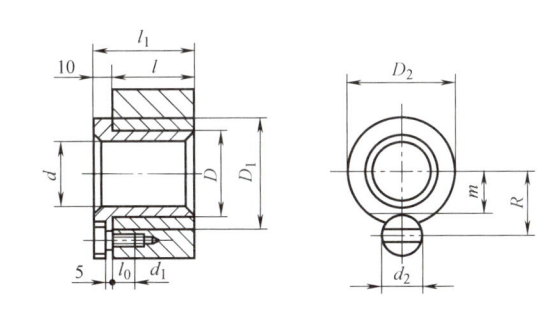

d	D	D_1	D_2	l			l_1			m	R	d_1	d_2	l_0
4~6	10	15	18	12	20	25	22	30	35	8	14.5	M6	12	12
>6~8	12	18	22							10	16.5			
>8~10	15	22	26	16	28	36	26	38	46	12	18.5			
>10~12	18	26	30							13	22			
>12~15	22	30	34	20	36	45	30	46	55	15	24	M8	16	16
>15~18	26	35	39							17.5	26.5			
>18~22	30	40	44	25	45	55	35	55	65	20	29			
>22~26	35	46	50							23	32			

表 4-8　导向装置的布置和参数选择　　　　　　　　　　（单位：mm）

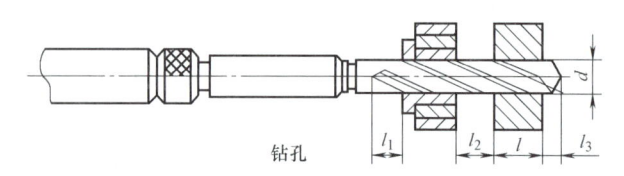

钻孔

项目	l_1	l_2		l_3
		加工钢	加工铸铁	
与钻孔直径 d 的关系	$(2\sim3)d$	$(1\sim1.5)d$	d	$d/3+(3\sim8)\text{mm}$
备注	小直径取大值，大直径取小值	当 d 过大或过小时，此规律不适用		刀具出口平面已加工时取小值，反之取大值

扩孔

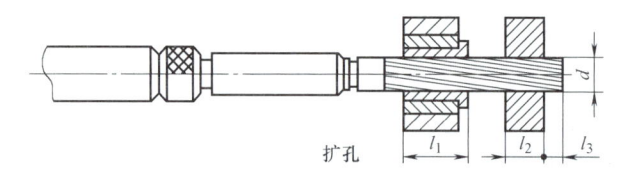

项目	l_1	l_2		l_3
		扩孔	铰孔	
与扩孔直径 d 的关系	$(2\sim3)d$	$(1\sim1.5)d$	$(0.5\sim1.5)d$	$(10\sim15)\text{mm}$
备注	小直径取大值，大直径取小值	直径小、加工精度高时取小值		刀具出口平面已加工时取小值，反之取大值

如图 4-11a 所示为**内滚式导向装置，滚动轴承（通常采用四个轴承）直接安装在镗杆上**，轴承外圈安装在中间导向套中，中间套随镗杆一起移动。中间导向套外径大于所镗孔的尺寸，故镗刀可移到固定导向套孔内。内滚式导向装置的结构尺寸较大，其重力大于主切削力，因而切削力不能将内滚式导向装置抬起，横剖面中支承反力的中心在重力两侧摆动，摆动角小于 45°。由于滑动摩擦系数远大于滚动摩擦系数，且中间套外径大于滚动轴承的滚动体分布直径，因此在固定导向套（固定在夹具体上）和中间导向套的圆柱度、同轴度较高的情况下，中间导向套不旋转，中间导向套不需要圆周定向。但镗孔伊始，中间导向套处于不稳定状态，故精镗孔时可在固定导向套内设置圆周定向键，避免固定导向套的圆柱度误差影响镗孔精度。由于内滚式导向装置的质量大，因而固定导向套与中间导向套不能脱离接触；否则，需增加托架，避免导向装置因重力下垂而不能正确导向。但需保证切削开始时，其导向长度（中间导向套与固定导向套的重合长度）不小于中间导向套直径 d_2；固定导向套端面至工件端面的距离为 20~50mm，视导向结构而定。内滚式导向装置适用于镗杆悬伸量小、孔径大的镗孔工艺。

如图 4-11b 所示为**外滚式导向装置，滚动轴承安装于夹具体的固定导向套中并预紧，镗杆相对于中间导向套内径滑动**。由于所镗孔的尺寸大于镗杆直径，因而需在中间导向套内径上设有引刀槽和导向键，以保证镗孔完毕时镗刀能退离工件、准确进入引刀槽中，实施工件装卸。为避免刀尖划伤已加工孔的孔壁，镗杆需停止转动。在圆周剖面上，引刀槽对称中心线与导向键的对称中心线所夹的圆心角一般为 90°，主要原因：若两中心线所夹圆心角为 180°，镗杆上镗刀的安装孔为方形或圆形通孔（见图 4-11c），其边长或直径与导向键宽不相等，必将影响镗杆上导向键槽的导向精度；若两中心线所夹圆心角为180°，即工件施加到镗杆上的主切削力的反力方向与镗杆重力方向相同，则引刀槽和导向键槽处于水平位置，中间导向套受力截面积最小，不符合强度与刚度理论。单导向悬臂镗孔时，镗刀开始加工时的悬臂长度（镗刀至导向部位的距离）为 l，中间导向套长度为 L，则 $L=(1.5\sim2)l$，且 $L>2.5d_1$，并在结构许可的条件下，应尽可能增大导向装置中滚动轴承间的跨距。对于工件上相邻较远的两层孔壁镗孔，或在位于较深的工件内壁上镗孔，则应采用双导向镗孔。对于双导向镗孔，后导向（靠近主轴箱的导向）的中间导向套长度 $L=(2.5\sim3.5)d_1$，前导向的中间导向套长度 $L=(1.5\sim2)d_1$，但需保证镗刀开始加工时，镗杆导向部分进入导向孔内长度不小于 d_1；前导向中间套孔内不设导向键或采用左右螺旋导向的自引进镗杆（见图4-11c），其螺旋角≤45°。

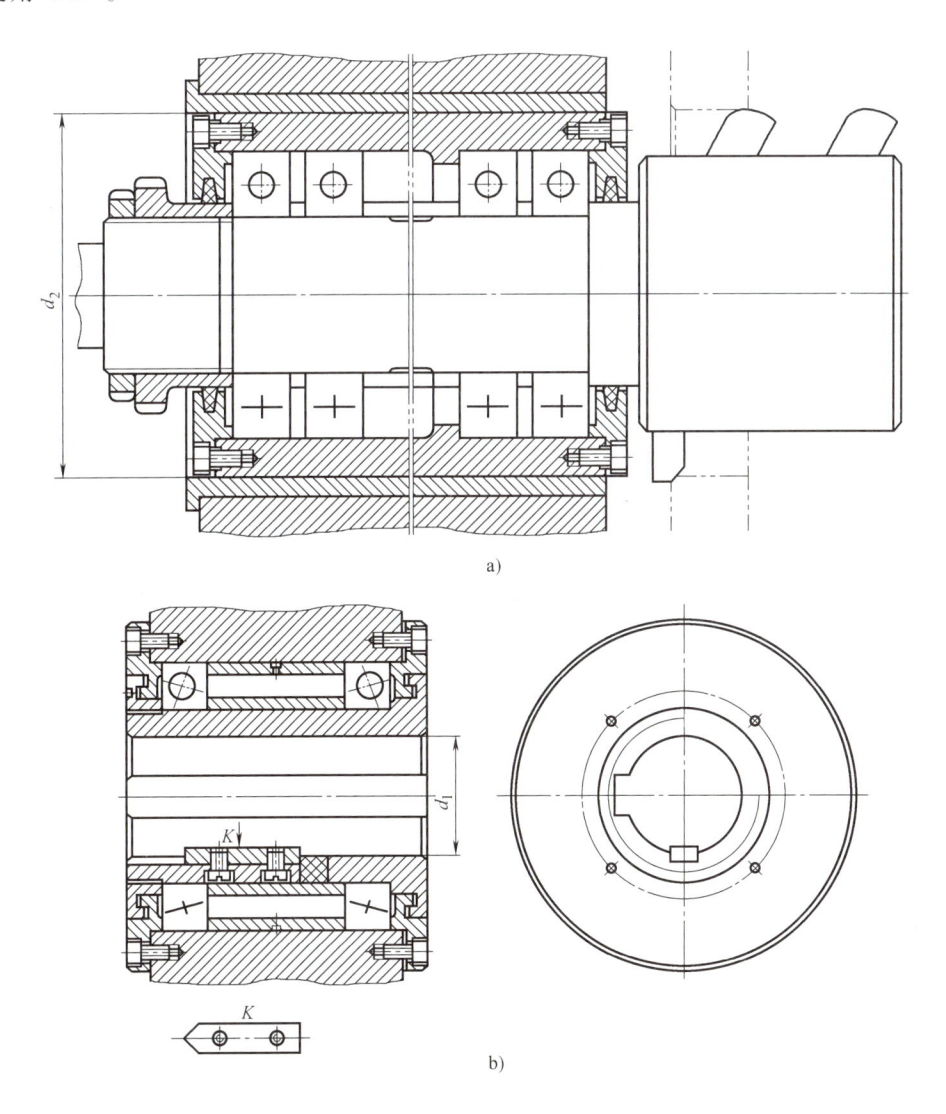

图4-11 旋转式导向装置

a）内滚式导向装置　b）外滚式导向装置

c)

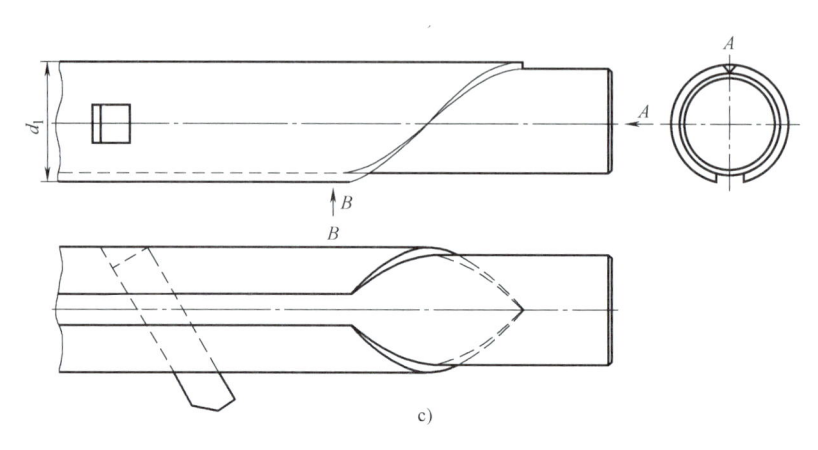

图 4-11 旋转式导向装置（续）
c）自引进镗杆

（3）初定切削用量 组合机床往往采用多轴、多刀、多面同时加工，且组合机床上的刀具要有足够的使用寿命，以避免频繁换刀。因此，组合机床切削用量一般比通用机床的单刀加工低30%以上。表4-9和表4-10分别列出了组合机床上钻孔和扩孔时推荐的切削用量。

表 4-9 用高速钢钻头加工铸铁推荐的切削用量

加工直径/mm	切削用量	
	$v/(\text{mm/min})$	$f/(\text{mm/r})$
1~6	10~18	0.05~0.1
6~12	10~18	0.1~0.18

表 4-10 用高速钢刀具对铸铁扩孔推荐的切削用量

加工直径/mm	切削用量			
	扩通孔		锪沉孔	
	$v/(\text{mm/min})$	$f/(\text{mm/r})$	$v/(\text{mm/min})$	$f/(\text{mm/r})$
10~15	10~18	0.15~0.2	8~12	0.15~0.2
16~25		0.2~0.25		0.15~0.3
26~40		0.25~0.3		0.15~0.3
40~60		0.3~0.4		0.15~0.3
60~100		0.4~0.6		0.15~0.3

同一多轴箱上的刀具由于采用同一滑台实现进给，所以各刀具（除丝锥外）的每分钟进给量应该相等。因此，应按工作时间最长、负荷最重、刃磨较困难的所谓"限制性刀具"来确定；对于其他刀具，可以在这基础上调整其每转进给量，以满足每分钟进给量相同的要求。另外，在多轴箱传动系统设计完毕，传动齿轮齿数确定之后，还要反过来调整初定的切削用量。

选择切削用量时，应尽量使相邻主轴转速接近，以使多轴箱的传动链简单些。使用液压滑台时，所选的每分钟进给量一般应比滑台的最小进给量大50%，以保证进给稳定。

（4）确定切削转矩、轴向切削力和切削功率 其目的是分别确定主轴及其他传动件尺寸、选择滑台及设计夹具、选择主电动机（一般是选择动力箱的驱动电动机）提供依据。

切削转矩、轴向切削力和切削功率可利用计算图或下列式计算。

采用高速钻头钻铸铁孔时，有

$$F = 26Df^{0.8}\text{HBW}^{0.6} \tag{4-1}$$

$$T = 10D^{1.9}f^{0.8}\text{HBW}^{0.6} \tag{4-2}$$

$$P = \frac{Tv}{9550\pi D} \tag{4-3}$$

式中　F——轴向切削力（N）；
　　　D——钻头直径（mm）；
　　　f——每转进给量（mm/r）；
　　　T——切削转矩（N·mm）；
　　　P——切削功率（kW）；
　　　v——切削速度（m/min）；
　　HBW——材料硬度，一般取 HBW 的最大值。

采用高速钢扩孔钻扩铸铁孔时，有

$$F = 9.2f^{0.4}a_p^{1.2}\text{HBW}^{0.6} \tag{4-4}$$

$$T = 31.6Da_p^{0.75}f^{0.8}\text{HBW}^{0.6} \tag{4-5}$$

$$P = \frac{Tv}{9550\pi D} \tag{4-6}$$

式中　a_p——背吃刀量（mm）。其余同式(4-1)~式(4-3)。

根据上述式，计算出本工序钻孔、扩孔及倒角的轴向切削力、切削转矩、切削功率，并列于表 4-11 中。

表 4-11　本工序钻孔、扩孔及倒角的轴向切削力、切削转矩、切削功率

孔位	孔数	钻头直径 D/mm	轴向切削力 F/N	切削转矩 T/(N·mm)	切削功率 P/kW
1、3、4、6	4	钻 ϕ8.5	973	2570	4×0.135
2、5	2	钻 ϕ8.2	1635	4178	2×0.113
7、8、9、10	4	钻 ϕ6.7	767	4×1635	4×0.086
11	1	钻 ϕ7	802	1777	0.093

（5）计算主轴直径　强度条件下 45 钢质主轴的直径为

$$d \geqslant \sqrt[3]{\frac{16T}{[\tau]\pi}} = 0.548\sqrt[3]{T} \tag{4-7}$$

按刚度条件计算时，主轴的直径为

$$d \geqslant \sqrt[4]{\frac{32T \times 180 \times 1000}{G\pi^2[\theta]}} = B\sqrt[4]{T} \tag{4-8}$$

式中　d——主轴直径（mm）；
　　　T——主轴所承受的转矩（N·mm）；
　　　$[\tau]$——许用切应力（MPa），45 钢 $[\tau]$ = 31MPa；

B——系数；

$[\theta]$——允许的最大单位长度扭转角。当材料的剪切弹性模量 $G=8.1\times10^4$ MPa 时，刚性主轴 $[\theta]=0.25°$/m，$B=2.316$；非刚性主轴 $[\theta]=0.5°$/m，$B=1.948$；传动轴 $[\theta]=1°$/m，$B=1.638$。

表 4-12 列出了通用钻削类主轴的系列参数。当计算出主轴直径后，应按表 4-12 取标准值，并尽量不要选用 15mm 的主轴。

本例中，所有主轴直径皆为 $d=20$mm，主轴外伸长度为 $L=115$mm，内径为 $D=20$(H7)mm，内孔长度为 $l_1=77$mm。

表 4-12 通用钻削类主轴的系列参数

主轴外伸	主轴类型	主轴直径/mm					
短主轴（用于与刀具浮动连接的镗、扩、铰等工序）	圆锥滚子轴承短主轴		25	30	35	40	50
长主轴（用于与刀具刚性连接的钻、扩、铰、倒角、锪平面等工序或攻螺纹工序）	圆锥滚子轴承长主轴		20	25	30	35	40	50
	深沟球轴承主轴	15	20	25	30	35	40	
	滚针轴承主轴	15	20	25	30	35	40	
主轴外伸尺寸	D/d/(mm/mm)	25/16	32/20	40/28	50/36	50/36	67/48	80/60
	L/mm	85	115	115	115	115	135	135
	孔深 l_1/mm	74	77	85	106	106	129	129
接杆莫氏锥度		1	1、2	1、2、3	2、3	2、3	3、4	4、5

（6）选取刀具接杆　由以上论述可知，多轴箱各主轴的外伸长度为一定值，而刀具的长度也是一定值。因此，为保证多轴箱上各刀具能同时到达加工终了位置，就需要在主轴与刀具之间设置可调环节。这个可调环节在组合机床上是通过可调整的刀具接杆来解决的。表 4-13 列出了大型组合机床上用的接杆尺寸参数。

接杆上的尺寸 d 与主轴外伸长度的内孔 D 配合，因此，根据接杆直径 d 和刀具的锥体莫氏锥度，从表 4-13 中选取接杆型号、莫氏锥度和接杆长度。

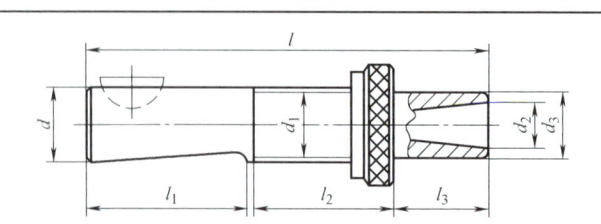

表 4-13 可调接杆尺寸（摘自 GB/T 3668.10—1983）

(续)

$d(h6)/mm$	$d_1(h6)/mm$	锥孔尺寸		d_3/mm	l/mm	l_1/mm	l_2/mm	l_3/mm	螺母厚度/mm
		莫氏锥度	基准直径 d_2/mm						
20	Tr20×2	1	12.065	17	113	46	40	25	12
					138			50	
					163			75	
					188			100	
28	Tr28×2	1 或 2	12.065 或 17.780	25	120	51	42	25	12
					145			50	
					170			75	
					195			100	
36	Tr36×2	2 或 3	17.780 或 23.825	33	148	65	50	30	14
					178			60	
					208			90	
					238			120	
48	Tr48×2	3 或 4	23.825 或 31.267	45	184	76	65	40	18
					224			80	
					264			120	
					304			160	

注：1. 表中所列接杆为 B 型，$d=20mm$，$l_3=50mm$ 的 B 型接杆标注：B20/1/50。
2. A 型接杆 $l_3=0$，$d=20mm$ 的 A 型接杆标注：A20/1。

（7）确定加工示意图的联系尺寸　加工示意图联系尺寸的标注如图 4-10 所示。其中最重要的联系尺寸是工件端面到多轴箱端面之间的距离（图 4-10 中的尺寸 335、320），它等于刀具悬伸长度、螺母厚度、主轴外伸长度与接杆伸出长度（可调）之和，再减去加工孔深（若加工通孔，则还应减去刀具的切出值）。

为了使所设计的机床结构紧凑，应尽量使工件端面至多轴箱端面的间距最小。因此，选取接杆时，在主轴外伸长度及刀具类型相同的条件下，应首先选取加工部位在外壁的不通孔孔径最大、长度小的主轴刀具接杆。应保证在加工终了位置时钻头等刀具的螺旋槽尾部至导向套端面的距离，以利于排屑和刀具刃磨后向前调整。工件端面到多轴箱端面之间的距离还与机床的总体布局有关，如夹具尺寸等。

（8）工作进给长度的确定　工作进给长度 l 应按加工长度最大的孔来确定。工作进给长度 l 等于刀具的切入值 l_1（根据工件端面的误差情况，一般取 5～10mm）、加工孔深 l_2 及切出值 l_3（可按表 4-8 确定）之和，如图 4-12 所示。

（9）绘制加工示意图的注意事项

1）加工示意图中的位置，应按加工终了时的状况绘制，且其方向应与机床的布局相吻合。

2）工件的非加工部位用细实线绘制，其余部分一律按《机械制图》国家标准绘制。

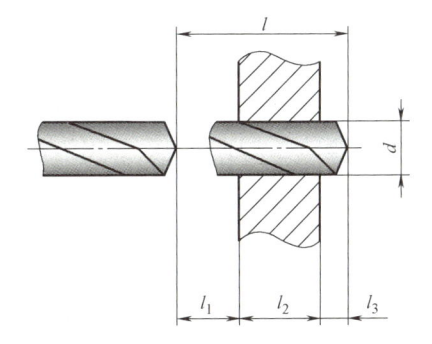

图 4-12　工作进给长度

3）同一多轴箱上，结构、尺寸完全相同的主轴，无论数量多少，都只允许绘制一根，但应在主轴上标注与工件孔号相对应的轴号。

4）主轴间的分布可不按真实的中心距绘制，但加工孔距很近或需设置径向尺寸较大的导向装置时，则应按比例绘制，以便检查相邻主轴、刀具、导向装置等是否产生干涉。

5）对于标准通用结构，允许只绘外形，并标上型号。但对一些专用结构，如导向、专用接杆等，则应绘出剖视图，并标注尺寸、精度及配合关系。

（三）机床联系尺寸图

机床联系尺寸图是用来表示机床的配置形式、机床各部件之间相对位置关系和运动关系的总体布局图。它是进行多轴箱、夹具等专用部件设计的重要依据。

如图 4-13 所示，机床联系尺寸图的内容包括机床的布局形式，通用部件的型号、规格，动力部件的运动尺寸和所用电动机的主要参数，工件与各部件间的主要联系尺寸，专用部件的轮廓尺寸等。

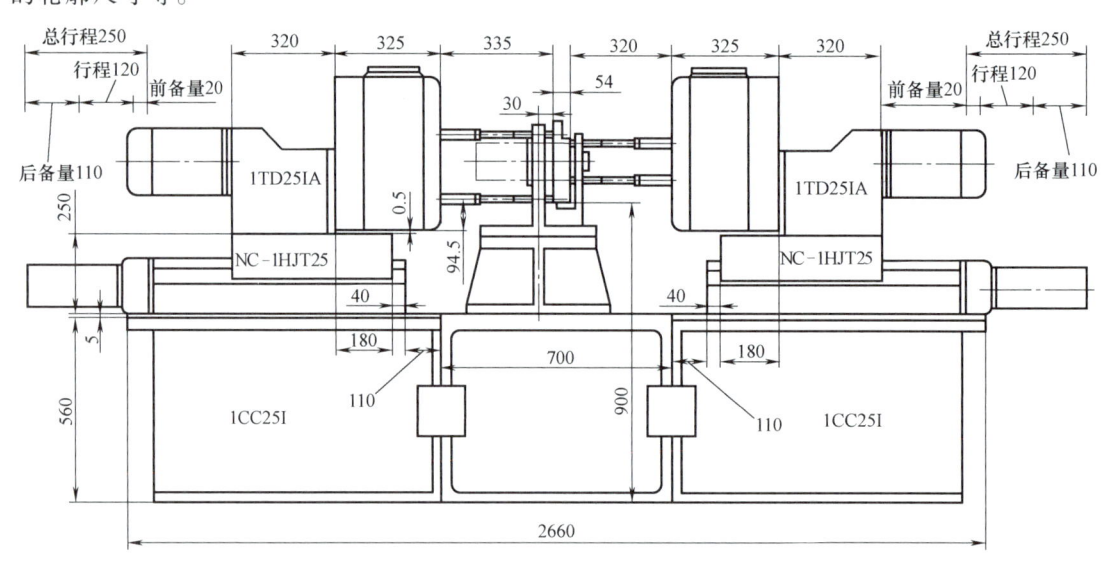

图 4-13 机床联系尺寸图

绘制机床联系尺寸图之前，应进行下列工作及其有关计算。

1. 选用动力部件

选用动力部件主要指选择型号、规格合适的滑台和动力箱。

（1）滑台的选用　通常，根据滑台的驱动方式、所需进给力、进给速度、最大行程长度和加工精度等因素来选用合适的滑台。

1）驱动方式的确定。选用液压驱动还是机械驱动的滑台，可以参照通用部件介绍时对液压滑台和机械滑台的性能特点比较，并结合具体的加工要求、使用条件等来确定。本例选用 NC-1HJT 系列数控机械滑台。

2）轴向进给力的确定。滑台所需的进给力可计算为

$$F_{进} = \sum F_i$$

式中　F_i——各主轴加工时所产生的轴向进给力（N）。

滑台工作时，由于除了需克服各主轴的轴向力，还要克服滑台移动时所产生的摩擦阻力，因而所选滑台的最大进给力应大于 $F_{进}$。

3）进给速度的确定。机械滑台的工作进给速度是分等级的，由交换齿轮的配换来决

定；液压滑台的工作进给速度则规定在一定范围内无级调节。对液压滑台，确定刀具切削用量时所规定的工作进给速度应为滑台最小工作进给速度的 1.5~2 倍；当液压进给系统中采用压力继电器时，实际进给速度还应更大一些。NC-1HJT 系列滑台为无级变速，工作进给速度≥5mm/min，快速移动速度≤10m/min。本例选择 NC-1HJT25 交流伺服数控机械滑台，工作进给速度为 50mm/min。

4）滑台行程的确定。滑台的行程除保证足够的工作行程外，还应留有前备量和后备量。前备量的作用是使动力部件有一定的向前移动的余地，以弥补机床的制造误差及刀具磨损后能向前调整。前备量一般为 10~20mm，本例前备量为 20mm。后备量的作用是使动力部件有一定的向后移动的余地，以便装卸刀具。后备量需大于全轴内孔与接杆的配合长度。所以滑台总行程应大于工作行程、前备量、后备量之和。

5）精度的选择。"1 字头"系列滑台分为普通、精密、高精度三种精度等级。一般根据加工精度要求，选用不同精度等级的滑台。

（2）动力箱的选用　动力箱主要依据多轴箱所需的电动机功率来选用。多轴箱所需的电动机功率为 $P_主 = P_切 + P_空 + P_附$。

由表 4-11 可知：本例左动力箱的切削功率 $P_切 = 0.766$kW；右动力箱的切削功率 $P_切 = 0.437$kW；$P_空$ 可根据轴的直径及转速由表 4-14 查得；$P_附$ 一般取所传递功率的 1%。多轴箱传动系统设计之前，$P_空$ 无法确定时，$P_主$ 可估算为

$$P_主 = \frac{P_切}{\eta}$$

式中　η——多轴箱传动效率，加工黑色金属时，$\eta = 0.8 \sim 0.9$；加工有色金属时，$\eta = 0.7 \sim 0.8$；主轴数多、传动复杂时取小值，反之取大值。

表 4-14　主轴的空转功率 $P_空$

主轴直径/mm		15	20	25	30	40	50
$P_空$/kW	25r/min	0.001	0.002	0.003	0.004	0.007	0.012
	40r/min	0.002	0.003	0.005	0.007	0.012	0.018
	63r/min	0.003	0.005	0.007	0.010	0.019	0.029
	100r/min	0.004	0.007	0.012	0.017	0.030	0.046
	160r/min	0.007	0.012	0.018	0.027	0.047	0.074
	250r/min	0.010	0.018	0.028	0.042	0.074	0.116
	400r/min	0.017	0.030	0.046	0.067	0.118	0.185
	630r/min	0.026	0.046	0.073	0.105	0.186	0.291
	1000r/min	0.042	0.074	0.116	0.166	0.296	0.462
	1600r/min	0.066	0.118	0.185	0.266	0.473	0.749

动力箱的电动机功率应大于计算功率，并结合各主轴要求的转速大小，合理地选定动力箱的电动机功率和型号。据此，选用电动机型号为 Y100L-6B5 的 1TD25I 型动力箱，电动机功率为 1.5kW，驱动轴转速为 520r/min，动力箱输出轴至箱底面高度为 125mm。

当某一规格的动力部件的功率或进给力不能满足要求，但又相差不大时，不要轻易选用大一规格的动力部件，而应根据具体情况适当降低切削用量，或将刀具错开顺序加工，以降低功率和减小进给力。

2. 确定装料高度

装料高度是指工件安装基面至机床底面的垂直距离。组合机床标准中，推荐装料高度为

1060mm，但根据具体情况，如车间运送工件的滚道高度、多轴箱最低主轴高度等因素，在850～1060mm范围内选取。本例装料高度取为900mm。

3. 确定夹具轮廓尺寸

工件的尺寸和形状是确定夹具底座尺寸的基本依据。确定夹具底座尺寸时，应考虑工件的定位件、夹紧机构、刀杆导向装置的需求空间，并应满足排屑和安装的需要。

一般情况下，加工示意图中已确定工件至导向套端面的距离和导向套的尺寸。本例主要确定钻模厚度及夹具体底座尺寸。钻模厚度应不小于最小导向长度，如图4-13所示，左钻模板厚度为40mm，右钻模板厚度为25mm，夹具体底座长度为400mm。如果是镗削加工，则镗模架体厚度为150～300mm。

夹具体底座高度应依据装料高度、夹具大小和中间底座高度而定，并充分考虑中间底座刚度，以便于布置定位元件、设置夹紧机构和排屑为原则。本例取240mm（由于取中间底座标准高度为560mm）。

对于较复杂的夹具，在绘制联系尺寸图前应绘制出夹具结构草图，以便于确定夹具的主要技术参数、基本结构及外形控制尺寸。因此，总体设计也称为"四图一卡"。

4. 中间底座轮廓尺寸

中间底座轮廓尺寸要满足夹具在其上面连接安装的需要。中间底座长度尺寸要根据所选动力部件（滑台、滑座）及配套部件（侧底座）的位置关系确定。同时应考虑多轴箱处于终了位置时，多轴箱与夹具体之间应有适当距离，以便于机床调整、维修。另外，中间底座周边应设有70～100mm的排屑或切削液回流槽。中间底座长度方向尺寸L（见图4-13），要根据所选动力部件和夹具安装要求来确定，一般可计算为

$$L = (L_{1左} + L_{1右} + 2L_2 + L_3) - 2(l_1 + l_2 + l_3)$$

式中　L_1——在加工终了位置，多轴箱端面至工件端面间的距离（mm），本例$L_{1左}$ = 335mm，$L_{1右}$ = 320mm；

L_2——多轴箱厚度（mm），本例多轴箱用90mm后盖，L_2 = 325mm；

L_3——工件长度（mm），本例L_3 = 54mm；

l_1——滑台与多轴箱的重合长度（mm），本例l_1 = 180mm；

l_2——在加工终了位置，滑台前端面至滑座端面间的距离和前备量之和（mm），本例l_2 = 40mm；

l_3——滑座前端面与侧底座端面距离（mm），本例l_3 = 110mm。

则中间底座长度为

$$L = (335 + 320 + 2 \times 325 + 54)\text{mm} - 2 \times (180 + 40 + 110)\text{mm} = 699\text{mm}$$

取L = 700mm。

中间底座长度确定后，多轴箱端面至工件端面间的距离就最终确定了，因此，刀具接杆的长度也就最终确定。

中间底座高度按标准选取560mm。在确定中间底座高度时，应考虑切屑的储存和清理及电气接线盒的安排。若使用切削液，则还应考虑能容纳3～5min冷却泵流量的切削液。对于加工铸铁件的机床，为了使切削液有足够的沉淀时间，其容量还应加大到10～15min的流量。

5. 确定多轴箱轮廓尺寸

标准中规定：卧式配置的多轴箱总厚度为325mm，立式配置的为340mm；宽度和高度

按标准尺寸系列选取。计算时，多轴箱的宽度 B 和高度 H（见图 4-14）可计算为

$$B = b_2 + 2b_1$$
$$H = h + h_1 + b_1$$

式中　b_1——最边缘主轴中心至多轴箱外壁之间的距离（mm），一般取 70~100mm；

　　　b_2、h——分别为工件在宽度和高度方向上相距最远的两加工孔中心距(mm)；

　　　h_1——最低主轴高度（mm）。

上述各尺寸中除 h_1 外，均为已知，h_1 确定后，多轴箱的轮廓尺寸就可以确定。对于卧式组合机床，h_1 既要保证多轴箱内的润滑油有足够的容量，又不致从主轴衬套中泄漏出去，一般推荐 h_1 = 85~140mm。本例中有

$$\begin{aligned}h_1 &= (h_2 + H_w) - (h_3 + h_4 + h_5 + h_6)\\ &= (10 + 900)\text{mm} - (0.5 + 250 + 5 + 560)\text{mm}\\ &= 94.5\text{mm}\end{aligned}$$

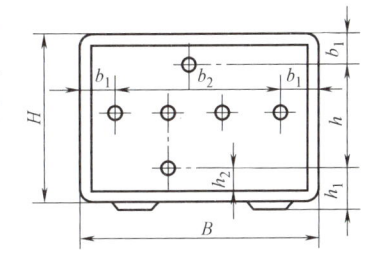

图 4-14　多轴箱轮廓尺寸的确定

式中　H_w——装料高度（mm），由图 4-13 可知，H_w = 900mm；

　　　h_2——工件最低加工孔中心至工件底部定位基面的距离（mm），由图 4-9 可知，h_2 = 10mm；

　　　h_3——滑台高度（mm），NC-1HJT25 滑台高度 h_3 = 250mm；

　　　h_4——滑座与侧底座之间的调整垫厚度（mm），一般取 h_4 = 5mm；

　　　h_5——侧底座高度（mm），1CC25I 滑台侧底座高度 h_5 = 560mm；

　　　h_6——多轴箱底与滑台之间的距离（mm），一般取 h_6 = 0.5mm。

由图 4-9 可知，b_2 = 152mm，h = 198mm，若取 b_1 = 100mm，则多轴箱的轮廓尺寸为

$$B = b_2 + 2b_1 = 152\text{mm} + 2 \times 100\text{mm} = 352\text{mm}$$
$$H = h + h_1 + b_1 = (198 + 94.5 + 100)\text{mm} = 392.5\text{mm}$$

根据标准应取 $B \times H$ = 400mm×400mm 的多轴箱。

通过在侧底座与滑座之间设置调整垫，可以保证最低主轴中心与最低被加工孔中心在垂直方向上等高。

机床联系尺寸图应按加工终了时的位置绘制，并表明动力部件退回到最远处的位置。当工件加工部位与工件中心线不对称时，应注明动力部件中心线同夹具中心线间的偏移量。在图上还应标明动力部件的总行程、工作行程、前备量和后备量，以及液压站和电气控制装置等的安装位置。

另外，1TX 系列铣削头与其大一规格的滑台或同规格的 1XG 系列专用铣削工作台配合组成组合铣床，工序简单，配置形式固定，因此，可不绘制机床联系尺寸图。

（四）生产率计算卡

生产率计算卡是反映所设计机床的工作循环过程、动作时间、切削用量、生产率和负荷率等的技术文件。通过生产率计算卡，可以分析所拟定的方案是否满足用户对生产率及负荷率的要求。机床的生产率 Q_1（件/h）可计算为

$$Q_1 = \frac{60}{T_\text{单}} = \frac{60}{T_\text{切} + T_\text{辅}}$$

式中　$T_\text{单}$——单件工时（min）；

$T_{切}$——机加工时间（min），包括动力部件工作进给和固定挡铁停留时间 $t_{停}$，即

$$T_{切} = \frac{L_1}{v_{f1}} + \frac{L_2}{v_{f2}} + t_{停}$$

L_1、L_2——刀具的第 I、第 II 工作进给行程长度（mm）；

v_{f1}、v_{f2}——刀具的第 I、第 II 工作进给量（mm/min）；

$t_{停}$——固定挡铁停留时间，一般为在动力部件进给停止状态下，刀具旋转 5~10r 所需的时间（min）；

$T_{辅}$——辅助时间（min），包括快进时间、快退时间、工作台移动或转位时间 $t_{移}$、装卸工件时间 $t_{装}$，即

$$T_{辅} = \frac{L_3 + L_4}{v_{fk}} + t_{移} + t_{装}$$

L_3、L_4——动力部件快进行程长度、快退行程长度（mm）；

v_{fk}——动力部件的快速移动速度（mm/min）；

$t_{移}$——工作台移动或转位时间（min），一般为 0.05~0.13min；

$t_{装}$——装卸工件时间（min），一般为 0.5~1.5min。

机床负荷率可计算为

$$\eta = \frac{Q_1}{Q} = \frac{Q_1 t_k}{A}$$

式中 Q——机床的理想生产率（件/h）；

A——年生产纲领（件）；

t_k——年工作时间（h），单班制工作时 t_k = 1950h，两班制工作时 t_k = 3900h。

机床负荷率一般以 65%~75% 为宜，机床复杂时取小值，反之则取大值。

本例生产率的计算列于表 4-15 中（左动力部件的计算未列入）。

表 4-15　机床生产率计算卡

被加工零件	图号		毛坯种类		铸件	
	名称	汽车变速器上盖	毛坯质量			
	材料	HT200	硬度		175~255HBW	
	工序名称	钻、铰螺栓孔和螺纹底孔	工序号			
序号	工步名称	工作行程/mm	切削速度/(m/min)	进给量/(mm/r)	进给速度/(mm/min)	工时/min	
						工进时间	辅助时间
1	安装工件						0.5
2	工件定位、夹紧						0.05
3	右滑台快进	75			5000		0.015
4	右滑台工进 钻 ϕ6.7mm 深 20mm	45	10.52	0.10	50	0.90	
5	固定挡铁停留						0.01
6	右滑台快退	120			5000		0.024
7	工件松开						0.05
8	卸下工件						0.5
备注	1. 右动力箱驱动的主轴，转速为 500r/min 2. 一次安装加工一个工件 3. 本机床装卸工件时间取 1min		累计/min		0.90	1.149	
			单件总工时/min		2.049		
			机床生产率/(件/h)		29.28		
			理论生产率/(件/h)		25.53		
			负荷率		87.2%		

第三节　通用多轴箱设计

一、多轴箱的功用及分类

多轴箱是组合机床的重要专用部件，根据被加工零件工序图、加工示意图来进行设计，由通用零件组成。它能将动力箱的动力传递给主轴，使主轴按要求的转速和转向旋转，提供切削动力。多轴箱与动力箱一起安装于进给滑台上，可完成钻、扩、铰、镗孔等加工工序。

多轴箱可分为专用多轴箱和通用多轴箱两大类。专用多轴箱根据被加工工件的特点及其加工工艺要求进行设计。专用多轴箱基本上由专用零件组成，采用不需导向装置的刚性主轴来保证被加工孔的位置精度。通用多轴箱按专用要求设计，由通用零件及少量专用零件组成，采用非刚性主轴，加工时，需由导向装置引导刀具来保证被加工孔的位置精度。本节只介绍通用多轴箱的设计。

二、通用多轴箱的组成

通用多轴箱主要由箱体类零件、主轴、传动轴、齿轮及润滑和防油元件等组成，如图 4-15 所示。图 4-15 所示箱体 17、前盖 20、后盖 15 等为通用箱体类零件；主轴 1~5、传动轴 6 和 8、手柄轴 7、润滑油泵轴 9、传动齿轮 11、驱动轴齿轮 13 等为传动类零件；润滑油泵 12、分油器 16、注油杯 22、油盘 19（立式多轴箱不用）、防油套 10 和排油塞 21 等为润滑和防油元件。

在多轴箱箱体的内腔，可安装三排厚度为 24mm 的齿轮（靠近前盖的齿轮为第Ⅰ排），或两排厚度为 32mm 的齿轮；在后盖内，可安装一排（后盖厚度为 90mm、100mm 时）或两排（后盖厚度为 125mm 时）齿轮，分别为第Ⅳ、Ⅴ排。

三、多轴箱的通用零件

多轴箱通用零件的编号方法如下：

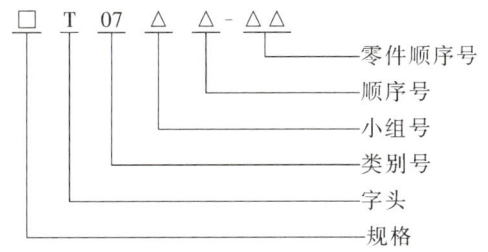

```
□ T 07 △ △-△△
                  零件顺序号
                顺序号
              小组号
            类别号
          字头
        规格
```

编号中 T07 表示多轴箱的通用零件；小组号分别用 1、2、3 和 4 表示箱体类、主轴类、传动轴类和齿轮类零件；顺序号和零件顺序号表示的内容随类别号和小组号的不同而不同。例如：500×400T0711-11，表示宽 500mm、高 400mm 的多轴箱箱体（55mm 厚的前盖、90mm 厚的后盖代号的末四位为 11-12、11-13）；30T0721-41 表示用圆锥滚子轴承支承、直径为 ϕ30mm 的主轴（深沟球轴承支承、滚针轴承支承的主轴代号的末四位为 22-41、23-41）；40T0731-44 表示有四排齿轮，用圆锥滚子轴承支承、直径为 ϕ40mm 的传动轴（深沟球轴承支承、滚针轴承支承的传动轴代号的末四位为 32-41、33-41）。

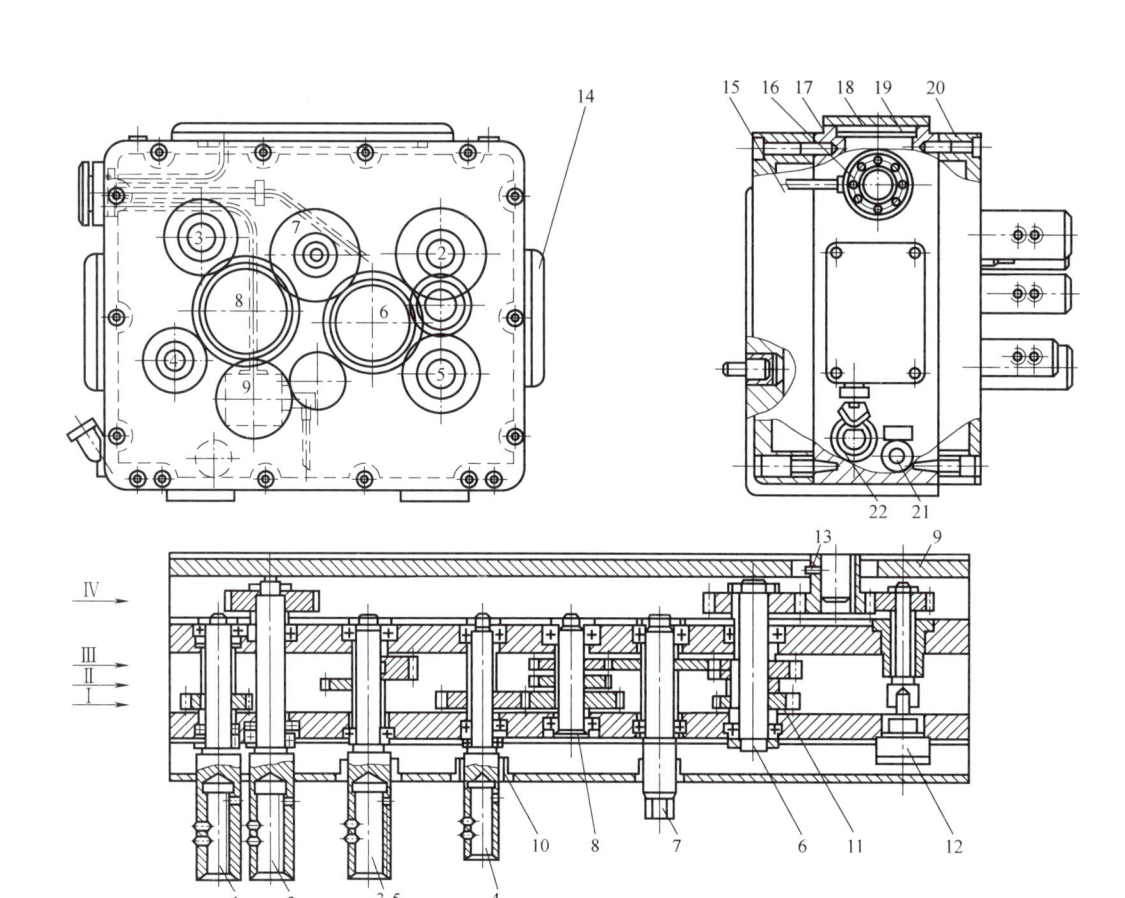

图4-15 通用多轴箱基本结构

1~5—主轴　6、8—传动轴　7—手柄轴　9—润滑油泵轴　10—防油套　11、13—齿轮　12—润滑油泵　14—侧盖　15—后盖　16—分油器　17—箱体　18—上盖　19—油盘　20—前盖　21—排油塞　22—注油杯

1. 通用箱体类零件

通用箱体类零件包括多轴箱箱体、前盖、后盖、上盖和侧盖（见图4-16）。箱体材料为HT200，前盖、后盖、侧盖和上盖材料为HT150。多轴箱箱体规格见表4-16。多轴箱后盖与动力箱的结合面上连接的螺孔的大小、定位销孔的大小以及位置应与动力箱联系尺寸相适应。

表4-16　多轴箱箱体规格

动力箱型号	$(B_1/\text{mm}) \times (H_1/\text{mm})$	B/mm	H/mm
1TD25A	320×250	320、400、500、630	250、320、400
1TD32A	400×320	400、500、630、800	320、400、500
1TD40A	500×400	500、630、800、1000	400、500、630
1TD50A	630×500	630、800、1000、1250	500、630、800
1TD63A	800×630	800、1000、1250	630、800、1000
1TD80A	1000×800	1000、1250	800、1000、1250

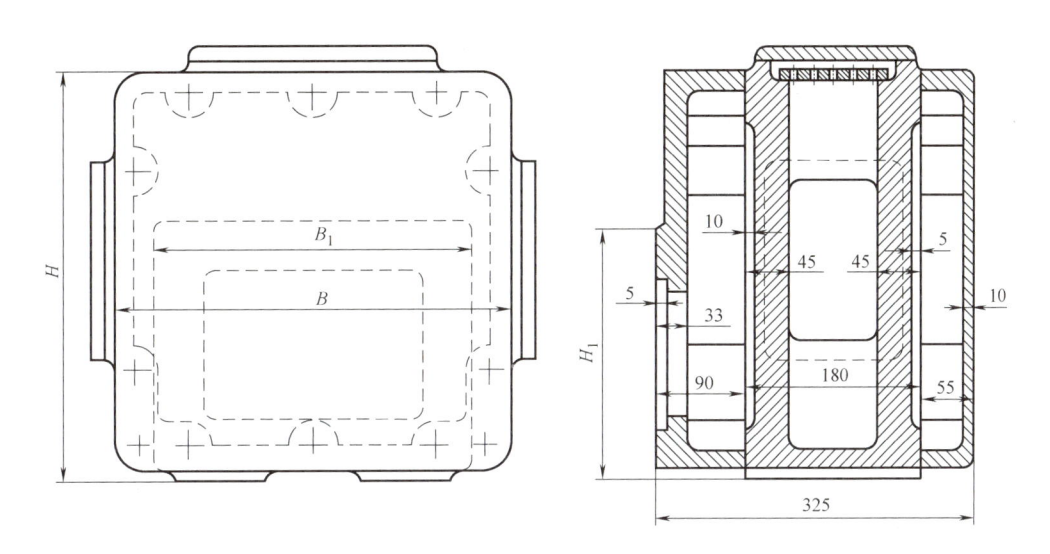

图 4-16 组合机床卧式多轴箱箱体

多轴箱箱体的标准厚度为 180mm，卧式组合机床的多轴箱前盖厚度为 55mm，立式组合机床前盖兼作为油池用，故加厚到 70mm；基型后盖厚度为 90mm，变型后盖厚度有 50mm、100mm 和 125mm 三种，可根据多轴箱内传动系统安排和动力箱与多轴箱的连接情况合理选用。当在后盖内只有一对齿轮啮合，且啮合的齿轮外廓（相啮合的两齿轮的中心距与两齿轮齿顶圆半径之和）不超出后盖与动力箱连接法兰的范围时，若采用总宽 44mm 的传动齿轮，可选用 50mm 的后盖；若采用总宽 84mm 的传动齿轮，可选用 90mm 的后盖，但后盖窗口要按齿轮外廓加以扩大并进行补充加工（见图 4-17）。当相啮合的齿轮外廓超出后盖与动力箱连接法兰的范围或多于一对啮合齿轮时，若为第Ⅳ排齿轮，则需采用厚度为 100mm 的后盖；若为第Ⅴ排齿轮，则需采用厚度为 125mm 的后盖。

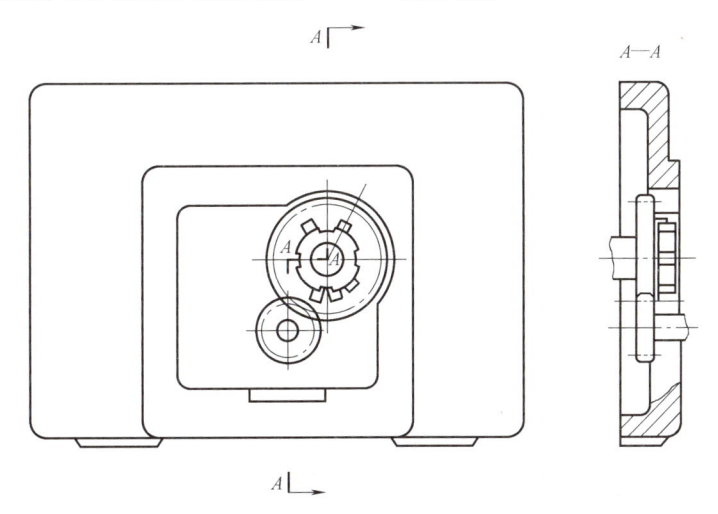

图 4-17 后盖窗口补充加工图

2. 通用轴类零件

（1）通用主轴　通用主轴分为钻削类主轴和攻螺纹类主轴两种，如图 4-18 所示。

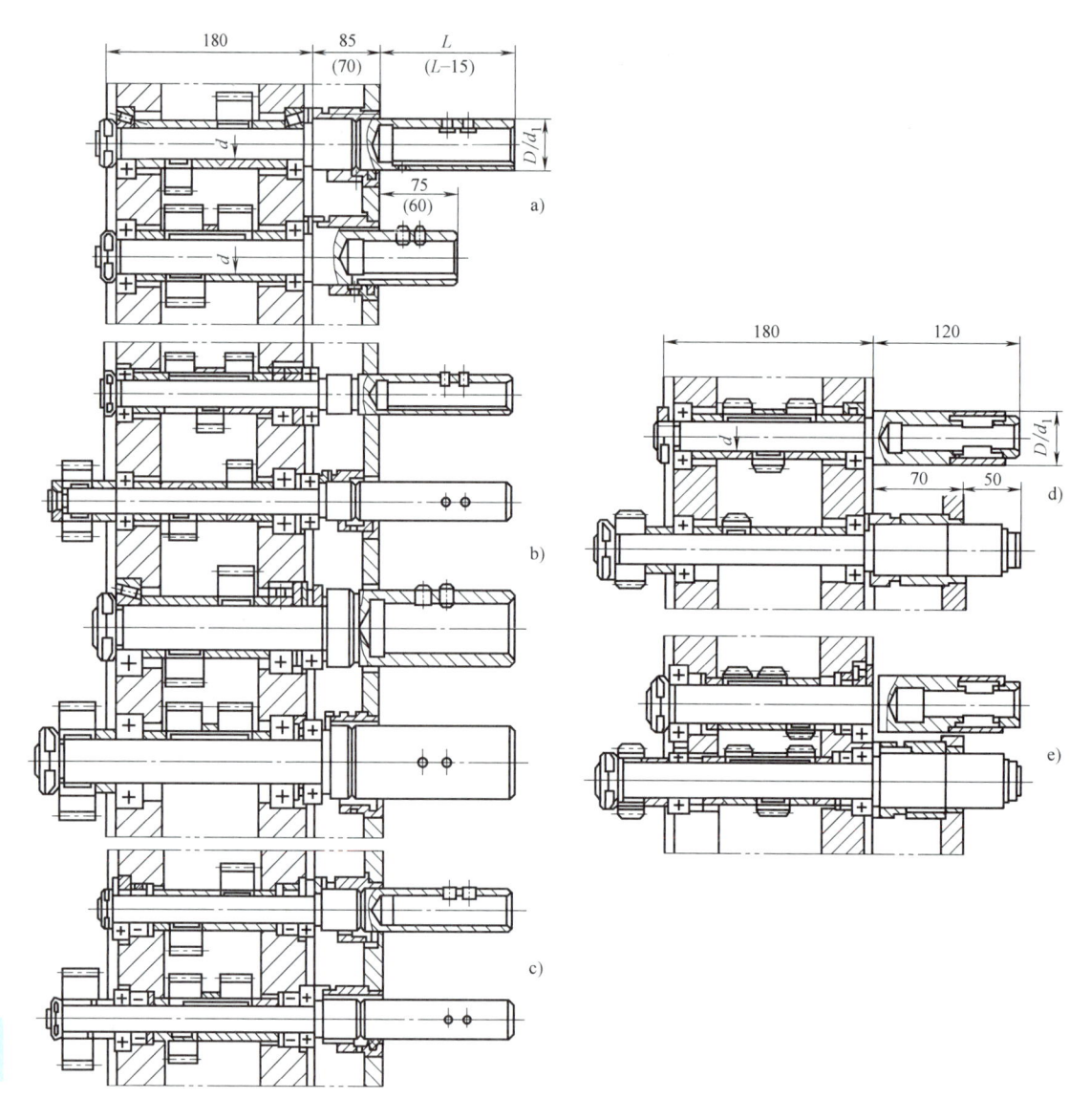

图 4-18 通用主轴

a)、b)、c) 钻削类主轴　d)、e) 攻螺纹类主轴

钻削类主轴采用两端轴向定位方式，按支承形式可分为圆锥滚子轴承主轴、深沟球轴承主轴、滚针轴承主轴三种。圆锥滚子轴承主轴，前后支承均为圆锥滚子轴承，可承受较大的径向力和轴向力，轴承数量少，结构简单，装配调整方便，广泛用于扩孔、镗孔、铰孔和攻螺纹工序。深沟球轴承主轴，前支承为深沟球轴承和推力球轴承，后支承为深沟球轴承或圆锥滚子轴承。前支承的推力球轴承设置在深沟球轴承的前方，承受的轴向力大，适用于钻孔工序。滚针轴承主轴，前、后支承均为无内圈滚针轴承和推力球轴承，径向尺寸小，适用于主轴间距较小的多轴箱。根据与刀具的连接方式，多轴箱主轴又分为浮动主轴和刚性主轴。浮动主轴在多轴箱前盖外的悬伸长度为 75mm（立式主轴为 60mm），因而称为短主轴，采用滑块联轴器与刀杆浮动连接，长导向或双导向装置导向，以保证加工精度，用于镗孔、扩孔、铰孔等工序。刚性主轴在多轴箱前盖外的悬伸长度大于 75mm（立式主轴大于 60mm），

因而称为长主轴，主轴内孔与刀具或接杆尾部的配合代号为H7/h6，配合长度与主轴内孔直径之比大于1.6，连接刚度高，刀具前端的下垂量小，配以单导向装置，适用于钻孔、扩孔、倒角及锪平面等工序。

攻螺纹类主轴按支承形式分为圆锥滚子轴承主轴和滚针轴承主轴两种。圆锥滚子轴承主轴材料一般为40Cr、C42；滚针轴承的主轴材料一般为20Cr、S0.5~1、C59。

通用主轴的最小间距见表4-17和表4-18。

表4-17 圆锥滚子轴承主轴的最小间距 （单位：mm）

主轴直径	最小间距					
	另一主轴直径为20mm	另一主轴直径为25mm	另一主轴直径为30mm	另一主轴直径为35mm	另一主轴直径为40mm	另一主轴直径为50mm
20	48	—	—	—	—	—
25	5035	53	—	—	—	—
30	55.5	58	63	—	—	—
35	60.5	63	68	73	—	—
40	64.5	67	72	77	81	—
50	69.5	72	77	82	86	91

表4-18 深沟球轴承主轴的最小间距 （单位：mm）

主轴直径	最小间距					
	另一主轴直径为15mm	另一主轴直径为20mm	另一主轴直径为25mm	另一主轴直径为30mm	另一主轴直径为40mm	另一主轴直径为45mm
15	36	—	—	—	—	—
20	39.5	43	—	—	—	—
25	44.5	48	53	—	—	—
30	49.5	53	58	63	—	—
40	54.5	58	63	68	73	—
45	58.5	62	67	72	77	81

（2）通用传动轴 通用传动轴按用途和支承形式可分为圆锥滚子轴承传动轴、滚针轴承传动轴、埋头传动轴、手柄轴、液压泵传动轴和攻螺纹用蜗杆轴六种，如图4-19所示。通用传动轴材料一般用45钢，热处理T215；滚针轴承传动轴材料为20Cr钢，热处理S0.5~1，C59。

（3）通用齿轮 通用齿轮包括动力箱齿轮、电动机齿轮和传动齿轮。动力箱齿轮（见图4-20a），齿宽32mm，轴向总宽度有44mm、84mm两种；电动机齿轮（见图4-20b），齿宽32mm；传动齿轮（见图4-20c），齿宽有24mm、32mm两种。标准齿轮为不变位齿轮，材料为45钢，齿部高频感应淬火G54。

（4）润滑油泵 规格较大的通用多轴箱常采用R12-1A叶片润滑油泵进行润滑。中等规格的多轴箱用一个润滑油泵；规格较大且主轴数量多的多轴箱用两个润滑油泵。润滑油泵泵出的油经分油器至各润滑点。润滑油泵安装在前盖内。润滑油泵轴在箱体内的悬伸长度为24mm。其传动方式有两种，一种是由润滑油泵传动轴传动，另一种是通过传动轴上的齿轮

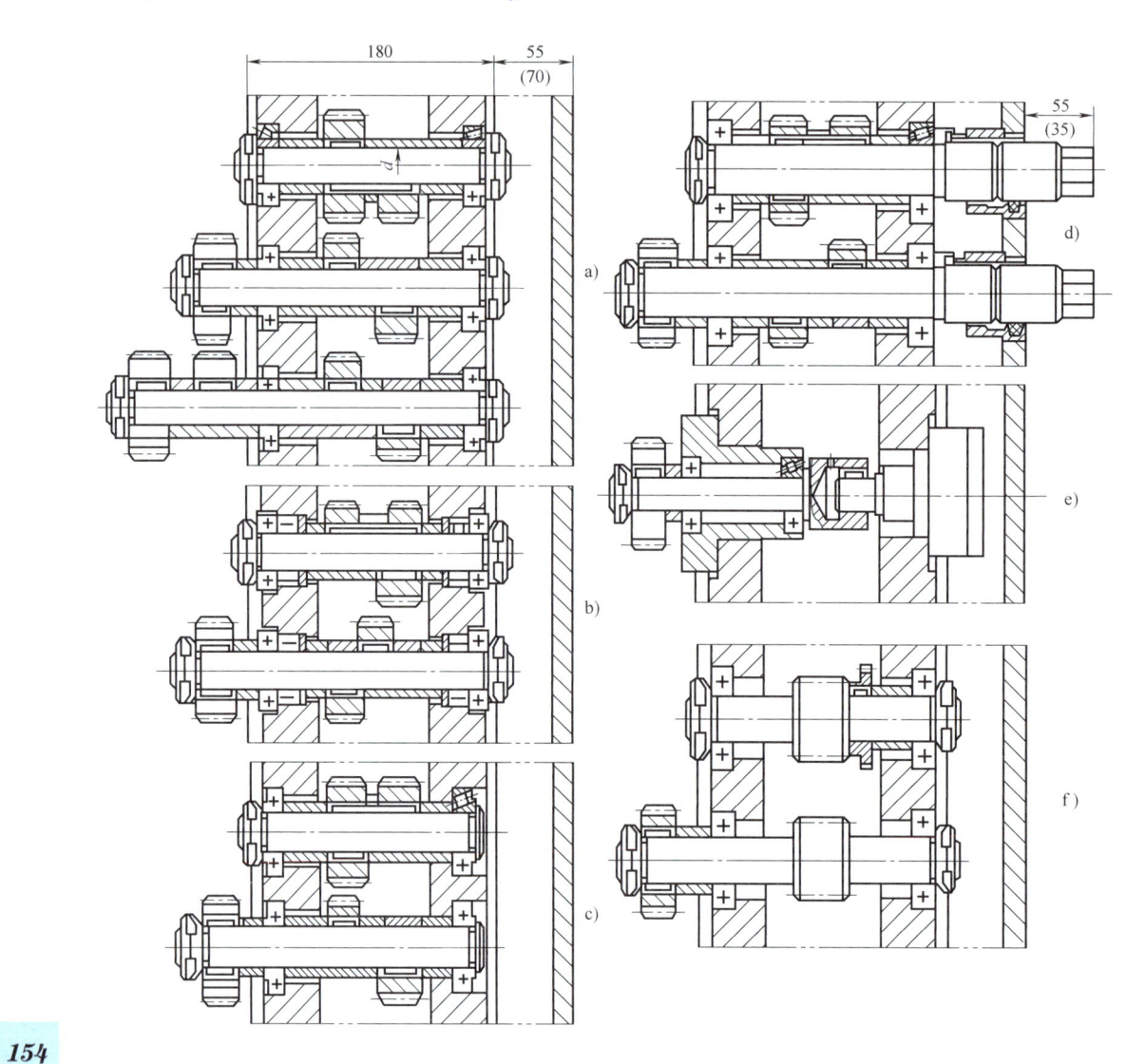

图 4-19 通用传动轴

a) 圆锥滚子轴承传动轴 b) 滚针轴承传动轴 c) 埋头传动轴
d) 手柄轴 e) 液压泵传动轴 f) 攻螺纹用蜗杆轴

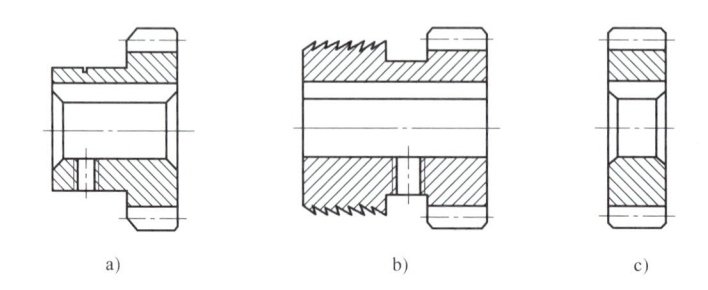

图 4-20 通用齿轮

a) 动力箱齿轮 b) 电动机齿轮 c) 传动齿轮

直接与润滑油泵轴上的齿轮啮合传动。传动齿轮齿宽为12mm。如图4-21所示为叶片润滑油泵的主要结构尺寸。R12-1A叶片润滑油泵的每转排油量为6mL，推荐转速为550~800r/min，转速过低将会导致吸油困难。

（5）其他通用零件　除上述零件外，多轴箱上还有隔套、键套、防油套、油杯、定位销及锁紧螺母、防松垫圈等，都已经标准化或通用化。

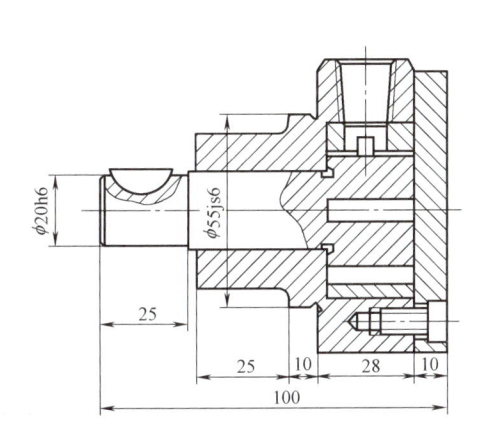

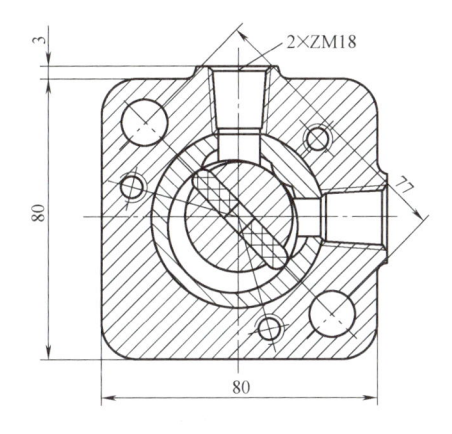

图4-21　R12-1A叶片润滑油泵结构尺寸

四、多轴箱设计

多轴箱是组合机床的重要部件之一，多轴箱的设计也是组合机床设计的重要内容。多轴箱设计的大致步骤：根据"三图一卡"绘制多轴箱设计原始依据图；确定主轴结构形式及齿轮模数；拟定多轴箱传动系统；计算主轴及传动轴坐标；绘制坐标检查图；绘制多轴箱总图及零件图。

（一）绘制多轴箱设计原始依据图

多轴箱设计原始依据图是根据"三图一卡"绘制的，其主要内容如下：

1）根据机床联系尺寸图，绘制多轴箱外形图，并标注轮廓尺寸、驱动轴 O_1 和定位销孔的坐标值。

2）根据联系尺寸图和加工示意图，画出工件与多轴箱的对应位置尺寸，标注所有主轴的坐标值及工件轮廓尺寸。绘制原始依据图时应注意：多轴箱与工件的摆放位置，在一般情况下，工件在多轴箱前面。图中，多轴箱的两定位销孔中心连线为横坐标，纵坐标视工件和加工孔的位置而定。当工件和加工孔基本对称时，可选箱体中垂线为纵坐标，如图4-22所示为原始依据图；当工件及加工孔不对称时，纵坐标可选择在左销孔中心处，如图4-23所示。

3）标注各主轴的转速及旋转方向。因绝大部分主轴为逆时针旋转（面对主轴的方向观察），故逆时针转向不标，只标注顺时针转向主轴。

4）列表说明各主轴的工序内容、切削用量及主轴的外伸尺寸。

5）标明动力部件的型号及其性能参数。

如图4-22所示为组合机床卧式多轴箱原始依据图，其余原始数据见表4-19。

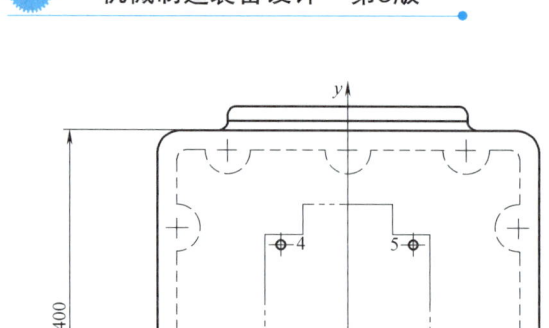

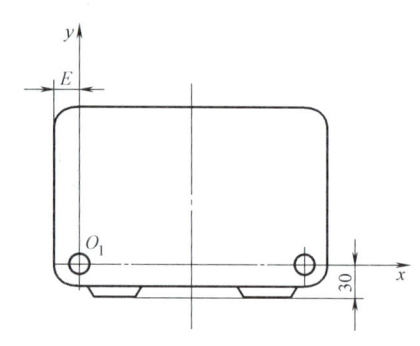

图 4-22 组合机床卧式多轴箱原始依据图

图 4-23 多轴箱坐标原点的确定

表 4-19 主轴外伸尺寸及切削用量

轴号	主轴外伸尺寸/mm		工序内容	切削用量			
	D/d	L		$n/(\text{r/min})$	$v/(\text{m/min})$	$f/(\text{mm/r})$	$v_f/(\text{m/min})$
1、4、6	30/20	115	钻 ϕ8.5mm 孔	500	13.35	0.1	50
2、5	30/20	115	钻铰 ϕ8.5H8 孔	250	6.68	0.2	50

注：1. 被加工零件名称：汽车变速器上盖。材料：HT200。硬度：175~255HBW。
  2. 动力部件型号：1TD25ⅠA 动力箱，电动机型号 Y100L-6，功率 $P=1.5$kW，转速 $n=940$r/min，动力箱输出轴转速 520r/min；NC-1HJ25Ⅰ数控机械滑台，交流伺服电动机型号 DKS04-ⅡB，功率 $P=1.5$kW，额定转速 $n=750$r/min，转速范围为 0~2400r/min。

（二）确定主轴结构形式及齿轮模数

  一般情况下，根据工件加工工艺、刀具和主轴的连接结构、刀具的进给抗力及切削转矩来确定主轴的结构形式。钻削加工主轴，需承受较大的单向轴向力，故最好选用深沟球轴承和推力球轴承组合的支承结构，且推力球轴承配置在主轴前端。如果主轴前进和后退两个方向都要进行切削，则可选用前、后支承都是圆锥滚子轴承的主轴结构，以便承受两个方向的轴向力；如果主轴孔间距较小，则可选用滚针轴承和推力球轴承组合的支承结构，但这种结构的主轴精度和装配工艺性均较差，非必要时不选用。

  传动轴直径可参考主轴直径大小初步确定，待传动系统拟定后再进行验证。

  齿轮模数一般用类比法确定，也可以估算为

$$m \geq (30 \sim 32)\sqrt[3]{\frac{P}{zn}}$$

式中 m——估算的齿轮模数（mm）；
   P——齿轮传递的功率（kW）；
   z——一对啮合齿轮中的小齿轮齿数；
   n——小齿轮转速（r/min）。

  多轴箱中的齿轮模数常用 2mm、2.5mm、3mm、3.5mm、4mm 等。为了便于生产，同一多轴箱中的齿轮模数不要多于两种。

(三) 多轴箱的传动系统设计

组合机床多轴箱的传动系统，就是用一定数量的传动元件，把动力箱的输出轴与各主轴连接起来，组成一定的传动链，并满足各轴的转速和转向要求。多轴箱的特点：针对某零件的特定工序恒速加工，传动链短；多主轴同时加工，传动链分支多。因此，多轴箱的传动设计以获得需要的主轴转速和转向为原则，不存在通用机床前缓后急的最小传动比限制，甚至可用升速传动副驱动主轴。

1. 对多轴箱传动系统的一般要求

对多轴箱传动系统有以下一般要求：

1) 从面对主轴的方向观察，所有主轴（除非特殊要求外）应沿逆时针方向旋转。

2) 在保证主轴转速和转向的前提下，应力求用最少的传动轴和齿轮（数量和规格）。因此，应尽可能用一根传动轴同时带动多根主轴，并将齿轮布置在同一排位置上。当齿轮啮合中心距不符合标准时，可采用变位齿轮或略微改变传动比的方法来解决。

3) 尽量避免主轴兼作传动轴用，以免增加主轴负荷，影响加工质量。遇到主轴分布较密，布置齿轮的空间受到限制，或主轴负荷较小，但加工精度要求不高时，也可采用一根强度较高的主轴带动 1~2 根主轴的传动方案。

4) 多轴箱内齿轮传动副的最大传动比 $i_{max}=2$，最小传动比 $i_{min}=2^{-1}$；最佳传动比范围为 $1.5^{-1} \leq i \leq 1.5$，以使多轴箱结构紧凑；后盖内的齿轮传动比 $i_{max} \leq 2$，$i_{min} \leq 3.5^{-1}$；除传动链的最后可采用升速传动外，应尽可能避免升速传动，以避免增大空转功率损失。

5) 用于粗加工主轴上的齿轮，应尽可能设置在前端第一排，以减小主轴的扭转变形；精加工主轴上的齿轮，应设置在第三排，以减小主轴端的弯曲变形。

6) 同一主轴箱内，如同时有粗、精加工主轴，最好从动力箱驱动轴后，就分两条路线传动，以免影响精加工主轴的加工精度。

7) 刚性镗孔主轴上的齿轮，其分度圆直径要尽可能大于被加工孔的孔径，以减少振动，提高运动平稳性。

8) 驱动轴直接带动的传动轴数不要超过 2 根，以免给装配带来困难。

多轴箱传动设计中，当 1~4 排齿轮不够用时，可在保证齿轮强度的前提下增加排数，如在第一排齿轮的位置上设两排薄齿轮或在前盖内设置 0 排齿轮。

2. 拟定多轴箱传动系统的基本方法

拟定多轴箱传动系统的基本方法：先把主轴分为几组，在每组主轴轴心组成的多边形外接圆圆心上设置传动轴；然后在传动轴轴心组成的多边形的外接圆圆心上设置中心传动轴；把最后的中心传动轴与动力箱的驱动轴连接起来。这就是"从主轴的布置开始，最后引到驱动轴上"。注意：驱动轴的中心必须处于多轴箱箱体宽度的中心线，其中心高从选定的动力箱的联系尺寸图中查出。

(1) 把所有主轴分成几组同心圆　被加工零件上加工孔的位置分布是多种多样的，但大致可以归纳为"同心圆分布""直线分布"和"任意分布"三种类型。

图 4-24 分别示出了按单组同心圆分布和按双组同心圆分布的主轴情况。对于这类分布情况，可在同心圆圆心上设置一根传动轴，由其上的一个或几个齿轮来带动各主轴旋转。

如图 4-25 所示为按直线等距分布和按直线不等距分布的主轴情况。对于这类分布情况，

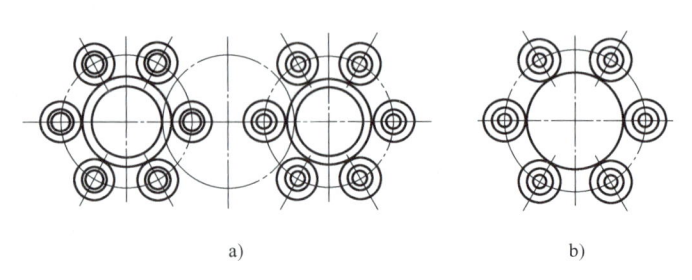

图 4-24 主轴位置按同心圆分布

a）主轴按双组同心圆分布 b）主轴按单组同心圆分布

可在两外侧主轴中心连线的垂直平分线上设置传动轴，由其上的一个或几个齿轮来带动各主轴旋转。图 4-25b 中传动轴上的大齿轮与位于中间的主轴干涉，因此应为第四排齿轮。

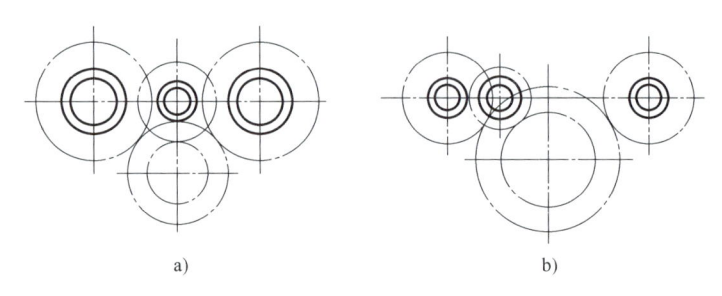

图 4-25 主轴位置按直线布置

a）三主轴等距直线布置 b）三主轴不等距直线布置

如图 4-26a 所示为任意分布的主轴。对于任意分布的主轴，可将靠近的主轴组成同心圆分布和直线分布，只有较远的主轴才单独处理。如图 4-26b 所示，将主轴 1、2、3 和主轴 4、5、6 分别化为两组同心圆，将主轴 7、8 按直线分布。因此，任意分布的主轴是同心圆分布和直线分布的混合分布。

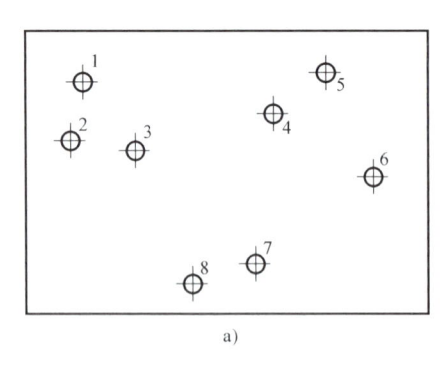

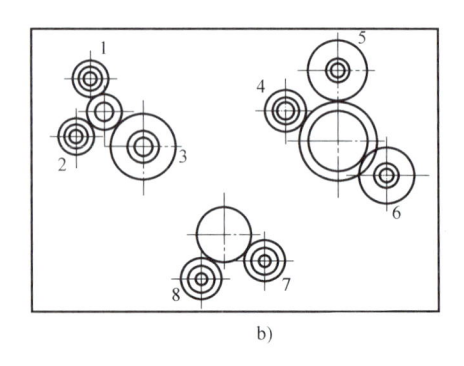

图 4-26 主轴位置任意分布

a）主轴位置分布图 b）主轴传动方案

（2）用传动树形图来描述多轴箱传动系统 传动树形图（见图 4-27）是一种用简单线条来描述多轴箱传动系统的图形。传动树形图中的"树梢"表示各个主轴，如主轴 1~11；"树根"表示驱动轴，如驱动轴 0；各分叉点为传动轴，如传动轴 12~18；"树枝"以定向边代表各轴之间的传动副，并以箭头表示传动顺序。从图中可以看出：将主轴1～11分别分为1～4，5～7，8、9，以及10、11四组，分别由中心传动轴12～15传动。中心传动轴12～15中，又分为传动轴13、14和传动轴12、15两组，分别由传动轴16、17传动。最后由向驱动轴合拢的传动轴18与驱动轴0连接起来。

根据定向边的箭头，就可以清楚地看出系统的传动路线。

3. 汽车变速器上盖钻铰孔机床左多轴箱传动系统的拟定

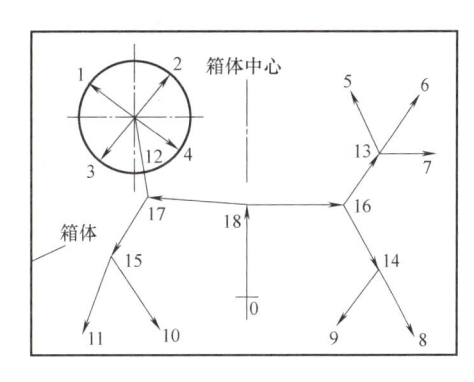

图 4-27 传动树形图

（1）拟定传动路线 将主轴3～6作为一组同心圆，在其圆心上布置中心传动轴Ⅱ。把主轴1、2作为一组，看作直线分布，在两主轴中心连线的垂直平分线上布置中心传动轴Ⅲ。同样，润滑油泵传动轴Ⅳ用中心传动轴Ⅱ驱动。然后，将中心传动轴Ⅱ、Ⅲ作为一组同心圆，在其圆心上用传动轴Ⅰ驱动。最后，将传动轴Ⅰ与驱动轴O_1连接起来，形成左多轴箱的传动系统（见图4-28）。

（2）确定驱动轴、主轴位置 驱动轴的高度由动力箱联系尺寸图中查出：距箱体底面124.5mm。根据汽车变速器上盖钻铰孔机床左多轴箱原始依据图（见图4-22），算出驱动轴、主轴坐标值，见表4-20。

（3）确定传动轴位置及齿轮齿数 确定传动轴位置及齿轮齿数过程如下：

1）确定传动轴Ⅱ的位置及其与主轴3、4、5、6间的齿轮副齿数。传动轴Ⅱ的位置为主轴3～6同心圆的圆心，由于主轴3与6、4和5对称，所以传动轴Ⅱ的横坐标为0。设传动轴Ⅱ的纵坐标为y_2，则

$$70^2 + (262.5 - y_2)^2 = 76^2 + (y_2 - 163.5)^2$$

$$y_2 = 213 - \frac{146}{33} = 208.576$$

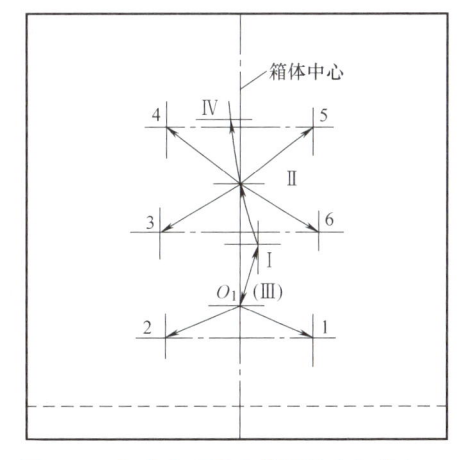

图 4-28 汽车变速器上盖钻铰孔机床左多轴箱传动系统的传动树形图

中心传动轴Ⅱ与主轴3、4、5、6的轴心距为

$$A_{Ⅱ \sim 3} = \sqrt{70^2 + (262.5 - 208.576)^2} \text{mm} = 88.362 \text{mm}$$

表 4-20 左多轴箱驱动轴、主轴坐标值 （单位：mm）

零件	左销孔	驱动轴O_1	主轴1	主轴2	主轴3	主轴4	主轴5	主轴6
x	-175	0	72	-72	-76	-70	70	76
y	0	94.5	64.5	64.5	163.5	262.5	262.5	163.5

多轴箱的齿轮模数按驱动轴齿轮估算，有

$$m \geqslant 32 \times \sqrt[3]{\frac{P}{zn}} = 32 \times \sqrt[3]{\frac{1.5}{19 \times 520}} \text{mm} = 1.71 \text{mm}$$

多轴箱输入齿轮模数取 $m_1 = 3$mm，其余齿轮模数取 $m_2 = 2$mm。主轴 3~6 齿轮副的齿数和为 88。由于主轴 3、4、6 的转速是主轴 5 的两倍，为采用最佳传动比，主轴 3、4、6 采用升速传动，$i_{II \sim 3} = 1.41$；主轴 5 采用降速传动，$i_{II \sim 5} = 1.41^{-1}$，齿轮齿数 z 分别为 36、52；52 齿的大齿轮变位，变位系数 $\xi = 0.181$，以尽量减少变位齿轮个数。传动轴 II 的转速 $n_{II} = 500/1.41$r/min = 353r/min。

2）确定传动轴 III 的位置及其与主轴 1、2 间的齿轮副齿数。为简化结构，取传动轴 III 的坐标值为 (0, 94.5)，与驱动轴重合，则传动轴 III 与主轴 1、2 的轴心距 $A_{III \sim 1}$ 为

$$A_{III \sim 1} = \sqrt{72^2 + (94.5 - 64.5)^2} \text{mm} = 78 \text{mm}$$

传动轴 III 与主轴 1、2 间传动副的齿数和为 78，齿轮齿数分别为 32、46，传动轴 III 的转速为 $n_{III} = 500/1.41$r/min = 353r/min。

3）确定传动轴 I 的位置及其与驱动轴、传动轴 II、III 间齿轮副的齿数。驱动轴 O_1 的直径为 $d_{O1} = 30$mm，由《机械零件设计手册》知，图 4-29 所示的齿轮 $t = 33.3$mm，当 $m_1 = 3$mm、$\delta = 2m_1$ 时，驱动轴上最小齿轮齿数为

$$z_{\min} \geqslant 2\left(\frac{t}{m_1} + 2 + 1.25\right) - \frac{d_{O1}}{m_1} = 2\left(\frac{33.3}{3} + 2 + 1.25\right) - \frac{30}{3} = 18.7$$

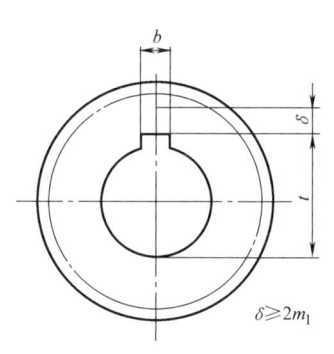

图 4-29 齿轮的最小壁厚

取驱动轴齿轮齿数为 19。

显然，传动轴 I 的直径也应为 30mm，这样，驱动轴至传动轴 I 的轴心距离 $A_{O1 \sim I}$ 最小为 57mm。为减少传动轴的种类，传动轴 II、III 的直径也取 30mm。由于传动轴 II、III 的转速 $n_{II} = n_{III} = 353$r/min，则驱动轴至传动轴 II（或 III）的传动比为

$$i_{O1 \sim II} = i_{O1 \sim III} = \frac{353}{520} = \frac{1}{1.473}$$

当 $m_2 = 2$mm 时，传动轴 I 上最小齿轮齿数为

$$z_{\min} \geqslant 2\left(\frac{33.3}{2} + 2 + 1.25\right) - \frac{30}{2} = 24.8$$

取 $z_{\min} = 25$，则传动轴 II（或 III）上从动齿轮齿数为

$$z'_{I \sim II} = z'_{I \sim III} = 25 \times 1.473 \approx 37$$

传动轴 I、II（或 III）的轴心距为

$$A_{I \sim II} = A_{I \sim III} = \frac{m_2}{2}(z_{\min} + z'_{I \sim II}) = \frac{2}{2}(25 + 37)\text{mm} = 62\text{mm}$$

由于 $A_{O1 \sim I} < A_{I \sim III}$，必须进行微量调整。驱动轴与传动轴 I 间的齿轮副齿数调整为 19、21，中心距为 60mm，传动比 $i_{O1 \sim I} = \frac{19}{21} = \frac{1}{1.105}$；传动轴 I、II（或 III）的传动比变为

$$i_{I \sim II} = i_{I \sim III} = \frac{1}{1.473} \times 1.105 = \frac{1}{1.333}$$

传动轴Ⅱ（或Ⅲ）上从动齿轮齿数变为

$$z'_{\text{I}\sim\text{II}} = z'_{\text{I}\sim\text{III}} = 25 \times 1.333 \approx 34$$

传动轴Ⅰ、Ⅱ（或Ⅲ）的轴心距变为

$$A_{\text{I}\sim\text{II}} = A_{\text{I}\sim\text{III}} = \frac{m_2}{2}(z_{\min} + z'_{\text{I}\sim\text{II}}) = \frac{2}{2}(25+34)\text{mm} = 59\text{mm}$$

传动轴Ⅰ、Ⅲ间齿轮副中的大齿轮采用变位齿轮或将从动齿轮的齿数变为35，使中心距变为60mm。

确定传动轴Ⅰ的位置。设传动轴Ⅰ的坐标为(x_I, y_I)，则

$$\begin{cases} x_\text{I}^2 + (208.576 - y_\text{I})^2 = 59^2 \\ x_\text{I}^2 + (y_\text{I} - 94.5)^2 = 60^2 \end{cases}$$

两等式相减，得

$$114.076 \times (303.076 - 2y_\text{I}) = -119$$

$$y_\text{I} = \frac{119}{2 \times 114.076} + \frac{303.076}{2} = 152.050$$

$$x_\text{I} = \sqrt{59^2 - (208.576 - 152.050)^2} = 16.91$$

传动轴Ⅰ与驱动轴、传动轴Ⅱ、Ⅲ之间两两存在位置关系，因而可对传动轴Ⅰ的坐标值进行圆整，以利于加工，提高传动轴Ⅰ的位置精度。传动轴Ⅰ的坐标值圆整为（17，152）。其真实的轴心距分别为

$$A_{O1\sim\text{I}} = \sqrt{17^2 + (152 - 94.5)^2}\text{ mm} = 59.960\text{mm}$$

$$A_{\text{I}\sim\text{II}} = \sqrt{17^2 + (208.576 - 152)^2}\text{ mm} = 59.075\text{mm}$$

4) 确定润滑油泵轴Ⅳ的位置。润滑油泵轴Ⅳ直接由传动轴Ⅱ上的36齿的齿轮驱动，R12-1A润滑油泵推荐转速$n = 550 \sim 800\text{r/min}$，因而，传动比$i_{\text{II}\sim\text{IV}} = \frac{550 \sim 800}{353} = 1.56 \sim 2.26$，则润滑油泵轴齿轮齿数为

$$z'_{\text{II}\sim\text{IV}} = \frac{36}{1.56 \sim 2.26} = 16 \sim 23$$

取$z'_{\text{II}\sim\text{IV}} = 22$，润滑油泵的理论转速为

$$n = 353 \times \frac{36}{22}\text{r/min} = 577\text{r/min}$$

润滑油泵轴Ⅳ与传动轴Ⅱ的轴心距为

$$A_{\text{II}\sim\text{IV}} = \frac{2}{2} \times (36+22)\text{mm} = 58\text{mm}$$

润滑油泵轴Ⅳ的齿轮与主轴5的齿轮在同一横截面上，注意避免齿顶干涉。为计算方便，设两齿轮齿顶圆在x坐标轴上的投影不干涉，即两齿轮齿顶圆半径之和不大于主轴5与润滑油泵轴Ⅳ的横坐标之差。设润滑油泵轴Ⅳ的横坐标为x_{IV}，则

$$x_{\text{IV}} = 70 - \frac{2}{2}(52+22) - 2 \times 2 = -8$$

取 $x_{IV} = -10$，则润滑油泵轴 IV 的纵坐标 y_{IV} 为

$$y_{IV} = 208.576 + \sqrt{58^2 - 10^2} = 265.707$$

5）确定手柄轴。由于传动轴 I 转速较高，用传动轴 I 兼作调整手柄轴，对刀或调整机床时较为省力。

各传动轴的坐标值见表 4-21。各传动副的中心距及其齿轮齿数见表 4-22。

表 4-21 传动轴的坐标值 （单位：mm）

传动轴编号	轴 I	轴 II	轴 III	轴 IV
(x_j, y_j)	(17, 152)	(0, 208.576)	(0, 94.5)	(-10, 265.707)

表 4-22 传动副的中心距及齿轮齿数

轴距代号		$A_{O1 \sim I}$	$A_{I \sim III}$	$A_{I \sim II}$	$A_{II \sim 3}$	$A_{II \sim IV}$	$A_{II \sim 4}$	$A_{III \sim 1}$
中心距/mm		59.960	59.960	59.075	88.362	58	88.362	78
主动齿轮	z	19	25	25	52	36	36	46
	ξ	0	0	0	0.181	0	0	0
从动齿轮	z	21	34	34	36	22	52	32
	ξ	-0.013	0.48	0.037	0	0	0.181	0

注：$A_{II \sim 4}$、$A_{II \sim 6}$ 与 $A_{II \sim 3}$ 相同；$A_{III \sim 2}$ 与 $A_{III \sim 1}$ 的主、从动齿轮相反。

6）验算各主轴的转速。使各主轴转速的相对转速损失在 ±5% 以内，有

$$n_1 = 520 \times \frac{19}{21} \times \frac{25}{34} \times \frac{46}{32} \text{r/min} = 497 \text{r/min}$$

$$n_2 = 520 \times \frac{19}{21} \times \frac{25}{34} \times \frac{32}{46} \text{r/min} = 240 \text{r/min}$$

$$n_{3,4,6} = 520 \times \frac{19}{21} \times \frac{25}{34} \times \frac{52}{36} \text{r/min} = 500 \text{r/min}$$

$$n_5 = 520 \times \frac{19}{21} \times \frac{25}{34} \times \frac{36}{52} \text{r/min} = 240 \text{r/min}$$

$$n_{IV} = 520 \times \frac{19}{21} \times \frac{25}{34} \times \frac{36}{22} \text{r/min} = 566 \text{r/min}$$

（4）绘制传动系统图 传动系统图是表示传动关系的示意图，即用已确定的传动件将驱动轴和各主轴连接起来，绘制在多轴箱轮廓内的传动示意图中，如图 4-30 所示。组合机床主轴数量多，为使传动系统图传动路线清晰可辨，必须标出传动齿轮在多轴箱箱体内的轴向位置。一般情况下，多轴箱箱体内腔可排放两排 32mm 宽或三排 24mm 宽的齿轮，第一排距箱体前壁 4.5mm，第三排或 32mm 宽齿轮第二排距箱体后壁 9.5mm，齿轮的间隔距离为 2mm，动力箱齿轮和驱动轴齿轮为第四排。在汽车变速器上盖钻铰孔左多轴箱传动系统图中，液压泵驱动齿轮 $z'_{II \sim IV}$ 必须为第一排，故 $z_{II \sim 5}$、$z'_{II \sim 5}$ 和 $z_{III \sim 2}$、$z'_{III \sim 2}$ 皆为第一排齿轮；齿轮 $z_{II \sim 3}$、$z'_{II \sim 3}$、$z'_{II \sim 4}$、$z'_{II \sim 6}$ 和 $z_{III \sim 1}$、$z'_{III \sim 1}$ 为第二排齿轮；$z_{I \sim II}$、$z'_{I \sim II}$、$z'_{I \sim III}$ 为第三排齿轮。标出齿轮的齿数、模数、变位系数，以校验轴距是否正确。另外，应检查同排的非啮合

齿轮是否出现齿顶干涉，还应画出主轴直径和轴套直径，以避免齿轮和相邻的主轴轴套相碰。

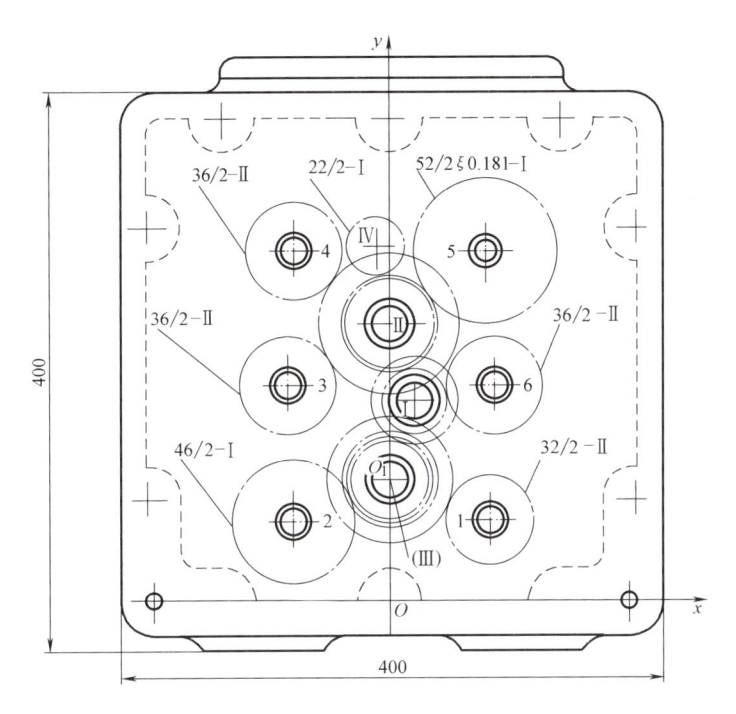

图 4-30　汽车变速器上盖钻铰孔左多轴箱传动系统图

驱动轴齿轮：19/3-Ⅳ。

轴Ⅰ齿轮：21/3ξ-0.013-Ⅳ，25/2-Ⅲ。

轴Ⅱ齿轮：34/2ξ0.037-Ⅲ；52/2ξ0.181-Ⅱ；36/2-Ⅰ。

轴Ⅲ齿轮：34/2ξ0.480-Ⅲ；32/2-Ⅰ；46/2-Ⅱ。

（四）绘制多轴箱总图

通用多轴箱的总图由主视图、展开图、装配表和技术要求四部分组成。主视图和展开图如图 4-31、图 4-32 所示。

主视图主要表示多轴箱的主轴和传动轴的位置及齿轮传动系统。因此，绘制主视图就是在设计的传动系统图上，画出润滑系统，标出主轴、润滑油泵轴的转向，以及最低主轴高度及径向轴承的外径，以检查相邻孔的最小壁厚。主轴箱多数为标准件，如定位销及销孔结构尺寸、连接螺栓直径及数量、放油塞、注油杯等，在主视图中可示意画出或省略。

展开图主要表示主轴、传动轴上各零件的装配关系。图中各个零件应按比例画出。对结构相同的同类型主轴和传动轴，可只画一根，但在轴端部需注明各结构相同的同类型主轴和传动轴号；对轴径相同、轴向结构基本相同而只是齿轮齿数及轴向位置不同的两根或两组轴，可合画在一起，即轴心线两边各表示一根或一组轴。展开图上还应标出箱体厚度和内腔中有联系的尺寸。

（五）多轴箱零件设计

多轴箱中多数零件是标准件、通用件。但对于变位齿轮等，需绘制零件图。对于多轴箱箱体、箱盖，需根据主轴、传动轴的尺寸和位置，补充设计加工图。

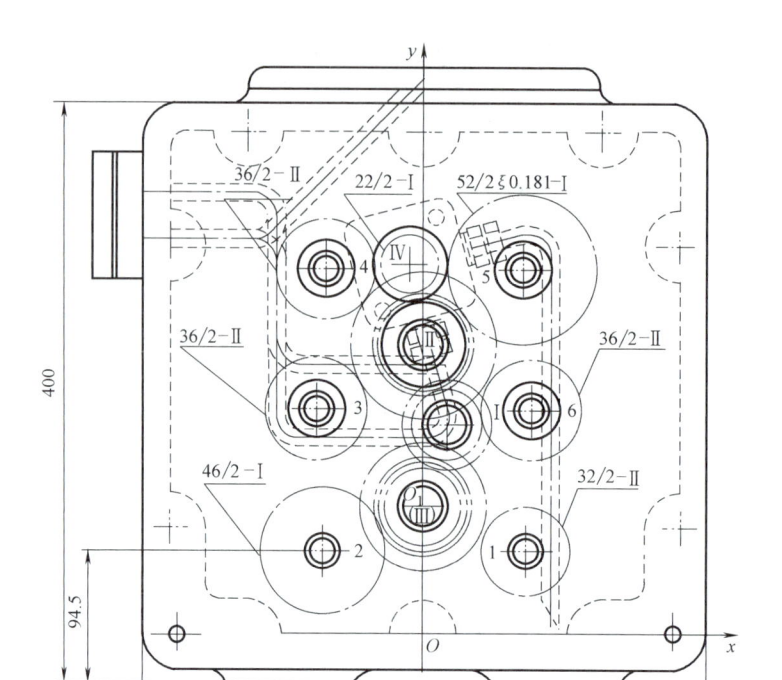

图 4-31 汽车变速器上盖钻铰孔多轴箱主视图

驱动轴齿轮：19/3-Ⅳ。
轴Ⅰ齿轮：21/3ξ-0.013-Ⅳ，25/2-Ⅲ。
轴Ⅱ齿轮：34/2ξ0.037-Ⅲ；52/2ξ0.181-Ⅱ；36/2-Ⅰ。
轴Ⅲ齿轮：34/2ξ0.480-Ⅲ；32/2-Ⅰ；46/2-Ⅱ。
传动轴轴承型号：32206，外形尺寸 30×62×21。
主轴轴承型号：6004、51204，外形尺寸 20×42×12、20×40×14。

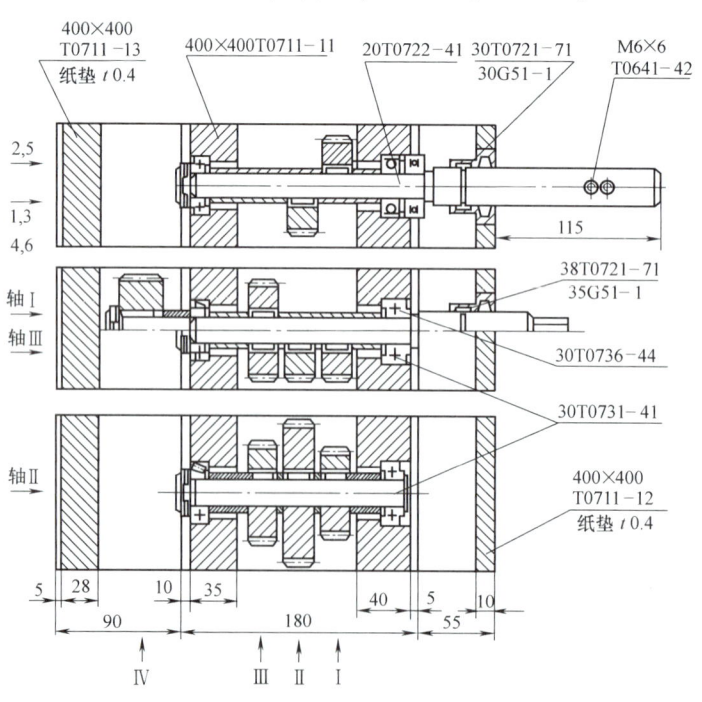

图 4-32 汽车变速器上盖钻铰孔多轴箱展开图

五、攻螺纹主轴箱的设计

(一) 纯螺纹工序攻螺纹靠模装置

在组合机床上加工螺孔的工艺方式是用丝锥攻制螺纹。攻螺纹主轴经双键驱动丝锥转动，产生主运动，而进给运动及其与主运动严格的传动比则由丝锥自身保证，即丝锥旋入螺孔1~2个螺牙后，丝锥便自行引进，并且丝锥旋转一圈，轴向移动一个导程。若整个工序都是攻螺纹，工作进给可由丝锥实现，滑台仅提供快进和快退运动。为使丝锥接近并顺利切入工件，攻螺纹接杆上需设置螺杆螺母靠模装置，如图4-33所示。工作循环：滑台带动动力箱、攻螺纹多轴箱、螺纹靠模装置、螺纹卡头快速移动，快速移动行程终了，滑台停止；动力箱电动机正向转动，驱动攻螺纹主轴、螺纹靠模螺杆转动，靠模螺杆转动的同时，相对于固定的靠模螺母轴向移动，带动螺纹卡头转动并轴向进给攻螺纹；攻螺纹完毕，动力箱电动机反转，丝锥反转并退回；丝锥离开工件后，动力箱电动机停止反转，滑台快速退回。

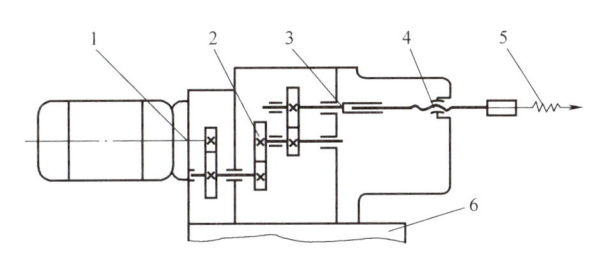

图4-33 攻螺纹靠模装置原理图

1—动力头 2—攻螺纹主轴箱 3—螺纹主轴
4—靠模装置 5—螺纹卡头 6—滑台

如图4-34所示为纯攻螺纹工序使用的攻螺纹靠模机构，型号为T0281。攻螺纹多轴箱的前盖加厚为300mm。压板3将套筒2固定在攻螺纹多轴箱前盖上；螺纹靠模螺杆前盖外的悬伸长度为125mm；螺纹卡头8前端装卡丝锥，卡头的心杆插入靠模螺杆中；靠模螺杆的中部支承在衬套4中，并与靠模螺母7组成螺纹摩擦副，靠模螺杆的尾部插入攻螺纹主轴孔内。攻螺纹主轴靠双键将旋转运动传给靠模螺杆。靠模螺杆在攻螺纹主轴内的最大轴向位移为60mm，即最大攻螺纹长度为60mm。靠模螺母通过结合子6与套筒2相连接。当靠模螺杆1转动时，由于靠模螺母固定不动，迫使攻螺纹靠模螺杆轴向移动，推动丝锥切入工件。当丝锥因故不能前进时，转矩增大导致套筒2与靠模螺杆1同步转动，停止轴向进给，避免损坏靠模机构与丝锥。

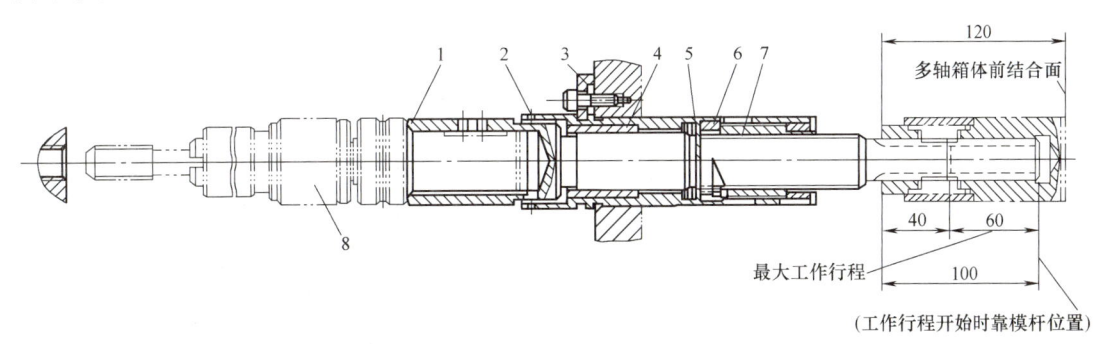

图4-34 T0281型攻螺纹靠模装置

1—靠模螺杆 2—套筒 3—压板 4—衬套 5—弹簧 6—结合子 7—靠模螺母 8—螺纹卡头

螺纹卡头的结构如图 4-35 所示。动力由靠模螺杆传入卡头体 1，经销 3 和卡头心杆 4 传给弹簧卡头和丝锥。卡头心杆 4 可在卡头体 1 内相对滑动，以消除丝锥与攻螺纹靠模螺杆的导程误差。用靠模机构和带有传动销的螺纹卡头组成的攻螺纹靠模装置加工的螺孔精度为 6H。

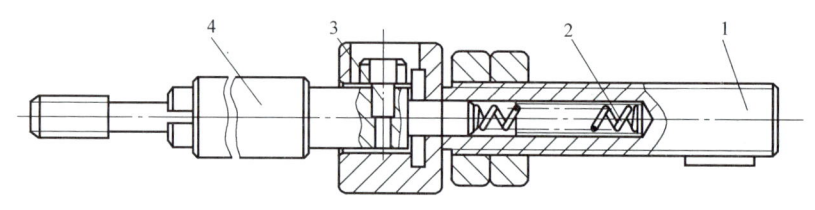

图 4-35 螺纹卡头

1—卡头体　2—压缩弹簧　3—销　4—卡头心杆

攻螺纹组合机床应设有行程控制机构，以精确控制攻螺纹深度。攻螺纹行程控制机构分为回转轮式和直线式两种。

回转轮式攻螺纹行程控制机构如图 4-36 所示，一般设置在攻螺纹多轴箱的左侧或右侧。其工作原理是多轴箱快进终了，滑台上的挡铁压下固定在滑座上的行程开关；攻螺纹多轴箱电动机正向转动，带动主轴旋转攻螺纹，同时，通过安装在主轴上的 0 排齿轮，经一对或多对齿轮，将运动传给蜗轮（图 4-36 中未示出），蜗轮（模数 $m=2$ mm，齿数 $z=24$）带动挡铁盘转动；当丝锥攻至全深时，挡铁盘相应转过一定角度，盘上的反向挡铁压下组合行程开关反向触点的推杆，攻螺纹电动机反转，丝锥退回到原位；原位挡铁压下原位触点的推杆，攻螺纹电动机停止转动，滑台快速退回。若原位或反向触点失灵，则互锁挡铁随之压下互锁触点的推杆，使攻螺纹电动机断电，实现越位保护。

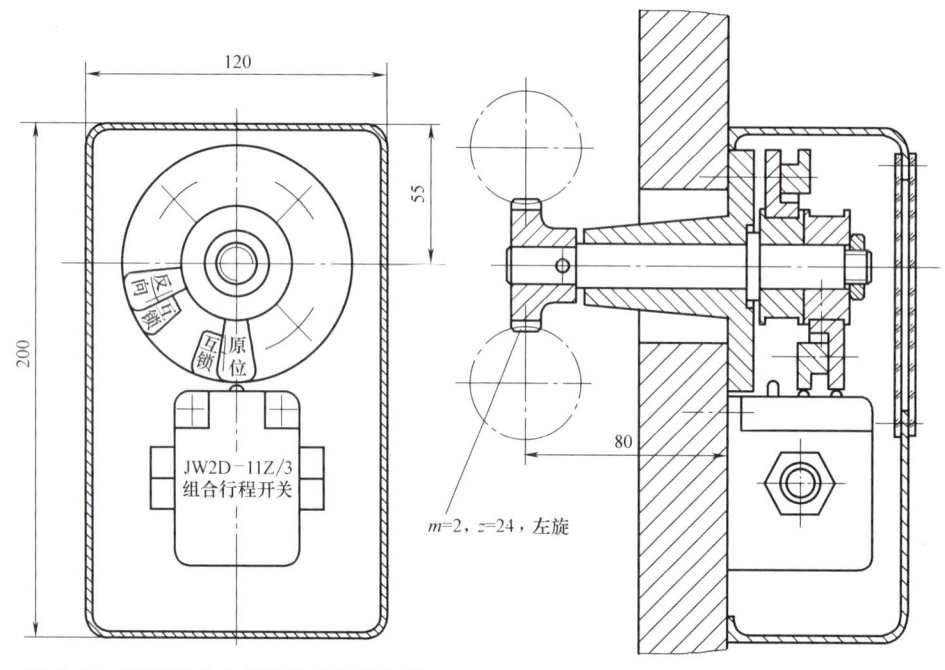

图 4-36 回转轮式攻螺纹行程控制机构

攻螺纹深度为 L（包括切入量和切出量），螺纹导程为 P_h，主轴应旋转 $\dfrac{L}{P_h}$ 转；T7942 攻螺纹行程控制机构的挡铁盘在一个攻螺纹行程中的转角为 $120°\sim300°$，即 $\dfrac{1}{3}\sim\dfrac{5}{6}$ 转。因此，螺纹主轴至单头蜗杆轴的传动比为

$$i=\dfrac{z_1 z_3 \cdots}{z_2 z_4 \cdots}=\left(\dfrac{1}{3}\sim\dfrac{5}{6}\right)\dfrac{24 P_h}{L}=(8\sim20)\dfrac{P_h}{L}$$

式中　z_1、z_2、z_3、z_4……——中间传动齿轮齿数。

在较小的攻螺纹多轴箱中或回转式攻螺纹行程控制机构安装困难的攻螺纹组合机床中，可采用直线式攻螺纹行程控制机构，在 T0281 型攻螺纹靠模螺杆的前端加工一个环槽，靠模螺杆的环槽带动拨叉轴移动，拨叉轴上固定（可根据攻螺纹深度调整）的挡铁推压组合行程开关的推杆，从而控制攻螺纹深度，如图 4-37 所示。

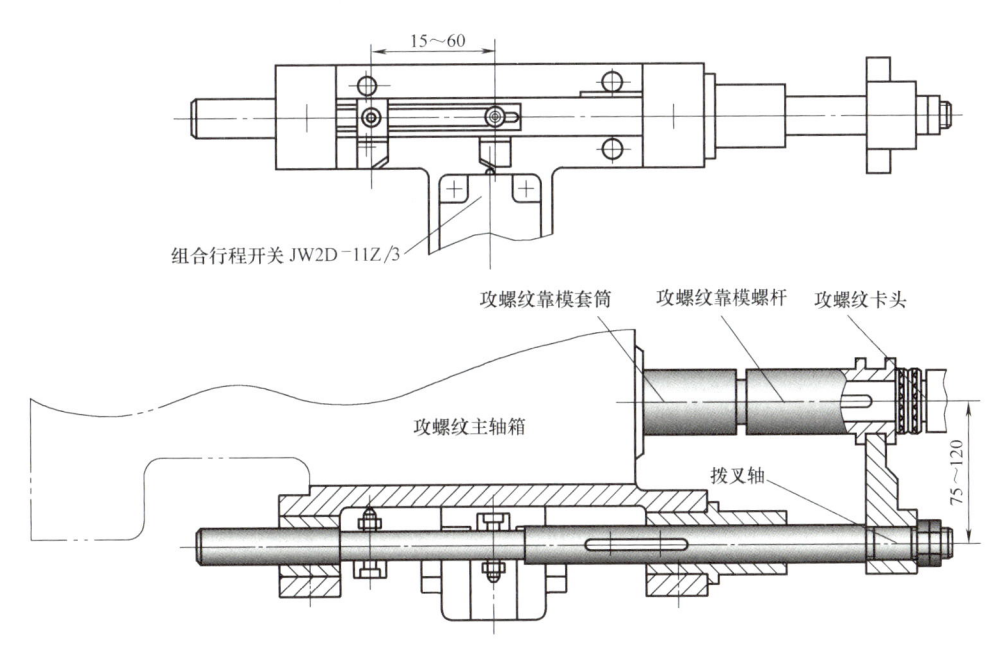

图 4-37　直线式攻螺纹行程控制机构

（二）钻孔、攻螺纹混合的多轴箱设计

钻孔、攻螺纹混合的多轴箱中，有钻孔主轴和攻螺纹主轴，因而采用通用多轴箱体，前盖厚度为 55mm（立式为 70mm）。钻孔主轴的进给运动是由动力滑台提供的，而攻螺纹是自引法，只要丝锥及螺纹卡头转动，丝锥就会产生轴向运动，攻螺纹时攻螺纹卡头相对于攻螺纹主轴端部的位移量等于丝锥的攻螺纹行程（切入长度、攻螺纹长度、切出长度之和）与多轴箱进给量之差，即螺纹卡头相对于攻螺纹主轴是滑移的。为保证丝锥越过切入量并顺利切入工件，钻攻混合的多轴箱仍采用攻螺纹靠模装置攻螺纹，为使丝锥能退离工件，攻螺纹主轴采用单独的电动机和传动系统，利用电动机的正反转使丝锥攻进和退回。靠模机构安装在靠模板上，靠模板利用固定在多轴箱前盖上的导杆导向，快速移动时随多轴箱一起移动，因而称为活动靠模板。攻进时靠模板利用分别固定在攻螺纹模板和夹具上的定位装置（定

位销、定位孔）定位，即攻进时，靠模板固定不动，与攻螺纹多轴箱相同。用靠模板攻螺纹的钻攻混合多轴箱传动原理如图4-38所示。T0282型攻螺纹靠模装置主要用于活动攻螺纹模板，其特点是没有单独的螺纹卡头，靠模螺杆兼作为卡头体，丝锥直接插入螺纹卡头心杆，轴向尺寸小，如图4-39所示。动力由攻螺纹主轴经弹簧键8传给靠模螺杆7，经传动销3传给卡头心杆2和丝锥1。靠模螺母5通过定位销

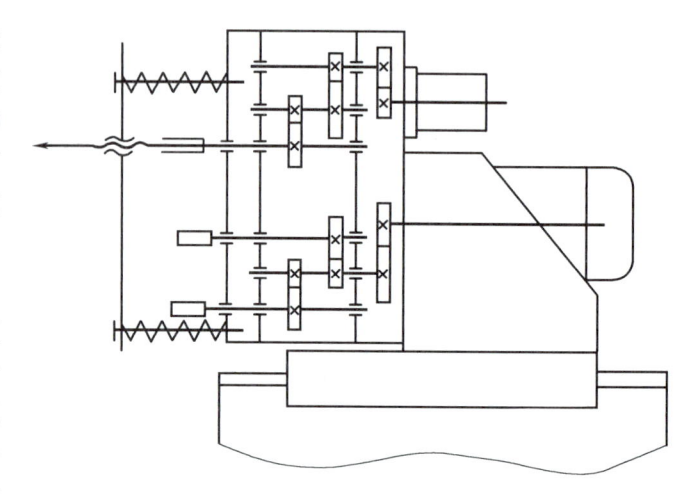

图 4-38 钻攻混合多轴箱传动原理图

10和压板4固定在活动靠模板上。攻螺纹时，靠模螺杆转动的同时做轴向移动，由于靠模螺纹和丝锥螺距不可能绝对相等，因而导致靠模螺杆和丝锥存在进给量误差，弹簧6可补偿进给误差。如遇故障，靠模螺杆不能轴向移动时，靠模螺母5后退将压板4推开，并脱离定位销10，靠模螺母与螺杆一起转动，避免损坏丝锥等零件。使用时，应保证靠模螺杆尾部与主轴孔底不致相碰，即靠模螺杆与主轴孔的最大重合长度 L 小于攻螺纹主轴端部轴孔深度，并应保证弹簧键的工作部分不脱离主轴。当攻螺纹模板在定位的同时起动攻螺纹电动机正转时，如图4-40所示，靠模螺杆与主轴孔的最大重合长度 L 可计算为

$$L = L_{攻} + K + l_1 + l_2$$

式中　K——最小配合长度，由弹簧键工作长度决定（mm）；

$L_{攻}$——攻螺纹行程长度（mm）；

l_1——丝锥攻螺纹和退回时滑台带动多轴箱移动的距离（mm）；

l_2——丝锥退回后，即攻螺纹电动机停止后，滑台带动多轴箱移动的距离（mm）。

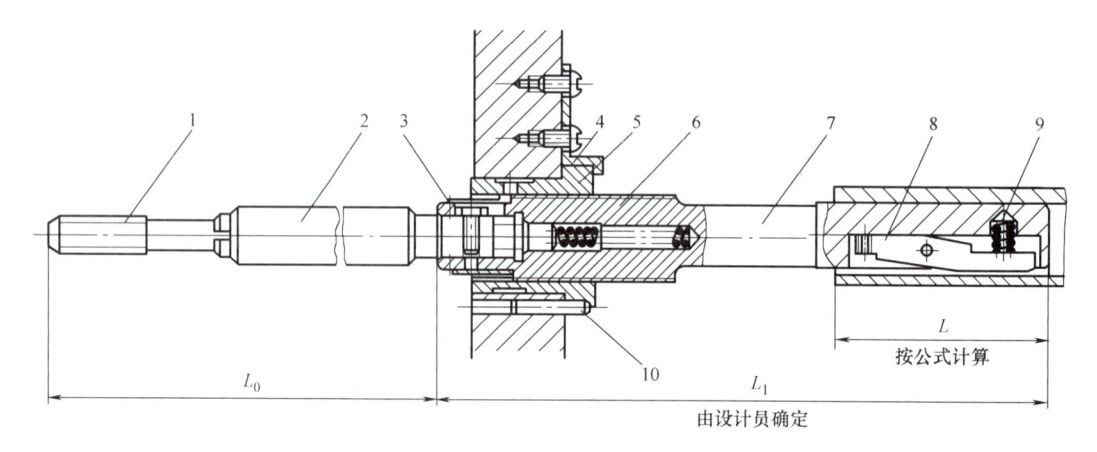

图 4-39　T0282型攻螺纹靠模装置

1—丝锥　2—卡头心杆　3—传动销　4—压板　5—靠模螺母　6、9—弹簧　7—靠模螺杆
8—弹簧键　10—定位销

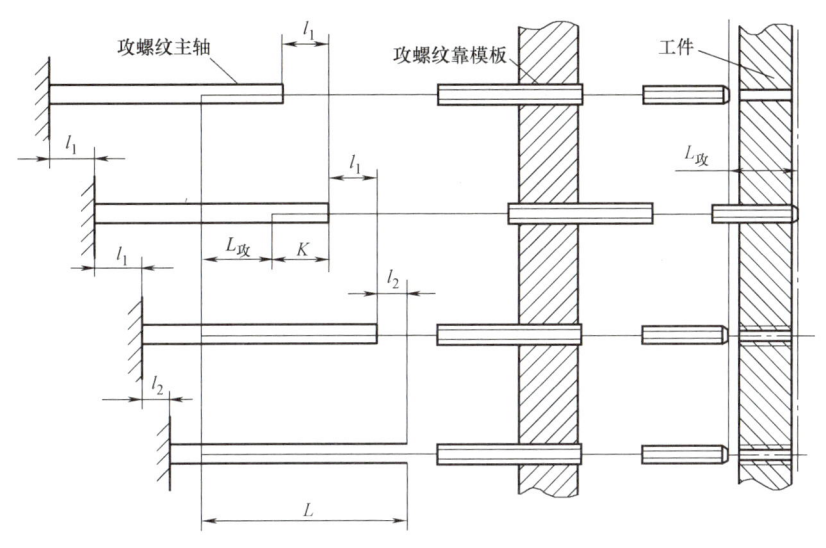

图 4-40 攻螺纹靠模螺杆与攻螺纹主轴的相对位置图

当滑台的进给量为 $f_{动}$（mm/min），攻螺纹主轴转速为 $n_{主}$（r/min），靠模螺纹导程为 P_h（mm）时，丝锥攻螺纹和退回时滑台带动多轴箱移动的距离为

$$l_1 = \frac{L_{攻} f_{动}}{n_{主} P_h}$$

$$L = L_{攻}\left(1 + \frac{f_{动}}{n_{主} P_h}\right) + K + l_2$$

当模板定位后，若多轴箱进给一段距离 l_3 才起动攻螺纹电动机，则 L 应增大。另外，应尽量选择较小的 L 值和较大的 L_0 值，以减小丝锥和螺纹底孔的同轴度误差。同样，钻攻混合的多轴箱应设置行程控制装置，以便螺纹在攻至规定深度时，能及时使攻螺纹电动机反转，退出丝锥。

习题与思考题

4-1 什么是组合机床？其工艺特点是什么？由什么主要零部件组成？有哪些配置形式？适用于什么生产模式？

4-2 组合机床的通用部件分为哪几类？

4-3 组合机床的通用部件的主参数用什么表示？主参数按什么规律排列？

4-4 "1字头"滑台的导轨材料有哪些？导轨的热处理方式有哪些？

4-5 为什么"1字头"滑台采用双矩形导轨，而不采用精度较高的三角矩形组合导轨？

4-6 数控滑台的伺服电动机的主要技术参数是什么？

4-7 机械滑台有哪几种丝杠传动形式？

4-8 确定组合机床工艺方案的原则是什么？拟定工艺方案的步骤是什么？

4-9 被加工零件工序图与机械加工工艺学中的工序图有何异同？被加工零件工序图有什么作用？表示什么内容？如何绘制？

4-10　加工示意图有什么作用？表示什么内容？如何绘制？

4-11　导向机构分为哪两类？什么是内滚式导向、外滚式导向？滚动导向适用于什么场合？滚动导向的导杆与主轴应以什么方式连接？

4-12　组合机床联系尺寸图的作用和主要内容是什么？

4-13　怎样确定组合机床的装料高度、最低主轴高度和中间底座的长度？

4-14　多轴箱箱体是通用零件，为什么还要绘制补充加工图？

4-15　钻孔主轴和攻螺纹主轴有什么区别？什么是短主轴？有什么用途？

4-16　多轴箱传动设计与通用机床的主传动设计有什么不同？多轴箱设计原则是什么？

4-17　多轴箱主视图的作用是什么？怎样绘制？

4-18　多轴箱展开图的作用是什么？怎样绘制？

4-19　为什么攻螺纹时要用攻螺纹靠模装置？如何控制攻螺纹行程长度？

4-20　试述钻攻混合的多轴箱的工作循环。攻螺纹主轴为什么要用单独的电动机驱动？

4-21　攻螺纹主轴箱的前盖厚度为什么加厚到300mm，而钻攻混合的主轴箱采用厚度为55mm的通用前盖？

4-22　攻螺纹行程控制机构有几种？目前主要使用哪种类型？为什么？

第五章

专用刀具设计

第一节 成形车刀设计

成形车刀（又称为样板车刀）是一种专用刀具，一般需要根据工件的轮廓形状进行专门设计和制造。它主要在卧式车床、转塔车床、自动车床上用于加工内、外回转成形表面。

用成形车刀加工时，一次进给就能完成回转成形表面的加工，加工表面的形状、尺寸精度主要取决于刀具的设计和制造精度，加工精度可达 IT8~IT10，表面粗糙度 Ra 值为 3.2~6.3μm。因此，具有生产率高、加工表面形状、尺寸一致性高、互换性好，以及刀具的重磨次数多、使用寿命长和操作简便等优点。但是，成形车刀的设计和制造比较复杂、成本高，所以多在成批、大量生产中使用。

本章主要介绍径向正装棱体成形车刀和圆体成形车刀的设计内容和步骤。

一、概述

（一）车刀的类型与装夹

1. 成形车刀的类型

生产中，常用平体成形车刀、棱体成形车刀和圆体成形车刀三种沿工件径向进给的正装成形车刀（见图 5-1）。

a) b) c)

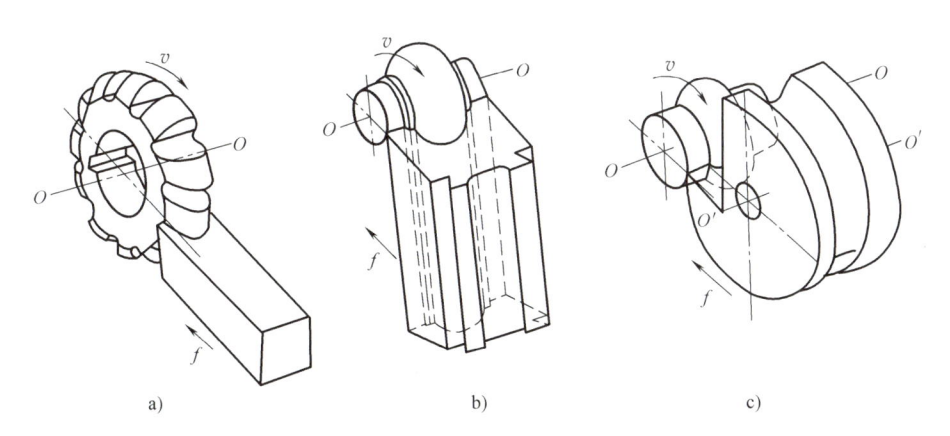

图 5-1 径向成形车刀
a) 平体成形车刀 b) 棱体成形车刀 c) 圆体成形车刀

（1）平体成形车刀（见图 5-1a） 平体成形车刀除了对切削刃有一定形状要求外，刀体结构和普通车刀相同。一般用于单件或小批量生产，加工简单成形表面（如车螺纹、车圆弧面和铲齿背等)。

(2) 棱体成形车刀（见图 5-1b）刀体为棱柱体，沿前刀面可重磨次数比平体成形车刀多，刀体刚性高；但制造成本较高，且只能加工外成形表面。

(3) 圆体成形车刀（见图 5-1c）刀体是一个磨出排屑缺口和前刀面并带安装孔的回转体。它允许的重磨次数最多，制造也比棱体成形车刀容易，且可加工内、外成形表面；但加工精度不如棱体成形车刀高。

2. 成形车刀的装夹

通常成形车刀是通过专用刀夹安装在机床刀架上的。如图 5-2 所示为棱体成形车刀和圆体成形车刀的常用装夹方法。

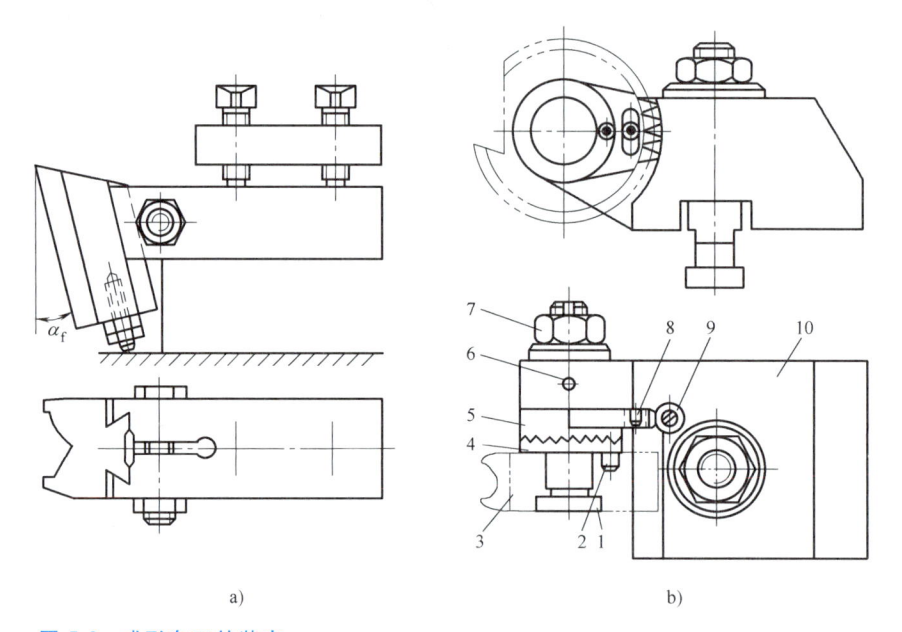

图 5-2 成形车刀的装夹

a) 棱体成形车刀的装夹　b) 圆体成形车刀的装夹
1—心轴　2、8—销子　3—圆体刀　4—齿环　5—扇形板　6—螺钉　7—螺母　9—蜗杆　10—刀夹

如图 5-2a 所示的棱体成形车刀是以燕尾的底面或与其平行的面作为定位基准面安装在刀夹的燕尾槽内的，并用螺钉及弹性槽将刀体夹紧。成形车刀下端的螺钉用于调节刀尖位置的高低，同时可增加刀具工作时的刚性。

如图 5-2b 所示为圆体成形车刀的装夹方法。圆体刀 3 以内孔为定位基准面套装在刀夹 10 的带螺栓的心轴 1 上，并通过销子 2 与端面齿环 4 相连，以防止刀具工作时受力而转动。将齿环 4 与圆体刀 3 一起相对扇形板 5 转动若干齿，则可粗调刀尖的高度。扇形板 5 同时与蜗杆 9 啮合，转动蜗杆能微调刀尖的高低。扇形板上的销子 8 用于限制扇形板转动的范围。在心轴 1 的表面上还开了一条小的长槽，利用螺钉 6 可避免旋紧螺母 7 时与心轴 1 一起转动，但允许心轴 1 沿轴向移动。图中 T 形键的螺栓用于使刀夹 10 与机床的刀架相连接。

（二）成形车刀的前角和后角

成形车刀必须具有合理的前角和后角才能有效地工作。前角和后角规定在垂直于工件轴线的假定工作平面内测量，并且以切削刃上最外缘点（该点称为切削刃的基点，与工件轴线等高）的前角和后角作为标注值，分别用符号 γ_f 和 α_f 表示，如图 5-3 所示。

成形车刀的前角和后角是通过刀具的正确制造和正确安装形成的。

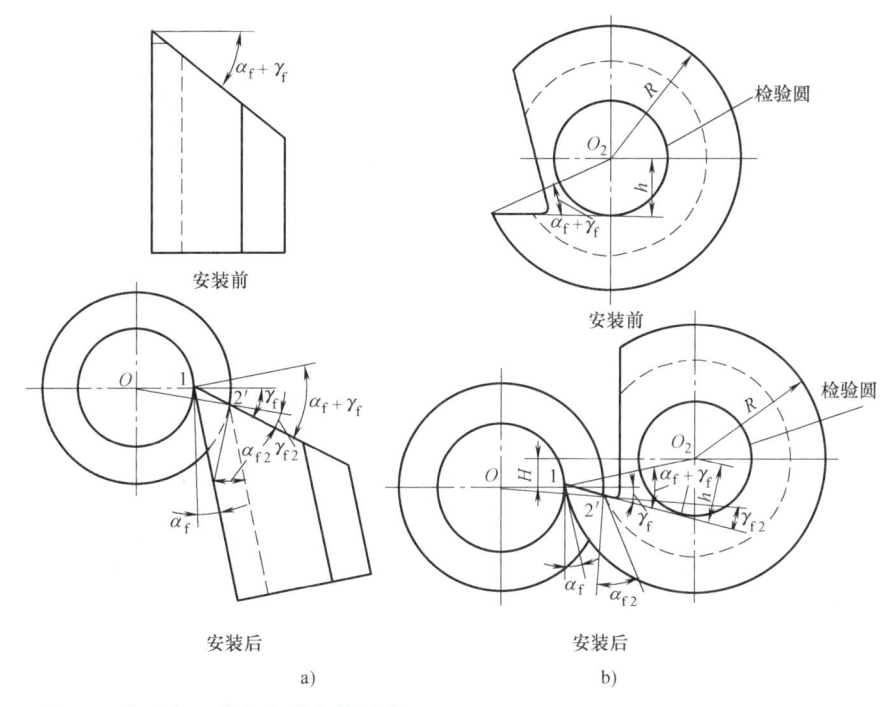

图 5-3 成形车刀前角和后角的形成
a）棱体成形车刀 b）圆体成形车刀

1. 棱体成形车刀的前角和后角

制造时，将前刀面和后刀面的夹角磨成 $90°-(\gamma_f+\alpha_f)$ 角。安装时，只要将刀体倾斜 α_f 角，即能形成所需的前角和后角，如图 5-3a 所示。

2. 圆体成形车刀的前角和后角

制造时，使它的前刀面距其中心为 h。安装时，再将刀具中心 O_2 高于工件中心 H，同时使切削刃上最外点与工件轴线等高，即可形成所需的前角和后角（见图 5-3b）。h 和 H 之值可计算为

$$h = R\sin(\gamma_f+\alpha_f) \tag{5-1}$$

$$H = R\sin\alpha_f \tag{5-2}$$

式中 R——成形车刀最大外圆半径（mm）。

圆体成形车刀不仅在制造时要保证 h 值，而且在重磨时也应使 h 值保持不变。为此，通常在刀具端面上刻一个以点 O_2 为中心、h 为半径的刃磨检验圆，重磨时应保证前刀面与这个圆相切。

由图 5-3 还可以看出，当 $\gamma_f>0$ 时，切削刃上只有基点 1 与工件中心等高，而切削刃上其他各点都低于工件中心。因此，由于切削刃上各点的切削平面和基面位置不同，因而切削刃上各点的前角和后角也都不相同，离基点越远（径向）的点，其前角越小，后角越大，即 $\gamma_{f2}<\gamma_f$，$\alpha_{f2}>\alpha_f$。

在自动车床上使用圆体成形车刀,其前、后角通常根据机床刀架的尺寸及刀具的安装尺寸 H 和重磨尺寸 h 而定。为了便于制造与测量,H 和 h 的尺寸一般圆整成 0.5mm 的倍数。

(三) 成形车刀的截形设计

成形车刀的截形设计是指根据(成形回转体)工件的(轴断面)轮廓形状和已确定的刀具相关参数求解成形车刀的截形。

成形回转体工件的轮廓形状是规定在通过其轴线的平面内测量的;而成形车刀的截形是规定在与后刀面垂直的 $N—N$ 断面内测量的。对于圆体成形车刀,$N—N$ 断面即为刀体的轴断面。

1. 截形设计的必要性

成形车刀磨钝后需要重磨,一般只磨前刀面。要保证重磨后切削刃的形状不发生变化,需要保证在不同位置的法平面内,成形车刀的后刀面截形完全一致。

只有当前角 $\gamma_f = 0°$、后角 $\alpha_f = 0°$ 时,如图 5-4a 所示,成形车刀的截形与工件的轮廓形状才能完全相同。但后角 $\alpha_f = 0°$ 的刀具是无法进行切削的。所以,当成形车刀的前角 $\gamma_f \geq 0°$、后角 $\alpha_f > 0°$ (见图 5-4b) 时,成形车刀的截形与工件轮廓形状不相同。具体地说,刀具截形深度 P 小于相应的工件轮廓形状深度 a_p,即 $P < a_p$;而刀具截形宽度与工件轮廓形状宽度相等。为了使成形车刀能切出准确的工件形状,设计成形车刀时,必须对刀具的截形进行修正计算。

2. 截形修正计算方法

(1) 确定工件成形表面的组成点和基点 为减少计算工作量,一般只选择工件轮廓形状上的转折点及其他特殊点(作为轮廓形状组成点)进行计算。工件直线段轮廓形状,可取两端点作为组成点;工件曲线段轮廓形状,选两端点和曲线部分中间点(或视曲线部分精度要求再取若干点)作为组成点。以工件轮廓形状半径最小点作为计算基准点

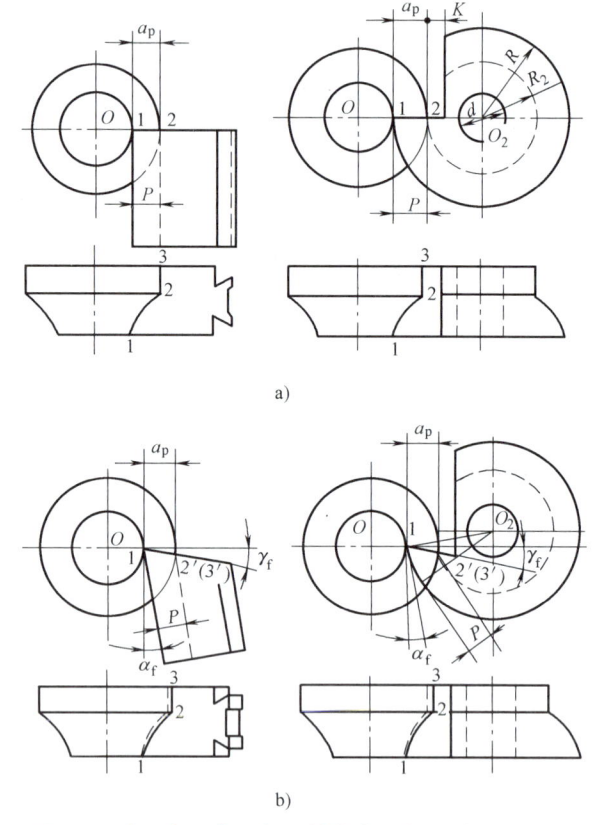

图 5-4 成形车刀截形与工件轮廓形状间的关系
a) $\gamma_f = 0°$ 和 $\alpha_f = 0°$ b) $\gamma_f \geq 0°$ 和 $\alpha_f > 0°$

(基点) 1,然后依次对各组成点编号,并在工件轮廓形状图上标出各组成点的轴向尺寸和径向尺寸。在标注尺寸时,需注意有公差要求的径向尺寸应取其平均尺寸作为计算尺寸。例如,工件上的尺寸为 $\phi 30_{-0.2}^{0}\text{mm}$ 时,其计算尺寸为 $\left(30 - \dfrac{0.2}{2}\right)\text{mm} = 29.9\text{mm}$。当工件上的径向尺寸未注公差时,允许将该尺寸直接作为计算尺寸。

(2) 求解刀具截形组成点的方法 成形车刀的截形设计实际上就是根据工件轮廓形状

各组成点求出刀具截形的相应组成点。

求解刀具截形组成点的常用方法有作图法、公式计算法和查表法三种。作图法比较简单、直观,但作图法误差大,精确度低;计算法的精确度高,但计算工作量大,特别是当计算组成点较多时,易生差错,而如果利用计算机编程运算就比较方便;查表法是根据计算结果预先列成表格,设计时只要根据已知条件查表或通过简单运算即可得到设计结果,设计精度也比较高,且简便、迅速。所以,在实际生产中常用计算法和查表法进行设计,用作图法辅以校验。

1) 作图法。

① 用作图法求棱体成形车刀的截形。如图 5-5a 所示,先按放大比例,按计算尺寸画出工件的主、俯视图,选定组成点 2、3、4。在主视图上,从基点 1 作刀具前刀面和后刀面两条直线,分别与水平线及垂直线交成 γ_f 角和 α_f 角。前刀面与工件上 r_2、r_3(r_4)各圆的交点为 2′、3′(4′),过这些点引平行于后刀面的直线,则它们和基点处后刀面的垂直距离 P_2、P_3(P_4)即为所要求的棱体成形车刀各组成点的截形深度。根据刀具截形宽度与工件轮廓形状宽度相等,即可画出成形车刀截形。

② 用作图法求圆体成形车刀的截形。如图 5-5b 所示,在工件主视图上,先通过(与工件中心等高度的)基点 1,向下作一与水平线倾斜成 γ_f 角的前刀面线,向上作一与水平线倾斜角成 α_f 角的上斜线,然后以基点 1 为圆心、以 R 为半径作弧与上斜线相交,即为圆体成形车刀的圆心 O_2。工件上 r_2、r_3(r_4)各圆和前刀面线的交点为 2′、3′(4′),2′、3′(4′)各点与刀具圆心 O_2 点的距离即为所求刀具截形上各组成点的半径 R_2、R_3(R_4)。由此即可作出刀具轴向断面内的截形 1″、2″、3″、4″。

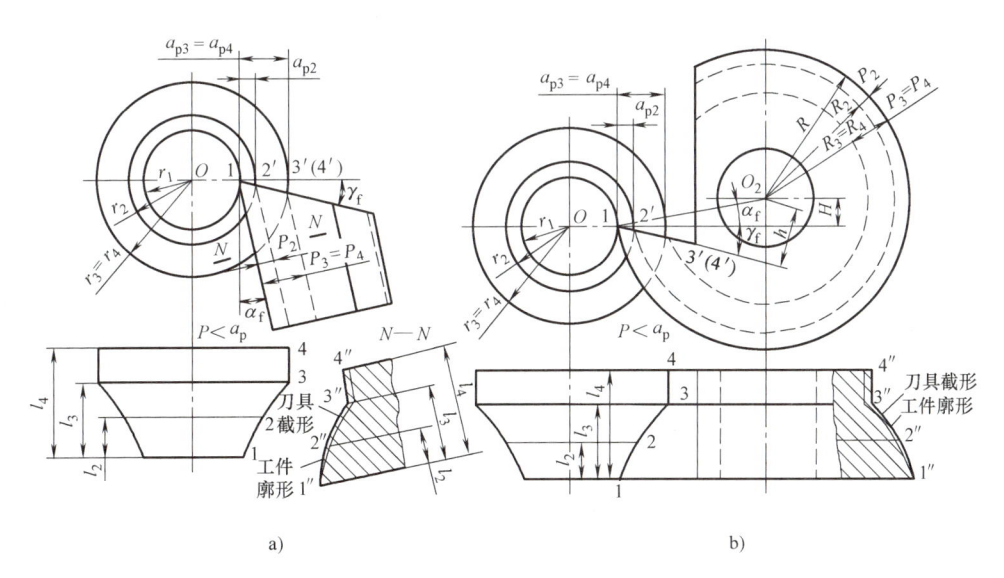

图 5-5 用作图法来确定成形车刀的截形
a) 棱体成形车刀 b) 圆体成形车刀

2) 计算法。用此法修正计算刀具的截形,应首先作出计算图,如图 5-6 所示,然后按下述步骤、公式,求出刀具各组成点的截形深度。

① 求刀具前刀面上各组成点的尺寸 C_x,有

$$C_x = \sqrt{r_x^2 - h_1^2} - r_1\cos\gamma_{f1} = \sqrt{r_x^2 - (r_1\sin\gamma_{f1})^2} - r_1\cos\gamma_{f1} \quad (5-3)$$

将 x 分别等于 2、3、4 代入式（5-3），即可求出前刀面上各组成点的相应尺寸 C_2、C_3（C_4）。

② 求刀具各组成点的截形深度。

对于棱体成形车刀，有

$$P_x = C_x\cos(\gamma_{f1} + \alpha_{f1}) = C_x\sin\beta \quad (5-4)$$

式中 β——棱体成形车刀前刀面与后刀面间的夹角，$\beta = 90° - \alpha_{fx} - \gamma_{fx}$。

对于圆体成形车刀，有

$$R_x = \sqrt{R^2 + C_x^2 - 2RC_x\cos(\gamma_f + \alpha_f)} \quad (5-5)$$

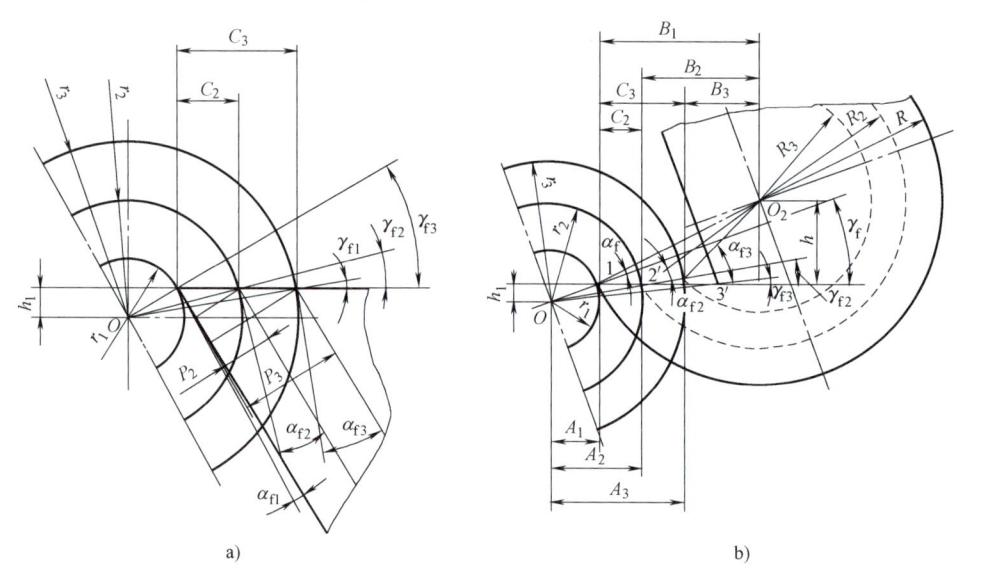

图 5-6 成形车刀截形计算分析图

（3）双曲线误差 用成形车刀加工圆锥表面时会产生双曲线误差。

如图 5-7a 所示，对于棱体成形车刀，由于前角 $\gamma_f > 0°$ 的关系，使前刀面 M—M 不通过工件轴线，即切削圆锥面部分的切削刃 12' 不在工件的轴向断面内。由几何学可知：M—M 平面与理想圆锥表面的交线为外凸的双曲线形状 132'。因此，若要加工出准确的圆锥表面，则需将 M—M 平面（即前刀面）内切削刃形状设计成与此双曲线形状一致的、内凹的双曲线。但实际上为了简化成形车刀的设计与制造，通常将刀具截形设计成直线，这就必然在工件上多切去一部分材料，因此得到的并非圆锥表面，而是内凹的回转双曲线表面。产生的这种加工误差通常称为双曲线误差。

如图 5-7b 所示为用圆体成形车刀加工圆锥表面，除了由于刀具的前角 $\gamma_f > 0°$ 所产生的双曲线误差外，因为刀具前刀面与刀具轴线相距 h，因此，前刀面与刀具锥体部分的交线所形成的切削刃 142' 为外凸的双曲线。所以用圆体成形车刀加工圆锥表面产生的双曲线误差会更大，一般可达 0.4mm，甚至更大。

减小双曲线误差可采取以下措施：

1) 减小成形车刀的前角值。
2) 加工圆锥表面的成形车刀尽量选用棱体成形车刀。

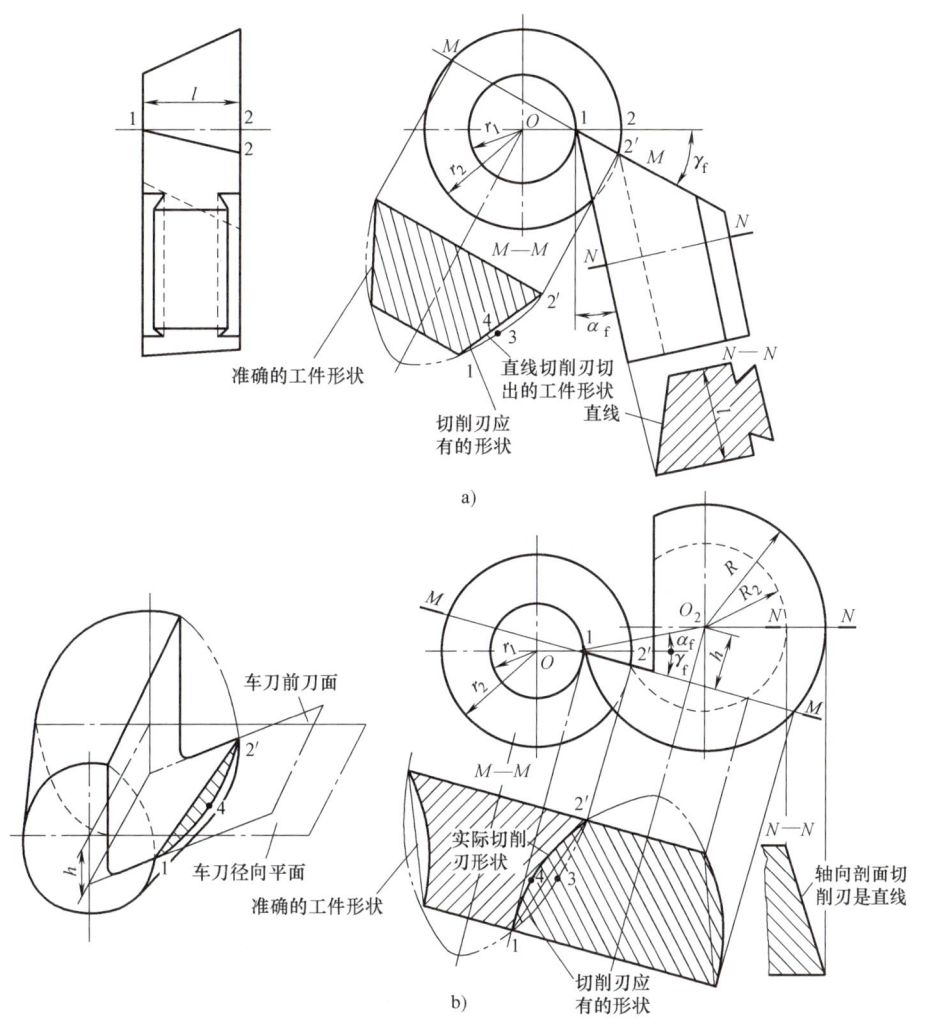

图 5-7 成形车刀加工圆锥体表面时产生的误差
a) 用棱体成形车刀加工   b) 用圆体成形车刀加工

二、成形车刀的设计要点

下面以径向进给棱体成形车刀和圆体成形车刀为例，说明成形车刀的设计内容、方法与步骤。

（一）确定刀体结构尺寸

1. 棱体成形车刀

如图 5-8 所示，棱体成形车刀的装夹部分多采用燕尾结构，因为这种结构装夹稳固可靠，能承受较大的切削力。燕尾结构的主要尺寸包括刀体总宽度 L_0、刀体高度 H、刀体厚度 B 及燕尾测量尺寸 M 等。

（1）刀体总宽度 L_0　在图 5-9a 中

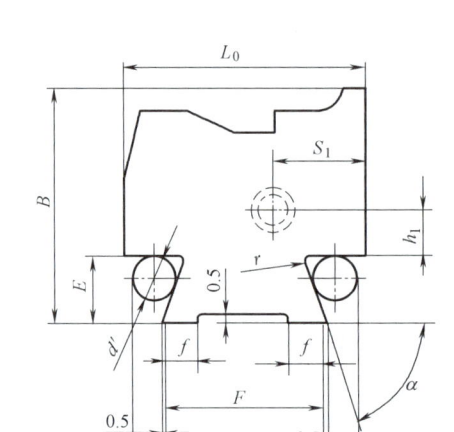

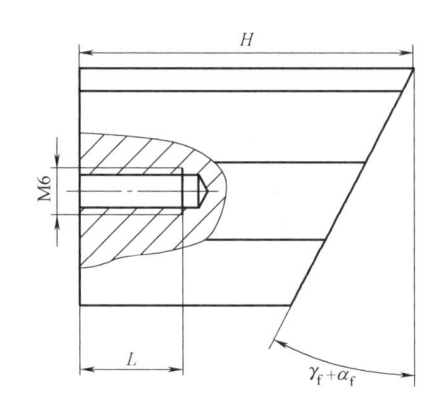

图 5-8 棱体成形车刀的结构尺寸

$$L_0 = L_c \tag{5-6}$$

式中 L_c——成形车刀切削刃总宽度（mm）。

在图 5-9 中，a 是为避免切削刃转角处过尖而设的附加切削刃宽度（mm），常取 0.5~3mm，如图 5-9a 所示的 9—10 段。b 是为考虑工件端面的精加工和倒角而设的附加切削刃宽度（mm），其数值应大于端面精加工余量和倒角宽度。为使该段附加切削刃在正交平面内具有一定后角，一般取偏角 $\kappa_r = 15° \sim 45°$，b 值一般取 1~3mm；若工件有倒角，则 κ_r 值应等于倒角的角度值，b 值比倒角宽度大 1~1.5mm，如图 5-9a 所示 1—9 段。c 是为保证切断工序顺利进行而设的预切槽切削刃宽度（mm），c 值常取 3~8mm，如图 5-9a 所示的 5—6—7—11 段。d 是为保证成形车刀切削刃处比工件毛坯表面长而设的附加切削刃宽度（mm），d 值常取 0.5~2mm，如图 5-9a 所示的 11—12 段。

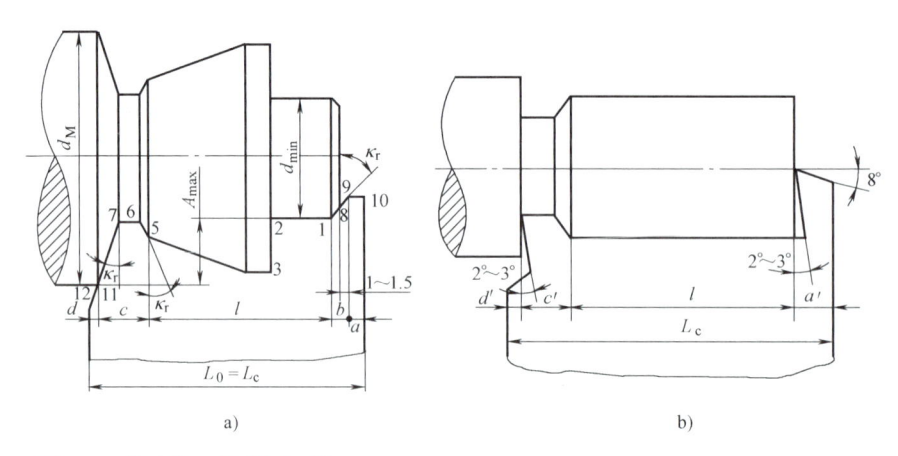

图 5-9 成形车刀的附加切削刃
a) 粗加工附加切削刃宽度 b) 精加工附加切削刃宽度

实际生产中，有时也可取图 5-9b 所示的附加切削刃形式，a'、c'、d' 的数值视具体情况而定（其中 $a'>3$mm）。

在确定切削刃总宽度 L_c 时，还应考虑机床功率及工艺系统刚度。因为径向成形车刀切削刃同时参加切削，径向切削分力很大，易引起振动。一般应限制切削刃总宽度 L_c 与工件最小直径 d_{min} 的比值，使 L_c/d_{min} 不超过下列数值即可：粗加工 2~3；半精加工 1.8~2.5；精加工 1.5~2。工件直径较小时取小值，反之取大值。

当 L_c/d_{min} 大于许用值或 $L_c>80$mm（为经验值）时，可采取下列措施：

1）将工件轮廓形状分段，改用两把或数把成形车刀切削加工。

2）改用切向进给成形车刀。

3）如已确定用径向进给，则可在工件非切削部分增设辅助支承——滚轮托架，以增加工艺系统刚度。

（2）刀体高度 H 刀体高度 H 与机床横刀架距主轴中心高度有关。在机床刀架空间允许的条件下，H 尽量取大些，以增加刀具的重磨次数。一般推荐 $H=55\sim100$mm。若采用对焊结构，则高速钢部分长度不小于 40mm（或 $H/2$）。

（3）刀体厚度 B 刀体厚度 B 应保证刀体有足够的强度，易于装入刀夹，排屑方便，切削顺利。刀体厚度应满足

$$B \geqslant E + A_{max} + (0.25\sim0.5)L_0$$

式中 E——燕尾槽底面与其平行面的距离（mm），如图 5-8 所示；

A_{max}——工件最大轮廓形状深度（mm），如图 5-9a 所示。

（4）燕尾测量尺寸 M 燕尾测量尺寸 M 应与切削刃总宽度 L_c 和测量滚柱直径相适应，见表 5-1。

此外，在刀体底部有一个螺纹孔，常取 M6，如图 5-8 所示。通过调整具有锁紧螺母的螺钉（见图 5-2a），可调整棱体成形车刀的高度，且能增加成形车刀切削时的刚度。

棱体成形车刀的结构尺寸见表 5-1。

表 5-1 棱体成形车刀的结构尺寸 （单位：mm）

结构尺寸						检验燕尾尺寸		
$L_0=L_c$	F	B	H	E	f	滚柱直径 d'	M 尺寸	极限偏差
15~20	15	20	55~100（可视机床刀夹而定）	$7.2^{+0.36}_{0}$	5	5 ± 0.005	22.89	0
22~30	20	25					27.87	−0.1
32~40	25	45		$9.2^{+0.36}_{0}$	8		37.62	0
45~50	30						42.62	−0.12
55~60	40					8 ± 0.005	52.62	
65~70	50	60		$12.2^{+0.48}_{0}$	12		62.62	0
75~80	60						72.62	−0.14

注：1. d' 为滚珠直径。d' 不是表中数值时，M 值可计算为

$$M = F + d'\left(1+\tan\frac{\alpha}{2}\right)$$

2. 燕尾 $\alpha=60°\pm10'$，圆角半径 $\gamma_{max}=0.5$mm。燕尾底面及与之相距为 E 的表面不能同时作为工作表面。

3. S_1 与 h_1 尺寸（见图 5-8）视具体情况而定。l 视机床刀夹而定，应保证满足最大调整范围。

2. 圆体成形车刀

如图 5-10 所示，圆体成形车刀的主要结构尺寸有刀体总宽度 L_0、刀体外半径 R_0、内孔

直径 d 及夹固部分尺寸等。

（1）刀体总宽度　刀体总宽度可计算为

$$L_0 = L_c + l_y$$

式中　L_c——切削刃总宽度（mm）；

　　　l_y——除切削刃外其他部分宽度（mm）。

（2）刀体外径和内孔直径　确定外径时，要考虑工件的最大轮廓形状深度、排屑、刀体强度及刚度等，取值大小受机床横刀架中心高及刀夹空间的限制。一般先按公式计算，再取相近标准值。可计算为

$$D_0 \geq 2(A_{\max} + e + m) + d$$

式中　D_0——刀具轮廓形状最大直径（mm）；

　　　$A_{\max}$——工件最大轮廓形状深度（mm）；

　　　e——保证足够的容屑空间所需要的距离（mm），可根据切削厚度及切屑的卷曲程度选取，一般取为 3~12mm，加工脆性材料时取小值，反之取大值；

　　　m——刀体壁厚（mm），根据刀体强度要求选取，一般为 5~8mm；

　　　d——内孔直径（mm），其值应保证心轴和刀体有足够的强度和刚度，可依切削用量及切削力大小取为 $(0.25~0.45)D_0$，计算后再取相近的标准值 10mm、（12mm）、16mm、（19mm）、20mm、22mm、27mm 等（带括号者为非优选系列尺寸）。

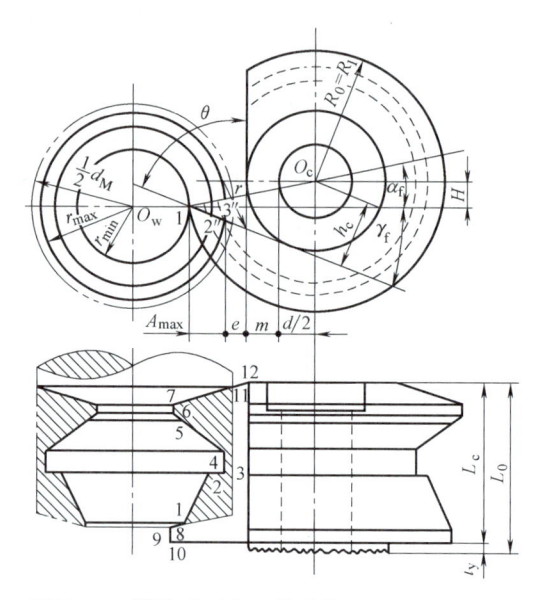

图 5-10　圆体成形车刀的结构尺寸

（3）刀体夹固部分尺寸　圆体成形车刀常采用内孔与端面定位，螺栓夹固结构如图 5-11 所示。沉头孔用于容纳螺栓头部。刀体端面的凸台齿纹，一方面可以防止切削时刀具与刀夹体间发生相对转动，另一方面还可粗调刀具高度。为简化制造，也可制作可更换的端面齿齿环，用销与圆刀体相连。

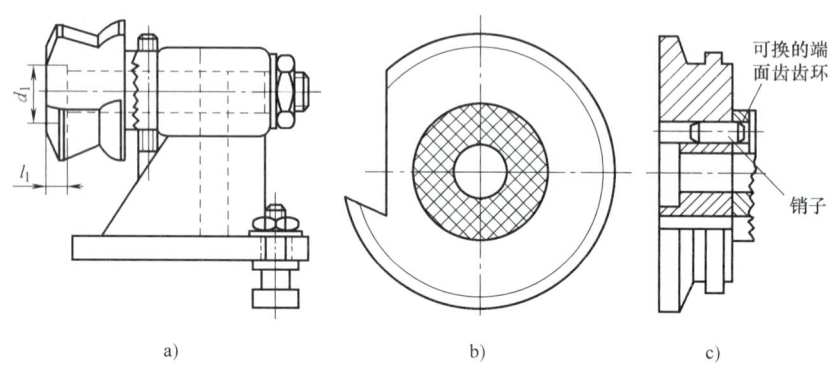

图 5-11　圆体成形车刀的夹固部分
a）端面带齿纹　b）端面滚花　c）有可换端面齿齿环

端面带齿纹和端面带销孔结构尺寸参见表 5-2 和表 5-3。

表 5-2 端面带齿纹的圆体成形车刀结构尺寸　　　　　　　　　　（单位：mm）

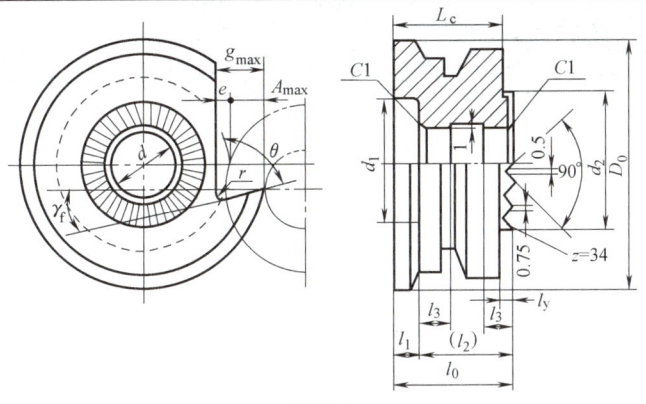

结构图

工件轮廓形状深度	刀具尺寸						端面齿纹尺寸	
A_{max}	D_0	d	d_1	g_{max}	e	r	d_2	l_y
<4	30	10	16	7	3	1	—	—
4~6	40	13	20	10	3	1	20	3
6~8	50	16	25	12	4	1	26	3
8~10	60	16	25	14	4	2	32	3
10~12	70	22	34	17	5	2	35	4
12~15	80	22	34	20	5	2	40	4
15~18	90	22	34	23	5	2	45	5
18~21	100	27	40	26	5	2	50	5

注：1. 表中外径 D_0 允许用于 A_{max} 更小的情况。

2. 沉头孔深度 $l_1 = \left(\dfrac{1}{4} \sim \dfrac{1}{2}\right) l_0$。

3. g_{max} 是按 A_{max} 值上限给出的，由 $g = A_{max} + e$ 计算得出的 g 值圆整为 0.5 的倍数。内孔成形车刀的 e 值可小于表中值。

4. 当孔深 $l_2 > 15$mm 时，需加空刀槽，$l_3 = \dfrac{1}{4} l_2$。

5. 当 $\gamma_f < 15°$ 时，θ 取 80°；$\gamma_f > 15°$ 时，θ 取 70°。

6. 端面齿齿形角 β 可为 60° 或 90°，齿顶宽度为 0.75mm，齿底宽度为 0.5mm，齿数 $z = 10 \sim 50$。若考虑通用，则可取 $z = 34$，$\beta = 90°$。

7. 各种车床均有应用，多用于卧式车床。

表 5-3 端面带销孔的圆体成形车刀结构尺寸　　　　　　　　　　（单位：mm）

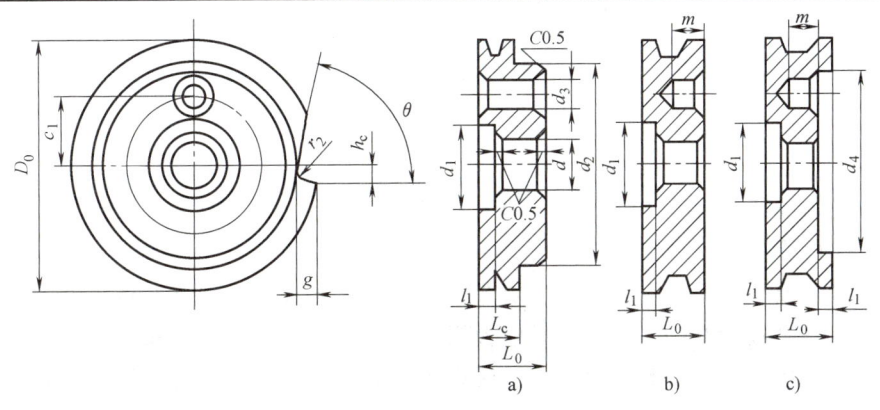

结构图

(续)

机床型号	刀具结构形式	刀具尺寸								销孔尺寸			适用的 A_{max}
		L_0	D_0	d	d_1	d_2	l_1	g	L_c	d_4	d_3	m	c_1	
C1312	A	<6	45	10	15	—	2~5	9	L_0	—	4.1	—	9	<6
	B	>6							—					
C1318	A	<10	52	12	20	32	2~5	11	L_0	—	6.2	8	11	<6
	B	12~22				—			—					
	C	>22							30					
C1325	A	<10	60	16	25	32	2~5	2.5	L_0	—	7.2	8	12.5	<7
	B	12~22				—			—					
	C	>22							35					
C1336	A	<10	68	16	25	32	2~5	14	L_0	—	8.2	8	14	<11
	B	12~22				—			—					
	C	>22							35					

注:1. h_c 为刀具中心到前刀面的距离,由 $h_c = R_0 \sin(\gamma_f + \alpha_f)$ 计算。
2. 当 $\gamma_f < 15°$ 时,θ 取 80°;当 $\gamma_f \geq 15°$ 时,θ 取 70°。
3. 多用于单轴自动车床。

(二)选择前角 γ_f 和后角 α_f

成形车刀的前角和后角是指在假定工作平面内测量的切削刃上基点的前角和后角。

成形车刀的前角 γ_f 和后角 α_f 可参考表 5-4 进行选取。但需要校验切削刃上 κ_r 角最小点的后角 α_0,一般不得小于 2°~3°,否则必须采取措施加以解决。

表 5-4 成形车刀的前角和后角

被加工材料	材料的力学性能		前角 $\gamma_f/(°)$	成形车刀类型	后角 $\alpha_f/(°)$
钢	R_m/GPa	<0.5	20	圆体形	10~15
		0.5~0.6	15		
		0.6~0.8	10		
		>0.8	5		
铸铁	硬度 HBW	160~180	10	棱体形	12~17
		180~220	5		
		>220	0		

(三)截形设计(见本节概述部分)

(四)成形车刀的样板设计

制造和使用成形车刀时,较高精度的刀具截形可利用投影仪等进行检验,一般精度的刀具截形常用样板检测。

成形车刀样板一般需要成对设计、制造,可分为工作样板和校对样板两种。工作样板用于制造成形车刀时检验刀具截形;校对样板用于检验工作样板的精度和磨损程度。

成形车刀样板的工作面形状和尺寸与成形车刀截形相吻合。样板工作面尺寸的标注基准与成形车刀上截形相一致。样板各部分公称尺寸等于刀具截形上对应的公称尺寸。样板工作面各尺寸公差通常取成形车刀截形尺寸公差的 $\frac{1}{3} \sim \frac{1}{2}$，并且按对称分布。当成形车刀截形尺寸公差较小，如约为±0.01mm时，样板上对应尺寸公差也为±0.01mm，但该成形车刀的最后尺寸应通过千分尺、投影仪等量具量仪检验。

样板的角度公差是成形车刀截形角度公差的10%，且不小于3′。样板工作面的表面粗糙度 Ra 值为 0.08~0.32μm。

制造样板材料，一般选用 T10A 或经表面渗碳处理的 15 钢、20 钢，它们的热处理硬度为 40~61HRC。样板厚度一般取 1.5~2.5mm。

（五）成形车刀的技术要求

1. 刀具材料

1) 切削部分一般选用高速钢，热处理硬度 63~65HRC。
2) 刀体部分用 45 钢或 40Cr，热处理硬度 38~45HRC。

2. 表面粗糙度

1) 前、后刀面的表面粗糙度 Ra 值为 0.2μm。
2) 基准表面粗糙度 Ra 值为 1~3.2μm。
3) 其余面的表面粗糙度 Ra 值为 1.6~3.2μm。

3. 成形车刀的尺寸公差

1) 轮廓形状（截形）公差参考表 5-5 选取。

表 5-5　成形车刀的轮廓形状公差　　　　　　　　（单位：mm）

工件直径或宽度公差	刀具轮廓形状深度公差	刀具轮廓形状宽度公差
0.12	0.020	0.040
0.20	0.030	0.060
0.30	0.040	0.080
0.50	0.060	0.100
>0.50	0.080	0.200

注：表中所列公差值，其偏差为对称分布。

2) 圆体成形车刀的外径 D_0 按 h11~h13 选取，内径 d 按 H6~H8 选取。
3) 棱体成形车刀刀体高度 H 的极限偏差取±2mm。

4. 成形车刀的几何公差

（1）圆体成形车刀
1) 前刀面对刀具轴线的平行度误差，在 100mm 长度上，不超过 0.15mm。
2) 切削刃对刀具内孔轴线径向圆跳动为 0.02~0.03mm。

（2）棱体成形车刀
1) 两侧面对燕尾槽基准面的垂直度误差，在 100mm 长度上，不超过 0.02~0.03mm。
2) 刀具截形对燕尾槽基准面的平行度误差，在 100mm 长度上，不超过 0.02~0.03mm。

三、成形车刀的设计举例

设计成形车刀的重要内容是根据工件轮廓形状计算成形车刀的截形。截形计算一般很简单。下面将给出设计实例,其中包含截形计算方法。

原始条件:工件如图 5-12 所示,工件材料为易切钢 Y15,圆棒料 $\phi 32 mm$,大批量生产,用成形车刀加工出全部外表面并切出预切槽,用 C1336 单轴转塔自动车床加工。

要求设计圆体成形车刀和棱体成形车刀。

1. 圆体成形车刀设计

设计步骤如下:

1)选择刀具材料。选用普通高速钢 W18Cr4V 制造。

2)选择前角 γ_f 与后角 α_f 的值。由表 5-4 查得:$\gamma_f = 15°$,$\alpha_f = 10°$。

3)画出刀具截形(包括附加切削刃)计算图(见图 5-13)。取 $\kappa_r = 20°$,$a = 3mm$,$b = 1.5mm$,$c = 6mm$,$d = 0.5mm$(κ_r、a、b、c、d 的含义见图 5-9)。选定工件轮廓形状的基点和各组成点 1~12。以 0—0 线(通过 9—10 段切削刃)为基准(以便于对刀),计算出 1~12 各点处的

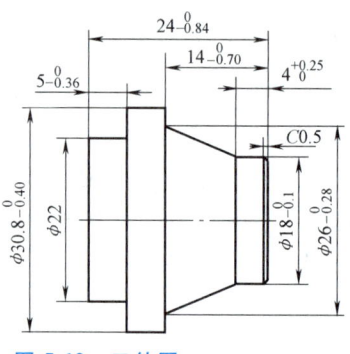

图 5-12 工件图

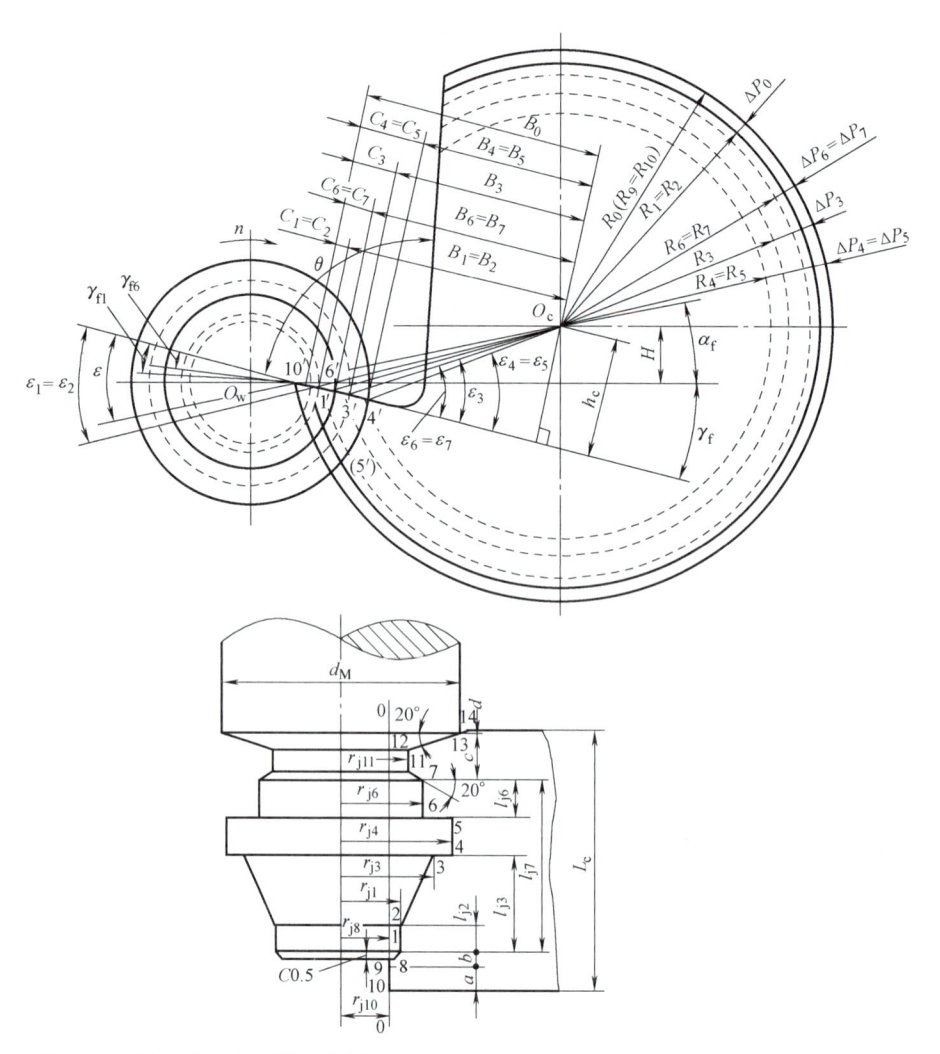

图 5-13 圆体成形车刀截形计算图

计算半径 r_{jx}

$$r_{jx} = 基本半径 \pm \frac{半径公差}{2}$$

$$r_{j1} = \left(\frac{18}{2} - \frac{\frac{0.1}{2}}{2}\right)\text{mm} = \left(9 - \frac{0.1}{4}\right)\text{mm} = 8.975\text{mm} = r_{j2}$$

$$r_{j3} = \left(\frac{26}{2} - \frac{0.28}{4}\right)\text{mm} = 12.930\text{mm}$$

$$r_{j4} = r_{j5} = \left(\frac{30.8}{2} - \frac{0.40}{4}\right)\text{mm} = 15.300\text{mm}$$

$$r_{j6} = r_{j7} = 11.000\text{mm}$$

$$r_{j8} = r_{j1} - 0.5\text{mm} = 8.475\text{mm}$$

$$r_{j9} = r_{j10} = r_{j0} = r_{j1} - (0.5 + 1.0)\text{mm} = 7.475\text{mm}$$

$$r_{j11} = r_{j12} = r_{j6} - \frac{0.5}{\tan 20°}\text{mm} = 9.262\text{mm}$$

再以 1 点为基准点，计算出计算长度 l_{jx}，有

$$l_{jx} = 基本长度 \pm \frac{公差}{2}$$

$$l_{j2} = \left[(4-0.5) + \frac{0.25}{2}\right]\text{mm} = 3.63\text{mm}$$

$$l_{j3} = l_{j4} = \left[(14-0.5) - \frac{0.7}{2}\right]\text{mm} = 13.15\text{mm}$$

$$l_{j6} = \left(5 - \frac{0.36}{2}\right)\text{mm} = 4.82\text{mm}$$

$$l_{j7} = \left[(24-0.5) - \frac{0.84}{2}\right]\text{mm} = 23.08\text{mm}$$

4）计算切削刃总宽度 L_c，并校验 $\dfrac{L_c}{d_{min}}$ 值，有

$$L_c = l_{j7} + a + b + c + d = (23.08 + 3 + 1.5 + 6 + 0.5)\text{mm} = 34.08\text{mm}$$

取 $L_c = 34\text{mm}$，$d_{min} = 2r_{j8} = 2 \times 8.475\text{mm} = 16.95\text{mm}$，则

$$\frac{L_c}{d_{min}} = \frac{34}{16.95} = 2.0 < 2.5$$

允许。

5）确定刀体结构尺寸。应使 $D_0 = 2R_0 \geq 2(A_{max} + e + m) + d$（见图 5-10）。

由表 5-3 查得，C1336 单轴转塔自动车床所用圆体成形车刀 $D_0 = 68\text{mm}$，$d = 16\text{mm}$，又已知毛坯半径为 16mm，则 $A_{max} = 16\text{mm} - r_{j8} = (16-8.475)\text{mm} = 7.525\text{mm} \approx 7.5\text{mm}$，代入上式，可得

$$e + m \leq R_0 - A_{max} - \frac{d}{2} = (34 - 7.5 - 8)\text{mm} = 18.5\text{mm}$$

可先取 $e = 10\text{mm}$，$m = 8\text{mm}$，并选用带销孔的结构形式。

6）用计算法求圆体成形车刀截形上各组成点的半径 R_x。其计算过程和结果见表 5-6。

表 5-6　圆体成形车刀轮廓形状计算表　　　　　　　　　　（单位：mm）

$$h_c = R_0 \sin(\gamma_f + \alpha_f) = 34\sin(15°+10°) = 14.36902$$
$$B_0 = R_0 \cos(\gamma_f + \alpha_f) = 34\cos(15°+10°) = 30.81446$$

轮廓形状组成点	γ_{jx}	$\gamma_{fx} = \arcsin\left(\dfrac{r_{j0}}{r_{jx}}\sin\gamma_f\right)$	$C_x = r_{jx}\cos\gamma_{fx} - r_{j0}\cos\gamma_f$	$B_x = B_0 - C_x$	$\varepsilon_x = \arctan\left(\dfrac{h_c}{B_x}\right)$	$R_x = \dfrac{h_c}{\sin\varepsilon_x}$（取值精度 0.001）	$\Delta R = (R_1 - R_x) \pm \delta$（取值精度 0.01）
9、10（作为 0 点）	7.475	15°					$\Delta R_0 = -1.39\pm0.02$
1、2	8.975	$\gamma_{f1} = \arcsin\left(\dfrac{7.475}{8.975}\times\sin15°\right) = 12.44852°$	$C_1 = 8.975\times\cos12.44852° - 7.475\cos15° = 1.54370$	$B_1 = 30.81446 - 1.54370 = 29.27076$	$\varepsilon_1 = \arctan\left(\dfrac{14.36902}{29.27076}\right) = 26.14643°$	$R_1 = \dfrac{14.36902}{\sin26.14643°} = 32.607$	0
3	12.930	8.60529°	5.56414	25.25032	29.64260°	29.052	$\Delta R_3 = 3.56\pm0.02$
4、5	15.300	7.26445°	7.95689	22.85757	32.15482°	27.000	$\Delta R_4 = 5.61\pm0.03$
6、7	11.000	10.12983°	3.60823	27.20623	27.84086°	30.768	$\Delta R_6 = 1.84\pm0.02$
8	8.475	13.19582°	1.03092	29.78354	25.75491°	33.069	$\Delta R_8 = -0.46\pm0.02$
11、12	9.626	11.59451°	2.20928	28.60518	26.67140°	32.011	$\Delta R_{11} = 0.60\pm0.02$

注：1. 表中只以 1 点（同 2 点）为例，说明圆体成形车刀半径 R_1 的详细计算过程，其他各点计算过程从略，只给出各步骤的计算结果。ΔR 则以 9、10 点为例计算。
　　2. ΔR 的公差是根据表 5-5 决定的。

标注刀具截形径向尺寸时，应选加工要求最高的 1—2 段轮廓形状作为尺寸标注基准，其他各组成点用截形深度 ΔR_x 表示其径向尺寸。各组成点截形深度 ΔR_x 的公差见表 5-6。

7) 校验最小后角 α_o。7—11 段切削刃与进给方向（即工件径向）的夹角最小，因而这段切削刃上后角最小，其值为

$$\alpha_o = \arctan[\tan(\varepsilon_{11} - \gamma_{f11})\sin20°]$$
$$= \arctan[\tan(26.67 - 11.59)\sin20°]$$
$$= 5.27°$$

一般要求最小后角不小于 2°~3°，因此校验合格。

8) 车刀轮廓形状宽度 l_x。l_x 即为相应工件轮廓形状的计算长度 l_{jx}，其数值及公差如下（公差值是按表 5-5 确定的，表中未列出者可酌情取为±0.2mm）

$$l_2 = l_{j2} = (3.63\pm0.02)\text{mm}$$
$$l_3 = l_4 = l_{j3} = l_{j4} = (13.15\pm0.03)\text{mm}$$
$$l_5 = l_6 = l_{j5} = l_{j6} = (4.82\pm0.02)\text{mm}$$
$$l_7 = l_{j7} = (23.08\pm0.05)\text{mm}$$
$$l_8 = l_{j8} = (0.5\pm0.02)\text{mm}$$

9) 画出刀具工作图及样板工作图，如图 5-14、图 5-15 所示。

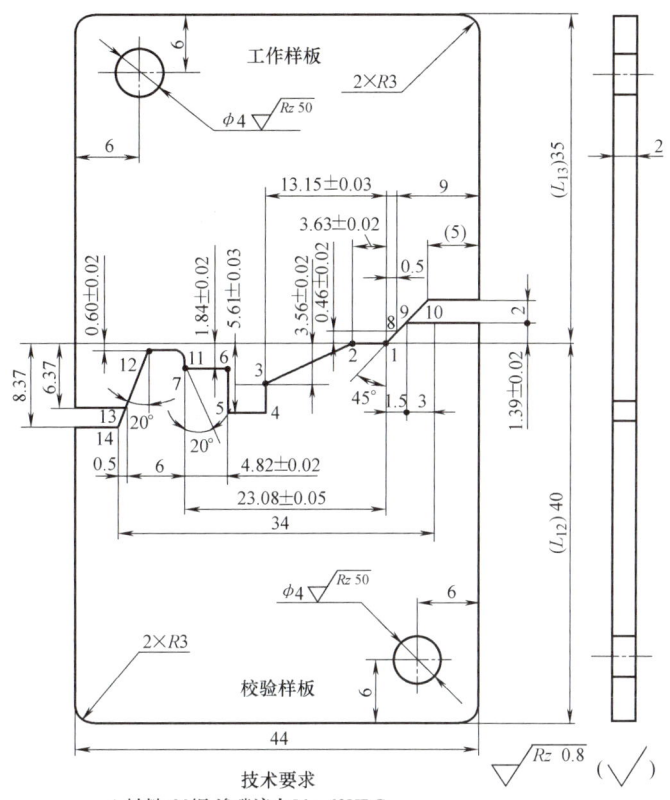

技术要求
1. 材料：20钢，渗碳淬火56～62HRC。
2. 轮廓形状表面粗糙度Ra值为0.08～1.6μm。
3. 未注角度偏差为±5′。

图 5-14　成形车刀样板

技术要求
1. 刀具材料W18Cr4V，热处理硬度63～66HRC。
2. 轮廓形状按样板制造，表面粗糙度Ra值≤0.2μm。

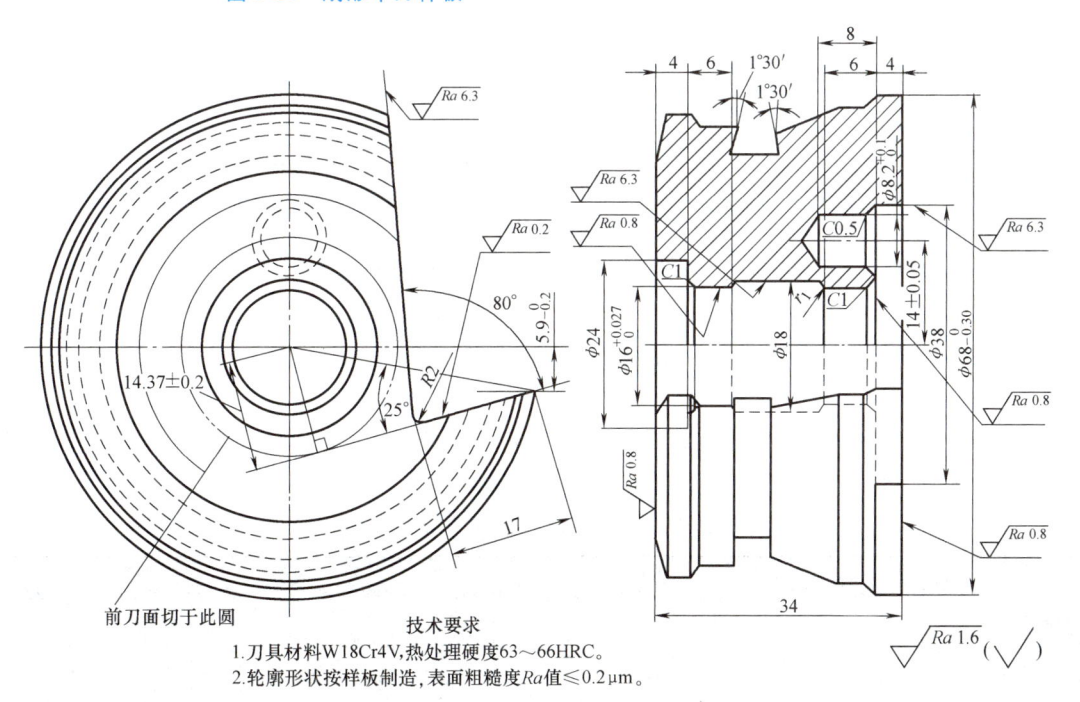

图 5-15　圆体成形车刀工作图

2. 棱体成形车刀设计

工件仍为图 5-12 所示的工件。

1) 选择刀具材料。选用普通高速钢 W18Cr4V，整体结构。

2) 选择前角 γ_f 与后角 α_f。其值见表 5-4，取 $\gamma_f = 15°$，$\alpha_f = 12°$。

3) 画出刀具截形计算图，如图 5-16 所示。

标出工件轮廓形状上各组成点 1~12，确定 0—0 线为基准，计算出 1~12 各点的计算半径 r_{jx}（同圆体成形车刀）。

4) 确定刀具结构尺寸，参考表 5-1。

$L_c = 34\text{mm}, H = 75\text{mm}$,
$F = 25\text{mm}, E = 9.2\text{mm}$
$d' = 8\text{mm}, f = 8\text{mm}, M = 37.62_{-0.12}^{0}\text{mm}$

5) 用计算法求出 N—N 断面内刀具截形上各组成点距 0—0 线的尺寸 P_x，然后选择 1—2 段为基准线（其原因与圆体成形车刀设计相同），计算出刀具截形上各组成点到该基准线的垂直距离 ΔP_x，即刀具各组成点的截形深度。计算结果和过程见表 5-7。根据表 5-5 确定各组成点截形深度的 ΔP_x 公差。

6) 校验最小后角 α_o（与圆体成形车刀设计相同）。

7) 确定棱体成形车刀轮廓形状宽度 l_x（与圆体成形车刀设计相同）。

8) 确定刀具的夹固方式——采用燕尾结构。

9) 绘制棱体成形车刀工作图与样板工作图。

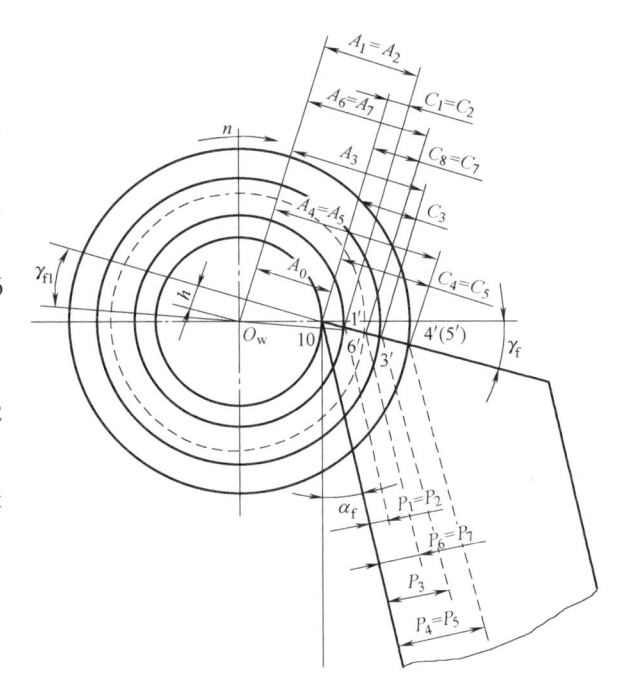

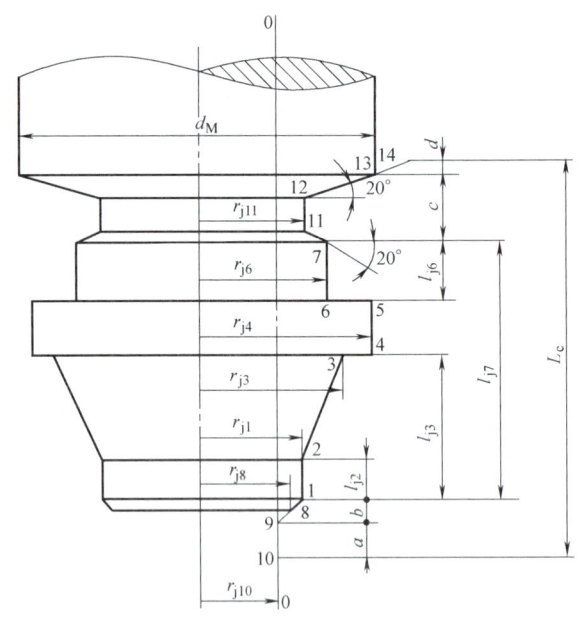

图 5-16 棱体成形车刀轮廓形状计算图

表 5-7 棱体成形车刀轮廓形状计算表 （单位：mm）

$h = r_{j0}\sin\gamma_f = 7.475\sin 15° = 1.9347$，$A_0 = r_{j0}\cos\gamma_f = 7.475\cos 15° = 7.2203$							
轮廓形状组成点	r_{jx}	$\gamma_{fx} = \arcsin\left(\dfrac{h}{r_{jx}}\right)$	$A_x = r_{jx}\cos\gamma_{fx}$	$C_x = A_x - A_0$	$P_x = C_x\cos(\gamma_f + \alpha_f)$（取值精度 0.001）	$\Delta P = (P_x - P_1) \pm \delta$（取值精度 0.001）

(续)

9、10 (作为 0点)	7.475	15°			0	$\Delta P = -1.38 \pm 0.02$
1、2	8.975	$\gamma_{f1} = \arcsin\left(\dfrac{1.9347}{8.975}\right)$ $= 12.4485°$	$A_1 = 8.975 \times$ $\cos 12.4485°$ $= 8.7649$	$C_1 = 8.7649 - 7.2203$ $= 1.5437$	$P_1 = 1.5437 \times$ $\cos(15° + 12°)$ $= 1.375$	0
3	12.930	8.6953°	12.7844	5.5641	4.958	$\Delta P_3 = 3.58 \pm 0.02$
4、5	15.300	7.217°	15.2780	8.0577	7.1795	$\Delta P_4 = 5.80 \pm 0.02$
6、7	11.000	10.1298°	10.8285	3.6082	3.215	$\Delta P_6 = 1.84 \pm 0.02$
8	8.475	13.1958°	8.2512	1.0309	0.919	$\Delta P_8 = -0.46 \pm 0.02$
11、12	9.626	11.5945°	9.4296	2.2093	1.968	$\Delta P_{11} = 0.59 \pm 0.02$

注：1. 表中只以 1 点（同 2 点）为例，说明棱体成形车刀半径 P_1 的详细计算过程，其他各点计算过程从略，只给出各步骤的计算结果。ΔP 则以 3 点计算为例。

2. ΔP 的公差是根据表 5-5 确定的。

第二节　拉刀设计

拉刀一般有许多刀齿。由于拉刀的后一个（或一组）刀齿高于前一个刀齿，因而能在一次拉削行程中，将工件余量金属材料一层一层地切除掉。

与其他加工方法相比，拉削加工具有以下特点：

1）生产率高。拉削时，一次行程可完成粗、精加工，因此生产率很高。

2）加工精度与表面质量高。由于拉削速度较低（一般不超过 18m/min），切削厚度很小（一般精切齿的切削厚度为 0.005~0.02mm），切削过程平稳，因此加工表面粗糙度 Ra 值小（0.8~3.2μm），加工精度高（可达 IT7~IT8）。

3）加工范围广。拉刀可以加工出各种形状的通孔和通槽及没有障碍的外表面。有些形状表面是其他切削加工方法难以完成的。

4）拉刀使用寿命长。由于拉削速度低，因而切削温度低，刀具磨损慢。

5）拉床结构简单。拉削加工只需要一个主运动（直线运动），故拉床结构简单。

由于拉刀结构比一般刀具复杂，制造成本高，因此多用于大批量生产。在被加工零件的形状、尺寸标准化或加工特殊形状内外表面时，即使小批量生产或单件生产中使用拉刀，也能获得较好的经济效果。

本节主要以圆孔拉刀为例，介绍拉刀设计的基本方法和步骤。

一、概述

（一）拉刀的分类和用途

拉刀的种类很多，按加工表面的不同可分为内拉刀和外拉刀。内拉刀用于拉削各种形状的通孔和孔中通槽，如图 5-17 所示为常用的各种内拉刀；外拉刀用于拉削工件的外表面，如图 5-18 所示为几种外拉刀。拉刀按加工时受力性质的不同又可分为拉刀和推刀。拉刀是在拉伸状态下工作的；而推刀则是在压缩状态下工作的（见图 5-19），推刀一般都比较短，齿数少，主要用于精修孔或校准热处理后变形的孔。

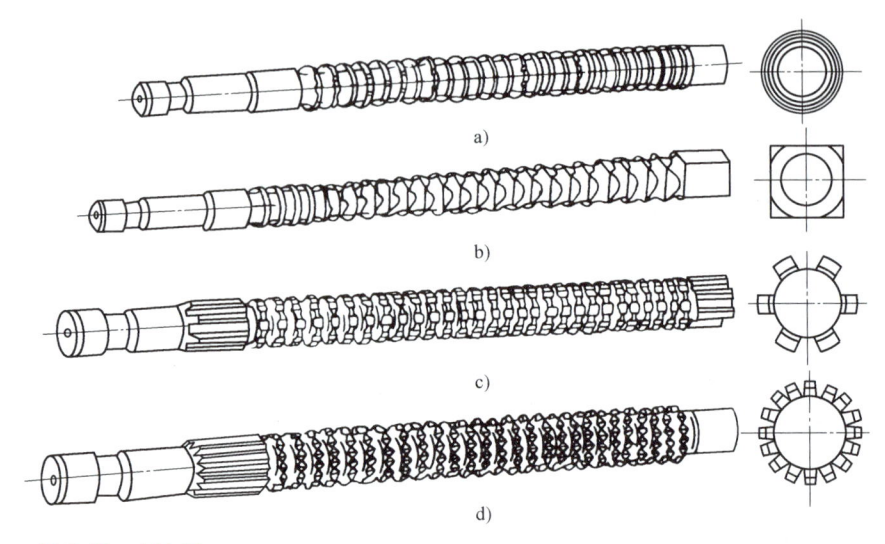

图 5-17 内拉刀

a) 圆孔拉刀　b) 方孔拉刀　c) 花键拉刀　d) 渐开线拉刀

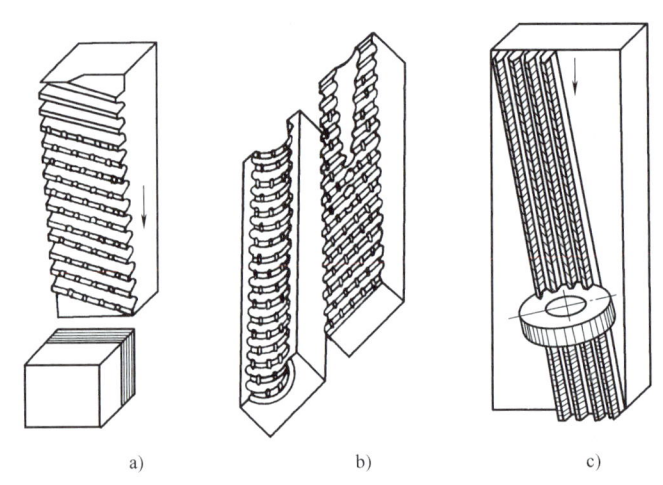

图 5-18 外拉刀

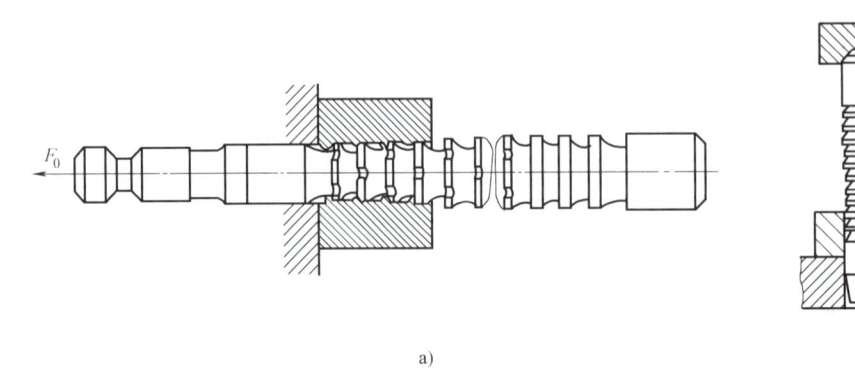

图 5-19 拉刀与推刀的工作状况

a) 拉刀　b) 推刀

(二) 拉刀的结构

拉刀的种类虽然很多，但它们的结构组成是相似的。下面介绍圆孔拉刀的结构，如图 5-20 所示。圆孔拉刀由工作部分和非工作部分构成。

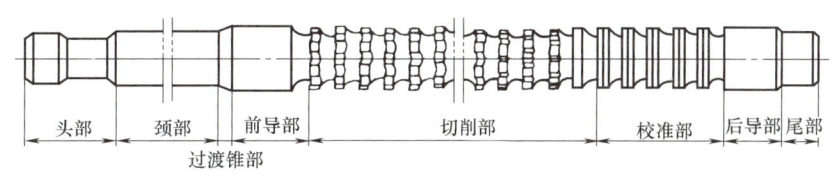

图 5-20 圆孔拉刀的组成部分

1. 工作部分

工作部分由许多按顺序排列的刀齿组成，每个刀齿都有前角、后角和刃带。根据各刀齿在拉削时的作用不同，分为切削部（齿）和校准部（齿）两部分。

（1）切削部（齿） 承担全部余量材料的切除工作，由粗切齿、过渡齿和精切齿组成。

（2）校准部（齿） 拉刀最后面的几个刀齿，它们的直径都相同（与最后一个精切齿直径相等），不承担切削工作，仅起修光、校准作用。当切削齿因重磨直径减小时，它可依次递补成为切削齿。

2. 非工作部分

非工作部分包括头部、颈部、过渡锥部、前导部、后导部和尾部。

（1）头部 与拉床夹头连接，传递拉削运动和拉力。

（2）颈部 头部与过渡锥部之间的连接部分，也是打标记的位置。

（3）过渡锥部 呈圆锥形，可引导拉刀的前导部顺利地进入工件的预制孔中。

（4）前导部 引导拉刀进入正确的位置，以保证工件预制孔与拉刀的同轴度，并可检查工件预制孔径尺寸，防止第一个刀齿出现因负荷过重而崩刃的情况。

（5）后导部 在最后几个校准齿离开工件之前起导向作用，防止工件下垂而损坏已加工表面。

（6）尾部 在拉刀又长又重时应设计有尾部。工作时，拉床的托架支撑尾部，防止拉刀下垂。

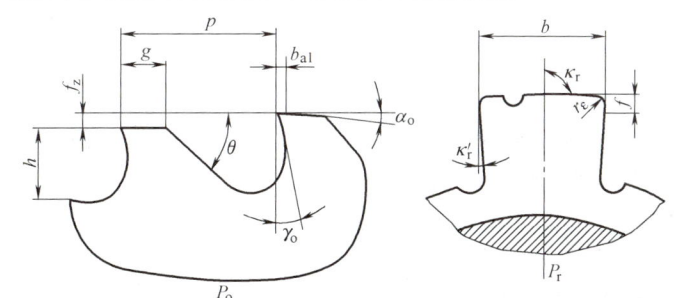

3. 拉刀切削部分结构要素

拉刀切削部分结构要素如图 5-21 所示。

（1）几何角度

1）前角 γ_o。前刀面与基面的夹角，在正交平面内测量。

图 5-21 拉刀切削部分结构要素

2）后角 α_o。后刀面与切削平面的夹角，在正交平面内测量。

3）主偏角 κ_r。主切削刃在基面中的投影与进给方向（齿升量测量方向）的夹角，在基面内测量。除成形拉刀外，各种拉刀的主偏角多为 90°。

4）副偏角 κ_r'。副切削刃在基面中的投影与已加工表面的夹角，在基面内测量。

（2）结构参数

1）齿升量 f_z。拉刀前后相邻两刀齿（或齿组）高度之差。

2）齿距 p。相邻刀齿间的轴向距离。

3）容屑槽深度 h。从顶刃到容屑槽槽底的距离。

4）齿厚 g。从切削刃到齿背棱线的轴向距离。

5）齿背角 θ。齿背与切削平面的夹角。

6）刃带宽度 b_{a1}。沿拉刀轴向测量的刀齿刃带尺寸。

（三）拉削方式（拉削图形）

拉刀从工件上把拉削余量材料切下来的顺序，称为拉削方式。用于表述拉削方式的图形即为拉削图形。拉削方式的选择是否合理，直接影响加工表面质量、生产率和拉刀制造成本，以及拉刀各刀齿负荷的分配、拉刀的长短、拉削力的大小和拉刀的使用寿命等。

拉削方式可分为分层式、分块式（轮切式）和组合式（综合式）三类。

1. 分层式拉削

分层式拉削又可分为成形式和渐成式两种。

（1）成形式　按成形式设计的拉刀，每个刀齿的切削刃形状与被加工表面最终要求的形状相似，切削齿的高度向后递增，工件上的拉削余量被一层一层地切去，最终由最后一个切削齿切出所要求的尺寸，经校准齿修光达到预定的尺寸精度及表面粗糙度。图 5-22 所示为成形式圆孔拉刀的拉削图形。采用成形式拉刀，可获得较低加工表面粗糙度值。但由于切削刃工作长度（切削宽度）大，则允许的齿升量（切削厚度）很小，在拉削余量一定时，需要较多的刀齿数，因此拉刀比较长。成形式拉刀的每个刀齿形状都与被加工工件最终表面形状相同，因此除圆孔拉刀外，制造都比较困难。

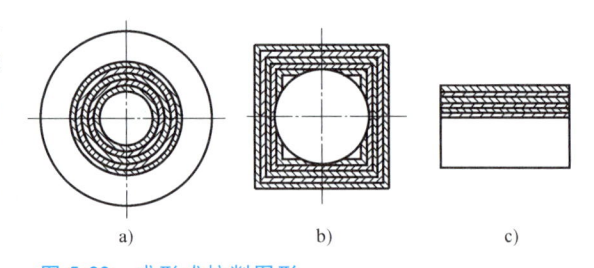

图 5-22　成形式拉削图形

（2）渐成式　如图 5-23 所示，按渐成式设计的拉刀，刀齿的切削刃形状与加工最终表面的形状不同，被加工工件表面的形状和尺寸由各刀齿的副切削刃所形成。这时拉刀刀齿可制成简单的直线形或圆弧形，所以加工复杂成形表面时，渐成式拉刀的制造要比成形式简单。缺点是加工表面上会出现副切削刃的交替痕迹，因此加工表面质量较差。

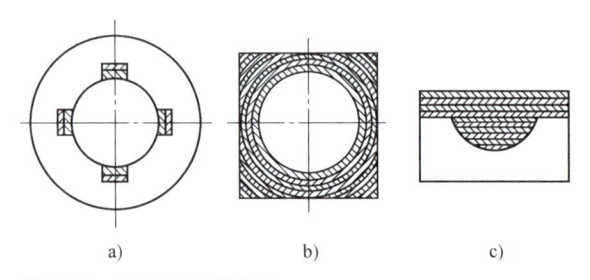

图 5-23　渐成式拉削图形
a）拉花键　b）拉方孔　c）拉凹形面

2. 分块式拉削

分块式拉削方式与分层式拉削方式的区别在于：工件上的每层金属是由一组尺寸基本相同的刀齿切去的，每个刀齿仅切去一层金属的一部分。如图 5-24 所示反映了三个刀齿为一组的圆孔分块式拉刀的刀齿形状和相互位置，第一齿与第二齿的直径相同，但切削刃位置互相错开，各切除工件上同一层金属中的几段材料，剩下的残留材料由同一组的第三个刀齿切除。这个齿不开分屑槽，考虑加工表面弹性恢复，其直径略小于前两个齿。

分块式拉削方式与分层式拉削方式相比较，每个刀齿参加工作的切削刃的长度较小，在保持相同拉削力的情况下，允许较大的齿升量（切削厚度）。因此，在拉削余量一定时，分层式拉刀所需的刀齿总数要少很多，故大大缩短了拉刀长度。但加工表面质量不如成形式拉刀的好。

3. 组合式拉削

按组合拉削方式设计的拉刀，称为组合式拉刀，它结合了成形式拉刀与分块式拉刀的优点，即粗切齿按分块式结构设计，精切齿则采用成形式结构设计。这样，既缩短了拉刀长度，保持了较高的生产率，又获得了较好的加工表面质量。我国生产的圆孔拉刀较多地采用这种结构。如图 5-25 所示为组合式拉削图形，粗切齿采用不分组的分块式拉刀结构，即第一个刀齿切去一层金属的一半左右，第二个刀齿比第一个刀齿高出一个齿升量，除切去第二层金属的一半左右外，还切去第一个刀齿留下的第一层金属的一半左右，后面的刀齿都以同样顺序交错切削，直到把粗切余量切完为止；精切齿则采取分层式结构。

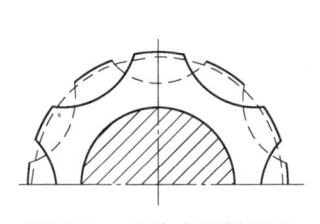

图 5-24 分块式拉削图形

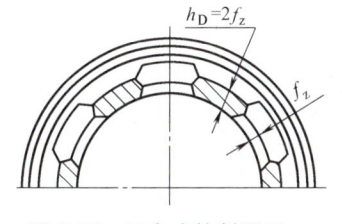

图 5-25 组合式拉削图形

二、圆孔拉刀设计

拉刀设计的主要内容包括：工作部分和非工作部分的结构参数设计，拉刀强度和拉床拉力校验，以及绘制拉刀工作图等。

（一）工作部分设计

工作部分是拉刀的主要组成部分，它直接决定拉削效率和加工表面质量，以及拉刀的制造成本。

1. 确定拉削方式（拉削图形）

我国生产的圆孔拉刀一般采用组合式拉削方式。

2. 确定拉削余量

拉削余量 A 指拉刀应切除的材料层厚度总和。确定原则：在保证去除前道工序造成的加工误差和表面破坏层的前提下，尽量选小的拉削余量，以缩短拉刀长度。确定方法有经验公式法和查表法。

当拉前预制孔为钻孔或扩孔时，有

$$A = 0.005D_m + (0.1 \sim 0.2)\sqrt{L_0} \tag{5-7}$$

式中 L_0——拉削长度（mm）；

D_m——拉后孔径（mm）。

当拉前预制孔为镗孔或粗铰孔时，有

$$A = 0.005D_m + (0.05 \sim 0.1)\sqrt{L_0} \tag{5-8}$$

当拉前孔径 D_0 和拉后孔径 D_m 已知时，则有

$$A = D_{m\max} - D_{0\min} \tag{5-9}$$

式中 $D_{m\max}$——拉后孔的最大直径（mm）；

$D_{0\min}$——拉前孔的最小直径（mm）。

要根据被拉孔的直径、长度和预制孔加工精度等，用查表法确定拉削余量 A。

3. 确定拉刀材料

拉刀材料一般选用 W6Mo5Cr4V2 高速钢，按整体结构制造，一般不焊接柄部。由于拉刀制造精度要求高，在拉刀成本中加工费用占的比重较大，为了延长拉刀寿命，也常用 W2Mo9Cr4VCo8(M42) 和 W6Mo5Cr4V2Al 等硬度和耐磨性均较高的高性能高速钢制造。拉刀还可用整体硬质合金加工成环形齿，经过精磨后套装于 9SiCr 或 40Cr 钢制造的刀体上。

4. 刀齿几何参数选择

刀齿主要几何参数见表 5-8，示意如图 5-26 所示。

表 5-8 刀齿主要几何参数

工件材料		前角 $\gamma_o/(°)$		后角 α_o		刃带宽度 b_{a1}/mm		
		数值	极限偏差	切削齿	校准齿	粗切齿	精切齿	校准齿
钢	硬度≤197HBW	16~18	+2 −1	$2°30'^{+1°}_{0}$	$1°^{+30'}_{0}$	≤0.1	>0.1~0.2	>0.3~0.5
	硬度>197~229HBW	15						
	硬度>229HBW	10~12						
灰铸铁	硬度≤180HBW	8~10						
	硬度>180HBW	5						
可锻铸铁、球墨铸铁、蠕墨铸铁		10		$2°^{+1°}_{0}$	$30'^{+1°}_{0}$			
铝合金、巴氏合金		20~25		$2°30'^{+1°}_{0}$				
铜合金		5~10		$2°^{+1°}_{0}$				

注：拉削不锈钢、高温合金、钛合金等材料时，不留刃带。若留刃带，则刃带宽度必须小于 0.05mm。

（1）前角 γ_o 一般根据工件材料选取。若工件材料的强度（硬度）低，则前角选大些；反之选小些。

校准齿前角可取小些，为了制造方便，也可取与切削齿相同的前角。

（2）后角 α_o 拉削时切削厚度很小，根据金属切削原理中后角的选择原则，应取较大后角。但由于（内）拉刀一般重磨前刀面，若后角取得大，刀齿直径就会减小得很快，拉刀使用寿命会显著缩短。因此，（内）拉刀切削齿后角都选得较小，校准齿后角比切削齿的后

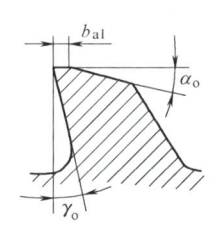

图 5-26 刀齿主要几何参数

角更小。

（3）刃带宽度 b_{a1}　拉刀各类刀齿均留有刃带，以便于制造拉刀时控制刀齿直径；校准齿的刃带还可以保证沿前刀面重磨时刀齿直径不变。各类刀齿刃带宽度见表5-8。

5. 确定齿升量 f_z

在拉削余量确定的情况下，齿升量越大，则切除全部余量所需的刀齿数越少，拉刀长度缩短，拉刀制造成本降低，生产率也可提高。但齿升量过大，拉刀会因强度不够而被拉断，并且拉削表面质量也不易保证。

粗切齿、精切齿和过渡齿的齿升量各不相同。粗切齿齿升量较大，以保证尽快切除80%以上的余量材料。精切齿齿升量较小，以保证加工精度和加工表面质量，但由于存在切削刃钝圆半径 r_n，故精切齿的齿升量不得小于0.005mm，否则当切削厚度 $h_D<r_n$ 时，将不能切下切屑，造成严重挤压，恶化加工表面质量，加剧刀具磨损。过渡齿的齿升量是由粗切齿齿升量逐步过渡到精切齿齿升量，以保证拉削过程的平稳。

综上所述，齿升量确定的原则应该是在保证加工表面质量、容屑空间和拉刀强度的前提下，尽量选取较大值。圆孔拉刀粗切齿的齿升量可参照表5-9、表5-10选取。

表5-9　分层式拉刀粗切齿的齿升量

工件材料	碳钢和低合金钢			高合金钢		不锈钢	铸铁		铸钢	铝	青铜黄铜
	$R_m<$ 0.49GPa	$R_m \geq$ 0.49~ 0.735GPa	$R_m \geq$ 0.735GPa	$R_m<$ 0.784GPa	$R_m \geq$ 0.784GPa		灰铸铁	可锻铸铁			
齿升量 f_z /mm	0.015 ~0.02	0.015 ~0.03	0.015 ~0.025	0.025 ~0.03	0.01 ~0.025	0.01 ~0.03	0.03 ~0.08	0.05 ~0.1	0.02 ~0.05	0.02 ~0.05	0.05 ~0.12

注：1. 拉削后工件表面粗糙度值要求较小，或工件材料加工性较差，或工件刚性差（如薄壁筒），或拉刀强度低时，齿升量取小值。

2. 小于0.015mm的齿升量只适用于精度要求很高或研磨得很锋利的拉刀。

表5-10　分块式、组合式拉刀粗切齿的齿升量　　　　（单位：mm）

类别	分块式拉刀			
拉刀直径	>10~30	>30~50	>50~100	>100
齿升量 f_z	0.05~0.1	0.08~0.16	0.1~0.2	0.15~0.25

类别	组合式拉刀（切钢）				
拉刀直径	>10~15	>15~20	>20~30	>30~45	>45~85
齿升量 f_z	0.03	0.035	0.04	0.05	0.06

注：1. 拉削后工件表面粗糙度值要求较小，或工件材料加工性较差，或工件刚性差（如薄壁筒），或拉刀强度低时，齿升量取小值。

2. 小于0.015mm的齿升量只适用于精度要求很高或研磨得很锋利的拉刀。

6. 确定齿距 p

拉刀齿距的大小，直接影响拉刀的容屑空间、拉刀长度及拉刀同时工作的齿数。齿距 p 增大，同时工作的齿数 z_e 减少，拉削平稳性降低，且拉刀长度增加，生产率降低。反之，齿距 p 减小，同时工作的齿数 z_e 增加，拉削平稳性增加，但拉削力增大，可能导致拉刀强度不足。为了保证拉削平稳和拉刀强度，确定齿距时应保证拉刀同时工作的齿数 $z_e = 3 \sim 8$（见表5-11）。

表 5-11 拉刀齿距及同时工作齿数

齿别	拉削条件	齿距 p 的计算式/mm	同时工作齿数 z_e 的计算式
粗切齿和过渡齿	同廓式拉刀	$p=(1.25\sim1.5)\sqrt{L_0}$	最少同时工作齿数 $z_{emin}=\dfrac{L_0}{p}$ 最多同时工作齿数 $z_{emax}=\dfrac{L_0}{p}+1$
	轮切式拉刀 组合式拉刀	$p=(1.45\sim1.9)\sqrt{L_0}$	
	$f_z>0.15$mm	$p=(1.75\sim2)\sqrt{L_0}$	
	孔中有空刀槽		
精切齿和校准齿	当 $p>10$mm 时	$p_j=(0.6\sim0.8)p$	
	当 $p\leqslant10$mm 时	$p_j=p$	

注：1. L_0 为工件被拉削表面的总长度。
  2. 拉削短工件和脆性材料时，系数取小值；拉削长工件或韧性材料时，系数取大值。
  3. 计算出的 p 值，应取接近的标准值。
  4. 同时工作的齿数应满足 $3\leqslant z_e\leqslant 8$ 的校验条件，若算出 $z_e<3$，则可把几个工件叠在一起拉削。
  5. 因精切齿重磨后要递补为粗切齿或过渡齿，故 $p>10$mm 时的精切齿齿距也可以等于 p。

过渡齿的齿距与粗切齿的齿距相同，精切齿的齿距小于粗切齿的齿距，校准齿的齿距与精切齿的齿距相同，一般为粗切齿齿距的 7/10。

当拉刀总长度允许时，为了便于制造，也可将各类刀齿选用相同的齿距。有时为提高拉削表面质量，避免拉削过程中的周期性振动，拉刀也可设计成不等齿距。

7. 确定容屑槽形状和尺寸

拉削属于封闭式切削。在拉削过程中，切下的切屑需全部容纳在容屑槽中，因此，容屑槽的形状和尺寸应能保证较宽敞地容纳切屑，并尽量使切屑紧密卷曲。为保证容屑空间和拉刀强度，在一定齿距下，可以选用浅槽、基本槽和深槽，以适应不同的要求。常用的容屑槽尺寸见表 5-12。

容屑槽尺寸应能满足容屑条件。由于切屑在容屑槽内卷曲和填充不可能很紧密，为保证容屑，容屑槽的有效容积必须大于切屑所占的体积，即

$$V_p>V_c \text{ 或 } K=\frac{V_p}{V_c}>1$$

式中　V_p——容屑槽的有效容积（mm^3）；
　　　V_c——切屑体积（mm^3）；
　　　K——容屑系数。

表 5-12 拉刀容屑槽尺寸　　　　　　　　　　　　（单位：mm）

粗切齿齿距 p	浅槽				基本槽				深槽			
	h	g	r	R	h	g	r	R	h	g	r	R
7	2	2.5	1	4	2.5	2.5	1.3	4	3	2.5	1.5	5
8	2	3	1	5	2.5	3	1.3	5	3	3	1.5	5
9	2.5	3	1.3	5	3.5	3	1.8	5	4	3	2	7
10	3	3	1.5	7	4	3	2	7	4.5	3	2.3	7

(续)

粗切齿齿距 p	浅槽				基本槽				深槽			
	h	g	r	R	h	g	r	R	h	g	r	R
11	3	4	1.5	7	4	4	2	7	4.5	4	2.3	7
12	3	4	1.5	8	4	4	2	8	5	4	2.5	8
13	3.5	4	1.8	8	4	4	2	8	5	4	2.5	8
14	4	4	2	10	5	4	2.5	10	6	4	3	10
15	4	5	2	10	5	5	2.5	10	6	5	3	10
16	5	5	2.5	12	6	5	3	12	7	5	3.5	12
17	5	5	2.5	12	6	5	3	12	7	5	3.5	12
18	6	6	3	12	7	6	3.5	12	8	6	3	12
19	6	6	3	12	7	6	3.5	12	8	6	4	12
20	6	6	3	14	7	6	3.5	12	9	6	4.5	14
21	6	6	3	14	7	6	3.5	14	9	6	4.5	14
22	6	6	3	16	7	6	3.5	16	9	6	4.5	16
24	6	7	3	16	8	7	4	16	10	7	5	16
25	6	8	3	16	8	8	4	16	10	8	5	16
26	8	8	4	18	10	8	5	18	12	8	6	18
28	8	9	4	18	10	9	5	18	12	9	6	18
30	8	10	4	18	10	10	5	18	12	10	6	18
32	9	10	4.5	22	12	10	6	22	14	10	7	22

注：1. 各型容屑槽的容屑面积 $A = \frac{1}{4}\pi h^2$。

2. 使用组合式拉刀或拉削韧性材料时，应采用直线齿背双圆弧槽型或曲线齿背槽型。

由于切屑在宽度方向变形很小，故容屑系数可用容屑槽有效截面面积和切屑的纵向截面面积之比来表示（见图5-27），即

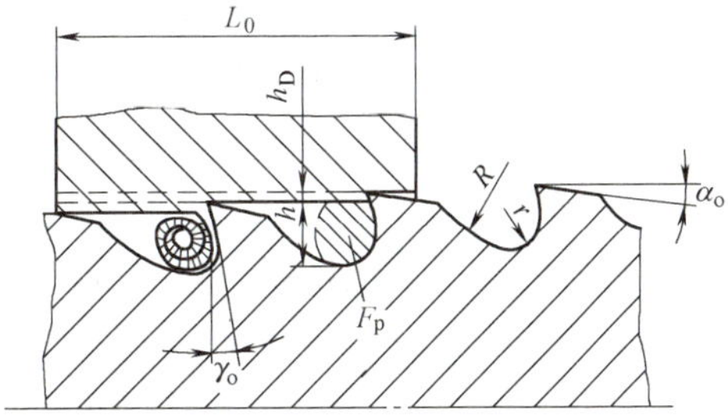

$$K = \frac{A_p}{A_D} = \frac{\frac{\pi h^2}{4}}{h_D L_0} = \frac{\pi h^2}{4 h_D L_0} \quad (5\text{-}10)$$

式中 A_p——容屑槽有效截面面积(mm^2)；

图 5-27 容屑槽形状

A_D——切屑纵向截面面积(mm^2)；

h_D——切削厚度(mm)，组合式拉削时 $h_D = 2f_z$，其他方式拉削时 $h_D = f_z$。

当许用容屑系数[K]和切削厚度 h_D 已知时，容屑槽深度 h 可计算为

$$h \geq 1.13\sqrt{[K] h_D L_0} \quad (5\text{-}11)$$

式（5-11）中[K]值可查表5-13选取。根据计算结果，选用稍大的标准 h 值。

表 5-13　轮切式拉刀容屑槽的容屑系数

切削厚度 h_D/mm	许用容屑系数 [K]		
	$P = 4.5 \sim 9$mm	$P = 10 \sim 15$mm	$P = 16 \sim 25$mm
≤0.05	3.3	3.0	2.8
>0.05~0.1	3.0	2.7	2.5
>0.1	2.5	2.2	2.0

注：1. 本表适用于组合式圆拉刀，其切削厚度 $h_D = 2f_z$。
　　2. 本表适用在切削刃宽度 $b_D \leq 1.2\sqrt{D_g}$（D_g 为拉刀圆形齿直径公称尺寸）的情况下加工钢料。
　　3. 当 $b_D > (1.2 \sim 1.5)\sqrt{D_g}$ 时，表中的 [K] 值应增大 0.3。
　　4. 加工灰铸铁时可取 [K] = 1.5。
　　5. 当几个薄工件重叠在一起（$L_0 = 3 \sim 10$mm）拉削时，取 [K] = 1.5。

常用的拉刀容屑槽有直线齿背槽型、曲线齿背槽型和直线齿背双圆弧槽型，形状如图 5-28 所示。

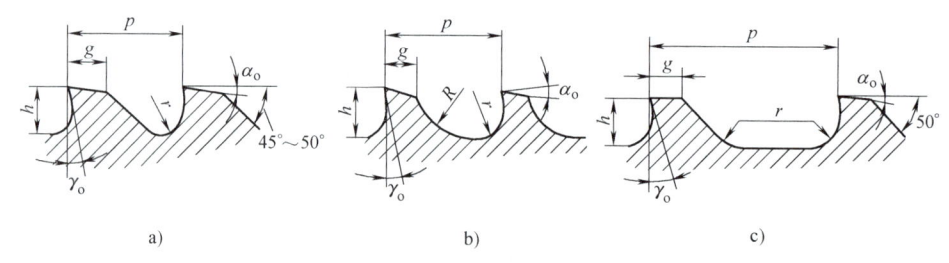

图 5-28　拉刀容屑槽形状
a）直线齿背槽型　b）曲线齿背槽型　c）直线齿背双圆弧槽型

（1）直线齿背容屑槽　这种槽型的齿背与前刀面均为直线，两者与槽底圆弧 r 圆滑连接。容屑空间较小，但它的优点是形状简单、容易制造。

（2）曲线齿背容屑槽　这种槽形由两段圆弧 R、r 和前刀面组成。容屑空间较大，便于切屑卷曲，适用于深槽或齿距较小或拉削韧性材料的工件。

（3）直线齿背双圆弧容屑槽　这种槽形由两段圆弧 r 和一段直线组成。当齿距 $p > 16$mm 时可选用。此槽型容屑空间大，适用于拉削长度大或带空刀槽的工件。

8. 设计分屑槽

分屑槽的作用是将较宽的切屑分割成窄切屑，以便于切屑卷曲、容纳和清除。拉刀前、后刀齿上的分屑槽应交错磨出。常见的分屑槽有圆弧形和角度形两种，它们的形状如图 5-29 所示，其尺寸见表 5-14、表 5-15。组合式圆拉刀的粗切齿、过渡齿一般采用圆弧形分屑槽，精切齿采用角度形分屑槽。

设计分屑槽时应注意以下几点：

1）分屑槽的深度 h_k 必须大于齿升量，否则不起分屑作用。角度形分屑槽角度 $\omega = 90°$，深度 $b_k > 0.1$mm，槽宽 $b_k = 2h_k > 0.2$mm，$b_{k\max} = 1.5$mm。圆弧形分屑槽的刃宽略大于槽宽。

2）分屑槽两侧刃上需具有足够大的后角。

第五章 专用刀具设计

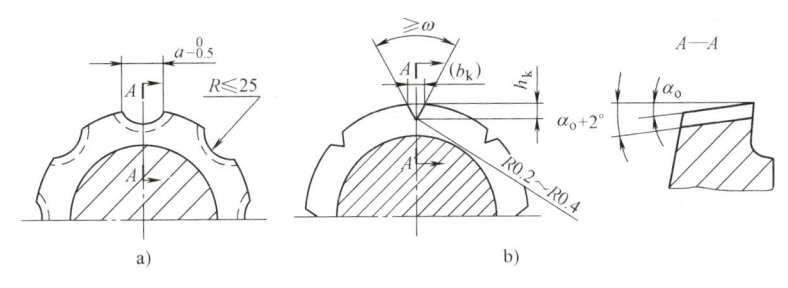

图 5-29 拉刀分屑槽的形状
a) 圆弧形分屑槽 b) 角度形分屑槽

表 5-14 圆拉刀圆弧形分屑槽的尺寸 （单位：mm）

拉刀直径 D_g	槽数 n_k	槽宽 a	拉刀直径 D_g	槽数 n_k	槽宽 a	拉刀直径 D_g	槽数 n_k	槽宽 a	拉刀直径 D_g	槽数 n_k	槽宽 a
>10~11	4	3.5	>19.5~21	8	3.5	>35~37	10	5.5	>56~59	12	7.5
>11~12		4	>21~23		4	>37~38		5.5	>59~62		7.5
>12~13		4.5	>23~25		4.5	>38~40		6	>62~65		6
>13~14		3.2	>25~27		4.8	>40~42		5	>65~68	16	6.5
>14~15		3.5	>27~29		5.2	>42~45		5.5	>68~72		6.5
>15~16.5	6	4.5	>29~31	10	4.5	>45~48	12	5.8	>72~76		7
>16.5~18		4.5	>31~33		5	>48~53		6.5	>76~81	18	7.5
>18~19.5		4.8	>33~35		5	>53~56		7	>81~87		8

注：适用于组合式拉刀的粗切齿和过渡齿，以及轮切式拉刀的切削齿。

表 5-15 圆拉刀角度形分屑槽的尺寸 （单位：mm）

拉刀直径 D_g	槽数 n_k	槽宽 b_k	槽深 h_k	拉刀直径 D_g	槽数 n_k	槽宽 b_k	槽深 h_k	拉刀直径 D_g	槽数 n_k	槽宽 b_k	槽深 h_k
>10~13	6	0.6~1	0.5	>40~45	20	0.7~1.2	0.6	>75~80	36	0.8~1.4	0.7
>13~16	8			>45~50	22			>80~85	38		
>16~20	10			>50~55	24			>85~90	40		
>20~25	12			>55~60	26			>90~95	42		
>25~30	14			>60~65	28			>95~100	44		
>30~35	16			>65~70	30			>100~105	46		
>35~40	18			>70~75	32			>105~110	50		

注：1. 适用于同廓式拉刀的切削齿和组合式拉刀的精切齿。

2. 槽数根据 $n_k = \dfrac{\pi D_g}{6 \sim 7}$（$D_g$ 为拉刀圆形齿直径的公称尺寸）计算。

3. 拉刀图样上当标注出分屑槽角度 ω 及槽深 h_k 后，b_k 尺寸已定，图样上不需要标注。ω 可取 60°~90°，以使两侧刃上有一定后角。

3) 分屑槽槽数 n_k 应保证切屑宽度不太大，使切屑窄平、易卷曲。为便于测量刀齿直径，槽数 n_k 应取偶数。

4) 在拉刀最后一个精切齿上不做分屑槽。拉削铸铁等脆性材料时，切屑呈崩碎状，不必做分屑槽。

9. 确定拉刀齿数和直径

（1）拉刀齿数　根据已确定的拉削余量 A、选定的粗切齿齿升量 f_z，可估算切削齿齿数 z（包括粗切齿、过渡齿和精切齿的齿数），有

$$z = \frac{A}{2f_z} + (3 \sim 5) \tag{5-12}$$

估算齿数的目的是估算拉刀长度。若拉刀长度超过规定要求，则需设计成两把或三把一套的成套拉刀。

拉刀切削齿的齿数要通过对刀齿直径排表来确定，该表一般排列于拉刀工作图的左下侧。过渡齿齿数、精切齿齿数和校准齿齿数的多少可参考表 5-16 选取。

表 5-16　圆孔拉刀过渡齿、精切齿和校准齿齿数

加工孔精度	粗切齿齿升量 f_z/mm	过渡齿齿数	精切齿齿数	校准齿齿数
IT7~IT8	>0.06~0.15	3~5	4~7	5~7
	>0.15~0.3	5~7		
	>0.3	6~8		
IT9~IT10	≤0.2	2~3	2~5	4~5
	>0.2	3~5		

（2）各刀齿直径　圆孔拉刀第一个粗切齿主要用来修正预制孔的飞边，可不设齿升量，此时第一个粗切齿直径等于预制孔的最小直径（也可以稍大于预制孔的最小直径，但该齿实际切削厚度小于齿升量）。其余粗切齿直径为前一刀齿直径加上两倍齿升量。过渡齿齿升量逐步减少（直到接近精切齿齿升量），其直径等于前一刀齿直径加上两倍实际齿升量。最后一个精切齿直径与校准齿直径相同。

校准齿无齿升量，各齿直径均相同。为了使拉刀有较长的寿命，取校准齿直径等于工件拉削后孔允许的最大直径 D_{mmax}。考虑到拉削后孔径可能产生扩张或收缩，校准齿直径 $d_校$ 应取为

$$d_校 = D_{mmax} \pm \delta \tag{5-13}$$

式中　δ——拉削后孔径扩张量或收缩量（mm），收缩时取"+"，扩张时取"−"，见表 5-17。

表 5-17　拉削孔径扩张量（参考值）　　　　　　　　　　（单位：mm）

孔径公差	孔径扩张量 δ	孔径公差	孔径扩张量 δ	孔径公差	孔径扩张量 δ
0.025	0	0.035~0.06	0.005	0.18~0.29	0.03
0.027	0.002	0.06~0.1	0.01	0.3~0.34	0.04
0.03~0.033	0.004	0.11~0.17	0.02	>0.4	0.05

注：拉刀的刀齿上由于有毛刺及积屑瘤等，拉削后孔径常会扩大，故在设计拉刀时一般都不考虑扩张量，而规定校准齿直径的上极限偏差为 0，下极限偏差按被加工孔的直径公差取为 −0.015~−0.005mm。孔直径公差大的下极限偏差数值取大值，反之取小值。

孔径收缩通常发生在拉削薄壁工件或韧性大的金属材料时；孔径扩张受拉刀制造精度、拉刀长度、拉削条件等因素的影响。

拉刀切削齿直径的排表方法：可以先确定第一个粗切齿直径后，再按顺序逐齿确定其他切削齿直径；也可以先确定最后一个粗切齿直径，然后反方向逐步确定其他切削齿直径。后一种方法较前一种更省时。

（二）拉刀其他部分设计

1. 头部（前柄）

拉刀头部尺寸已标准化，设计时可参照 GB/T 3832—2008《拉刀柄部》进行。

2. 颈部与过渡锥部

拉刀的商标与规格一般刻印在颈部上。颈部直径可取与头部直径相同值，也可略小于头部直径（一般小于 0.5~1mm）。颈部长度要保证拉刀第一个刀齿尚未进入工件之前，拉刀头部能被拉床的夹头夹住，即应考虑拉床床壁和花盘厚度、夹头与机床壁间距等数值（见图 5-30）。拉刀颈部长度（包括过渡锥）可计算为

$$L_3 = H + H_1 + L_c + (L_3' - L_1 - L_2) \quad (5\text{-}14)$$

对于最常用的 L6110、L6120、L6140 三种型号的拉床，可分别取颈部长度（包括过渡锥）为

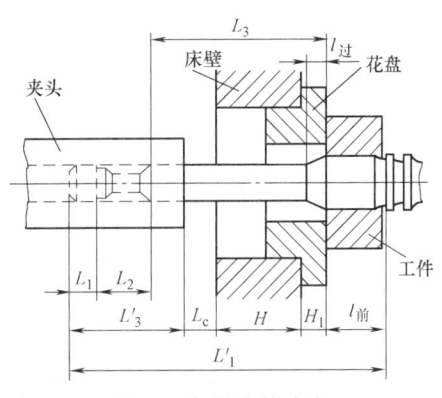

图 5-30 拉刀颈部长度的确定

110mm、160~180mm 和 200~220mm。因直径小于 30mm 的拉刀的夹头尺寸小于拉床床壁孔径，允许拉刀牵引夹头进入拉床床壁孔内 10~30mm，故小规格拉刀的颈部长度可以减短。

实际生产中，为了缩短拉刀长度，还可将花盘拆去，配置厚度比花盘厚度 H_1 小的大衬套（对于 L6110、L6120 和 L6140 型拉床，衬套厚度可分别取为 10mm、14mm 和 16mm）。大规格拉刀可直接用大衬套，中小规格拉刀除用大衬套外还要配上小衬套，衬套之间可采用过渡配合 H7/k6。这样又可使拉刀颈部长度减短 20~35mm。

拉刀图样上通常不标注颈部长度，而标注柄部前端到第一个刀齿之间的长度 L_1'，其值为

$$L_1' \geq L_1 + L_2 + L_3 + l_{前} \quad (5\text{-}15)$$

式中 $l_{前}$——拉刀前导部的长度(mm)。

3. 前导部、后导部和尾部

前导部直径的公称尺寸应等于拉削前预制孔的最小直径 $D_{0\min}$，长度 $l_{前}$ 一般等于工件拉削孔长度 L_0。当孔的长径比大于 1.5 时，可取为 $0.75L_0$，但不得小于 40mm。

后导部直径的公称尺寸等于拉削后孔的最小直径 $D_{m\min}$，长度 $l_{后}$ 可取为工件长度的 1/2~2/3，但不得小于 20mm。当拉削有空刀槽的内表面时，后导部的长度应大于工件空刀槽一端拉削长度与空刀槽长度之和。

尾部长度一般取为拉削后孔径的 1/2~7/10，直径等于护送托架衬套孔径。

4. 拉刀总长度

拉刀总长度受到拉床允许的最大行程、拉刀刚度、拉刀生产工艺水平、热处理设备等因素的限制，一般不超过表 5-18 所规定的数值；否则，需修改设计参数或改为两把以上的成套拉刀。

表 5-18　圆拉刀允许的最大总长度　　　　　　　　　　　　　　　（单位：mm）

拉刀直径 D_g	>12~15	>15~20	>20~25	>25~30	>30~50	>50
最大总长度 L	600	800	1000	1200	1300	1500

注：精密圆拉刀最大总长度 L 一般不超过 $20D_g$。

（三）拉刀强度及拉床拉力校验

1. 拉削力

拉削时，虽然拉刀每个刀齿的切削厚度很薄，但由于同时参加工作的切削刃总长度很长，因此拉削力仍旧很大。

组合式圆孔拉刀的最大拉削力 F_{max} 为

$$F_{max} = F_c' \pi \frac{d_0}{2} z_e \tag{5-16}$$

式中　F_c'——刀齿切削刃单位长度切削力（N/mm），可由表 5-19 查得。对组合式圆孔拉刀应按 $2f_z$ 查出 F_c'。

表 5-19　拉刀切削刃 1mm 长度上的切削力 F_c'

切削厚度 h_D/mm	切削力 F_c'/(N/mm)								
	碳钢			合金钢			铸铁		
							灰铸铁		
	硬度 ≤197 HBW	硬度 >197~229 HBW	硬度 >229 HBW	硬度 ≤197 HBW	硬度 >197~229 HBW	硬度 >229 HBW	硬度 ≤180HBW	硬度 >180HBW	可锻铸铁
0.01	64	70	83	75	83	89	54	74	62
0.015	78	86	103	99	108	122	67	80	67
0.02	93	103	123	124	133	155	79	87	72
0.025	107	119	141	139	149	165	91	101	82
0.03	121	133	158	154	166	182	102	114	92
0.04	140	155	183	181	194	214	119	131	107
0.05	160	178	212	203	218	240	137	152	123
0.06	174	191	228	233	251	277	148	163	131
0.07	192	213	253	255	277	306	164	181	150
0.075	198	222	264	265	286	319	170	188	153
0.08	209	231	275	275	296	329	177	196	161
0.09	227	250	298	298	322	355	191	212	176
0.10	242	268	319	322	347	383	203	232	188
0.11	261	288	343	344	374	412	222	249	202
0.12	280	309	368	371	399	441	238	263	216
0.125	288	320	380	383	412	456	245	274	226
0.13	298	330	390	395	426	471	253	280	230
0.14	318	350	417	415	448	495	268	297	245
0.15	336	372	441	437	471	520	284	315	256
0.16	353	390	463	462	500	549	299	330	271

注：同廓式圆孔拉刀的 $h_D = f_z$；组合式圆孔拉刀的 $h_D = 2f_z$（f_z 为刀齿的齿升量）。

2. 拉刀强度校验

拉刀工作时，主要承受拉应力，可按式（5-17）校验

$$\sigma = \frac{F_{max}}{A_{min}} \leq [\sigma] \tag{5-17}$$

式中 A_{min}——拉刀上的危险截面面积（mm²）；
　　　$[\sigma]$——拉刀材料的许用应力（MPa）。

拉刀危险截面可能是柄部或第一个切削齿的容屑槽底部截面处。高速钢的许用应力 $[\sigma]=343\sim392\text{MPa}$，40Cr 钢的许用应力 $[\sigma]=245\text{MPa}$。

3. 拉床拉力校验

拉刀工作时的最大拉削力一定要小于拉床的实际拉力，即

$$F_{max} \leq K_m F_m \tag{5-18}$$

式中 F_m——拉床额定拉力（N）；
　　　K_m——拉床状态系数，新拉床 $K_m=0.9$，较好状态的旧拉床 $K_m=0.8$，不良状态的旧拉床 $K_m=0.5\sim0.7$。

（四）圆孔拉刀的技术条件

设计时，可参照 JB/T 7962—2010《圆拉刀 技术条件》提出。

三、组合式圆孔拉刀设计示例

已知条件：
1) 拉削后孔径 $D_m=\phi25H8(^{+0.033}_{0})$ mm，要求表面粗糙度 Ra 值 $\leq1.6\mu\text{m}$。
2) 预制孔径 $D_0=\phi24^{+0.21}_{0}$mm。
3) 拉削长度 $L_0=60\text{mm}$，孔内无空刀槽。
4) 工件材料 45 钢，硬度为 220~230HBW。
5) 拉床型号 L6120，公称拉力 $F_m=200\text{kN}$（拉床处于良好状态）。

设计步骤及计算见表 5-20。

表 5-20 组合式圆孔拉刀设计步骤及计算举例

序号	设计项目	计算公式或选取方法	计算精度	设计结果
1	选择拉刀材料	—	—	W6Mo5Cr4V2
2	确定拉削余量 A	$A=D_{mmax}-D_{0min}$	0.001	$A=(25.033-24)\text{mm}=1.033\text{mm}$
3	选取齿升量 f_z	查表 5-10	—	粗切齿 $f_z=0.04\text{mm}$ 精切齿 $f_z=0.01\text{mm}$
4	选择拉刀几何参数 前角 γ_o 后角 α_o 刃带宽 b_{a1}	查表 5-8	—	切削齿 $\gamma_o=15°^{+2°}_{-1°}$ $\alpha_o=2°30'^{+1°}_{0}$ 校准齿 $\gamma_o=15°^{+2°}_{-1°}$ $\alpha_o=1°^{+30'}_{0}$ $b_{a1}\begin{cases}粗切齿\ b_{a1}\leq0.1\text{mm}\\精切齿\ b_{a1}=0.1\sim0.2\text{mm}\\校准齿\ b_{a1}=0.3\sim0.5\text{mm}\end{cases}$
5	确定齿距 粗切齿齿距 p 精切齿齿距 $p_{精}$ 校准齿齿距 $p_{校}$	按表 5-11，$p=(1.45\sim1.9)\sqrt{L_0}$，系数取 1.5 当 $p>10$ 时，$p_{精}=p_{校}=(0.6\sim0.8)p$，系数取 0.75	—	$p=1.5\sqrt{60}\text{mm}=11.6\text{mm}$，取 $p=12\text{mm}$ $p_{精}=p_{校}=9\text{mm}$

（续）

序号	设计项目	计算公式或选取方法	计算精度	设计结果
6	同时工作齿数 z_{emax}	$z_{emax} = \dfrac{L_0}{p} + 1$，需满足 $3 \leq z_{emax} \leq 8$	整数	$z_{emax} = \dfrac{60}{12} + 1 = 6$
7	容屑槽形状	查表 5-12	—	选直线齿背双圆弧槽型
8	确定许用容屑系数 $[K]$	查表 5-13，组合式拉刀 $h_D = 2f_z = 0.08\text{mm}$	—	$[K] = 2.7$
9	计算容屑槽深 h	按式(5-11)得 $h \geq 1.13\sqrt{[K]L_0 h_D}$ 计算后，按表 5-12 取标准值	—	$h \geq 1.13\sqrt{2.7 \times 60 \times 0.08}\text{mm} = 4.07\text{mm}$ 取 $h = 5\text{mm}$
10	确定容屑槽尺寸	按表 5-12 取深槽	—	粗切齿 $p = 12\text{mm}, h = 5\text{mm}, g = 4\text{mm}, r = 2.5\text{mm}$ 精切齿和校准齿 $p_{精} = p_{校} = 9\text{mm}, h = 4\text{mm}, g = 3\text{mm}, r = 2\text{mm}$
11	分屑槽参数	查表 5-14、表 5-15	—	粗切齿（圆弧形分屑槽）槽数 $n_k = 8$，槽宽 $a = 4.5\text{mm}$，弧形槽半径 $R \leq 25\text{mm}$ 精切齿（角度形分屑槽）槽数 $n_k = 12$，槽深 $h_k = 0.5\text{mm}$，槽底半径 $r = 0.4\text{mm}$，槽角 $\omega = 60° \sim 90°$
12	粗算切削齿齿数 $z_{切}$	按式(5-12)得 $z = \dfrac{A}{2f_z} + (3 \sim 5)$	整数	$z_{切} = \dfrac{1.033}{2 \times 0.04} + 5 \approx 18$ 取 $z_{粗} = 13$（包括过渡齿）$z_{精} = 5$
13	确定校准齿齿数 $z_{校}$	查表 5-16	整数	取 $z_{校} = 5$
14	确定校准齿直径 $d_{校}$	按式(5-13)得 $d_{校} = D_{mmax} - \delta$ 由表 5-17，取 $\delta = 0.004\text{mm}$	0.001	$d_{校} = (25.033 - 0.004)\text{mm} = 25.029\text{mm}$
15	确定拉刀各刀齿直径	$d_1 = d_{0min} + (1 \sim 2)f_z$，系数取 1	—	见拉刀工作图（见图 5-31）
16	拉刀柄部结构形式及尺寸	选Ⅱ型-A 无周向定位面的圆柱形前柄形式，尺寸查相关手册确定	—	$D_1 = \phi 22_{-0.053}^{-0.020}\text{mm}$，$D_2 = \phi 16.5_{-0.18}^{0}\text{mm}$ $D_1' = \phi 21.7\text{mm}, L_1 = 20\text{mm}$, $L_2 = 25\text{mm}, c = 4\text{mm}$

第五章 专用刀具设计

（续）

序号	设计项目	计算公式或选取方法	计算精度	设计结果
17	颈部直径 $D_颈$ 颈部长度 L_3	按式（5-13）及图 5-30，L6120 型拉床 $L_3 = 160 \sim 180$mm	—	取 $D_颈 = D_1 = \phi 22_{-0.053}^{-0.020}$mm 取 $L_3 = 180$mm
18	过渡锥长度 $l_过$	一般为 10mm、15mm 或 20mm	—	取 $l_过 = 15$mm
19	前导部直径 $d_前$ 前导部长度 $l_前$	$d_前 = D_{0min}$ 一般 $l_前 = L_0$，当孔的长径比 > 1.5 时，$l_前 = 0.75 L_0$	0.01	$d_前 = \phi 24$f7 $l_前 = 0.75 \times 60$mm $= 45$mm
20	后导部直径 $d_后$ 后导部长度 $l_后$	$d_后 = D_{mmin}$ $l_后 = \left(\dfrac{1}{2} \sim \dfrac{2}{3}\right) L_0$	—	$d_后 = \phi 25$f7 取 $l_后 = 40$mm
21	柄部前端到第一齿长度 L_1'	按式（5-15）得 $L_1' \geq L_1 + L_2 + L_3 + l_前$	整数	$L_1' \geq (20+25+180+45)$mm $= 270$mm
22	计算最大拉削力 F_{max}	按式（5-16）得 $F_{max} = F_c' \pi \dfrac{D_m}{2} z_e$ 按 $h = 2f_z$ 查表 5-17 得 $F_c' = 231$N/mm	0.01	$F_{max} = 231 \times \dfrac{\pi \times 25}{2} \times 6$N ≈ 54.43kN
23	拉床拉力校验	按式（5-18）得 $F_{max} \leq 0.8 F_m$	—	$F_{max} \leq 0.8 \times 200$kN $= 160$kN，拉床拉力足够
24	拉刀强度校验	按式（5-17）得 $\sigma = \dfrac{F_{max}}{A_{min}} \leq [\sigma]$ $A_{min} = \dfrac{\pi (d_1 - 2h)^2}{4}$ $h = 5$mm	—	$A_{min} = \dfrac{\pi \times 14.04^2}{4}$mm² ≈ 155mm² $\sigma = \dfrac{54430}{155}$MPa $= 351$MPa < 392MPa，满足强度要求
25	计算和校验拉刀总长 L	$L = L_1' + l_粗 + l_精 + l_校 + l_后$ $l_粗 = z_粗 \times p = 13 \times 12$mm $= 156$mm $l_精 = z_精 \times p_精 = 5 \times 9$mm $= 45$mm $l_校 = z_校 \times p_校 = 5 \times 9$mm $= 45$mm $L \leq [L]$，$[L]$ 查表 5-18	末位数为 0 或 5	$L = (270+156+45+45+40)$mm $= 556$mm，取 $L = 555$mm $[L] = 1000$mm 总长度在许可范围内

　　拉刀工作图通常按 1∶1 的比例来画，但齿形和分屑槽一般用放大比例画出。由于切削齿的刃带宽度很窄，所以在主视图上刃带可不必表达。这样，也易于使与校准齿相同直径的最后一个精切齿与校准齿相区别。此外，拉刀工作图上必须画出工件简图，并列出必要的原始数据，以便于工艺人员审定拉刀各部分尺寸（见图 5-31）。

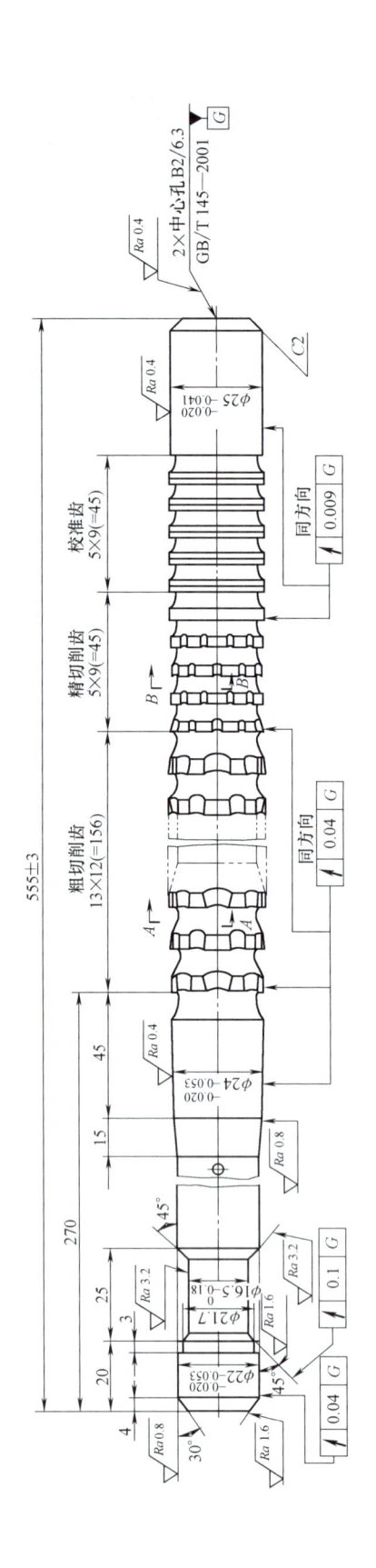

偏差	±0.015														0 −0.01				0 −0.009				
直径	24.04	24.12	24.20	24.28	24.36	24.44	24.52	24.60	24.68	24.76	24.83	24.89	24.93	24.95	24.97	24.99	25.01	25.029	25.029	25.029	25.029	25.029	25.029
齿号	1	2	3	4	5	6	7	8	9	10	11	12	13	14	15	16	17	18	19	20	21	22	23

第五章 专用刀具设计

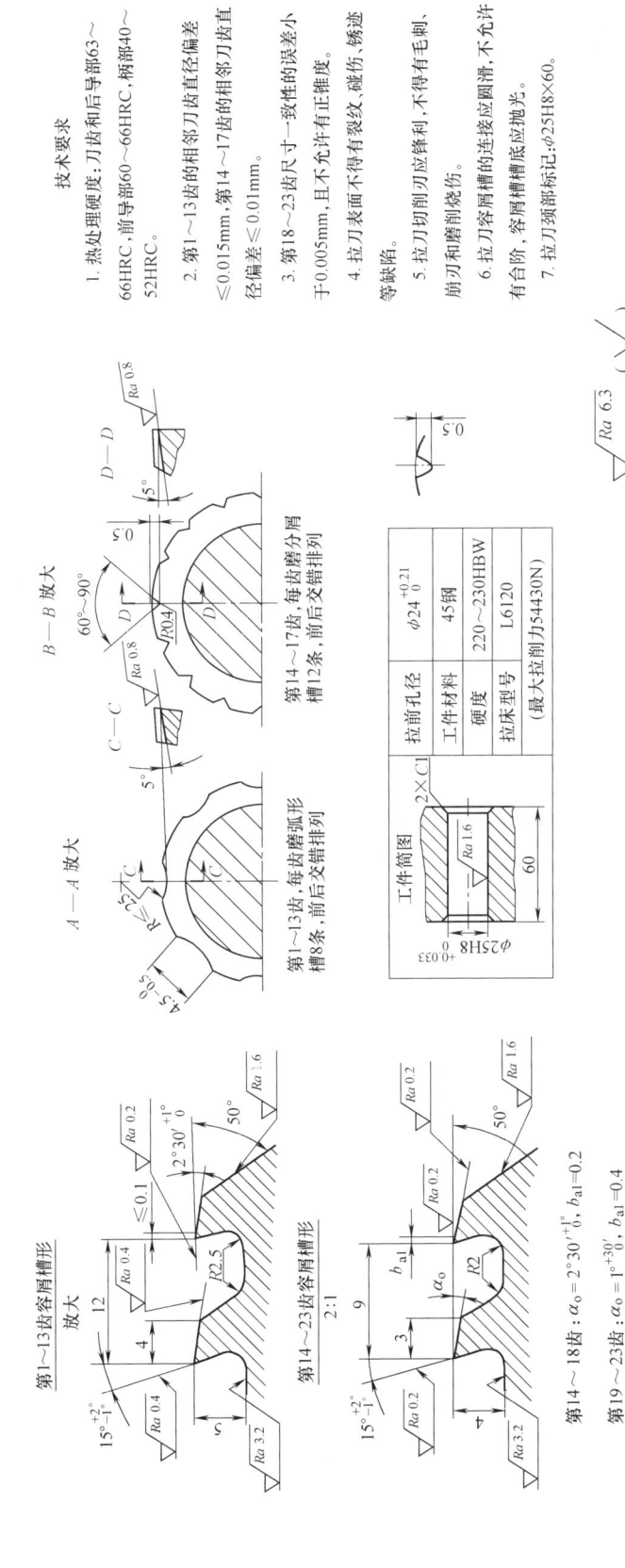

技术要求

1. 热处理硬度：刀齿和后导部63～66HRC，前导部60～66HRC，柄部40～52HRC。
2. 第1～13齿的相邻刀齿直径偏差≤0.015mm，第14～17齿的相邻刀齿直径偏差≤0.01mm。
3. 第18～23齿尺寸一致性的误差小于0.005mm，且不允许有正锥度。
4. 拉刀表面不得有裂纹、破伤、锈迹等缺陷。
5. 拉刀切削刃应锋利，不得有毛刺、崩刃和磨削烧伤。
6. 拉刀容屑槽的连接应圆滑，不允许有台阶，容屑槽底应抛光。
7. 拉刀颈部标记：$\phi25H8\times60$。

工件简图

拉前孔径	$\phi24^{+0.21}_{\ 0}$
工件材料	45钢
硬度	220～230HBW
拉床型号	L6120

（最大拉削力54430N）

第1～13齿容屑槽形放大

第14～23齿容屑槽形 2:1

第14～18齿：$\alpha_o = 2°30'^{+1°}_{\ 0}$，$b_{a1}=0.2$
第19～23齿：$\alpha_o = 1°^{+30'}_{\ 0}$，$b_{a1}=0.4$

A—A 放大
第1～13齿，每齿磨弧形槽8条，前后交错排列

B—B 放大
第14～17齿，每齿磨分屑槽12条，前后交错排列

图5-31 组合式圆孔拉刀工作图（材料 W6Mo5Cr4V2）

第三节　孔加工复合刀具

一、概述

孔加工复合刀具是由两把或两把以上单个孔加工刀具结合在一个刀体上形成的专用刀具。这种刀具在组合机床及其自动线上获得广泛使用，一般需要进行专门设计。

1. 孔加工复合刀具的特点

孔加工复合刀具的优点：

1) 生产率高。用同类工艺复合刀具同时加工几个表面时，能使机动时间重合；用不同类工艺复合刀具对一个或几个表面进行顺序加工时，能减少（换刀等）辅助时间。因此，使用孔加工复合刀具能大大提高生产率。

2) 加工精度高。用孔加工复合刀具能使工件被加工表面之间获得较高的位置精度（如孔的同轴度、孔与端面的垂直度等），还能减少工件的安装次数和减小定位误差，有利于提高工件的加工精度和表面质量。

3) 加工成本低。用孔加工复合刀具便于工序集中，从而减少工序或工位数量。若应用于自动加工生产线，则可以大大节省投资，同时对工人的操作水平要求也较低。

4) 加工范围广。用孔加工复合刀具不仅可以在实心材料上加工出孔，还可对已有孔进行扩孔，既能加工圆柱孔、圆锥孔、螺纹孔、台阶孔及相隔一定距离的同轴孔，又能加工凸台、沉孔平面等（见图 5-32）。

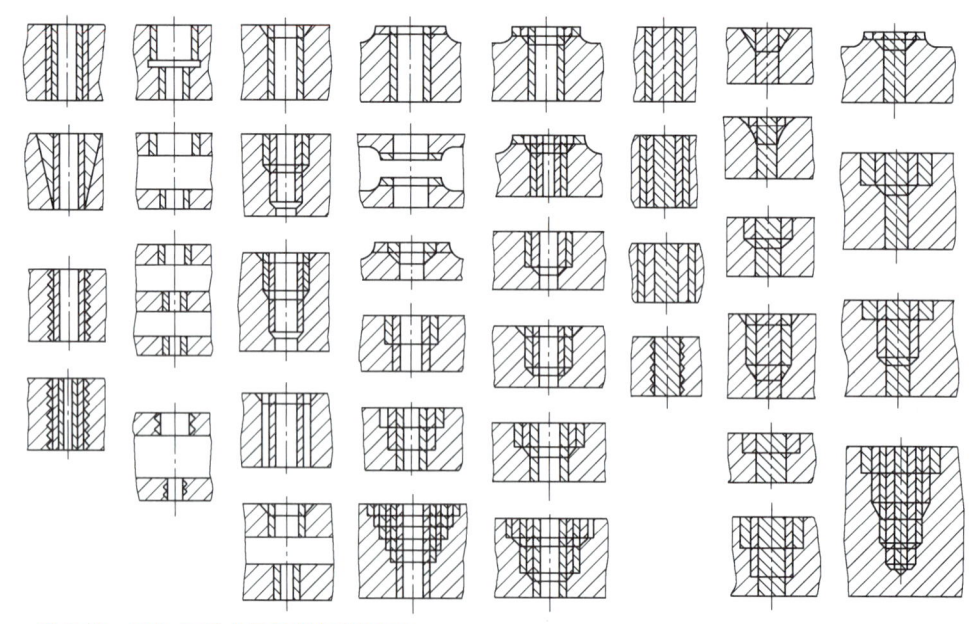

图 5-32　孔加工复合刀具的切削图形

孔加工复合刀具的缺点：由于孔加工复合刀具复合的内容、切削刃形状、几何参数、刀齿数等参数不同，故孔加工复合刀具必须专门设计、制造，导致刀具制造成本高，且刃磨较复杂。

2. 孔加工复合刀具的分类

（1）同类工艺复合刀具　如复合钻、复合扩孔钻、复合铰刀等（见图 5-33）。

（2）不同类工艺复合刀具　如钻-扩复合刀具、钻-扩-铰复合刀具、钻-攻复合刀具、钻-镗复合刀具、镗-扩复合刀具、镗-锪复合刀具及钻-扩-锪复合刀具等（见图 5-34）。

二、孔加工复合刀具设计要点

设计孔加工复合刀具时，各单个刀具的切削刃形状、几何参数、刀齿数、切削锥部的长度及配合孔径（或刀柄直径）等参数大部分均可参照标准刀具酌情选取。本节主要介绍孔加工复合刀具的一些特殊要求和设计要点。

1. 合理地选择孔加工复合刀具结构类型

1) 直径较小的孔加工复合刀具。必须采用整体结构型，以保证刀具有足够的强度和刚度。

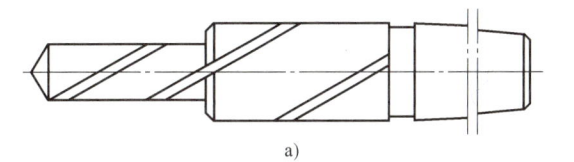

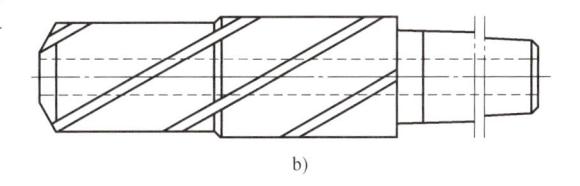

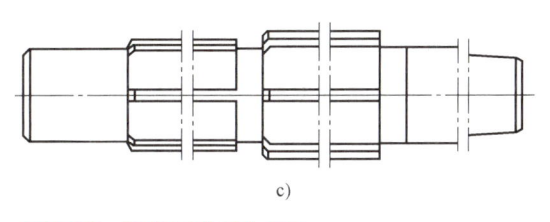

图 5-33　同类工艺复合刀具
a）复合钻　b）复合扩孔钻　c）复合铰刀

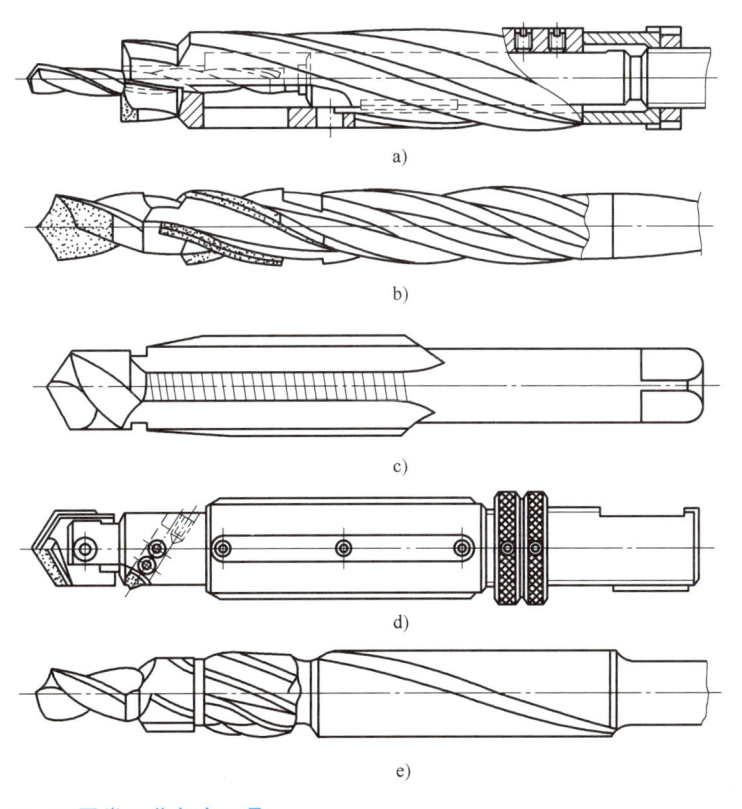

图 5-34　不同类工艺复合刀具
a）钻-扩复合刀具　b）钻-铰复合刀具　c）钻-攻复合刀具　d）钻-镗复合刀具　e）钻-扩-铰复合刀具

2) 同轴度和尺寸精度要求高的孔加工复合刀具。应采用整体结构型。

3) 端面刃磨的直径较大的孔加工复合刀具。一般采用刀片镶装式结构型或装配式结构，可根据单把刀具的工作状态采用不同的刀体材料，以保证每次刃磨后，使用寿命大致相同，刀体与刀刃采用不同的材料制造。

2. 增强精加工刀具的排屑能力

标准铰刀、扩孔钻的切削层小，排屑槽浅；与钻头形成孔加工复合刀具时，钻孔产生的切屑必然要经扩孔钻或铰刀排出，因此必须增强孔加工复合刀具中扩孔钻、铰刀的排屑能力。一般采用两种措施：①保持刀齿足够强度的前提下尽量加大排屑空间；②增加排屑槽的螺旋角，前后刀齿的排屑槽平滑过渡，保证排屑通畅，孔加工复合刀具的排屑槽的螺旋角可增大到40°。

3. 合理地选择导向装置

一般孔加工复合刀具的轴向尺寸较长，刚度相对较差。合理地选择导向装置，可提高工艺系统刚度，使复合刀具在切削时保证正确位置，从而保证工件的加工精度及表面质量。因此，导向装置是孔加工复合刀具设计的重要组成部分。

孔加工复合刀具的导向装置结构类型多样，一般可分为固定式导向和旋转式导向两大类。旋转式导向又分为内滚式导向和外滚式导向两种。导向装置的选用原则、结构参数与组合机床总体设计中加工示意图的导向装置相同。

4. 合理地确定刀具总长度

孔加工复合刀具的长度与刀具的工作行程（包括切入量与切出量）、被加工孔长度及相关尺寸、刀具备磨量、导向装置尺寸等许多因素有关。设计时，要根据具体情况进行分析计算。

一般同类工艺孔加工复合刀具多用于加工多层壁上的同轴孔。此时，刀具工作行程长度由其中较大的一个壁厚确定，如图5-35a所示，工作行程 $L = l_1 + l_2 + l_3$。

在确定刀具长度时，要考虑待前一把刀具切入工件一定深度（切削过程比较稳定），后一把刀具才开始切入，即 $l_1 > l_1'$。因为前一把刀具刚切入时，由于刀杆悬伸量大，在切削力的作用下，会产生晃动，此时如果后一把刀具也切入，则切削力骤增，刀杆晃动得更厉害，会导致孔径加工误差显著扩大，加工精度降低。

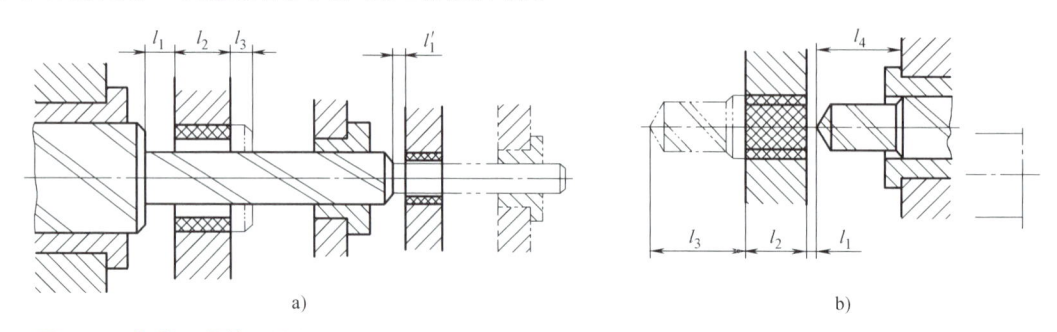

图5-35 复合刀具的工作行程

a) 有导向杆的复合刀具的工作行程　b) 无导向杆的复合刀具的工作行程

不同类工艺孔加工复合刀具一般用于按顺序加工同一孔。为了提高孔的加工精度和表面质量，应避免前（粗加工）、后（半精加工或精加工）刀具同时切削。如设计钻-扩复合刀具，如图5-35b所示，确定刀具长度时，要考虑钻头完全切出后，扩孔钻才开始投入工作，

即 $l_4>l_2$。

如图 5-36 所示为用复合扩孔钻加工阶梯孔时计算刀具长度及工作行程的实例。可知，阶梯孔的深度 $l_2=(34+12)\text{mm}=46\text{mm}$。复合扩孔钻的工作行程为

$$L = l_1 + l_2 + l_3$$

式中　L——工作行程（mm）；

　　　l_1——切入量，一般取 2~3mm；

　　　l_2——孔深（mm）；

　　　l_3——切出量（mm），一般取 2~3mm。

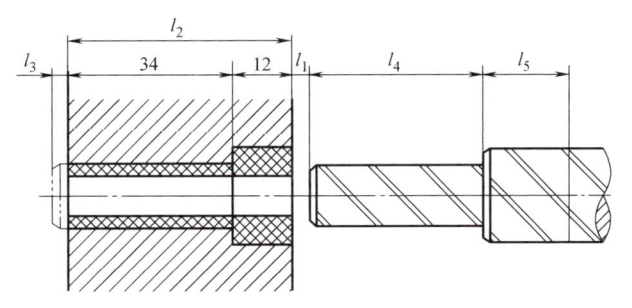

图 5-36　用复合扩孔钻加工阶梯孔

如图 5-36 所示，该复合扩孔钻的工作行程为

$$L = (2+2+46)\text{mm} = 50\text{mm}$$

由于钻头、扩孔钻和铰刀等刀具都是重磨端刃的，因此在设计复合刀具长度时，不仅要满足工作行程的要求，还需有备磨量，以保证刀具有足够的刃磨次数。备磨量的大小应根据刀具具体情况确定。

对于这把复合扩孔钻，可取备磨量为 4mm，则前一把扩孔钻的实际长度应为

$$l_4 = l_3 + 34\text{mm} + 4\text{mm} = 40\text{mm}$$

后一把扩孔钻有效切削部分长度为

$$l_5 = l_1 + 12\text{mm} + 4\text{mm} = 18\text{mm}$$

因此，这把复合扩孔钻的实际工作行程为

$$L' = L + 4\text{mm} = (50+4)\text{mm} = 54\text{mm}$$

习题与思考题

5-1　成形车刀的类型有哪些？各有何特点？

5-2　棱体成形车刀和圆体成形车刀装夹时，应如何定位、夹紧和调整？

5-3　成形车刀的前角 γ_f 和后角 α_f 是如何形成的？在哪个参考平面内测量？

5-4　画图分析棱体成形车刀和圆体成形车刀切削刃上各点的前角和后角的变化规律。

5-5　说明成形车刀截形设计的必要性。

5-6　用成形车刀加工圆锥表面时，为什么会产生双曲线误差？棱体成形车刀和圆体成形车刀产生的双曲线误差有何不同？如何消除或减小该误差？

5-7　成形车刀样板为什么要成对设计？

5-8　棱体成形车刀和圆体成形车刀的主要结构尺寸有哪些？如何确定？

5-9　成形车刀的前角和后角的制造误差对加工精度有何影响？

5-10　成形车刀一般采用什么材料制造？为什么？

5-11　试述拉削加工的特点。

5-12　什么是拉削方式（拉削图形）？试比较成形式、渐成式、分块式及组合（综合）式拉刀的特点。

5-13　试述组合式圆孔拉刀的粗切齿、精切齿和校准齿的作用。为什么需要设计过

渡齿？

5-14 拉刀各类刀齿的齿升量如何选择？对拉削过程有何影响？

5-15 圆孔拉刀前角和后角是在什么平面内测量的？为什么拉刀后角值取得很小？

5-16 试述拉刀刃带的作用。为什么各类刀齿的刃带宽度不同？

5-17 在设计拉刀时为什么要考虑容屑问题？影响容屑系数的因素有哪些？

5-18 拉刀齿距应如何确定？拉刀同时工作齿数对拉削过程有何影响？

5-19 圆孔拉刀粗切齿为什么需要设计分屑槽？常用分屑槽有哪几个类型？

5-20 圆孔拉刀的精切齿、校准齿的齿数如何确定？校准齿直径及公差如何确定？

5-21 圆孔拉刀的前导部和后导部各起何作用？如何确定它们的直径？

5-22 拉削力如何计算？如果拉刀设计强度不足，则请提出改进措施。

5-23 如图5-37所示为小轴零件，用作图法分别求出棱体成形车刀和圆体成形车刀的截形。

已知：（1）棱体成形车刀的 $\gamma_f = 10°$、$\alpha_f = 8°$。

（2）圆体成形车刀的 $\gamma_f = 10°$、$\alpha_f = 8°$，刀体直径 $D = 100mm$。

5-24 工件如图5-38所示，材料为 $R_m = 650MPa$ 的碳钢棒料，毛坯及工件各部分尺寸见表5-21，成形表面粗糙度 Ra 值为 $3.2\mu m$，在C1336型单轴自动车床上加工。要求设计圆体成形车刀。

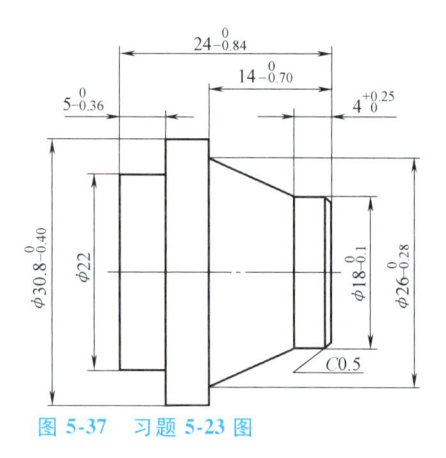

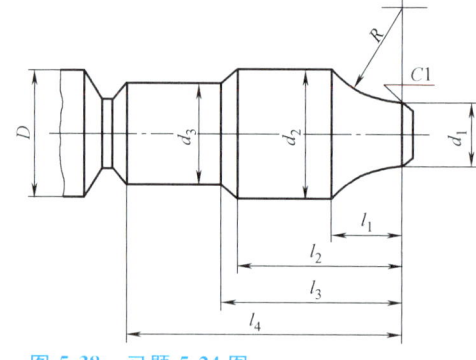

图 5-37 习题 5-23 图

图 5-38 习题 5-24 图

表 5-21 习题 5-24 工件轮廓形状尺寸参数　　（单位：mm）

序号	D	d_1	d_2	d_3(h11)	l_1	l_2	l_3	l_4	$R \pm 0.1$
1	20	11.36	19	15	10	12	15	30	15
2	20	13.64	19	15	10	12	15	30	20
3	20	9.96	18	16	15	20	23	30	30
4	25	16.36	24	20	10	20	25	30	15
5	25	18.64	24	20	10	20	25	30	20
6	25	14.96	23	20	15	22	25	30	30
7	30	20.36	28	25	10	20	27	35	15
8	30	22.64	28	25	10	20	27	35	20
9	30	20.96	29	27	15	20	25	35	30
10	35	26.36	34	32	10	25	30	40	15
11	35	28.64	34	32	10	25	30	40	20
12	35	25.96		15					30

5-25　工件如图 5-39 所示，材料为 Y15 易切钢，R_m = 490MPa，毛坯及工件各部分尺寸见表 5-22，成形表面粗糙度 Ra 值为 3.2μm。要求设计棱体成形车刀。

表 5-22　习题 5-25 工件轮廓形状尺寸　　　　　　　　　　　　　　　　（单位：mm）

序号	D	d_1(h10)	d_2(h12)	d_3(h13)	l_1	l_2	l_3	l_4	l_5
1	20	16	12	18	2	5	8	12	15
2	20	16	14	18	3	5	10	12	15
3	25	20	18	24	4	7	10	15	16
4	25	18	16	24	5	7	12	15	20
5	30	20	12	28	5	8	12	16	20
6	30	20	15	29	6	12	15	20	25
7	35	30	20	33	6	12	15	19	25
8	35	25	18	34	8	10	12	15	30
9	40	38	30	38	10	15	20	25	40
10	40	30	26	39	25	30	35	40	50

5-26　工件如图 5-40 所示，材料为 45 钢，用 C2150 型六轴自动车床加工全部成形表面。要求设计棱体成形车刀。

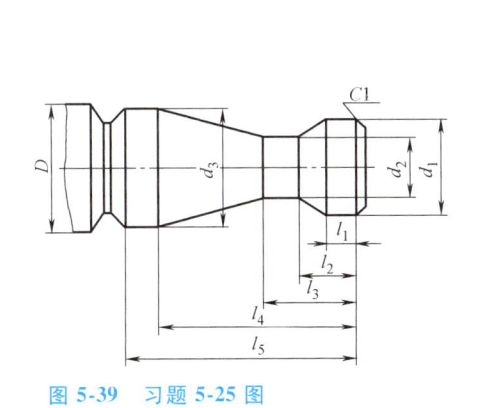

图 5-39　习题 5-25 图

图 5-40　习题 5-26 图

5-27　用 C1336 型单轴自动车床加工图 5-41 所示工件，毛坯为棒材 φ34mm 的 35 钢。要求设计成形车刀，加工成形表面，并车光端面保持尺寸 $5^{+0.14}_{0}$ mm。

5-28　工件如图 5-42 所示，材料为 30 钢，棒料 φ35mm，成形表面需要加工。要求设计棱体成形车刀。

5-29　如图 5-43 所示为 6305 轴承内环，毛坯为 GCr15 钢，直径 φ38mm，用 C2150 型六轴自动车床加工。要求设计成形车刀。

5-30　工件如图 5-44 所示，材料为 R_m = 735MPa 的 45 钢，硬度为 185～220HBW。内孔

尺寸 $\phi D_m \times L_0$ 分别为：①ϕ20H7×30；②ϕ25H8×40；③ϕ30H7×40；④ϕ35H8×55；⑤ϕ40H7×50；⑥ϕ45H8×70；⑦ϕ50H7×60；⑧ϕ55H8×60；⑨ϕ60H7×60；⑩ϕ75H7×80。在 L6120 型卧式拉床上加工，拉床工作状态良好。要求设计组合式圆孔拉刀。拉前预制孔用麻花钻或扩孔钻加工。

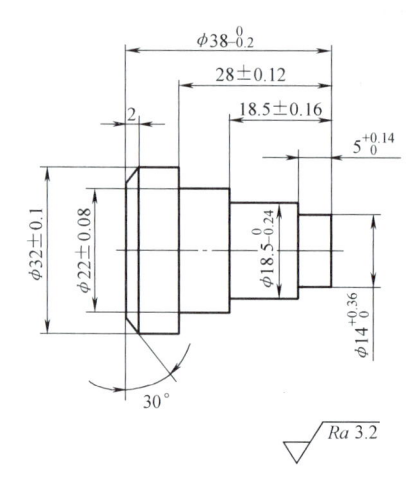

图 5-41 习题 5-27 图

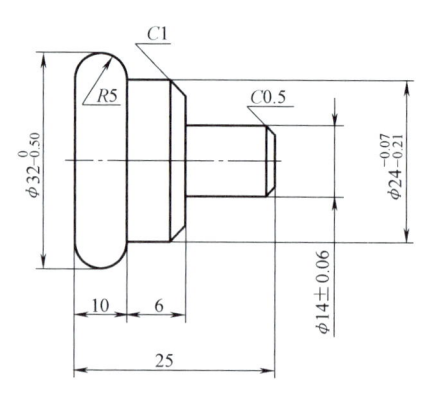

图 5-42 习题 5-28 图

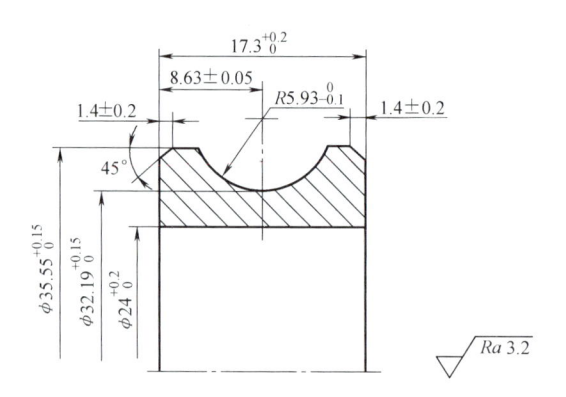

图 5-43 习题 5-29 图

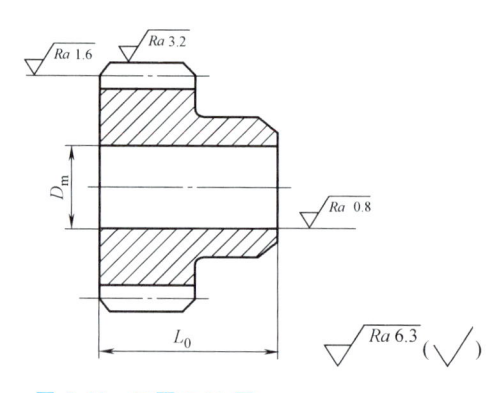

图 5-44 习题 5-30 图

第六章

机床夹具设计

能迅速确定工件的准确位置并夹紧工件,在切削力等外力作用下,使工件仍能保持准确位置的工艺装备称为机床夹具。机床夹具的定位误差、夹紧变形误差及其精度将直接影响工件加工表面的位置精度,因此机床夹具设计是装备设计中的一项重要工作。

第一节 机床夹具概述

一、机床夹具的基本组成

图 6-1 所示为一铣键槽夹具,就其组成元件的功能来看可分为以下几种:

(1) 定位元件 确定工件准确位置的元件。如图 6-1 所示的 V 形块(零件 5)和圆柱销(零件 6)。

(2) 夹紧装置 保持工件已达到的准确位置的装置。如图 6-1 所示的夹紧机构由液压缸(零件 2)、压板(零件 3)等组成。工件定位后必须夹紧,以确保加工过程中,在切削力等外力的作用下工件的定位基面不脱离定位元件。夹紧机构常采用螺旋、斜面、偏心和杠杆等结构类型。夹紧动力源为手动、液压和气动等。有些元件具有定位和夹紧双重功能。

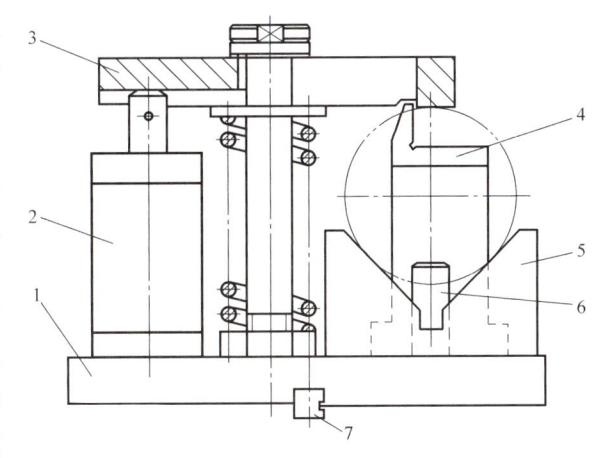

图 6-1 铣键槽夹具
1—夹具体 2—液压缸 3—压板 4—对刀块
5—V 形块 6—圆柱销 7—定向键

(3) 导向装置 钻、镗机床夹具必须具有导向装置,以确定钻头、镗刀位置并引导其进给方向,导向装置亦因此得名。

(4) 对刀元件及定向元件 铣削夹具必须具有对刀装置和定向元件,以确定铣刀相对夹具定位元件的位置,对刀元件亦因此得名。如图 6-1 所示的铣键槽夹具的对刀块(零件 4),其作用是通过塞尺调整铣刀的位置。铣削夹具的安装基面上沿进给方向安装着两个定向键(图 6-1 中的零件 7),定向键与机床工作台中央的 T 形槽配合,使夹具在机床上有一个正确的方向,从而保证了铣刀相对工件的正确位置及进给方向。

(5) 夹具体 将夹具所有元件、装置连接于一体的基础件,并通过它将整个夹具安装在机床上。夹具体一般采用铸铁制造,并应具有足够的刚度。

(6) 其他元件及装置 根据加工需要设置的元件或装置,如分度装置、驱动定位销的传动装置、气缸及管路附件、液压缸及油路和电动装置等。

二、机床夹具的类型

机床夹具一般按夹具的通用特性、所使用的机床分类,也有其他分类方法。

1. 按夹具的通用特性划分

(1) 通用夹具 如车床上的卡盘,铣床上的平口钳、分度头,平面磨床上的电磁吸盘等,通用夹具是由专门的机床附件厂制造的。能较好地适应加工工序和加工对象的变换,使用广泛,一般不需要调整,就可装夹一定形状和一定尺寸范围的工件,所以称为通用夹具。

(2) 专用夹具 专用夹具是指专为某个零件的某一道工序设计的夹具。专用夹具广泛应用于大批量生产模式和重要的、高精度的零件加工中。本章内容主要针对专用夹具的设计。

(3) 通用可调夹具 通用可调夹具是指通过调节或更换装在通用夹具基础件上的某些可调或可换元件,达到能适应加工若干不同种类工件的一类夹具。如自定心卡盘通过更换内孔卡爪,可实现内孔定位夹紧。

(4) 成组夹具 成组夹具又称为专用可调夹具,是根据成组加工工艺原则,针对一组形状相近、工艺相似的零件而设计的,也是由通用基础件和可更换调整元件组成的夹具。

(5) 组合夹具 组合夹具是由预先制造好的标准元件和部件,按照工序加工的要求组合装配起来的,使用完后可拆卸存放,其元件和部件可以重复使用。它适用于新产品试制或小批量生产。目前,组合夹具的元件都已经标准化了,但尺寸过小或过大的工件还没有相应的组合夹具标准件。位置精度要求过高的工件也不宜采用组合夹具。

(6) 随行夹具 随行夹具是在自动线和柔性制造系统中使用的夹具。它既要完成工件的定位和夹紧,又要作为运载工具将工件在机床间进行输送,输送到下一道工序的机床后,随行夹具应在机床上准确地定位和可靠地夹紧。一条生产线上有许多随行夹具,每个随行夹具随着工件经历工艺的全过程。随行夹具在工件加工完后卸下,再装上新的待加工工件,循环使用。

2. 按所使用的机床划分

机床夹具按使用的机床分为铣床夹具、镗床夹具、磨床夹具和钻床夹具等。

3. 其他分类方法

此外,还有按夹具的动力源来分类的,如分为手动夹具、气动夹具、液压夹具、磁力夹具、真空夹具和离心力夹具等。

第二节 工件的定位和夹具的定位设计

一、工件的定位

1. 工件的定位原理

设计机床夹具时选择的定位基准,必须符合六点定位原理。六点定位原理是采用六个在三维空间内按一定规则布置的约束点，限制工件沿三维坐标轴的移动自由度 $\vec{x}$、$\vec{y}$、$\vec{z}$ 和绕坐标轴的转动自由度 $\hat{x}$、$\hat{y}$、$\hat{z}$，使工件获得准确的位置。定位元件的布置规则见表 6-1。

2. 完全定位和不完全定位

根据工件加工表面的位置要求，有时需要将工件的六个自由度全部限制，称为完全定位。有时需要限制的自由度少于六个，称为不完全定位。如自定心卡盘限制四个自由度，车床利用自定心卡盘车削轴类零件时，必须测量轴向长度，此时限制四个自由度，属于不完全定位；在车床主轴莫氏锥孔中插入支承钉可限制工件轴向位置，工件车削长度不需要测量，此时限制五个自由度，属于不完全定位，即车削不需要完全定位；非圆形箱体工件上钻不通孔，必须完全定位，限制六个自由度，属于完全定位。

3. 欠定位与过定位

一般情况下，根据加工表面的位置尺寸要求，需要限制的自由度均应被限制，它可以是完全定位，也可以是不完全定位。

根据加工表面的位置尺寸要求，需要限制的自由度没有完全被限制，或某自由度被两个或两个以上的约束重复限制，称为欠定位或过定位（或重复定位）。欠定位不能保证位置精度，是绝对不允许的；过定位不仅使夹具制造成本增加，还造成定位元件的定位作用复杂化，如平面与长圆柱销定位组合，夹具定位平面与圆柱销轴线垂直度误差小于圆柱销圆柱度误差时，定位平面为平面定位，长圆柱销是线定位；夹具定位平面与圆柱销轴线垂直度误差大于圆柱销圆柱度误差时，长圆柱销限制四个自由度，定位平面变为点定位；过定位的真实的定位精度还与夹紧点的位置、夹紧力大小、夹紧力方向有关，使定位精度不能确定。因此应采用弹性支承或可调辅助支承，以避免过定位，如平面与长圆柱组合定位，长圆柱销改为弹性（轴向可移动）小锥度圆锥销。

二、常用定位元件及其所能限制的自由度数

常见的定位元件有支承钉、支承板、定位销、锥面定位销、V 形块、定位套、锥度心轴等，而常见的定位情况所限制的自由度数见表 6-1。下面仅分析前五种定位元件所能限制的自由度数，其他定位元件用同样的方法也可以进行分析。

表 6-1 常见的定位情况所限制的自由度数

工件的定位面	平面		
夹具的定位元件	支承钉		
	一个支承钉	两个支承钉	三个支承钉
示意图			
限制的自由度	$\vec{x}$	$\vec{y}$ $\hat{z}$	$\vec{z}$ $\hat{x}$ $\hat{y}$

（续）

工件的定位面	平面		
夹具的定位元件	支承板		
	一块条形支承板	两块条形支承板	一块大面积支承板
示意图			
限制的自由度	$\vec{y}$ $\vec{z}$	$\vec{z}$ $\widehat{x}$ $\widehat{y}$	$\vec{z}$ $\widehat{x}$ $\widehat{y}$
工件的定位面	圆柱孔		
夹具的定位元件	圆柱销		
	短圆柱销	长圆柱销	两段短圆柱销
示意图			
限制的自由度	$\vec{y}$ $\vec{z}$	$\vec{y}$ $\vec{z}$ $\widehat{y}$ $\widehat{z}$	$\vec{y}$ $\vec{z}$ $\widehat{y}$ $\widehat{z}$
工件的定位面	圆柱孔		
夹具的定位元件	圆柱销		
	菱形销	长销小平面组合	短销大平面组合
示意图			
限制的自由度	$\vec{z}$	$\vec{x}$ $\vec{y}$ $\vec{z}$ $\widehat{y}$ $\widehat{z}$	$\vec{x}$ $\vec{y}$ $\vec{z}$ $\widehat{y}$ $\widehat{z}$
工件的定位面	圆柱孔		
夹具的定位元件	圆锥销		
	固定锥销	浮动锥销	固定锥销与浮动锥销组合
示意图			
限制的自由度	$\vec{x}$ $\vec{y}$ $\vec{z}$	$\vec{y}$ $\vec{z}$	$\vec{x}$ $\vec{y}$ $\vec{z}$ $\widehat{y}$ $\widehat{z}$
工件的定位面	圆柱孔		
夹具的定位元件	心轴		
	长圆柱心轴	短圆柱心轴	小锥度心轴
示意图			
限制的自由度	$\vec{x}$ $\vec{z}$ $\widehat{x}$ $\widehat{z}$	$\vec{x}$ $\vec{z}$	$\vec{x}$ $\vec{z}$

（续）

工件的定位面	外圆柱面		
夹具的定位元件	V形块		
	一块短V形块	两块短V形块	一块长V形块
示意图			
限制的自由度	$\vec{x}$ $\vec{z}$	$\vec{x}$ $\vec{z}$ $\hat{x}$ $\hat{z}$	$\vec{x}$ $\vec{z}$ $\hat{x}$ $\hat{z}$
工件的定位面	外圆柱面		
夹具的定位元件	定位套		
	一个短定位套	两个短定位套	一个长定位套
示意图			
限制的自由度	$\vec{x}$ $\vec{z}$	$\vec{x}$ $\vec{z}$ $\hat{x}$ $\hat{z}$	$\vec{x}$ $\vec{z}$ $\hat{x}$ $\hat{z}$
工件的定位面	圆锥孔		
夹具的定位元件	顶尖		锥度心轴
	固定顶尖	浮动顶尖	
示意图			
限制的自由度	$\vec{x}$ $\vec{y}$ $\vec{z}$	$\vec{y}$ $\vec{z}$	$\vec{x}$ $\vec{y}$ $\vec{z}$ $\hat{y}$ $\hat{z}$

（1）支承钉　支承钉的种类和形状如图6-2所示。支承钉视为点定位，只能限制一个自

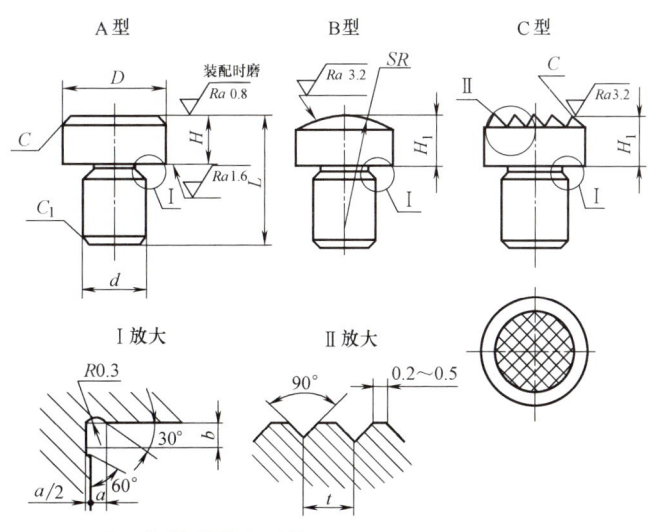

图6-2　支承钉的种类和形状

由度；两个支承钉组合形成直线定位，限制两个自由度；三个支承钉组合形成平面定位，限制三个自由度。支承钉组合多用于粗基准定位中。

（2）支承板 支承板的种类和结构形状如图 6-3 所示。支承板多用于精基准平面定位中。支承板相当于两个定位点，形成直线定位，限制两个自由度；两支承板装配后在一道工序中精磨形成定位面（三点形成一个平面，精磨确定该平面的位置），限制三个自由度。

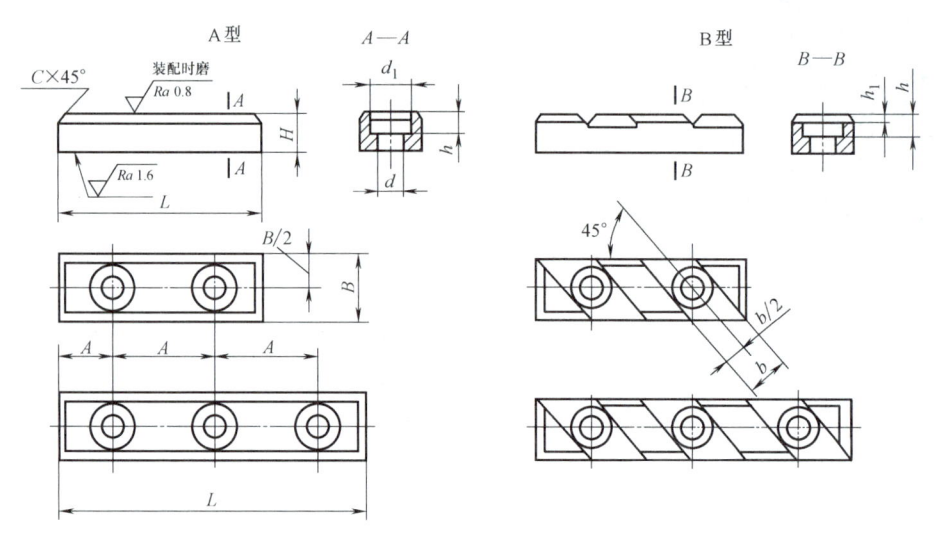

图 6-3 支承板的种类和形状

（3）定位销 定位销是工件以孔为基准时最常用的定位元件。标准定位销的结构如图 6-4 所示。根据定位销和基准孔的有效接触长度 L 与孔径 d 之比，定位销可分为短定位销和长定位销两种。一般有效长度 $L<(0.5\sim0.8)d$ 时，称为短销；有效长度 $L>(0.8\sim1.2)d$ 时，称为长销。短销可认为是接触长度无限短的无间隙接触的圆周定位，如图 6-5 所示，不难看出，短销只能限制工件的 $\vec{x}$、$\vec{y}$ 两个自由度。只是在结构设计时，为了保证定位销的强度和提高耐磨性，应适当增加一定的接触长度。

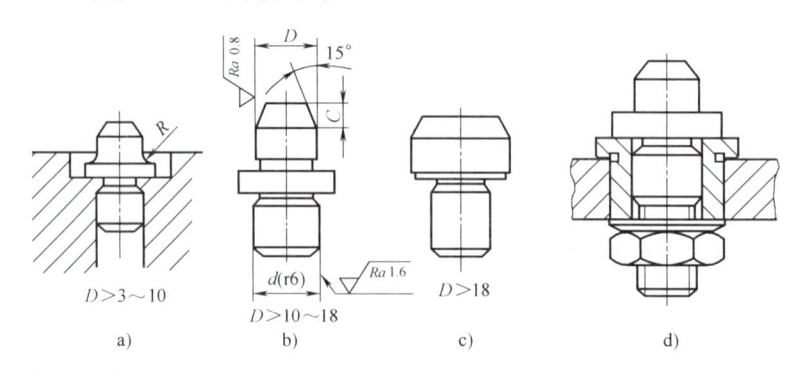

图 6-4 标准定位销的结构
a）小直径定位销 b）中等直径定位销 c）大直径定位销 d）可更换定位套的定位销

工件用长销定位，可以看成两个短销与工件基准孔的接触定位。如图 6-6 所示的情况，除不能限制 $\vec{z}$、$\hat{z}$ 自由度外，其余四个自由度都受到了限制。故长销能限制工件的两个移动和两个转动自由度。

为了安装方便，定位销和工件的基准孔之间留有一定的间隙，间隙的大小按加工工件的精度要求而定。

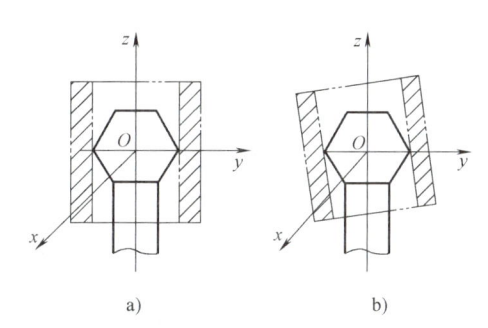

图 6-5 短定位销限制的自由度分析

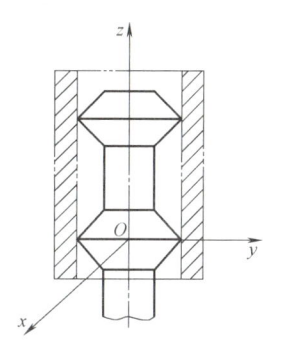

图 6-6 长定位销限制的自由度分析

除圆柱定位销外，削边圆柱销（或称为削边销）也是常用的孔定位元件。削边销的结构如图 6-7 所示，最常用的为图 6-7b 所示的菱形销。削边销是为了一面两孔定位组合中消除过定位而采用的。削边销都是短销，只能限制一个自由度。

（4）锥面定位销　锥面定位销的工作面是锥面，如图 6-8 所示锥面和基准孔的棱边接触形成理想的线接触，它除了限制 $\vec{x}$、$\vec{y}$ 自由度外，还限制 $\vec{z}$ 自由度，共限制了三个移动自由度。在实际应用中，为了减少基准孔棱边的误差对定位的影响，常采用如图 6-8b 所示的削边锥面定位销。削边锥面定位销用于粗基准孔的定位设计中，锥顶角一般取为 90°。

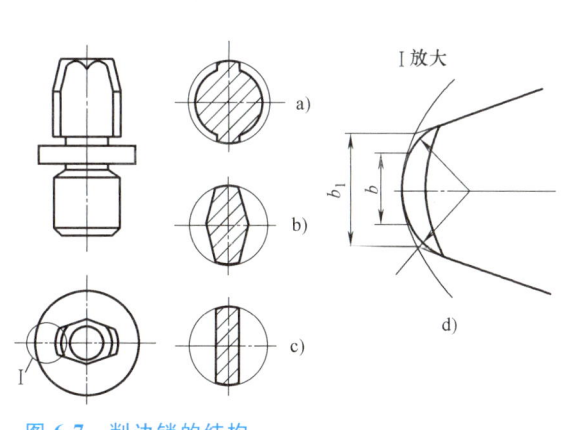

图 6-7 削边销的结构

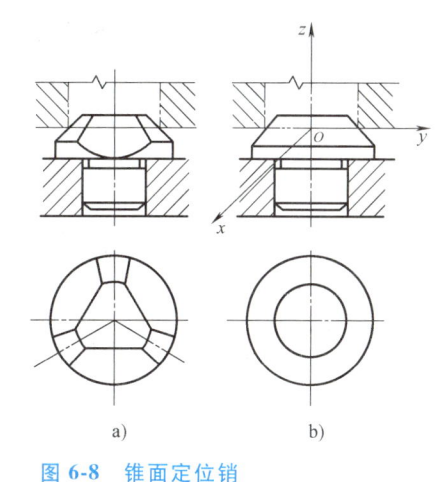

图 6-8 锥面定位销
a) 三齿槽锥销　b) 无齿槽锥面定位销

（5）V 形块　工件以外圆柱面定位时，可采用 V 形块定位。V 形块和工件定位圆柱面的接触长度 $L<d$（d 为工件定位直径）时，称为短 V 形块（见图 6-9a）；$L>(1.5\sim2)d$ 时，称为长 V 形块（见图 6-9b）。与圆柱销定位原理相同，如图 6-10 所示的短 V 形块限制 $\vec{y}$、$\vec{z}$ 两个自由度；长 V 形块能限制四个自由度。V 形块的 V 形角为 60°、90°、120°三种，90° V 形块应用最广。V 形块的结构已标准化。

a)

b)

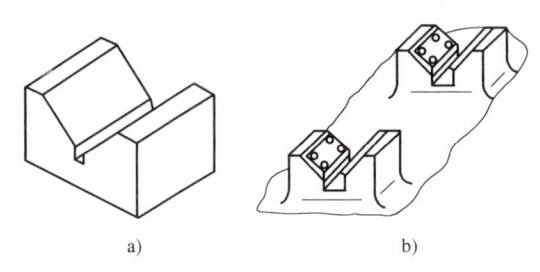

图 6-9　V 形块

a) 短 V 形块　b) 长 V 形块

a)　　　　　　　　b)　　　　　　　　c)

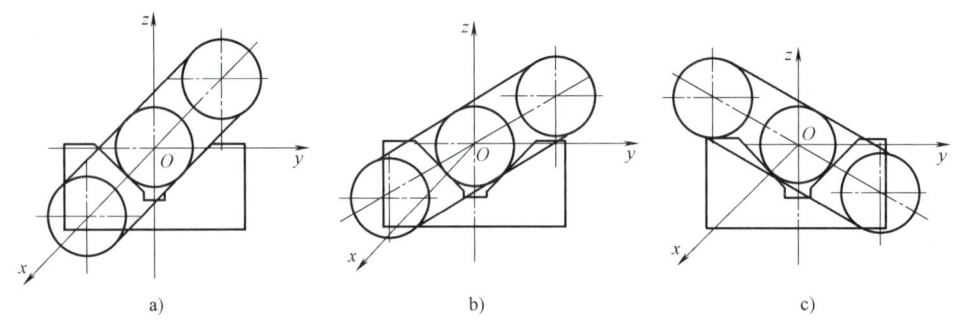

图 6-10　短 V 形块限制的自由度数分析

a) 短 V 形块理想位置　b) 工件绕 z 轴转动　c) 工件绕 y 轴转动

三、定位基准及定位元件的合理选择

1. 平面定位基准

（1）工件粗平面定位　工件以未加工的平面定位时，夹具上一般布置三个支承钉形成平面定位副，限制三个自由度，如图 6-11 所示。三个支承钉呈三角形分布，且使三角形的面积尽可能大以增加定位的稳定性。由于定位基准是未经加工过的粗糙表面，必须采用可调支承钉确定工件定位位置，常用的可调支承钉如图 6-12 所示。定位表面为断续表面、阶梯表面时，可将支承钉加工成如图 6-13 所示的浮动支承（也称为自动调节支承）。为提高三点支承的刚度，可采用辅助支承。辅助支承不能限制自由度，必须在工件定位后再增加辅助支承，且增加辅助支承后不能破坏工件已达到的定位位置。

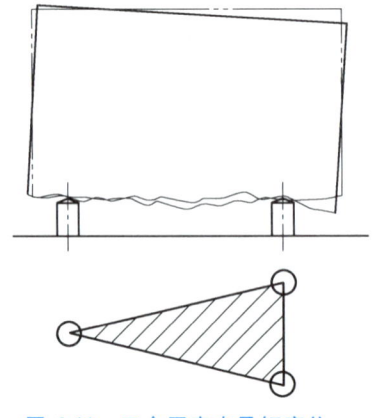

图 6-11　三个固定支承钉定位

a)　　　　　　　　b)　　　　　　　　c)

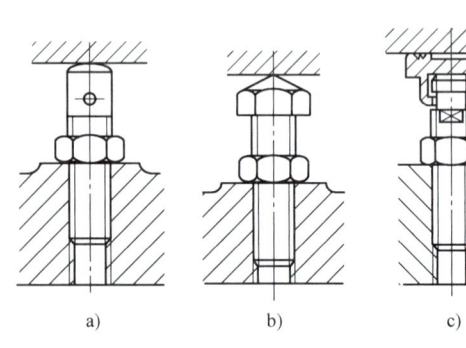

图 6-12　可调支承钉

第六章 机床夹具设计

a)　　　　　　　　　　　　b)　　　　　　　　c)

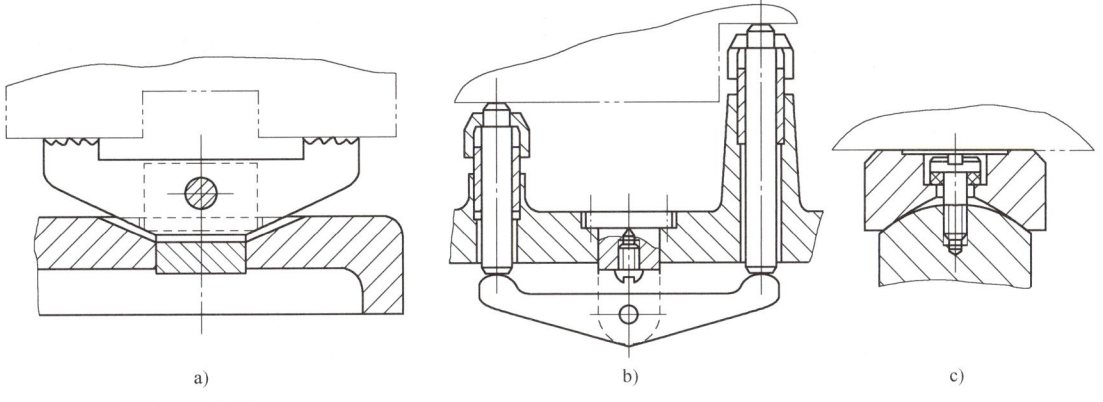

图 6-13　自动调节支承

（2）工件精基准平面定位　工件以较高精度的平面定位时，夹具常用一组支承板形成定位副。布置支承板的原则：在保证支承刚度，且在夹紧变形小的前提下，尽量减少支承面积。

2. 圆柱孔定位基准

（1）工件圆柱孔粗基准　未经加工的孔，尺寸精度低于 IT12 级。工件以未加工的内孔表面为定位基准时，机床夹具定位元件的分布圆直径必须有一定的调整，以保证定位元件与工件粗基准孔表面紧密接触，实现可靠定位。工件圆柱孔粗基准常用的机床夹具是自定心卡盘和端面驱动顶尖。自定心卡盘的卡爪呈阶梯状，卡爪外缘胀紧长度小，一般采用回转顶尖作为辅助支承。端面驱动顶尖又称为梅花顶尖，由弹性顶尖和圆柱铣刀或平顶（顶锥角180°）锥齿盘组成，顶尖可相对于圆柱铣刀轴向移动，只起定位作用，移动车床后尾回转顶尖，工件内孔端面紧靠圆柱铣刀，所有铣刀微量切入工件，铣刀转动驱动工件旋转。驱动顶尖外形如图 6-14 所示。

a)　　　　　　　　　　　　b)　　　　　　　　c)

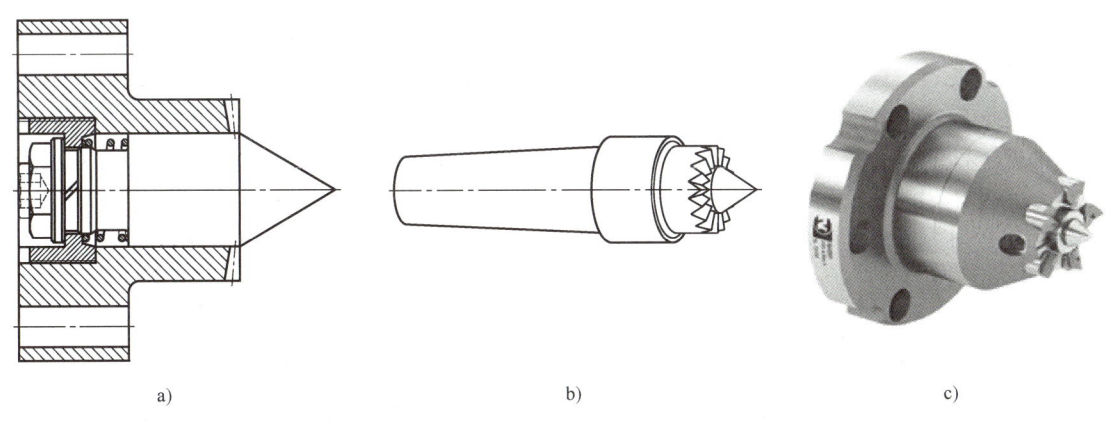

图 6-14　驱动顶尖

a）驱动顶尖原理　b）带莫式锥柄的梅花顶尖　c）德国 NEIDLEIN 端面驱动顶尖

（2）工件圆柱孔精基准　轴类零件以加工后的较大的孔定位时，通用夹具为自定心卡盘与后尾顶尖、驱动顶尖。批量较大或内、外圆柱面同轴度要求高的工件，则普遍采用心轴，将孔定位转换为心轴两端的两中心孔定位，然后采用通用夹具（自定心卡盘或驱动顶尖）。

3. 外圆柱面定位基准

（1）粗基准定位　轴类零件第一道加工工序：车（或铣）两端面，钻中心孔。单件小批量加工时采用自定心卡盘；组合机床加工线上则采用双 V 形块。

（2）精基准定位　必须对已加工的中心孔进行修正研磨。

4. 双圆柱面定位

例如连杆以两端圆柱面与一侧端面定位钻孔夹具，如图 6-15 所示，固定的 V 形块限制两个自由度，可移动的 V 形块只限制绕孔轴线的转动自由度。

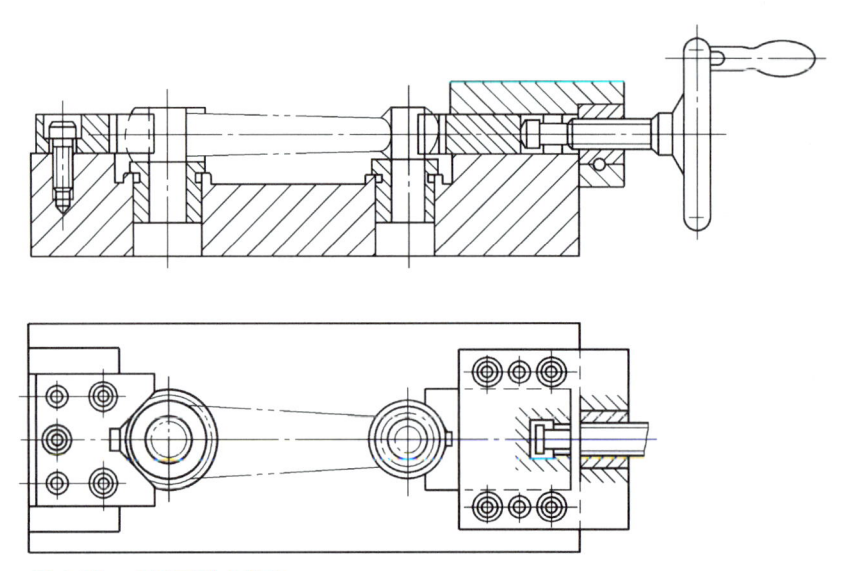

图 6-15　成形面对中定位

四、定位设计

上面介绍了单个定位基准定位时定位元件的选择。而通常工件是由一组定位基准在夹具中定位的。夹具设计的首要任务就是要选择一组合适的定位元件，遵循工件定位的规律，实现工件的正确定位。

常见工件的组合基准包括：一组平面组合基准，平面和曲面的组合基准，平面和孔的组合基准，以及一组孔的组合基准。

在讨论组合基准定位时，应首先从工件的工序图上分清哪个基准是主要的定位基准（第一定位基准），哪个是次要的定位基准（第二定位基准）。

（一）一组平面组合基准及平面、曲面组合基准的定位设计

（1）两个平面基准的定位设计　如图 6-16 所示，在长方形工件上加工一个宽度为 b 的矩形通槽。工件以 M、N 平面为定位基准，保持尺寸 $H_{-\Delta H}^{0}$ 及 B。分析：底面 M 应为第一定位基准，N 面应为第二定位基准。夹具定位设计时，应采用一组支承板

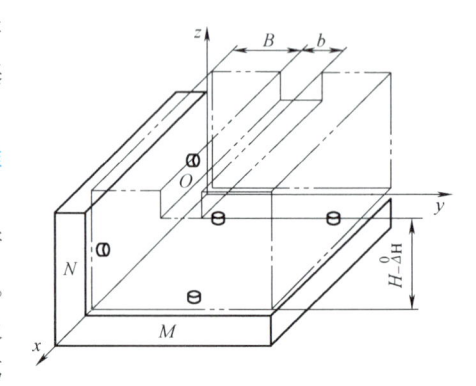

图 6-16　两个平面基准定位设计简图

和 M 面接触形成三个点定位副，限制 $\hat{x}$、$\hat{y}$ 和 $\vec{z}$ 自由度；采用一块支承板与 N 面接触，形成线接触，相当于两个点定位副，限制 $\vec{y}$ 和 $\hat{z}$ 自由度。共限制了五个自由度，也只需要限制这五个自由度。为了平衡切削力而在 x 方向设置的支承，可认为不限制自由度。

（2）平面和曲面组合基准的定位设计　如图 6-17 所示的盘形工件，在其上钻直径为 d 的孔时，工件底平面为第一定位基准，因为孔轴线应和底平面垂直，圆柱面为第二定位基准。夹具定位设计时，采用一组支承板与工件底平面接触形成面定位副（三个点定位副），限制 $\hat{x}$、$\hat{y}$ 和 $\vec{z}$ 自由度。因为工件的对称轴为 z 轴，所以 $\hat{z}$ 自由度不需要限制。从理论上讲，沿 z 方向的移动自由度，也是不需要限制的。虽然支承板限制了 z 方向的移动自由度，但由于钻头在 z 方向上的移动，应视为未被限制。

（3）曲面和平面组合基准的定位设计　在圆柱形工件上钻孔或铣不通槽时，圆柱面为第一定位基准，端面为第二定位基准，夹具定位设计时，采用一个长 V 形块和一个端面支承钉与工件接触，长 V 形块限制了四个自由度，端面支承钉限制了一个自由度，共限制了五个自由度，如图 6-18a 所示。图 6-18b 所示为在圆柱体上铣一个平面的定位基准，虽然定位设计与图 6-18a 所示一样，但端面的支承钉已无定位的意义，这只是为了平衡切削力而设置的支承。

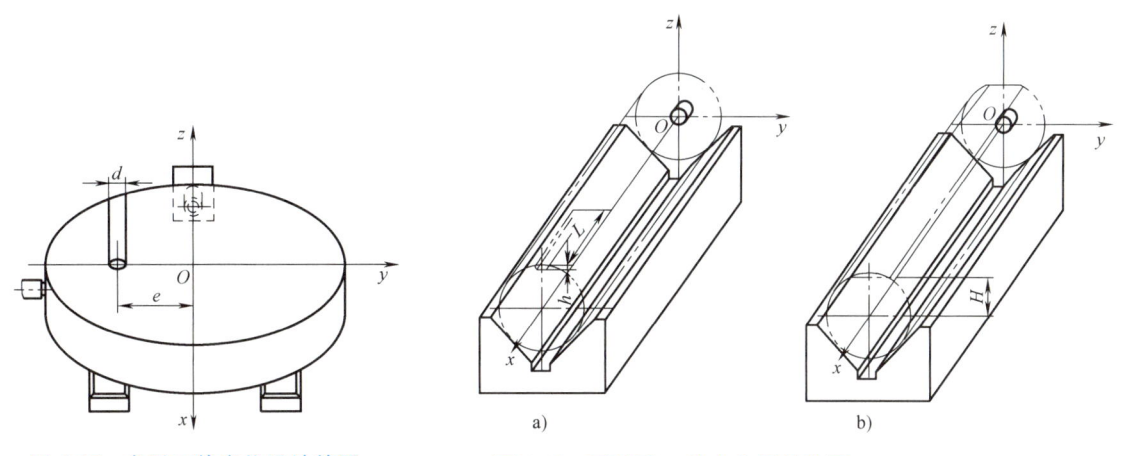

图 6-17　盘形工件定位设计简图

图 6-18　圆柱形工件定位设计简图

（二）平面和孔组合基准的定位设计

1. 一面一孔组合基准的定位设计

（1）大平面和短孔组合基准的定位设计　如图 6-19 所示为一环形工件。工件规定的工序基准为大平面 A 和孔 B。定位设计时，采用一个大支承平面和一个短圆柱销。大支承平面限制了三个自由度，短圆柱销限制了两个自由度。显然，大平面为第一定位基准，孔为第二定位基准。由于采用了固定式间隙短定位销，故有一定的定位误差。为了提高定心精度，可将圆柱销改用圆锥销。为了消除定位干涉，圆锥销应采用弹簧浮动式，如图 6-20 所示。由于圆锥销能上下浮动，所以并不限制工件的 $\vec{z}$ 自由度。

（2）平面和长孔的组合基准的定位设计　平面和长孔的组合基准，在定位设计时，应视工件的加工要求有以下两种情况。

1）平面作第一定位基准时，采用较大的支承板与平面基准接触，限制三个自由度，采用短圆柱销或浮动圆锥销限制两个自由度。这时不能采用长定位销，若采用长定位销将会发

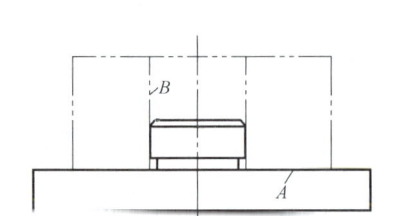

图 6-19 环形工件定位设计简图

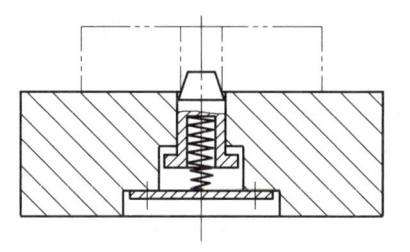

图 6-20 平面—圆锥销定位

生过定位现象，如图 6-21 所示。由于工件的孔和平面存在着垂直度误差（见图 6-21a），当施加夹紧力时，就会使长销弯曲（见图 6-21b）而破坏定位状态。

2）圆柱销作第一定位基准时，定位设计应采用长定位销限制工件的四个自由度，端面应一点接触，限制一个自由度。要在受力的情况下，保证长定位销正确定位，同时端面又能很好地接触，常采用如下两种方法：①平面支承采用球面浮动结构，如图 6-22 所示，这样平面支承只限制一个移动自由度，同时又能承受较大的力；②将平面支承面的接触面尽可能减小（见图 6-22b），也是常采用的结构。

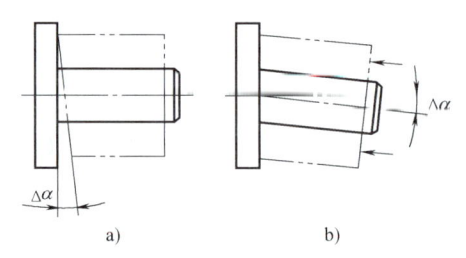

图 6-21 大平面和长定位销定位
a）工件误差 b）夹紧变形

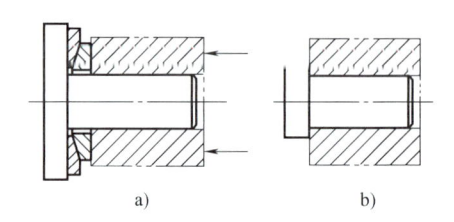

图 6-22 孔为第一定位基准的定位
a）球面定位 b）长销定位

2. 一面两孔组合基准的定位设计

这是在箱体类工件上应用最广泛的一种组合基准，习惯上称为一面两孔定位，它能实现基准统一，简化夹具结构。平面为第一定位基准，一个工艺孔为第二定位基准，另一个工艺孔为第三定位基准。而究竟取哪个工艺孔为第二定位基准，应从工件的加工要求进行分析和确定。定位设计时，采用一组支承板与工件的平面基准接触，限制三个自由度。若再采用两个短圆柱销与两个工艺孔接触定位，则定位元件共限制了七个自由度，形成了过定位。由于工件上两工艺孔的中心距和夹具上两个定位销的中心距之间的误差，可能造成图 6-23 所示无法正常将工件安装到夹具上的情况，明显是由重复限制 y 方向的移动自由度所致。目前广为应用的解决方法是将一个定位销沿 x 方向对称削边，使其成为菱形销，如图 6-24 所示。因此，一面两孔定位的定位元件所限制自由度的分配情况：支承平面限制 $\vec{x}$、$\vec{y}$ 和 $\vec{z}$ 自由度；圆柱销限制 $\vec{x}$、$\vec{y}$ 自由度；菱形销限制 $\vec{z}$ 自由度。

夹具设计中两销的设计步骤：

（1）确定两定位销中心距及公差 将两孔中心距 L_g 划成对称公差，即

$$L_g = L \pm \frac{\Delta L_g}{2}$$

确定两定位销中心距为

$$L_x = L \pm \frac{1}{2}\Delta L_x = L \pm \frac{1}{2}k\Delta L_g$$

式中　k——系数，$k = \frac{1}{5} \sim \frac{1}{3}$。

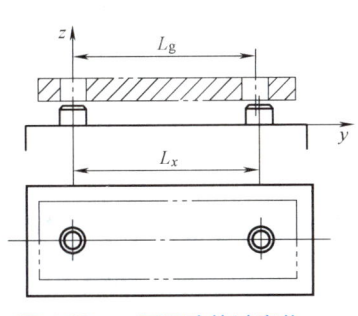

图 6-23　一面两孔的过定位

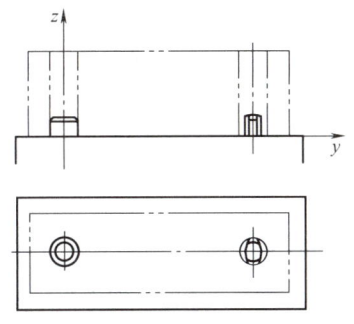

图 6-24　一面两孔的定位

（2）确定圆柱销直径及其公差　圆柱销公称直径 d_x 等于定位孔的公称直径；由两定位孔、定位销中心距的误差对销、孔尺寸分析（如图 6-25 所示）可知：销轴直径为 $d_{x-\varepsilon-\Delta d}^{-\varepsilon}$，最小间隙为 $\varepsilon = \frac{1}{2}\Delta L_g + \frac{1}{2}\Delta L_x = \frac{1}{2}(1+k)\Delta L_g$。

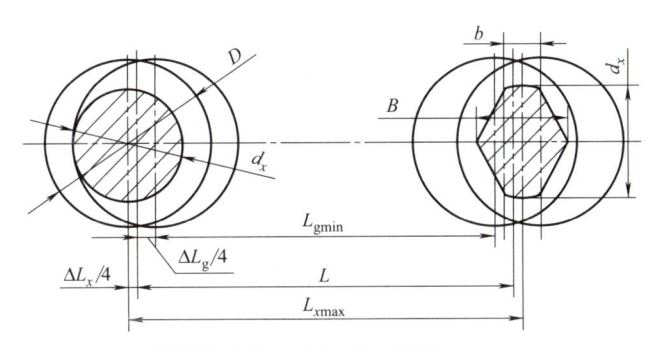

图 6-25　一面两孔定位长度与最小间隔

定位销、定位孔的常用配合为 H7/g6、H7/f6。
由定位孔直径 D，可查表 6-2，确定菱形销尺寸。

表 6-2　菱形销宽度尺寸　　　　　　　　　　（单位：mm）

D	3~6	>6~8	>8~20	>20~25	>25~32	>32~40	>40~50
b	2	3	4	5	5	6	8
B	D-0.5	D-1	D-2	D-3	D-4	D-4	D-5

（三）精基准孔定位设计

1. 锥度心轴定位设计

JB/T 10116—1999《机床夹具零件及部件　锥度心轴》规定了锥度心轴的结构尺寸、材料及其热处理等技术条件。直径≤50mm 的心轴材料为 T10A 钢，热处理 58~64HRC，结构简图如图 6-26 所示，心轴两端为 B 型中心孔（GB/T 145—2001），心轴外圆表面相对于两中心孔轴线的跳动公差允许为 3μm；直径>50mm 的心轴材料为 20 钢无缝管，两端插入、焊接支承轴，并在支承轴端加工中心孔，无缝管渗碳层厚度为 0.8~1.2mm，热处理 55~60HRC，心轴热处理后研磨中心孔。锥度心轴的锥度为 1∶3000、1∶5000、1∶8000。由于锥度心轴的锥度小，要满足尺寸精度为 F8~N7 孔的定位夹紧需求时锥体长度较大，为保证压力机装配时心轴稳定，将一套心轴分为 2、3、4 支，且 $d_{I1}=d_{II2}$、…。40~50mm 锥度心轴的尺寸见表 6-3。选用时应保证导向直径 d_2 与定位孔径的最小尺寸为间隙配合，而锥底心轴 d_1 应大于定位孔的最大尺寸 $D_{max}+0.25\Delta$（Δ 为定位孔的公差）。心轴锥度应根据工件孔径 D、孔长度 L_0 及同轴度精度选取，见表 6-4。

表 6-3 部分锥度心轴主要尺寸　　　　　　　　　　　　（单位：mm）

工件孔径 D	锥度 k	支号	大端直径 d_1	小端直径 d_2	总长 L	工作长度 l	安装长度 l_1	安装长度 l_2
40	1∶3000	I	40.020	39.996	280	242	28	80
		II	40.074	40.020				
	1∶5000	I	40.002	39.996	300	260		
		II	40.038	40.002				
		III	40.074	40.038				
	1∶8000	I	39.993	39.966	335	296		
		II	40.020	39.993				
		III	40.047	40.020				
		IV	40.074	40.047				
42	1∶3000	I	42.020	41.996	285	246	28	84
		II	42.074	42.020				
	1∶5000	I	42.002	41.996	305	264		
		II	42.038	42.002				
		III	42.074	42.038				
	1∶8000	I	41.993	41.966	340	300		
		II	42.020	41.993				
		III	42.047	42.020				
		IV	42.074	42.047				
45	1∶3000	I	45.020	44.996	295	252	32	90
		II	45.074	45.020				
	1∶5000	I	45.002	44.996	315	270		
		II	45.038	45.002				
		III	45.074	45.038				
	1∶8000	I	44.993	44.966	350	306		
		II	45.020	44.993				
		III	45.047	45.020				
		IV	45.074	45.047				

（续）

工件孔径 D	锥度 k	支号	大端直径 d_1	小端直径 d_2	总长 L	工作长度 l	安装长度 l_1	安装长度 l_2
47	1:3000	I	47.020	46.996	300	256	32	94
		II	47.074	47.020				
	1:5000	I	47.002	46.996	320	274		
		II	47.038	47.002				
		III	47.074	47.038				
	1:8000	I	46.993	46.966	355	310		
		II	47.020	46.993				
		III	47.047	47.020				
		IV	47.074	47.047				
50	1:3000	I	50.020	49.996	305	262	32	100
		II	50.074	50.020				
	1:5000	I	50.002	49.996	325	280		
		II	50.038	50.002				
		III	50.074	50.038				
	1:8000	I	49.993	49.966	360	316		
		II	50.020	49.993				
		III	50.047	50.020				
		IV	50.074	50.047				

注：1. 摘自 JB/T 10116—1999《机床夹具零件及部件 锥度心轴》。

2. d_1、d_2 精确到 0.001mm。

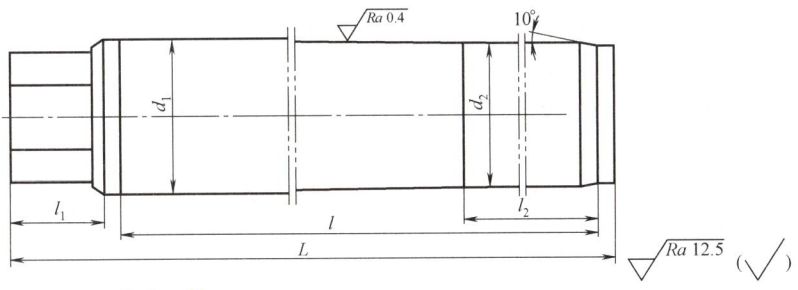

图 6-26 锥度心轴

表 6-4 $D>30\sim 50$mm 锥度心轴的锥度选择

同轴度等级	5		6			7			8	
孔长 L_{0max}/mm	40	64	36	60	96	60	100	160	90	150
锥度	1:5000	1:8000	1:3000	1:5000	1:8000	1:3000	1:5000	1:8000	1:3000	1:5000

2. 过盈圆柱心轴

过盈圆柱心轴采用温差法（-196℃液氮冷却心轴）安装、压力机退出心轴的装配方式。结构简图如图 6-27 所示，调整套决定装入位置 l_1，典型的公差配合为 H7/u6。

3. 间隙心轴定位设计

典型的间隙心轴为磨齿心轴（JB/T 9163.12—1999），结构简图如图 6-28 所示。推荐配合公差为 H6/h5，其实质是<u>最小间隙为零</u>。$d = 32 \sim 56$mm 的磨齿心轴尺寸见表 6-5。

图 6-27 过盈圆柱心轴

图 6-28 圆柱磨齿心轴

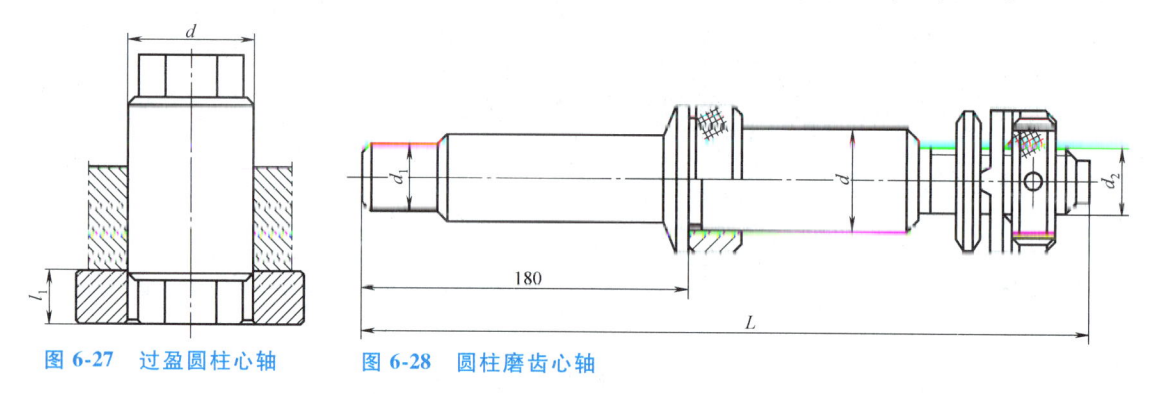

表 6-5 $d = 32 \sim 56$mm 的磨齿心轴尺寸 （单位：mm）

D		总长 L	d_1		d_2
基本尺寸	公差 h5		基本尺寸	公差	
32	0 −0.011	300	30	−0.020 −0.041	M24×1.5
34					
36					
38					
40					
42					
45		320	40	−0.025 −0.050	M36×1.5
46					
48					
50					

注：摘自 JB/T 9163.12—1999《圆柱磨齿心轴 尺寸》，适用工件孔径公差 H6。

根据最小间隙为零原则可设计高精度间隙心轴。如 $\phi 40H6^{+0.016}_{0}$ 的定位孔，可认为是 $\phi 40^{+0.008}_{0}$、$\phi 40.008^{+0.008}_{0}$ 两孔的组合，其尺寸精度略低于 IT4 级（$\phi 40H4^{+0.007}_{0}$），可分别配置心轴 $\phi 40h3^{\ 0}_{-0.004}$，$\phi 40.008h3^{\ 0}_{-0.004}$。

4. 阶梯孔定位心轴设计

<u>阶梯孔轴套类零件应选用精度较高的一孔定位，以避免阶梯孔同轴度的影响</u>，如图 6-29 所示。阶梯孔的长径比较小（$l/d < 0.8$），只能限制两个自由度，应利用心轴的端面作为第二定位。阶梯孔零件以相对较大的孔定位时采用间隙心轴、过盈圆柱心轴；相对较小的孔定位时可采用磨齿心轴、圆柱过盈心轴、圆锥心轴。

5. 双阶梯孔定位心轴设计

双阶梯孔零件采用专用可胀心轴定位，如图 6-30 所示。

所有<u>定位心轴，两端皆有 B 型中心孔</u>。一端可用自定心卡盘夹持，另一端可用尾座顶尖辅助定位，或采用端面驱动顶尖（梅花顶尖）定位并驱动。

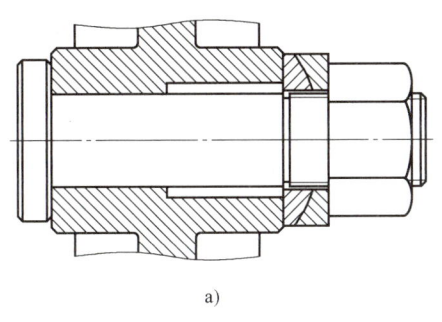

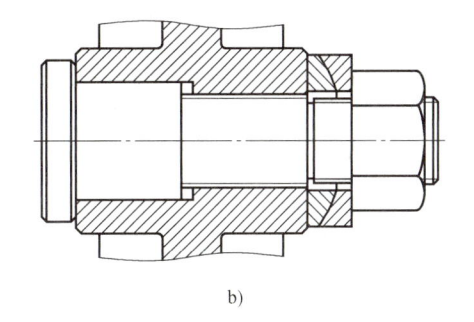

图 6-29 阶梯孔定位心轴
a) 小孔定位间隙心轴   b) 大孔定位间隙心轴

6. 箱体孔定位销轴

箱体孔定位一般采用一面两孔定位。定位销（轴）为圆柱销、削边圆柱销、弹性圆锥销等。

五、定位误差的分析和计算

定位的宗旨是使工件在夹具中具有理想的加工位置。工件的定位由定位基面和定位元件两大要素组成。由于定位基面和定位元件皆存在制造误差（尺寸误差和位置精度误差），致使工件产生定位误差。设计定位装置时，就要控制这一误差在工件许可的范围内。

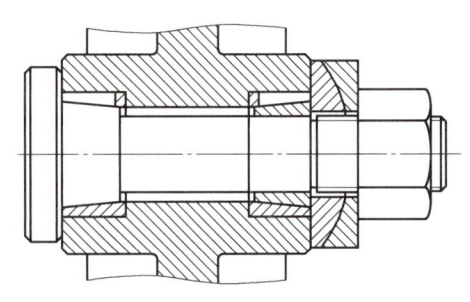

图 6-30 双阶梯孔定位弹性心轴

1. 铣削键槽定位误差分析

平键连接是最常用的连接形式，镶嵌于轴和与其配合的传动件的轮毂槽中的键将转轴的运动和转矩传递给轮毂传动件，或者传递给转轴。从键槽功能上可知，键槽底平面的位置基准是旋转轴线，即 s_0。键槽剖面尺寸如图 6-31 所示，根据 GB/T 1095—2003《平键 键槽的剖面尺寸》推荐的尺寸为 $t_0^{+\Delta t}$，槽深测量尺寸应为 $t+\Delta t-\Delta d/2$，即轴直径为最大值时，槽深度最大；且 $\Delta t \geq \Delta d/2$。常用的铣削键槽的定位方式：①轴心线定位；②轴外圆表面下母线 B 定位；③长 V 形块定位。不同定位产生的误差不同。

（1）轴心线定位 该定位方式设计基准与定位基准重合，无定位误差；以最大轴径确定键槽铣削深度。由于铣键槽时轴外圆 A 母线被铣掉、键槽部位周边有毛刺，测量 t 较复杂，一般测量 s，$s=(d-\Delta d)-t-\Delta t$。

（2）轴外圆表面下母线 B 定位 轴外圆表面的下母线 B 定位如图 6-32 所示，压板压紧

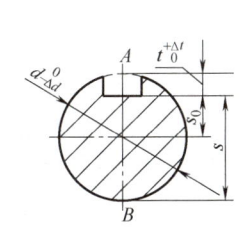

图 6-31 键槽剖面尺寸

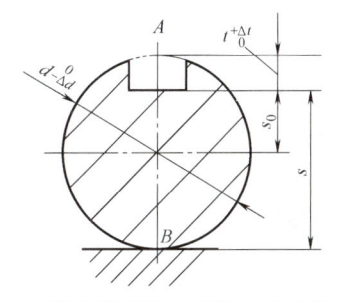

图 6-32 轴外圆表面下母线 B 定位铣键槽

或平口钳夹紧，以最大轴径（对刀基准）确定键槽铣削深度。当轴径出现直径误差 Δd 时，设计基准下移 $\Delta d/2$，键槽深度变为 $t+\Delta t-\Delta d$，测量尺寸 $s=d-t-\Delta t$。定位基准与设计基准的不重合误差（定位基准与设计基准间的尺寸变化量）$\Delta B=\Delta d/2$。

（3）长 V 形块定位 如图 6-33 所示，长 V 形块定位，V 形压板压紧；以最大轴径（对刀基准）确定键槽铣削深度。当轴径出现直径误差 Δd 时，定位基准产生位移误差 ΔY（轴心线下降距离 O_1O_2，见图 6-34）为

$$\Delta Y = O_1O_2 = \Delta d/2\sin\alpha$$

键槽深度为 $t+\dfrac{\Delta d}{2}\left(1-\dfrac{1}{\sin\alpha}\right)$，测量尺寸 $s=\left[d-\dfrac{\Delta d}{2}\left(1-\dfrac{1}{\sin\alpha}\right)\right]-t-\Delta t_0$。

注意：定位误差发生在应用调整法加工的批量生产模式中；对于单件小批量生产模式，由于采用试切法，且逐件检测，故根本不存在定位误差。

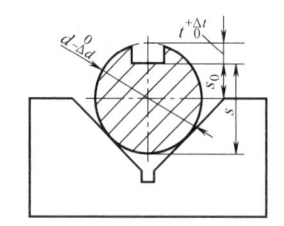

图 6-33 V 形块定位铣键槽

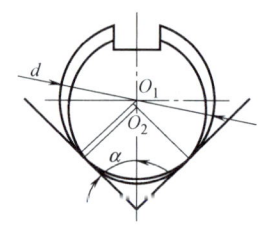

图 6-34 V 形块定位误差计算图

2. 心轴定位误差分析

（1）锥度心轴定位误差分析 由于直径 ≤50mm 的心轴材料为 T10A 钢，且热处理 58～64HRC，硬度高，锥度为 1∶3000、1∶5000、1∶8000。压力机压入工件圆柱孔组成定位副时，心轴大端挤压定位孔产生弹性变形成为锥孔，心轴压入长度由压力机压力限定，故不会产生基准不重合误差。

（2）过盈圆柱心轴定位误差分析 过盈圆柱心轴多采用温差法（-196℃液氮冷却心轴）安装，并采用压力机退出心轴的装配方式。由于与工件定位孔是过盈配合，故不会产生基准不重合误差；且可设置轴肩限定轴向位置，故也没有轴向定位误差。

（3）间隙心轴定位误差分析 间隙心轴是按照最小间隙为零的原则设计的，结构如图 6-28 所示。间隙心轴利用轴肩端面轴向定位，用螺母固定，弹性垫片锁紧。由于是间隙配合心轴定位，因而当心轴尺寸误差为 Δd、定位孔直径误差为 ΔD 时，设计基准（工件孔轴线）产生位移误差 ΔR 为

$$\Delta R = \frac{\Delta d + \Delta D}{2}$$

由于圆周接触定位，在不考虑工件质量产生的重力等外力因素时，工件孔轴线相对于心轴轴线的移动方向不能确定。设计基准（工件孔轴线）位于以心轴轴线为圆心轴线、以半径为 ΔR 的圆周上，如图 6-35 所示。或者说，工件孔内圆表面的一条母线与心轴外圆表面一条母线接触定位，但工件有绕心轴外圆表面纯滚动的可能，两轴线间的距离就是基准位移误差 ΔR。

要减小间隙心轴的定位精度必须提高工件孔和心轴的尺寸精度，或工件孔分组（变相

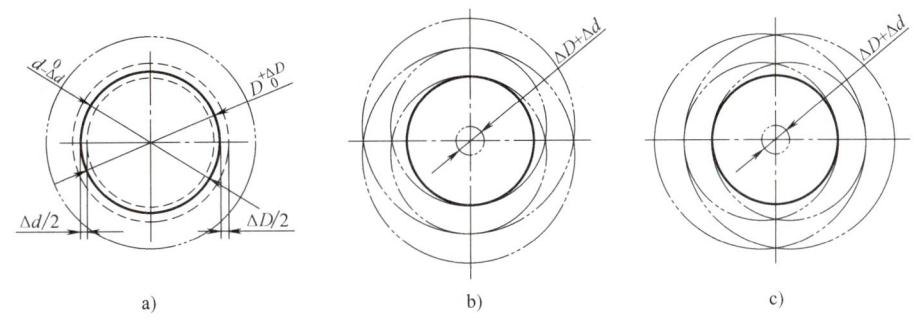

图 6-35 间隙心轴定位精度示意图
a) 工件孔轴线设计位置 b) 工件孔轴线偏离位置（一） c) 工件孔轴线偏离位置（二）

缩小尺寸公差），心轴成套使用，如 $\phi 40H6^{+0.016}_{0}$ 的定位孔，可认为是 $\phi 40^{+0.008}_{0}$、$\phi 40.008^{+0.008}_{0}$ 两孔的组合，心轴为 $\phi 40h3^{0}_{-0.004}$、$\phi 40.008h3^{0}_{-0.004}$ 组合。对于非最终加工工序的间隙心轴，工件孔预留磨量，采用互为基准、反复加工原则，提高加工精度。如以间隙心轴定位，利用插齿机插削圆柱齿轮，或利用滚齿机滚铣圆柱齿轮，然后以齿轮的齿形定位磨削工件孔，最后以磨齿心轴定位磨齿。

（4）"一面两孔定位"误差分析　"一面两孔定位"组合中，当两定位销为圆柱销和菱形销时，如图 6-36 所示，圆柱销、菱形销相当于垂直放置的间隙心轴。最小间隙 ε 为两定位销中心距 L_x、两定位孔中心距 L_g 的误差补偿环节。在不考虑 ε 时，$L_g = L_x = L$，圆柱销（菱形销）$d^{-\varepsilon}_{-\Delta d-\varepsilon}$、定位孔 $D^{+\Delta D}_{0}$ 配合的工件转角误差为

$$\alpha = \frac{180°}{\pi}\arcsin\frac{\Delta D + \Delta d}{2L}$$

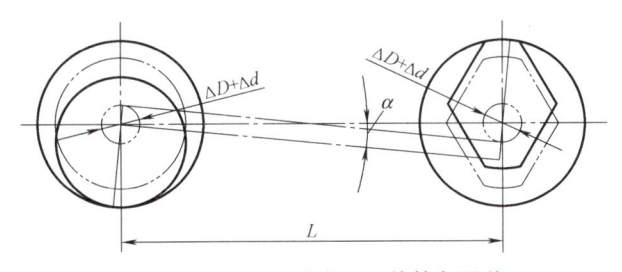

图 6-36 一面两孔定位工件转角误差

第三节　工件的夹紧及夹具的夹紧设计

一、夹紧的目的及夹紧要求

工件在加工过程中受切削力、自身质量引起的重力等的作用，会产生变形或位移，影响工件的加工质量。工件在夹具中定位后应夹紧，确保工件在加工过程中保持已获得的定位不被破坏，保证工件的加工精度。

夹紧机构设计时，一般应满足以下主要原则：

1）夹紧时不能破坏工件在定位元件上所达到的位置。

2) 夹紧力应保证工件位置在整个加工过程中不变或不产生不允许的振动。
3) 使工件不产生过大的变形和表面损伤。
4) 夹紧机构必须可靠。夹紧机构各元件要有足够的强度和刚度,手动夹紧机构必须保证自锁,机动夹紧机构应有联锁保护装置,夹紧行程必须足够。
5) 夹紧机构操作必须安全、省力、方便,符合工人操作习惯。
6) 夹紧机构的复杂程度、自动化程度必须与生产纲领和工厂的条件相适应。

上述前三条要求是为了保证加工质量和安全生产的,是衡量夹紧装置优劣的准则,必须予以满足。其他要求的重要性取决于具体条件,其中有些要求在选择夹紧力的方向和作用点时应有所考虑,有些则在拟定夹紧装置的具体结构时或进行夹具的整体设计时考虑。

二、夹紧点的选择及夹紧力的确定

(一) 夹紧点的选择

夹紧点的选择是达到最佳夹紧状态的首要因素。只有正确地选择夹紧点之后,才能估算出所需要的适当的夹紧力。如果夹紧点选得不当,则不仅会增大夹紧变形,甚至不能夹紧工件。所以夹紧点的选择是夹紧设计中所要处理的第一个问题。

1. 夹紧点选择的一般原则

1) 尽可能使夹紧点和支承点对应,使夹紧力作用在支承上,这样会减少夹紧变形。凡有定位支承的地方,对应处都应选择为夹紧点并施以适当的夹紧力,以免在加工过程中工件离开定位元件。

2) 夹紧点选择应尽量靠近加工表面,且选择在不致引起过大夹紧变形的位置。

2. 减少夹紧变形的措施

1) 增加辅助支承和辅助夹紧点。如图 6-37 所示的工件可以采用如图 6-38 所示的定位方法,增加一个辅助支承点及辅助夹紧力 F_{j1},就可以获得满意的夹紧状态。

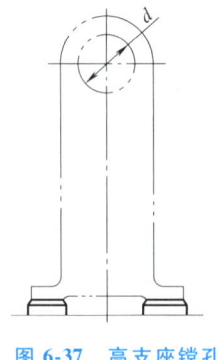

图 6-37 高支座镗孔　　　　图 6-38 辅助夹紧

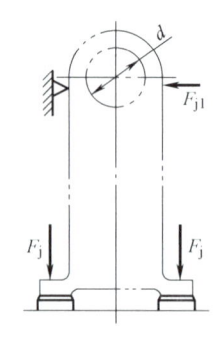

2) 分散着力点和增加压紧件接触面积。如图 6-39 所示用一块活动压板将夹紧力的着力点分散成两个或四个,从而改变着力点的位置,减少变形。如图 6-40 所示为自定心卡盘夹紧薄壁工件的情况。将图 6-40a 改为图 6-40b 所示的形式,即改用宽卡爪增大了与工件的接触面积,减少了接触点的比压,从而减小了夹紧变形。

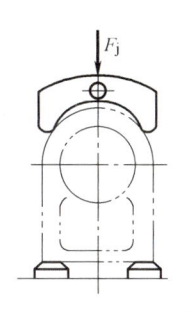

图 6-39 分散着力点

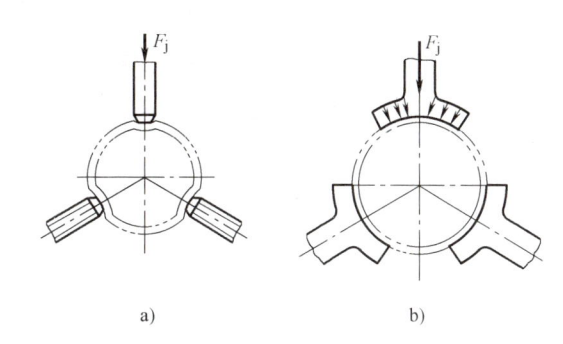

图 6-40 薄壁套的夹紧变形及改善

（二）夹紧力的确定

在夹紧设计时，正确估计切削力的大小及方向是确定夹紧力的主要依据。切削力的大小可由相关的书籍和手册中查找公式计算。至于切削力的方向，夹具设计时应尽量使其指向定位支承，这样可以减少所需要的夹紧力。计算夹紧力时，按静力平衡计算的夹紧力再乘以裕度系数。

计算夹紧力常见的几种情况：

（1）定位元件承受全部切削力 如图 6-41 所示的卧式拉床拉削孔或渐开线花键孔工序，工件孔与拉刀前导向部定位，定位套端面承受全部的切削力，因而工件不需要固定。

（2）定位元件承受部分切削力 绝大多数夹具属于这类情况。理论上定位销是不应承受切削力的，这是为了防止定位销变形，从而影响加工精度。但是，定位销不可能完全不承受切削力，一般使用定位销组合定位的夹具，定位销将承受一部分切削力。因此，设计时应根据安装位置、使用状况合理地确定其刚度。

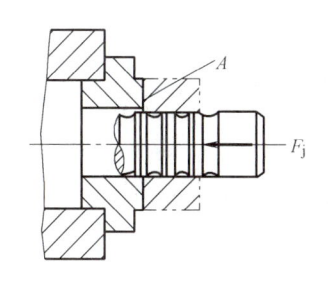

图 6-41 拉孔时切削力的方向

箱体类工件的镗孔时，工件一面两孔定位。定位支承件主要承受主切削力 F_z、背切削力 F_y、进给力 F_x、夹紧力 F_j 的作用。进给力 F_x、夹紧力 F_j 的方向恒定，切削力的方向随镗刀旋转而同步变化；进给力 F_x 使定位销承受与镗杆轴线平行的剪切力；夹紧力 F_j 使定位面承受压力，旋转的主切削力 F_z、背切削力 F_y 产生对工件的交变拉压力和对定位销的交变剪切力。如图 6-42a 所示，主切削力（切向切削力）F_z 与背切削力（径向切削力）F_y 的合力 F_Σ 为

$$F_\Sigma = \sqrt{F_z^2 + F_y^2}, \alpha = \frac{180°}{\pi}\arctan\frac{F_z}{F_y}$$

如图 6-42b 所示，考虑进给力 F_x 时，总剪切力 $F_{\Sigma 0}$ 为

$$F_{\Sigma 0} = \sqrt{F_z^2 + F_y^2 + F_x^2}, \gamma = \frac{180°}{\pi}\arctan\frac{F_x}{\sqrt{F_z^2 + F_y^2}}$$

当 $\omega t = \alpha$ 时，F_Σ 与夹紧力 F_j 方向相反，使工件离开定位支承面，因而必须保证

$$F_j + mg > F_\Sigma$$

即

$$F_j > F_\Sigma - mg \qquad (6-1)$$

式中 mg——工件产生的重力（N）。

当 $\omega t = 180° + \alpha$ 时，F_Σ 与夹紧力 F_j 方向相同，支承面承受压力；当 $\omega t = 90° + \alpha$ 或 $\omega t = 270° + \alpha$ 时，F_Σ 与定位支承面平行，定位销承受最大剪切力，为防止工件移动、避免定位销承受剪切力，必须保证

$$F_j\mu_1 + (F_j + mg)\mu_2 = F_j(\mu_1 + \mu_2) + mg\mu_2 > \sqrt{F_z^2 + F_y^2 + F_x^2}$$

即

$$F_j > \frac{\sqrt{F_z^2 + F_y^2 + F_x^2} - mg\mu_2}{\mu_1 + \mu_2} \tag{6-2}$$

式中 μ_1——压板与工件之间的摩擦因数；
　　　μ_2——工件与定位支承面之间的摩擦因数。

由于 $\mu_1 + \mu_2 < 1$，故只要保证式（6-2）成立，式（6-1）自然成立。夹紧力 F_j 可计算为

$$F_j = k\frac{\sqrt{F_z^2 + F_y^2 + F_x^2} - mg\mu_2}{\mu_1 + \mu_2}$$

式中 k——夹紧力安全裕度系数。

如果镗削的孔位置较高，而定位支承面小，则应考虑 F_z、F_y、F_x 形成的弯曲力矩对工件稳定性的影响，必要时应增加辅助支承。如果是精镗孔，则可忽略 F_y、F_x，而仅考虑 F_z。

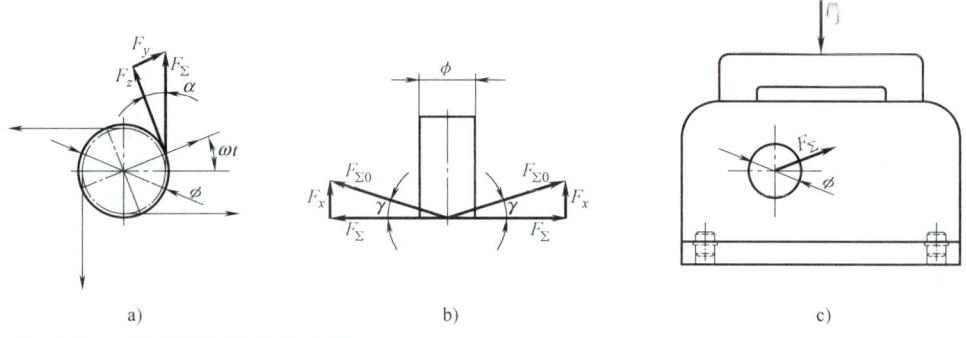

图 6-42 箱体镗孔时的受力分析
a) 镗孔平面受力分析　b) 三维空间的总剪切力　c) 镗削孔工序装配示意图

（3）由定位副的摩擦力平衡切削力　车削、磨削心轴是利用摩擦力平衡切削力的。

1) 各种可胀心轴定位的车、磨夹具，其夹紧力 F_j（胀紧力）的计算为

$$F_j = k\frac{F_\Sigma}{\mu}$$

式中 F_Σ——切削力（N）；
　　　μ——可胀心轴与工件定位孔间的摩擦因数。

可胀心轴的种类很多，夹紧原理各异，所需夹紧力应按结构原理确定。

2) 过盈圆柱心轴和锥度心轴都是靠定位副的弹性变形产生所需的夹紧力。锥度心轴已标准化，过盈圆柱心轴的典型公差配合为 H7/u6，一般设计时不需要计算，必要时将孔的公差分级。

3) 间隙心轴是靠两端面的摩擦力平衡切削力的，故需要较大的夹紧力。车削、磨削圆

柱面工件受力分析如图 6-43 所示。

为防止工件沿切削力 F_Σ 方向移动所需的夹紧力 F_j 为

$$F_j = k \frac{F_\Sigma}{2\mu}$$

F_Σ 方向角（F_Σ 与 F_z 的夹角）为

$$\alpha = \frac{180°}{\pi} \arctan \frac{F_y}{F_z}$$

F_Σ 使工件绕心轴转动的转矩 M 为

$$M = \frac{d}{2} F_\Sigma \cos\alpha = \frac{d}{2} F_z$$

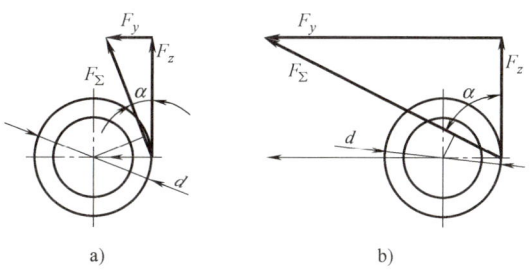

图 6-43 车削、磨削圆柱面工件受力分析
a) 车削轴套类零件受力分析 b) 磨削轴套类零件受力分析

F_y 在过切削点的工件直径上，心轴与工件定位孔为零间隙时，只是增加了工件定位孔与心轴接触面的接触压力，无推动工件转动的转矩。

F_j 作用下工件绕心轴旋转时两端面的摩擦力矩 $2M_f$ 为

$$2M_f = \frac{2F_j\mu}{3} \frac{(d_{max}^3 - d^3)}{(d_{max}^2 - d^2)}$$

式中　d_{max}——心轴轴肩或垫圈与轴套接触圆环面的大径（mm）。

由上式可知：摩擦力矩与摩擦面尺寸有关，d_{max} 越大，$2M_f$ 就越大。因此，应使 d_{max} 为较大值。

防止工件绕心轴转动的充分必要条件：$2M_f > M$。故所需的夹紧力 F_j 为

$$F_j = \frac{3kF_z d}{4\mu} \frac{d_{max}^2 - d^2}{d_{max}^3 - d^3}$$

由于车床精车 45 钢圆柱面时（车刀主偏角 90°），$F_y = (0.25 \sim 0.4)F_z$，F_Σ 的方向角较小；外圆磨床磨削圆柱面时，背向磨削力较大，随着工件材料和砂轮特性的不同，$F_y \approx (1.75 \sim 4)F_z$；磨削 45 钢外圆柱面时，$F_y \approx 2.04F_z$，$F_\Sigma$ 的方向角较大。主切削力 F_z 与工件直径决定工件绕心轴表面转动的转矩 M，而主切削力则由工艺参数（切削速度、走刀量、吃刀深度）、材料的物理性能、刀具参数决定，主切削力也可按照主运动电动机功率 $P_主$ 确定，计算式为

$$F_z = \frac{60\eta P_主}{v_c}$$

式中　v_c——切削速度（m/min）；
　　　η——机床主运动电动机的机械效率。

为使加工过程中，保持已获得定位，应有较大的夹紧力 F_j，且**夹紧力 F_j 应同时满足防止工件绕心轴表面转动或沿 F_Σ 方向移动的要求。**

（4）定位支承完全不受切削力　该类夹紧方式多用于翻转钻模夹具或自动生产线上统一基准定位的钻床夹具。这类夹具示意图如图 6-44 所示，夹紧力与切削力方向相反，夹紧力的功能是平衡切削力和工件重力。因此夹紧力裕度系数 k 要取大些，其夹紧力 F_j 为

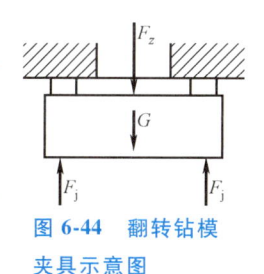

图 6-44　翻转钻模夹具示意图

$$F_j = k(F_z + G)$$

式中 G——工件重力（N）。

（三）夹紧力裕度系数 k 的确定

确定夹紧力安全裕度系数 k 时，必须考虑以下因素：

1) 切削力 F_Σ 的波动。切削力的波动主要由切削层的变化（如粗加工后毛坯的复映误差）、断续切削等因素引起。

2) 夹紧力 F_j 的波动。夹紧力较难准确计量，且在手动夹紧时操作者疲劳也会导致夹紧力波动。因此，夹紧力安全裕度系数较大，一般 $k = 3 \sim 5$。

（四）摩擦因数 μ 的确定

摩擦因数 μ 主要决定于摩擦副的表面精度。一般摩擦因数 μ 按以下数据选取：

1) 皆由钢材制造且都经过精加工的摩擦副，$\mu = 0.15$。
2) 支承表面有与切削力方向一致的沟槽（见图 6-45a）时，$\mu = 0.3$。
3) 支承表面有与切削力方向垂直的沟槽（见图 6-45b）时，$\mu = 0.4$。
4) 支承表面有交叉网纹沟槽（见图 6-45c）时，$\mu = 0.7 \sim 0.8$。

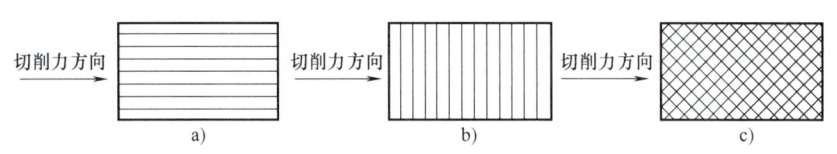

图 6-45 支承件表面的沟槽方向
a) 支承面沟槽方向与切削力相同 b) 支承面沟槽方向与切削力垂直 c) 支承面有交叉网纹沟槽

三、常用夹紧机构的设计

（一）对夹紧机构的设计要求

(1) 可浮动　为了使压板可靠地夹紧工件或使用一块压板实现多点夹紧，夹紧机构中的压板和支承件应有浮动自定位功能，以消除工件上各夹紧点之间的位置误差影响，可靠地夹紧工件。如图 6-46 所示的两种浮动机构的实例，各图中的 A、B 处为浮动连接。

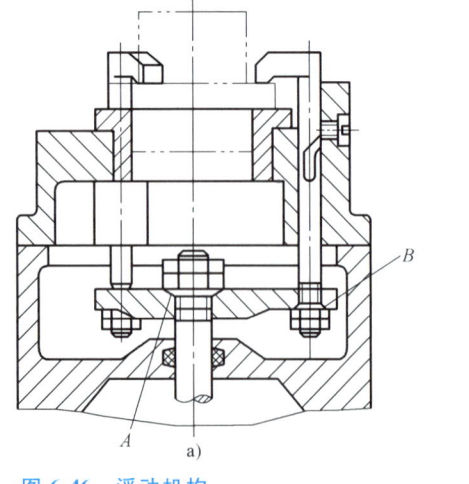

图 6-46 浮动机构
a) 双夹紧点浮动机构　b) 单夹紧点浮动机构

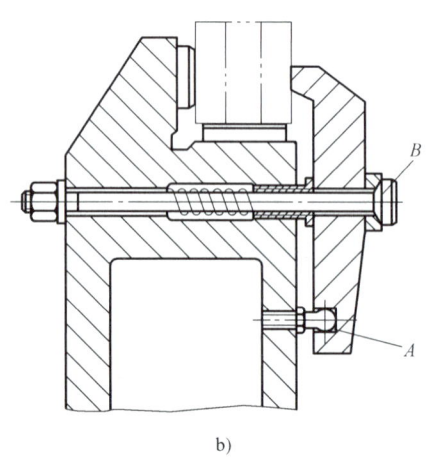

（2）可联动　为实现几个方向的夹紧力按顺序作用，设计中应用联动机构。如图 6-47 所示的能够实现相互垂直的两个方向的夹紧力按顺序作用的联动机构，垂直方向夹紧力 F_{jz} 与水平方向的夹紧力 F_{jx} 的关系为

$$F_{jz}L_1 = F_{jx}L_2$$

（3）可增力　在夹紧机构中，可采用增力机构来减小原动力。常用的增力机构有杠杆、斜面、螺旋、铰链等。

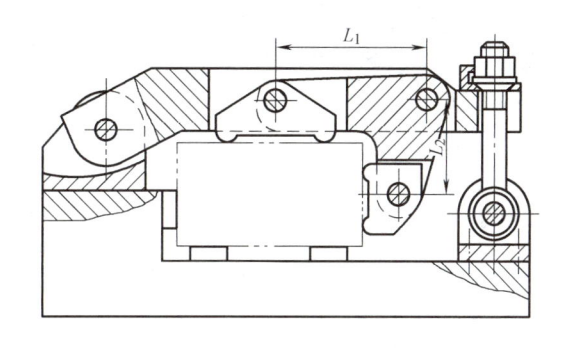

图 6-47　实现相互垂直作用力的联动机构

（4）可自锁　当去掉动力源的作用后，仍能保持对工件的夹紧状态称为夹紧机构的自锁。自锁是夹紧机构的重要特性。对有些夹具的夹紧机构，自锁是十分必要的。常用的自锁机构有螺旋、斜面及偏心机构等。

（二）夹紧机构中常用施力机构的设计计算

1. 螺栓、螺母施力机构

螺栓、螺母施力机构在夹具中的应用最广泛，其优点是结构简单、制造方便、施力范围大、自锁性能好。设计时应根据所需的夹紧力大小选择合适的螺纹直径。表 6-6、表 6-7 给出了螺栓与螺母施力机构所能施于夹紧机构的力的大小，表 6-8 给出了螺栓端部的当量摩擦半径，供设计时参考。

表 6-6　螺栓施力机构的作用力

螺纹公称直径/mm	中径的半径/mm	手柄长度/mm	原始作用力/N	产生的夹紧力/N		
				I	III	IV
10	4.50	120	25	4200	3000	4000
12	5.43	140	35	5700	4000	5800
16	7.35	190	65	10600	7200	8500
20	9.19	240	100	16500	11400	8500
24	11.02	310	130	23000	16000	14600

注：1. 此表建立在 $L \approx 1.4d_2$，$\alpha = 2°30' \sim 3°30'$，$\varphi' = 6°34'$，$\mu_1 = \tan\varphi_1 = 0.1$，$\beta_1 = 120°$ 的基础上，并考虑了螺杆所能承受的强度。

2. 螺栓端部形式见表 6-8。

表 6-7　螺母施力机构的作用力

形式	简图	螺纹公称直径 d/mm	螺纹中径 d_2/mm	手柄长度 L/mm	手柄作用力 F_1/N	产生的力 F_j/N
带柄螺母		8	7.188	50	50	2060
		10	9.026	60		1990
		12	10.863	80	80	3540
		16	14.701	100		4210
		20	18.376	140	100	4700

(续)

形式	简图	螺纹公称直径 d/mm	螺纹中径 d_2/mm	手柄长度 L/mm	手柄作用力 F_1/N	产生的力 F_j/N
用扳手的六角螺母		10	9.026	120	45	3570
		12	10.863	140	70	5420
		16	14.701	190	100	8000
		20	18.376	240	100	8060
		24	22.052	310	150	13030
蝶形螺母		4	3.545	8	10	130
		5	4.480	9	15	178
		6	5.350	10	20	218
		8	7.188	12	30	296
		10	9.026	17	40	450

注：螺母支承端面的外径 d_1 取 $2d$。

表 6-8 螺栓端部的当量摩擦半径

形式	Ⅰ	Ⅱ	Ⅲ	Ⅳ
	点接触	平面接触	圆周线接触	圆环面接触
简图				
r'	0	$\dfrac{1}{3}d_0$	$R\cot\dfrac{\beta_1}{2}$	$\dfrac{1}{3}\left(\dfrac{D^3-D_0^3}{D^2-D_0^2}\right)$

2. 楔块夹紧机构

楔块夹紧机构是夹紧力大而行程小，以气动或液动为动力源的夹具。其结构类型一般有自锁斜面式（滑动摩擦副楔块）和不自锁斜面式（滚动摩擦副楔块）两种。

（1）楔块夹紧机构夹紧力的计算　原动力 F_s 作用于楔块的大端，推动楔块沿摩擦面移动，夹紧工件。夹紧瞬时状态（见图 6-48a）楔块承受夹紧力的反力 F_j、垂直于斜面的夹具体支承反力 F_f 和平行于摩擦面的摩擦力 $\mu_1 F_j$、$\mu_2 F_f$，摩擦角 $\varphi = \arctan\mu$。楔块力平衡式为

$$F_s = \mu_1 F_j + \mu_2 F_f \cos\alpha + F_f \sin\alpha$$

$$F_j = F_f \cos\alpha - \mu_2 F_f \sin\alpha$$

整理得

$$F_f = F_j \frac{1}{\cos\alpha - \mu_2 \sin\alpha}$$

$$F_s = \mu_1 F_j + F_j \frac{\mu_2 \cos\alpha + \sin\alpha}{\cos\alpha - \mu_2 \sin\alpha} = F_j [\tan\varphi_1 + \tan(\alpha + \varphi_2)]$$

$$F_j = \frac{F_s}{\tan\varphi_1 + \tan(\alpha + \varphi_2)}$$

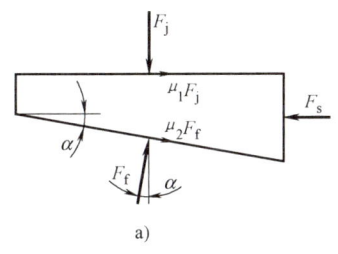

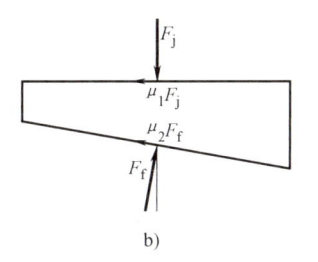

图 6-48 楔块的受力分析

a) 夹紧瞬时状态 b) 自锁状态

（2）楔块夹紧机构自锁条件 当 $F_s = 0$ 时，$F_f \sin\alpha$ 为动力，若 $F_f \sin\alpha > \mu_1 F_j + \mu_2 F_f \cos\alpha$，则楔块移动，楔块受力如图 6-48 所示。故自锁条件为

$$F_f \sin\alpha < \mu_1 F_j + \mu_2 F_f \cos\alpha$$

此时

$$F_f \cos\alpha + \mu_2 F_f \sin\alpha = F_j$$

则

$$F_j \tan(\alpha + \varphi_2) < F_j \tan\varphi_1$$

$$\alpha - \varphi_2 < \varphi_1 \Rightarrow \alpha < \varphi_1 + \varphi_2$$

若零件与楔块材质为结构钢，则摩擦因数 $\mu_1 = 0.15$，摩擦角 $\varphi_1 = 8.53°$；若夹具体由铸铁制造，则楔块与夹具体形成的摩擦副的摩擦因数 $\mu_2 = 0.18$，摩擦角 $\varphi_2 = 10.2°$，得 $\alpha < 18.73°$（一般取 $\alpha \geq 6° \sim 8°$）。

3. 圆偏心轮夹紧机构

圆偏心轮夹紧机构靠圆偏心轮回转时半径逐渐增大产生夹紧力从而夹紧工件。其结构简单、动作迅速。由于夹紧行程受到偏心距的限制，一般用于工件被夹压表面的尺寸公差值较小和切削力变化较小的小型夹具。

（1）圆偏心机构原理 圆偏心轮原理如图 6-49 所示，圆偏心轮绕转轴表面展开形成升程角变化的弧形楔块。圆偏心轮的升程为 $2e$，升程角为

$$\tan\alpha = \frac{e\sin\gamma}{R - e\cos\gamma}$$

使用导数可求得升程角极值为

$$\frac{d(\tan\alpha)}{d\gamma} = \frac{Re\cos\gamma - e^2}{(R - e\cos\gamma)^2}$$

$$\frac{d^2(\tan\alpha)}{d\gamma^2} = \frac{-(R^2 - 2e^2) - eR\cos\gamma}{(R - e\cos\gamma)^3} e\sin\gamma$$

当 $\gamma = 0$ 或 $\gamma = 180°$ 时，有

$$\frac{d^2(\tan\alpha)}{d\gamma^2} = 0$$

即两个拐点位于圆偏心轮包含偏心距的直径两端点，偏心距 OO_1 所在的直径为对称轴线。

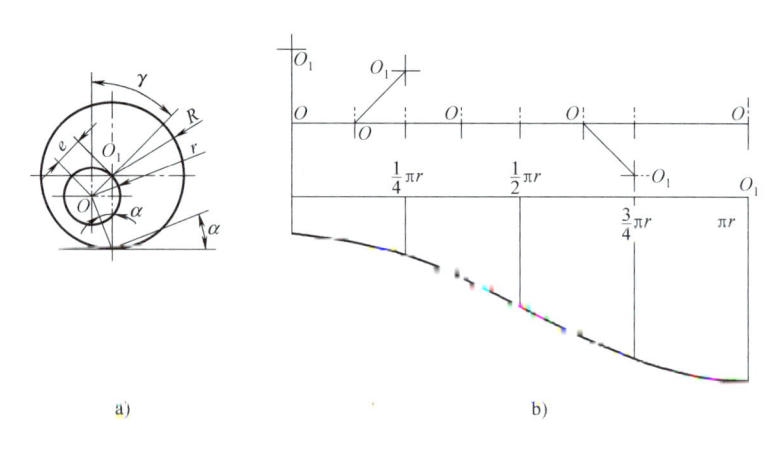

图 6-49 圆偏心夹紧机构原理图

a) 圆偏心轮简图　b) 半圆偏心轮绕转轴圆周表面展开

当 $0<\gamma<180°$ 时，有

$$\frac{d^2(\tan\alpha)}{d\gamma^2}<0$$

$\tan\alpha$ 有极大值，此时（见图 6-50）

$$R\cos\gamma - e = 0$$

$$\tan\alpha_{max}=\frac{e}{\sqrt{R^2-e^2}}, \quad \sin\alpha_{max}=e/R$$

当 $180°<\gamma<360°$ 时，有

$$\frac{d^2(\tan\alpha)}{d\gamma^2}>0$$

$\tan\alpha$ 有极小值，

$$\tan\alpha_{min}=\frac{-e}{\sqrt{R^2-e^2}}=\tan(-\alpha_{max})$$

$$\sin\alpha_{min}=\sin(360°-\alpha_{max})=-e/R$$

由 $\tan\alpha$ 函数也可证明：圆偏心轮包含偏心距的直径将圆偏心轮分成两个完全相同的弧形楔块。这一特征很重要，圆偏心轮是两个完全相同的弧形楔块的组合，可使用其中一个，将另一个作为备件。

（2）圆偏心机构夹紧力的确定　由图 6-50 可知，夹紧力力臂 ρ 为

$$\rho=\sqrt{R^2+e^2-2Re\cos\gamma}$$

推动弧形楔块移动的力 F_s 垂直于力臂 ρ、平行于弧形楔块的转轴圆周展开平面。则 F_s 为

$$F_s=\frac{F_q L}{\rho}$$

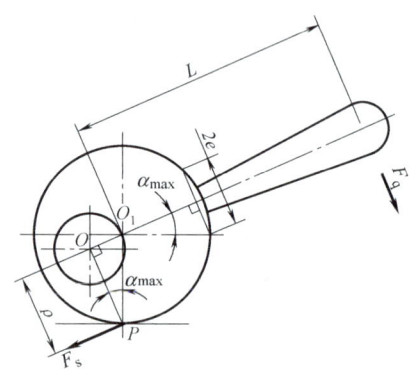

图 6-50 圆偏心轮最大升程角

参照图 6-48、图 6-49 所示，得夹紧力 F_j 为

$$F_j = \frac{F_s}{\tan\varphi_1 + \tan(\alpha+\varphi_2)} = \frac{F_q L}{\rho[\tan\varphi_1 + \tan(\alpha+\varphi_2)]}$$

式中 $\tan\varphi_1$——圆偏心轮与转轴的摩擦因数 μ_1；

$\tan\varphi_2$——与工件夹紧面的摩擦因数 μ_2。

（3）圆偏心机构夹紧力的自锁条件　参考楔块夹紧机构自锁条件，可得圆偏心轮机构的自锁条件为

$$\alpha < \varphi_1 + \varphi_2$$

式中 φ_1——圆偏心轮与转轴摩擦副的摩擦角；

φ_2——圆偏心轮与工件夹紧面摩擦副的摩擦角。

若零件与圆偏心轮、转轴材质为结构钢，则摩擦角 $\varphi = \varphi_1 = \varphi_2 = 8.53°$。

为确保圆偏心轮自锁，应 $\alpha_{max} < \varphi_1 + \varphi_2$。

（4）确定偏心率 $\dfrac{e}{R}$

$$\frac{e}{R} = \sin\alpha_{max} < \sin(\varphi_1 + \varphi_2)$$

通常 $e = 2\sim 6$ mm，$R = (7\sim 10)e$。

（5）确定转轴轴心位置　升程角越小，圆偏心轮的自锁性能越好。但被夹紧的工件有尺寸误差，应留有一定的转角安全裕度。从结构上考虑，在最终位置 γ_{max} 时转轴轴心至工件加压面的垂直距离 h 应尽量为整数，以便于制造安装。h 为

$$h = R - e\cos\gamma_{max} = R + e\cos(180° - \gamma_{max})$$

通常取 $\gamma_{max} = 135°\sim 150°$。安全裕度（升程余量）$s$ 为

$$s = e[1 - \cos(180° - \gamma_{max})]$$

（三）其他夹紧机构

1. 定心夹紧机构

定心夹紧机构的设计一般按照以下两种原理来进行：

1）夹紧元件按等速位移原理来均分工件定位面的尺寸误差，实现定心或对中。常见的自定心卡盘属于此类。

2）夹紧元件的均匀弹性变形实现定心夹紧。如图 6-51a 所示是以工件外圆柱面定位实现定心夹紧的夹具，称为弹簧夹头。如图 6-51b 所示是以工件孔定位实现定心夹紧的夹具，称为弹簧心轴。这两种夹具都有一个弹性元件——弹簧套筒（见图 6-51a、b 中的件 1），具体结构如图 6-52 所示。弹簧套筒是该类夹具的关键零件，其结构尺寸、材料及热处理、加工精度对使用性能影响很大。弹簧套筒由夹头部分 A、弹性部分 B 及导向部分 C 组成。弹性套筒夹头的锥角为 30°。由于弹簧夹头的套筒锥体向心弯曲，夹头内孔缩小夹紧工件，故夹具体内锥孔为 29°，以改善接触状态，即夹紧工件时，弹簧套筒锥体锥角也变为 29°，套筒锥体内圆柱孔变为锥孔（锥角 1°、锥度 1∶57），理论上为锥度孔定位夹紧。同理，弹簧心轴的弹簧套筒内锥夹头离心弯曲，内锥体外圆周变大夹紧工件，因而心轴体两外锥角为 31°，此时弹簧套筒相当于锥度心轴，由于与工件定位基准之间的配合间隙很小，因此变形量也很小，此时两锥角也可取为一致，皆为 30°。锥度心轴（孔）夹紧与变径圆柱孔夹紧的

区别在于<u>锥度心轴（孔）在长度上按顺序夹紧，而变径圆柱孔是瞬时夹紧</u>。对于弹簧心轴，为了增加夹紧刚度和夹紧力，其锥角也可取为 15°，此数值已接近于斜楔自锁角，因此，必须设计松开套筒的机构。如图 6-51b 所示的锥套 4 上的钩形槽和螺母的凸缘结合，松开螺母将锥套拉出、使弹簧套筒恢复原状，以便于卸下工件。

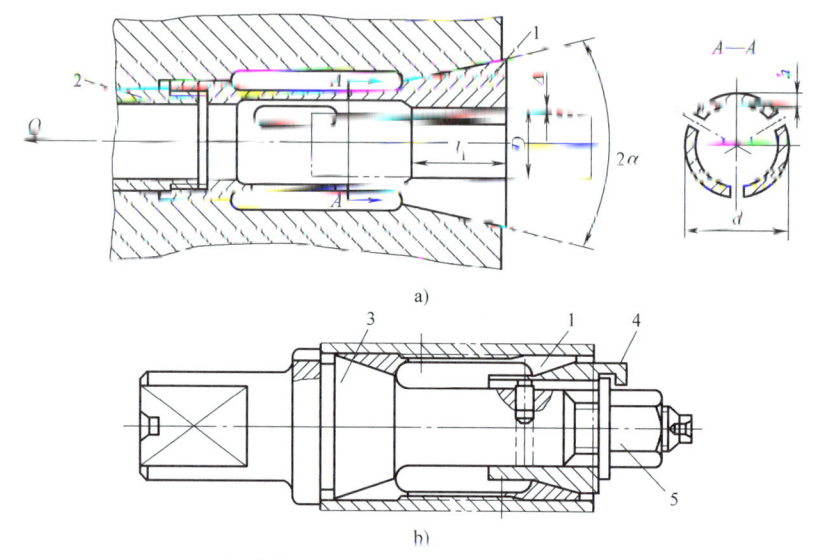

图 6-51 弹簧夹头和弹簧心轴
a) 弹簧夹头　b) 弹簧心轴
1—弹簧套筒　2—拉杆　3—心轴体　4—锥套　5—螺母

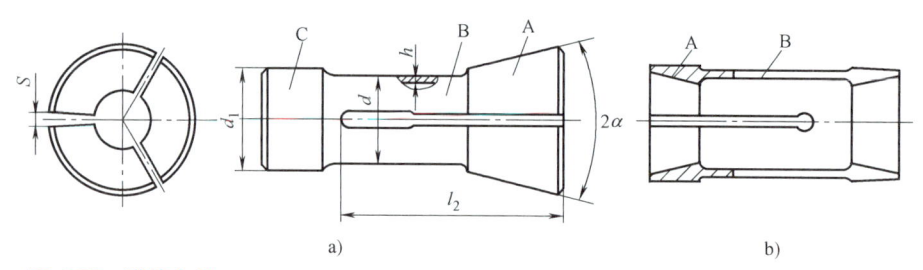

图 6-52 弹簧套筒
a) 弹簧夹头的弹簧套筒　b) 弹簧心轴的弹簧套筒

一般弹簧套筒夹头部分铣削纵向槽，将锥体圆周分成三瓣以便于胀缩。通常弹性部分的厚度为 1.5～3.0mm。弹簧套筒最常用的材料是 65Mn，也可采用 T8A、9CrSi 等。热处理后，夹头部分的硬度为 55～60HRC，其他部位的硬度为 40～45HRC。整体淬火时，硬度不得超过 55HRC。

2. 联动夹紧机构

在夹紧机构设计中，常常遇到工件需要多点同时夹紧，或多个工件同时夹紧，有时需要使工件先可靠定位再夹紧，或者先锁定辅助支承再夹紧等。这时为了操作方便、迅速，提高生产率，减轻操作者的劳动强度，可采用联动夹紧机构。

设计联动夹紧机构时应注意如下几点：

1) 由于联动机构动作和受力情况比较复杂，应仔细进行运动分析和受力分析，以确保设计意图能够实现。

2）在联动机构中要充分注意在哪些地方设置浮动环节，如铰链、球面垫等，要注意浮动的方向和浮动大小，要注意设置必要的调整环节，保证各夹紧均衡，运动不发生干涉。

3）各压板都能很好地松夹，以便装卸工件。

4）要注意整个机构和传动受力环节的强度和刚度。

5）联动机构不要设计得太复杂，注意提高可靠性，降低制造成本。

第四节　机床夹具的其他装置

机床夹具在某些情况下还需要其他一些装置才能符合该夹具的使用要求。这些装置包括导向装置、对刀装置、分度装置、对定装置及动力装置等。

一、孔加工刀具的导向装置

刀具中使用导向装置是为了保证孔的位置精度，增加钻头和镗杆的支承以提高其刚度，减少刀具的变形，确保孔加工的位置精度。

（一）钻孔的导向装置

钻床夹具中钻头的导向采用钻套，钻套有固定钻套、可换钻套、快换钻套和特殊钻套四种，如图 6-53、图 6-54 所示。

如图 6-53a 所示的固定钻套直接压入钻模板或夹具体的孔中，为过盈配合，位置精度高，结构简单，但磨损后不易更换，适合于中、小批量生产中只钻一次的孔。对于要连续加工的孔，如钻—扩—铰的孔加工，则要采用可换钻套或快换钻套。

如图 6-53b 所示的可换钻套是先把衬套用过盈配合 H7/n6 或 H7/r6 固定在钻模板或夹具体孔上，再采用间隙配合 H6/g5 或 H7/g6 将可换钻套装入衬套中，并用螺钉压住钻套。这种钻套更换方便，适用于中等以上批量的生产。对于在一道工序内需要连续加工的孔，应采

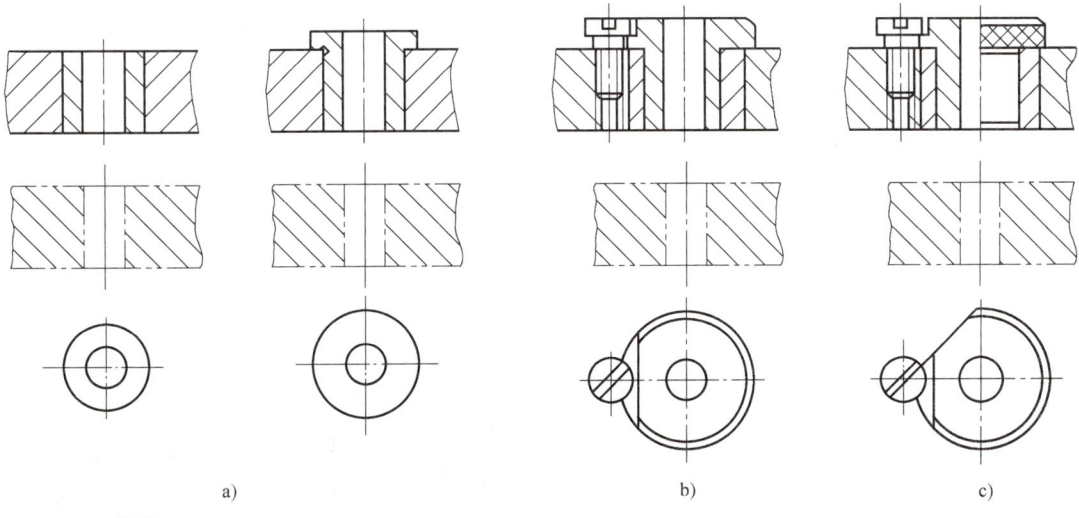

图 6-53　钻套
a）固定钻套　b）可换钻套　c）快换钻套

用快换钻套。

如图 6-53c 所示的快换钻套与可换钻套在结构上基本相似，只是在钻套头部多开一个圆弧状或直线状缺口。换钻套时，只需将钻套逆时针转动，当缺口转到螺钉位置时即可取出，换套方便迅速。

如图 6-53 所示钻套已标准化，可以查夹具设计手册选用。但对于一些特殊场合，可以根据加工条件设计专用钻套，如图 6-54 所示为几种特殊钻套。如图 6-54a 所示钻套用于两孔间距较小的场合，如图 6-54b 所示为伸钻套甲靠近工件孔，以改善导向精度，如图 6-54c 所示钻套为加工斜面上的孔用钻套。

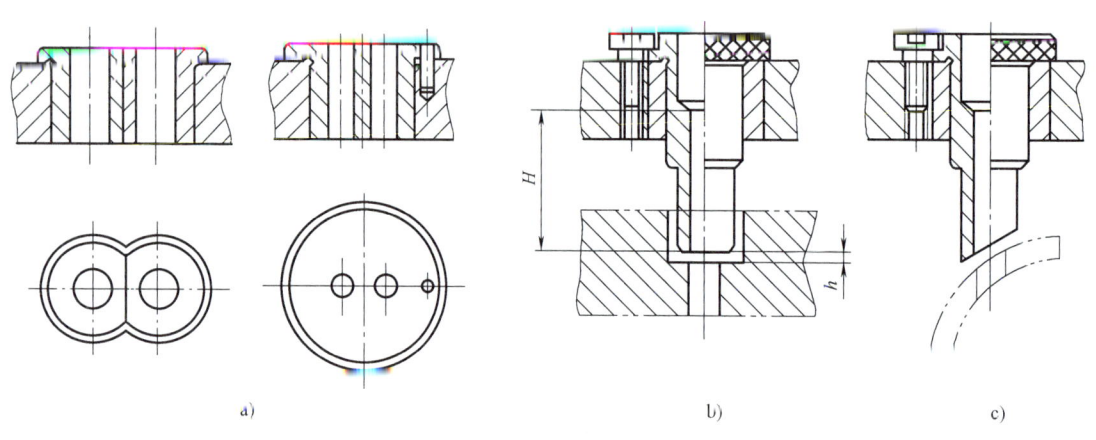

图 6-54 特殊钻套
a）两孔距离较小的钻套 b）孔离钻模板较远的钻套 c）斜面上钻孔的钻套

进行钻套设计时，要注意钻套的高度 H 和钻套底端与工件间的距离 h。钻套高度 H 是指钻套与钻头接触部分的长度。太短不能起到导向作用，降低了位置精度；太长则增加了摩擦和钻套的磨损。一般 $H=(1\sim2)d$，孔径 d 大时取小值，d 小时取大值；对于 $d<5\text{mm}$ 的孔，$H\geqslant2.5d$。h 的大小决定了排屑空间的大小，对于铸铁类脆性材料工件，$h=(0.6\sim0.7)d$；对于钢类韧性材料工件，$h=(0.7\sim1.5)d$。h 不要取得太大，否则容易产生钻头偏斜。对于在斜面、弧面上钻孔，h 可取得再小些。

（二）镗孔的导向

箱体类零件上的孔系加工，若采用精密坐标镗床或加工中心，则一般不需要导向，孔系位置精度由机床本身精度和精密坐标系统来保证。普通镗床带有后立柱，后立柱上的支承架可设置镗套（导向套），且导向套与镗杆同步升降，工作台移动确定孔系水平位置。镗套有两种：一种是固定式镗套，如图 6-55 所示，B 型镗套有润滑槽，可人工滴油润滑，适用于镗削线速度低于 20m/min 时的镗孔；另一种是旋转式导向套，当镗削线速度 ≥20m/min 时，

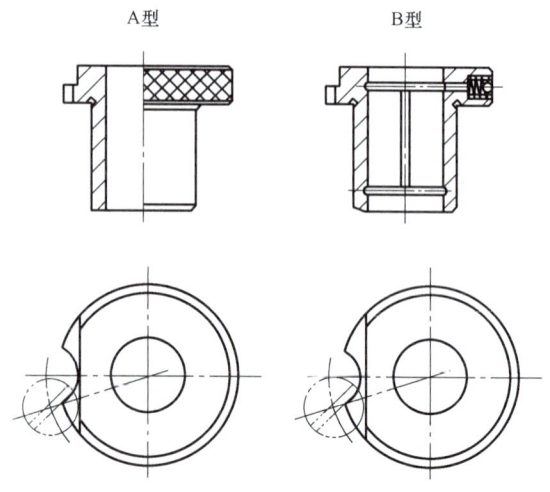

图 6-55 固定式镗套

第六章 机床夹具设计

为减小镗套磨损，应采用旋转式导向套，旋转式导向套的选用原则、结构参数与组合机床总体设计中加工示意图的导向装置相同，如图 4-11 所示。

二、对刀装置

在铣床或刨床夹具中，刀具相对工件的位置需要调整，因此常设置对刀装置。对刀时一般不允许铣刀与对刀装置的工作表面接触，而是通过塞尺来校准它们之间的相对位置，这样就避免了对刀时刀具的损坏和加工时刀具经过对刀块而产生的摩擦。具体在铣床上对刀时可以这样做：移动机床工作台，使刀具靠近对刀块，在刀齿刀刃与对刀块间塞进一规定尺寸的塞尺，让切削刃轻轻靠紧塞尺，抽动塞尺感觉到有一定的摩擦力存在，这样确定刀具的最终位置，抽走塞尺，就可以开动机床进行加工。

对刀块已标准化，图 6-56 所示为几种常见的铣床对刀块，可以选用；特殊形式的对刀块可以自行设计。

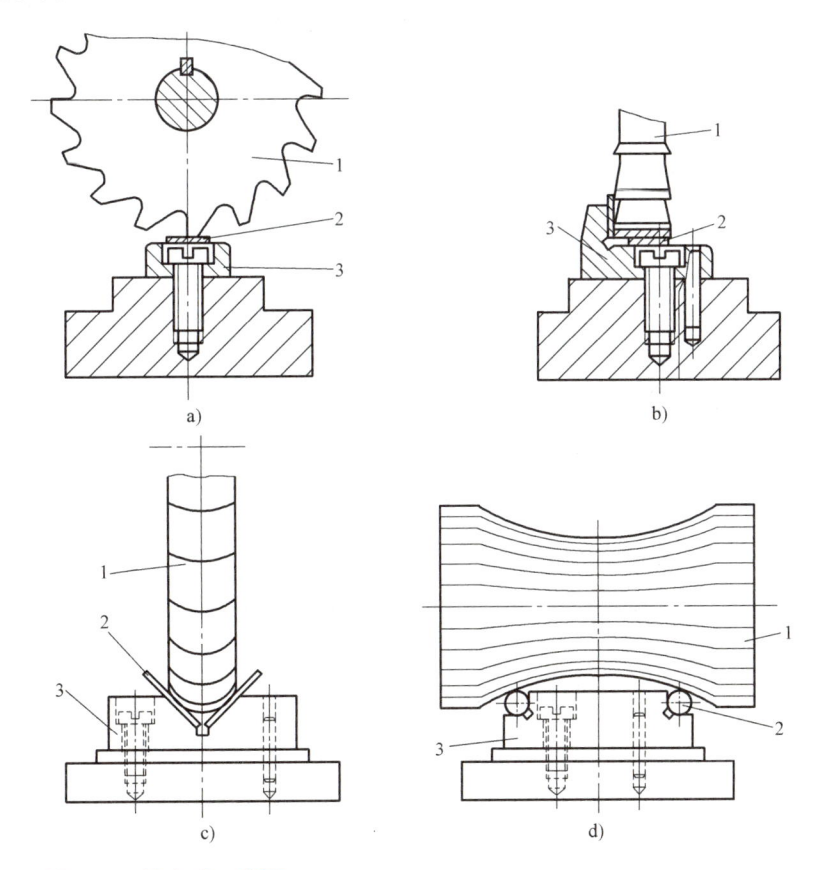

图 6-56 铣床对刀装置
a) 盘形铣刀对刀装置　b) 三面刃盘形铣刀对刀装置　c) 半圆槽铣刀对刀装置
d) 凸圆弧铣刀对刀装置
1—铣刀　2—塞尺　3—对刀块

对刀装置通常制成单独元件，用销和螺钉紧固在夹具体上，其位置应便于使用塞尺对刀和不妨碍工件的装卸。

对刀块对刀表面的位置应以定位元件的定位表面来标注，以减小基准转换误差，该位置尺寸加上塞尺厚度应该等于工件的加工表面与定位基准面间的尺寸，该位置尺寸的公差应为工件该尺寸公差的 1/5～1/3。

在批量加工中，为了简化夹具结构，采用标准工件对刀或试切法对刀，第一件对刀后，后续工件就不再对刀，此时可以不设置对刀装置。

三、分度装置

在机械加工中，经常遇到在工件的一次定位夹紧后完成数个工位的加工。当使用通用机床加工时，往往是在夹具上设置分度装置来实现这种加工要求。

（一）分度装置分类及组成

常见的分度装置有回转分度装置和直线移动分度装置两类。

1. 回转分度装置

回转分度装置是指不必松开工件而通过回转一定角度，来完成多工位加工的分度装置。它主要用于加工有一定回转角度要求的孔系、槽或多面体等。

2. 直线移动分度装置

直线移动分度装置是指不必松开工件而能沿直线移动一定距离，从而完成多工位加工的分度装置。它主要用于加工有一定距离要求的平行孔系和槽等。

由于这两类分度装置在设计中考虑的问题基本相同，而且回转分度装置应用最多，所以只讨论回转分度装置的有关问题。

为了简化分度夹具的设计、制造，可以将工作夹具安装在通用的回转工作台上来实现分度。如图 6-57 所示为一立轴式通用转台。

通用的回转工作台一般由以下几部分组成：

（1）转台底座　转台底座是回转分度装置的基础，因而应具有刚度较高、尺寸稳定、抗振性好的优点。转台底座与机床工作台相连接，转台底座上安装分度装置的各组成部分。

（2）转动部件　转动部件主要包括转盘和转动套或转动轴，工作夹具装在其上面。

（3）分度对定机构　分度对定机构的作用是确保实现工件的分度要求，并在分度之后使其转动部分相对于固定部分的位置达到准确的定位。

（4）抬起与锁紧机构　为了保证回转工作台的动刚度，保持分度对定的精度，在分度对定之后应将转动部分锁紧，使转动部分与转台底座成为一体。这一点对铣削加工尤为重要。

对于大型回转台（特别是立轴式），当其回转部分质量较大时，为使转动轻便省力，在回转分度前应将转盘稍稍抬起，因此需要抬起机构。

（二）分度对定机构的设计

分度对定机构主要由分度盘和对定机构两部分组成。分度盘一般与转盘连在一起，对定机构则安装在固定部分的底座上。根据分度对定方式，这类机构包括齿盘式、滚珠式和插销式等类型。前两种用于需要精密分度的场合，制造过程复杂，成本高；而一般的回转分度装置多采用插销式。这种机构的主要元件是分度盘和对定销，按照这两种元件的相互位置关系，可分为轴向分度和径向分度两种。

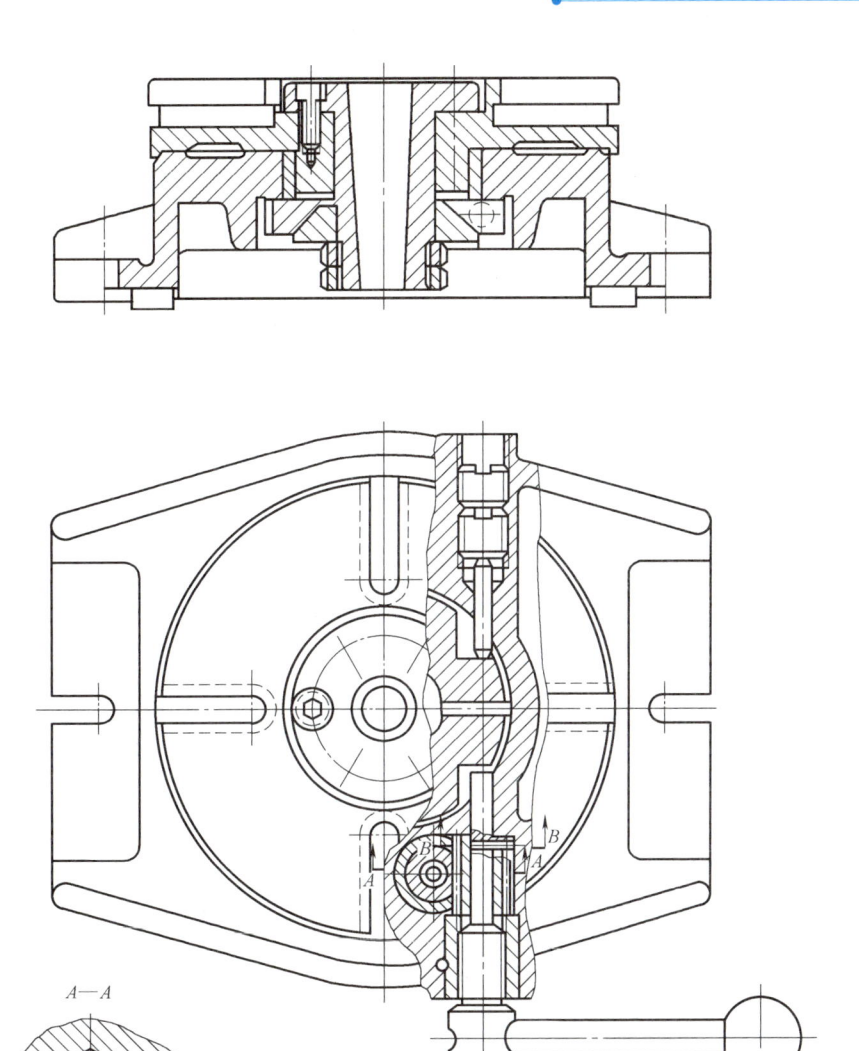

图 6-57 立轴式通用转台

分度盘的轴向分度对定销有如下几种结构形式，如图 6-58 所示。

图 6-58a 所示为圆柱形对定销。由于存在配合间隙，因而定位精度不高，但结构简单，使用过程中不易受切屑污物的影响，故广泛应用于分度盘分度精度要求不高的场合。

图 6-58b 所示为圆锥形对定销。能补偿对定销与分度孔间的配合间隙，故其定位精度较高，但使用过程中易受切屑污物的影响而降低分度精度，因此在结构上要考虑尘屑的影响。

图 6-58c 所示为带斜面的圆柱形对定销。由于斜面的作用，圆柱面的一边靠在分度孔中相对应的一侧，使分度误差分布在斜面一边，故常用于精密分度。对定销斜角多采用 15°~18°。

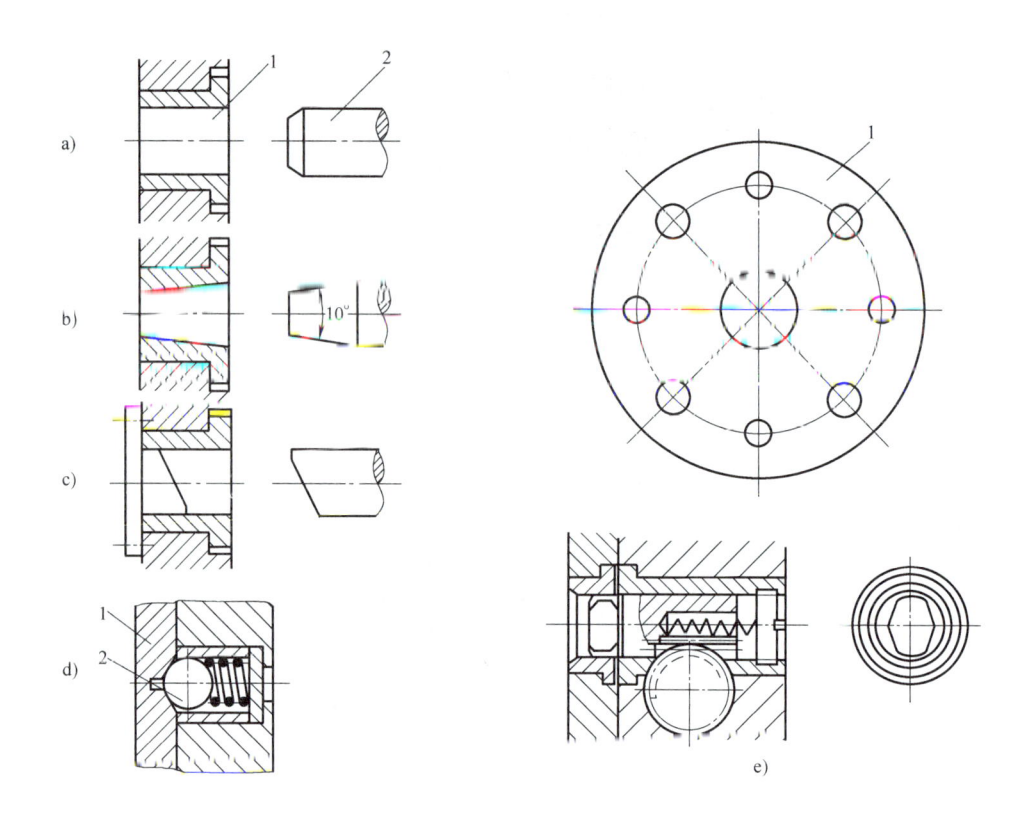

图 6-58 分度盘轴向分度对定销

a) 圆柱形对定销　b) 圆锥形对定销　c) 带斜面的圆柱形对定销　d) 球形对定销　e) 菱形对定销
1—分度盘　2—对定销

图 6-58d 所示为球形对定销。优点是结构简单，操作方便；缺点是分度精度不高，并由于锥坑较浅，以致定位不可靠。故一般多用于初分度或用在切削负荷较小、分度精度要求不高的场合。

图 6-58e 所示为菱形对定销。在同样条件下较圆柱形对定销分度精度高，制造也不复杂，因此应用较多。

分度盘径向分度的对定销主要有图 6-59 所示的几种结构形式。它们的应用情况与轴向分度中的同类型基本相同，故不再赘述。

四、对定装置

在进行机床夹具总体设计时，还要考虑夹具在机床上的定位、固定，才能保证夹具（含工件）相对于机床主轴（或刀具）、机床运动导轨有准确的位置和方向。夹具在机床上的定位有两种基本形式：一种是安装在机床工作台上，如铣床、刨床和镗床夹具；另一种是安装在机床主轴上，如车床夹具。

铣床类夹具，夹具体底面是夹具的主要基准面，要求底面经过比较精密的加工，夹具的各定位元件相对于此底平面应有较高的位置精度要求。为了保证夹具具有相对切削运动的准确的方向，夹具体底平面的对称中心线上开有定向键槽，安装两个定向键。夹具靠这两个定

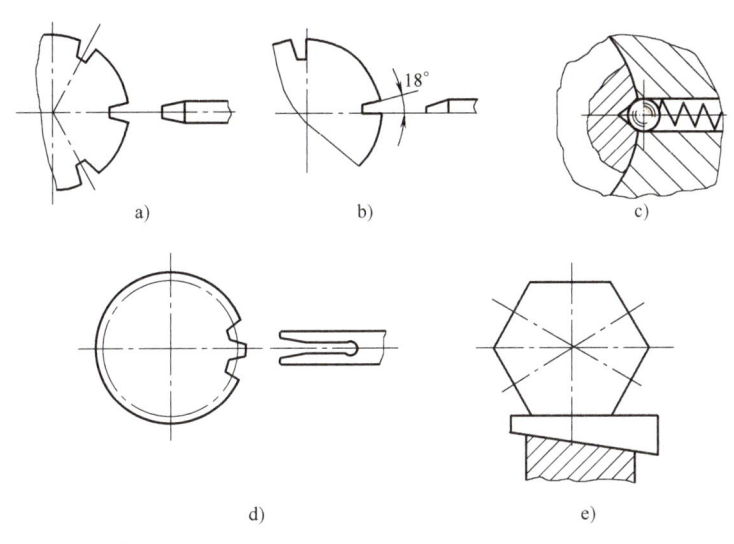

图 6-59 分度盘径向分度对定销（块）
a）圆锥形对定销　b）半圆圆锥对定销　c）球形对定销　d）齿形对定块
e）楔形对定块

向键定位在工作台面中心线上的 T 形槽内。导向键与 T 形槽应采用良好的配合，一般选为 H7/h6，再用 T 形槽螺钉固定夹具。由此可见，为了保证工件相对切削运动有准确的方向，夹具上的导向元件必须与两定向键保持较高的位置精度，如平行度或垂直度。定向键的结构和使用如图 6-60 所示。

车床类夹具安装在主轴上，如图 6-61 所示。卡盘连接座（零件 4）靠**主轴短锥面和主轴法兰定位**。安装卡盘时，首先将卡盘和卡盘连接座连接一起，将双头螺柱（零件 5）旋入卡盘连接座，螺柱另一端旋入螺母（零件 6），但并不旋紧；然后将连接卡盘、连接座、双头螺柱的组合穿过主轴法兰（零件 3）的孔中，转动锁紧盘（零件 2）锁紧；旋紧锁紧盘锁

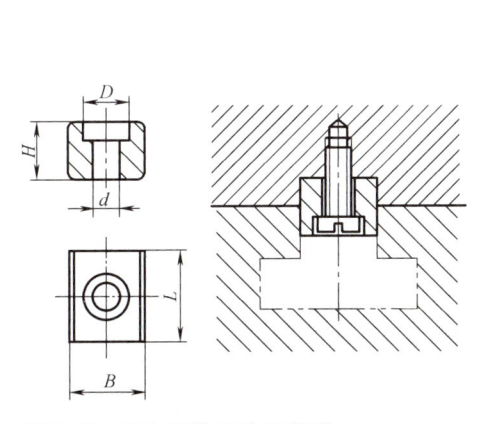

图 6-60 定向键的结构和使用

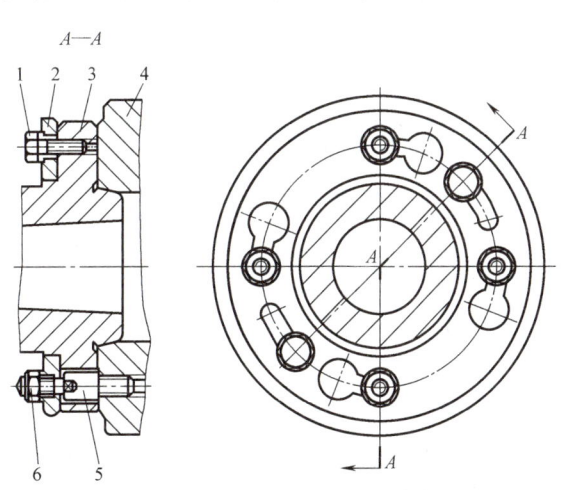

图 6-61 车床卡盘的安装
1—锁紧盘锁紧螺栓　2—锁紧盘　3—主轴法兰
4—卡盘连接座　5—双头螺柱　6—螺母

紧螺栓（零件 1）、旋紧双头螺柱上的螺母。这种方式定心精度高、刚度好，但是对卡盘连接座的锥孔和端面制造精度要求高，必须由机床附件单位专业制造。

五、动力装置

手动夹紧机构，在各种生产规模中都有广泛应用，但手动夹紧动作慢，工人劳动强度大，夹紧力变动大。在大批量生产中往往采用机动夹紧，如气动、液动、电磁和真空夹紧。机动夹紧可以克服手动夹紧的缺点，提高生产率，还有利于实现自动化，当然采用机动夹紧成本也会相应提高。

1. 气动夹紧装置

采用压缩空气作为夹紧装置的动力源。压缩空气具有黏度小、无污染、输送分配方便的优点；缺点是夹紧力比液压夹紧小，一般压缩空气工作压力为 0.4 ~ 0.6MPa，结构尺寸较大，有排气噪声。

典型的气动传动系统如图 6-62 所示。

2. 液压夹紧装置

液压夹紧装置的工作原理和结构基本上与气动夹紧装置相似。它与气动夹紧装置相比具有下列优点：

1) 液压油工作压力高，因此液压缸尺寸小，不需增力机构，夹紧装置紧凑。

2) 液压油具有不可压缩性，因此夹紧装置刚度大，工作平稳可靠。

3) 液压夹紧装置噪声小。

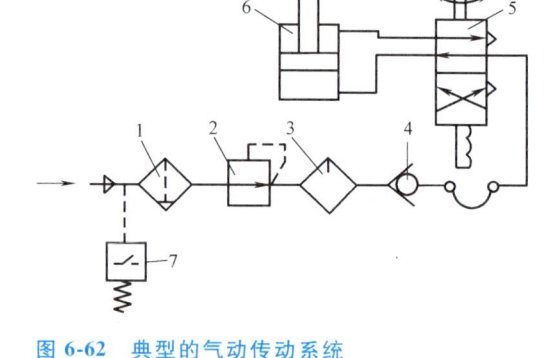

图 6-62 典型的气动传动系统
1—空气过滤器 2—调压阀 3—油雾器 4—单向阀
5—方向控制阀 6—气缸 7—压力继电器

其缺点是需要有一套供油装置，成本要相对高一些。因此适用于具有液压传动系统的机床和切削力较大的场合。

3. 气-液联合夹紧装置

气-液联合夹紧装置是利用压缩空气作为动力，油液作为传动介质的联合夹紧装置；兼有气动和液压夹紧装置的优点。如图 6-63 所示的气液增压器就是将压缩空气的动力转换成较高的液体压力，驱动夹具夹紧液压缸工作的。

气液增压器的工作原理：当三位五通阀由手柄扳到预夹紧位置时，压缩空气进入左气室 B，活塞 1 右移。将油室 b 的油压经油室 a 至夹紧液压缸下端，推动活塞 3 来预夹紧工件。由于 D 和 D_1 相差不大，因此液压油的压力 p_1 仅稍大于压缩空气压力 p_0。但由于 D_1 比 D_0 大，因此左气缸会将油室 b 的油大量压入夹紧液压缸，实现快速预夹紧。此后，将手柄扳到高压夹紧位置，压缩空气进入右气缸气室 C，推动活塞 2 左移，a、b 两室隔断。由于 D 远大于 D_2，使油室 a 中压力增大许多，推动活塞 3 加大夹紧力，实现高压夹紧。当把手柄扳到放松位置时，压缩空气进入左气缸的油室 A 和右气缸的油室 E，活塞 1 左移而活塞 2 右移，a、b 两室连通，油室 a 油压降低，放松工件。

4. 其他动力装置

（1）真空夹紧 真空夹紧是利用工件上基准面与夹具上定位面间的封闭空腔抽取真空

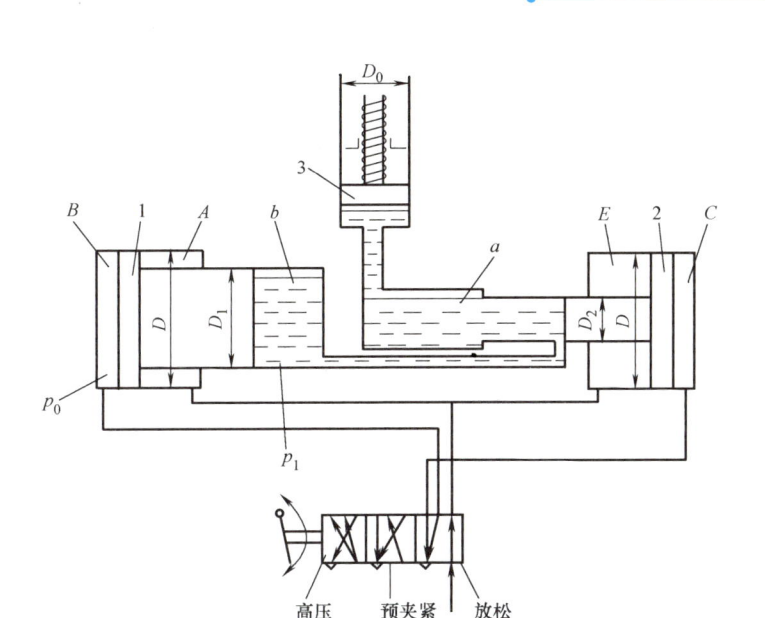

图 6-63 气液增压器原理

后来吸紧工件，也就是利用工件外表面上受到的大气压力来压紧工件的。真空夹紧特别适用于由铝、铜及其合金、塑料等非导磁材料制成的薄板形工件或薄壳形工件。图 6-64 所示为真空夹紧装置的工作情况。

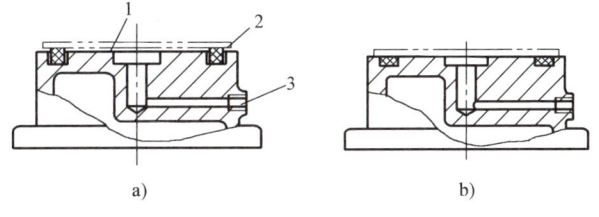

图 6-64 真空夹紧装置
a) 未夹紧状态　b) 夹紧状态
1—密封腔　2—橡胶密封圈　3—抽气孔

（2）电磁夹紧　如平面磨床上的电磁吸盘，当线圈中通上直流电后，其铁心就会产生磁场，在磁场力的作用下将导磁性工件夹紧在吸盘上。

第五节　机床专用夹具的设计方法

机床专用夹具设计中，关于定位、夹紧的有关问题及相关的机构设计等前面已经讨论过，本节主要阐述典型机床夹具设计中各自的特点和要注意的问题。

一、钻床夹具

（一）钻床夹具的特点和主要类型

钻床和组合机床等设备上进行钻、扩、铰孔的夹具，称为钻床夹具。钻床夹具根据工件的大小、形状、选用的机床及加工孔的分布形式分为固定式钻床夹具、回转式钻床夹具、翻转式钻床夹具、盖板式钻床夹具和滑柱式钻床夹具等。

（1）固定式钻床夹具　加工中这种钻床夹具相对于工件的位置保持不变，常用于立式钻床上加工较大的单孔，或在摇臂钻床、多轴钻床上加工平行孔系。

（2）回转式钻床夹具　这类钻床夹具有分度、回转装置，能够绕一固定轴线（水平、垂直或倾斜）回转，主要用于加工以某轴线为中心分布的轴向或径向孔系。

（3）翻转式钻床夹具　该夹具与工件一起可做不同方位的翻转。适用于工件尺寸较小、小批量而工件上不同方位的孔必须在一个工序内加工的特殊工序。

（4）盖板式钻床夹具　该夹具用于加工重型工件上的小孔。这种夹具没有夹具体，钻套、定位和夹紧元件一般都固定在钻模板上，使用时将其覆盖在工件上定位、夹紧，在加工过程中工件的位置始终保持不变。盖板式钻床夹具实际上是固定式钻床夹具的一种特殊形式。

（5）滑柱式钻床夹具　这是一种标准化、通用可调整夹具，其定位元件、夹紧元件和钻套可根据工件的不同来更换，而钻模板、滑柱、夹具体及传动、锁紧等则可以继承不变。它适用于小型工件的不同类型的生产。

（二）钻套和钻模板设计

钻套的作用是确定被加工工件上孔的位置，引导钻头、扩孔钻或铰刀并防止在加工过程中发生偏斜。其结构形式、设计要点前面已经述及，在此不再赘述。

钻模板与夹具体连接，它是保证钻床夹具精度的重要零件。按钻模板在夹具体上的连接方式可分为以下几种：

（1）固定式钻模板　固定式钻模板靠螺钉和销固定连接在夹具体上，在装配后镗钻套底孔，保证钻套底孔的位置精度要求。因此，固定式钻模板精度高，但装卸工件不方便。

（2）铰链式钻模板　钻模板采用铰链与夹具体连接，可以方便地打开，便于装卸工件、清理切屑，对于钻孔后需要攻螺纹的情况尤为合适。但钻套位置精度较低，结构也较复杂。

（3）可卸式钻模板　可卸的钻模以两孔在夹具体上的一组圆柱销和菱形销上定位，并用铰链螺栓将模板和工件一起夹紧，加工完毕需将钻模板卸下才能装卸工件。其工作原理与盖板式钻床夹具相似。使用这类钻模板时，装卸模板费时费力，钻套的位置精度较低，故一般多在使用其他形式的钻模板不便于装卸工件时采用。当工件有几个加工面时，为便于装卸工件，可将其中的一个或两个工作面的钻模板做成可卸式的。

（4）活动式钻模板　在某些情况下，钻模板往往不能像上述各类钻床夹具一样设置在夹具体上，而是将它连接在主轴箱上，并随主轴箱而运动，这种钻模板称为活动钻模板。

在设计钻模板的结构及尺寸时，要注意刚度设计。除滑柱式钻床夹具外，在钻模板上不应有夹紧反力的作用，以免发生变形。对较大的钻模板，宜选用铸铁材料，并进行时效处理，以保持其稳定性。

（三）钻床夹具结构的选择

在设计钻床夹具时，首先需要考虑的问题是根据工件的形状、尺寸、质量和加工要求、工件的生产批量、工厂工艺装备的技术状况等具体条件，来选定夹具的结构类型；然后再进一步解决保证和提高被加工孔的位置精度问题。在进行钻床夹具类型选择时，应注意以下几点：

1）被钻孔的直径大于 10mm 时（特别是钢制件），钻床夹具应固定在工作台上。

2）翻转式钻床夹具适用于加工中小型工件，否则应采用回转式钻床夹具。

3）当加工几个不在同心圆周上的平行孔系时，如工件加夹具的总重比较重时，应采用固定式夹具在摇臂钻床上加工。若生产批量较大，则可在立式钻床上采用多轴传动头进行加工。

4) 对于孔的垂直度、孔距精度要求不高的中小型工件，宜优先采用滑柱式钻床夹具，以缩短夹具的设计、制造周期。一般孔的垂直度要求小于 0.1mm，孔距位置公差小于 ±0.15mm，若不采取特殊措施，则不宜采用滑柱式钻床夹具。

5) 钻模板和夹具体为焊接结构的钻床夹具，因焊接应力不能彻底消除，精度不能保证，故一般只在工件孔距公差大于 ±0.15mm 时才采用。

6) 工件被加工孔要求定位基准面的距离公差或孔距公差小于 ±0.05mm 时，只有采用固定式钻模板和固定式钻套才能保证。

（四）钻床夹具设计示例

以图 6-65 所示的拨叉为例。拨叉材料为铸铁，中批量生产，设计加工 $\phi 10F8$、$\phi 12G7$、$\phi 25G7$ 孔的夹具。

加工工艺分析：孔加工前，已铣削加工 A、B、C、E、F 平面。$\phi 10F8$、$\phi 12G7$、$\phi 25G7$ 精度较高，可采用钻孔、扩孔、粗铰、精铰孔方式，孔加工余量见表 6-9。线性尺寸按照 GB/T 1804—2000《一般公差 未注公差的线性和角度尺寸的公差》中精密级确定，尺寸分别为 100 ± 0.15mm、195 ± 0.2mm、22 ± 0.10mm、28 ± 0.10mm，而尺寸 120 则按极限偏差为 $120_{-0.3}^{0}$。除保证孔的尺寸精度和表面精度外，还应保证其位置精度，即 $\phi 10F8$、$\phi 12G7$ 相对于 $\phi 25G7$ 轴线的平行度，$\phi 25G7$ 相对于平面 A 的垂直度。

表 6-9 孔加工余量 （单位：mm）

孔径	钻孔直径	扩孔直径	粗铰孔直径	精铰孔直径
$\phi 10$	9.8	9.96		$\phi 10F8$
$\phi 12$	11	11.85	11.95	$\phi 12G7$
$\phi 25$	23	24.8	24.98	$\phi 25G7$

注：参照《金属加工工艺人员手册》（第 4 版）表 13-15。

$\phi 25G7$ 钻孔 $\phi 23$，钻孔深度 120，长径比 $L/D = 5.2 > 5$，属于深孔加工，且相对直径较大，刀具转速低，加工时间长。由于刀具长，不能采用钻、扩、铰复合刀具，工步之间必须更换钻套。因而将 $\phi 10F8$、$\phi 12G7$、$\phi 25G7$ 分两个工序：

1) 以 $\phi 45$ 外圆及其端面 A 定位、采用快换钻套加工 $\phi 25G7$；可在摇臂钻床上加工 $\phi 25G7$，也可利用 CK6150 型数控车床加工。加工 $\phi 25G7$ 的夹具如图 6-66 所示，该夹具若在车床加工、尾座安装刀具手动进给，则可不用导向套。车床加工、刀架进给时，导向套设置在中心架上；若将 K11-250A 自定心卡盘的分离爪（分离爪由滑座、卡爪、内六角圆柱头螺栓组成）中的卡爪夹持工件的部位外移 25mm，卡爪装卡工件部位（径向尺寸）向心方向增加 15mm，如图 6-67 所示，形成能加工两端粗大中间细长、必须中间部分定位夹紧的阶梯状轴类工件的通用夹具，该卡盘还可作为通用卡盘使用，只是夹持部位外移、夹持长度 53mm、最大夹持直径为 70mm（减小 30mm）。如图 6-66 所示的机床夹具不能补偿 $\phi 45$ 的尺寸误差，而自定心卡盘免受轴类工件尺寸误差的影响。

2) 以 $\phi 25G7$ 和平面 E、F 定位，加工 $\phi 10F8$、$\phi 12G7$。$\phi 10F8$、$\phi 12G7$ 孔深较小，因而可将钻-扩-铰刀具复合在一起，一次进给，完成 $\phi 10F8$、$\phi 12G7$ 加工。由于采用 $\phi 25G7$ 和平面 E、F 定位，为使定位可靠、精确，应采用水平安装，即 $\phi 25G7$ 轴线水平。故加工 $\phi 10F8$、$\phi 12G7$ 最佳方案为组合机床的双轴钻削主轴箱驱动复合刀具旋转、滑台移动进给，导向套按精铰孔尺寸确定。拨叉加工 $\phi 10F8$、$\phi 12G7$ 的定位如图 6-68 所示。间隙心轴定位尺寸（参照间隙心轴 JB/T 9163.12—1999 确定）为 $\phi 25^{+0.007}_{-0.002}$，$Ra0.4$，心轴结构为 T 形槽用螺栓，心轴锁紧螺母支承尺寸为 $\phi 40H7/h6$；$\phi 10F8$、$\phi 12G7$ 的钻套与钻模上 $\phi 25G7$、$\phi 40H7$ 轴心线距离为 100 ± 0.05mm、195 ± 0.07mm（经验数据：工件公差的 1/3）。

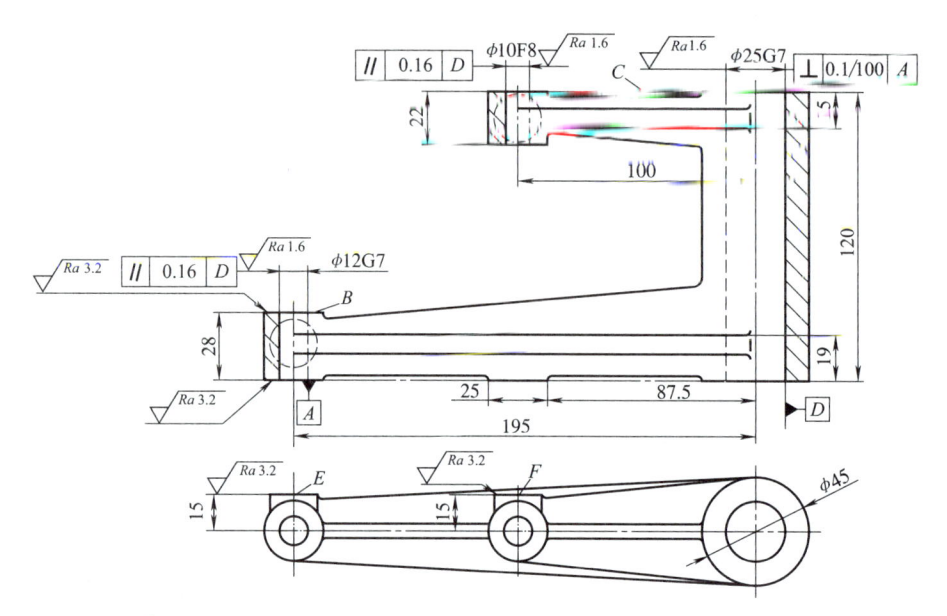

图 6-65　拨叉

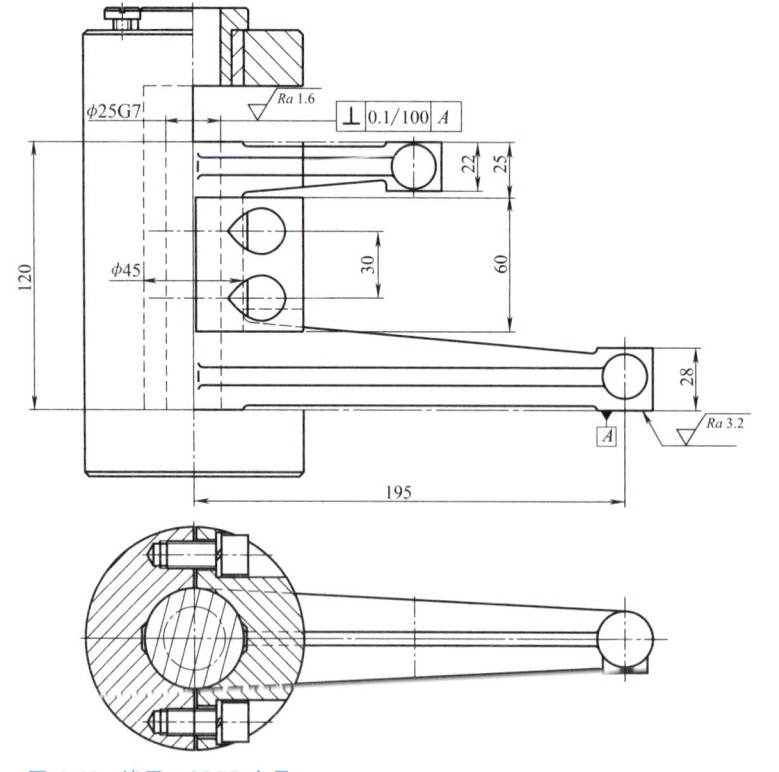

图 6-66　拨叉 $\phi 25G7$ 夹具

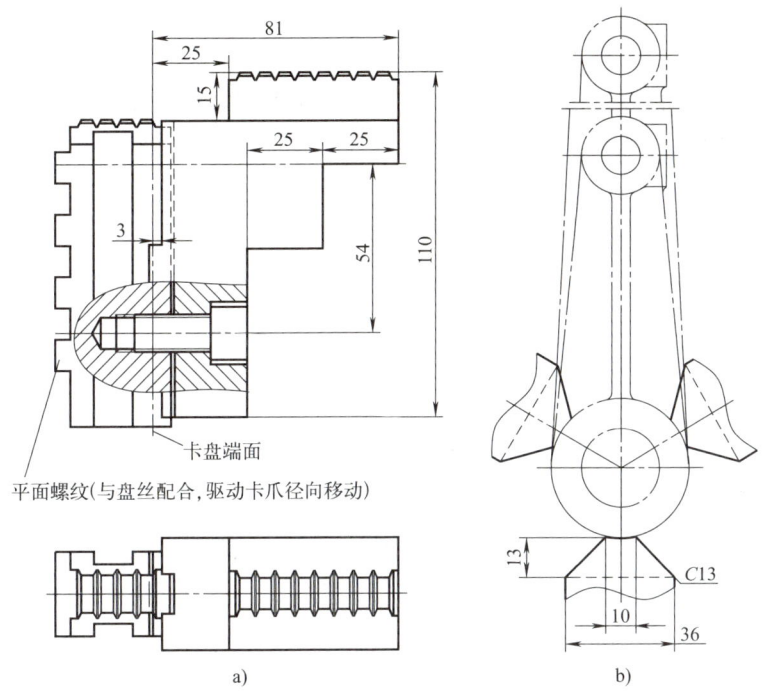

图 6-67　K11-250A 自定心卡盘拨叉专用卡爪

a）K11-250A 卡盘拨叉专用卡爪结构简图　b）拨叉与卡爪对应位置

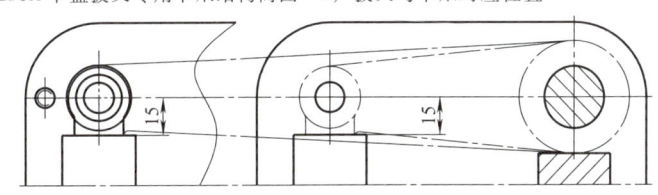

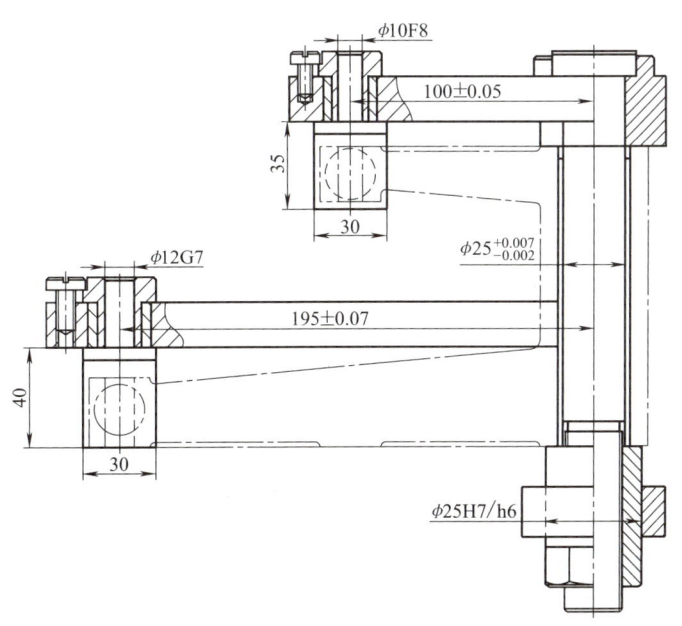

图 6-68　拨叉 ϕ10F8、ϕ12G7 夹具定位简图

(五) 钻孔精度分析

用钻床夹具加工时，其位置精度除了受定位误差的影响外，夹具的制造误差和装配误差，如钻套的配合间隙和位置误差，以及加工过程中刀具可能产生的偏斜误差等，也直接影响孔的位置精度。因此，当被加工孔的位置精度要求较高时，应进行精度分析核算，以确保所设计的夹具能保证工件的加工要求。

为使精度分析具有普遍意义，将钻床夹具中的各种加工情况简化为如图 6-69 所示的钻孔精度分析简图。

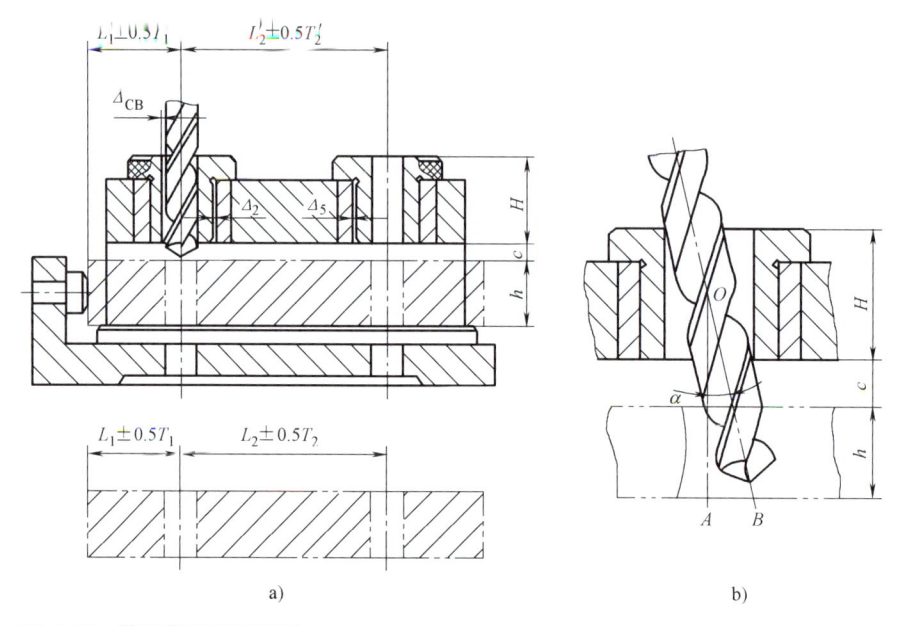

图 6-69 钻孔精度分析简图

工件以设计基准定位，夹具采用固定钻模板，设工件上孔 I 与导向孔定位基准的尺寸为 $L_1 \pm 0.5T_1$，孔 II 与孔 I 的距离尺寸为 $L_2 \pm 0.5T_2$，夹具上相应的尺寸为 $L_2' \pm 0.5T_2'$。

由图 6-69 可以看出，孔 I 至导向基准的尺寸精度受下列误差因素的影响：

1) 第一个固定衬套的位置误差 Δ_1。其值等于夹具上相应的尺寸 L_1' 的公差 T_1'。

2) 第一个可换钻套与衬套的配合间隙所引起的误差 Δ_2。其值等于衬套的最大孔径与可换钻套的最小外径之差。

3) 第一个可换钻套内外圆表面的同轴度所引起的误差 Δ_3。其值等于两倍偏心距（$2e$）。

4) 由于钻头由高速钢或工具钢制造，强度、刚度较高，因而在加工过程中，刀具弯曲变形较小，故刀具弯曲变形常被忽略，将刀具视为刚体。在加工过程中仅考虑刀具与钻套的配合间隙所引起的刀具偏斜误差 Δ_P，可由图 6-69b 所示求出。

由 $\triangle AOB$ 得
$$\Delta_P = 2AB = 2\tan\alpha \left(\frac{H}{2} + c + h\right)$$

而

$$\tan\alpha = \frac{\Delta_{CB}}{H}$$

式中　Δ_{CB}——钻头与钻套间的最大间隙,当孔深小于直径,或采用前后双导向时,Δ_{CB} 可忽略不计。

上述各项误差综合起来,应小于尺寸 L_1 的公差 T_1。但图 6-69 所示钻模板为固定的,工件侧面和支承钉也无间隙,如果在左侧采用铰链式钻模板,工件又是安装在定位销上,则铰链连接的间隙,工件基准孔与定位销之间的间隙对加工尺寸 L_1 的影响,应计算在内,前者设为 Δ_4,后者即为 Δ_D,故得

$$\Delta_D + \Delta_1 + \Delta_2 + \Delta_3 + \Delta_4 + \Delta_P \leq T_1$$

以上各项误差因素都按最大值计算,作为粗略估算,多用此法。实际上各项误差不可能同时出现最大值,各项误差方向也很可能不一致,因此,其综合误差可按概率法求出

$$\sqrt{\Delta_D^2 + \Delta_1^2 + \Delta_2^2 + \Delta_3^2 + \Delta_4^2 + \Delta_P^2} \leq T_1$$

在加工孔 Ⅱ 时,尺寸 L_2 的精度除受上述误差因素的影响外,还需考虑下列各项误差因素的影响:

1) 夹具上两固定衬套的轴线距离 L_2' 的公差 T_2'。
2) 第二个可换钻套与衬套的最大配合间隙。
3) 第二个可换钻套内外圆的同轴度误差所引起的误差。
4) 刀具在第二个导套内的偏斜误差 Δ_P' 等。

由以上分析可知,要想提高钻床夹具的工作精度,必须设法减小这些误差因素的影响,以使这些误差综合起来不超过加工尺寸的公差范围。

二、车床夹具

车床主轴是主运动传动链的执行件,车床夹具及工件必须安装在主轴上,才能实现表面成形运动。车床主要加工内外圆柱面及内外螺纹。车床夹具的设计关键是被加工回转表面的轴线与主轴的轴线重合。由于车床夹具及工件随主轴旋转,夹具及工件的质心偏离主轴轴线从而形成离心力,故工件夹紧应可靠并应放松措施。

1. 车床通用夹具

工件外圆柱面定位时,车床一般采用通用夹具。车床常用的通用夹具为:

(1) 自定心卡盘　卡盘夹持长度相对于工件长度较小、即短圆柱表面定位时,增加后顶尖定位限制两个自由度,或采用中心架、跟刀架等。

(2) 双顶尖定位、拨盘鸡心卡头组合而成的通用夹具　加工直径较小的轴类工件。

(3) 前顶尖为梅花顶尖、后顶尖为硬质合金顶尖组合的通用夹具　加工内孔直径较大的轴类工件。所谓的梅花顶尖,是指顶尖外锥体表面加工有轴向切削刃,与锥孔铰刀类似,端面投影呈放射状,故称为梅花顶尖。后顶尖对工件施加一定轴向力的前提下,梅花顶尖旋转时,梅花顶尖圆周表面的刀刃微量切入工件,并带动工件旋转。后顶尖应有适当压力,常采用气动后顶尖。有的梅花顶尖是梅花拨盘与弹性顶尖的组合,原理与此相同,不再赘述。

2. 车床专用夹具

车床专用夹具包括:

(1) 内孔定位车削外圆柱面的夹具　如心轴、弹簧夹头、弹簧心轴。该类夹具借助自定心卡盘、顶尖或双顶尖鸡心卡头拨盘组合的通用夹具安装在主轴上。

(2) 圆柱面定位车削偏心外圆柱表面的夹具　如偏心轮夹具。若车削偏心轴类零件,

可将工件两端各延长长度为 l（l 略大于中心孔深度）的工艺轴端，两次钻中心孔。首先钻非偏心中心孔，非偏心部分车削完毕后，切去非偏心中心孔，然后钻偏心中心孔，利用双顶尖、拨盘组合的通用夹具加工。也可只延长尾端长度，即后端采用偏心中心孔定位、前端采用偏心的夹具定位夹紧，如偏置的双 V 形块（固定的 V 形块定位、另一 V 形块夹紧）。若偏心轮偏心距离较大，在工件端部能同时加工中心孔和偏心中心孔时，可不用延长工件。若盘类工件加工偏心孔，可在自定心卡盘的任一爪上加垫片（或圆柱体），垫片厚度（或圆柱直径）h_d 为

$$h_d = \frac{1}{2}(3e + \sqrt{D^2 - 3e} - D)$$

式中　　D——工件外径（mm）；

　　　　e——主轴回转轴线与工件外径的偏心距（mm）。

垫片为厚度不同的成套垫片；而圆柱体 h_d 可根据计算结果精密加工。长度较小的偏心轴也可采用自定心卡盘加垫片（或圆柱体）的方法加工。

（3）加工非圆形工件的车床夹具　如轴承座专用夹具等。车削非圆形工件内孔时，可采用四爪单动卡盘（JB/T 6566—2005），以调整好后固定不动的两相邻的卡爪、卡盘端面定位，另两相邻的移动卡爪夹紧工件。四爪单动卡盘是四个矩形丝杠螺母副分别驱动四个卡爪，螺母与卡爪一体。因而四爪卡盘装夹工件时需进行找正，定位精度低，适用于单件或少量精度要求不高的工件加工。加工精度要求高时，必须设计专用的车床夹具，在花盘（夹具底板）上设置 L 形支承板（通常称为"弯板"夹具），以工件安装基面定位，支承面上对应工件安装孔的位置加工两定位孔。用六角头加强杆螺栓（GB/T 27—2013）定位并夹紧，两定位夹紧螺栓中一个螺栓定位部分为削扁圆柱体，以避免过定位；或在 L 形支承板上设置一块长支承板定位（线定位副）限制两个自由度、压板压紧。夹紧力（或主夹紧力）的方向应垂直于主定位面。

三、铣床夹具

（一）铣床夹具的特点和主要类型

铣床夹具主要用于加工零件上的平面、凹槽、花键及各种成形面，是最常用的夹具之一。主要由定位装置、夹紧装置、夹具体、连接元件和对刀元件组成。铣削加工为多刀刃断续切削，切削用量较大、切削力较大、振动较大，因此铣床夹具应有较大的夹紧力、足够的刚度和强度。

在铣削加工过程中工作台及夹具、工件一起做进给运动。铣床夹具按进给方式分为直线进给式、圆周进给式和仿形进给式三种类型。直线进给式专用铣床夹具适用于升降台机床、龙门铣刨床、镗铣床等通用机床；圆周铣削法的进给运动是连续不断的，能够在不停车的情况下装卸工件，适用于专用铣床。万能铣床上通过靠模夹具可加工工件上的曲线轮廓。

（二）铣床夹具设计时应注意的问题

1. 定位装置设计的要点

铣床夹具，应特别注意定位的稳定性，如工件以平面定位时，定位元件的布置应尽量使支承三角形最大，必要时还要采用辅助支承，导向定位的两支承点的相距较大。

对于多工位的定位装置，设计时还必须注意各定位元件之间必须具有正确的相互位置关

系，而且定位元件要便于加工和装配时的调整。

2. 夹紧装置设计要点

铣床夹具的夹紧装置，应有较好的刚度、足够的夹紧力，力的作用点要尽量靠近加工表面和落在刚性较好的部位，而且要有利于定位的稳定性，必要时采用辅助夹紧装置。圆周进给式专用铣床夹具夹紧工件的手柄沿转台的四周分布，便于工人操作，且工人的劳动强度要适当，不能过分紧张，因此应尽量采用机械化、自动化夹紧装置。此外，应尽量采用快速的夹紧方法，如采用联动夹紧等。

3. 定向键和对刀装置的布置

定向键与定位元件之间没有尺寸联系，但必须根据加工要求规定定位元件对定向键的位置精度。对刀装置的位置根据定位元件的工作表面来确定。必须规定对刀装置对定位元件的坐标尺寸及其公差及位置精度。

四、镗床夹具

（一）镗床夹具的特点及主要类型

镗床夹具主要用于加工箱体、支架等工件上的孔或孔系。镗床夹具的结构类型主要取决于导向的设置。导向的设置应使镗杆有足够的刚度，只有这样才能保证加工孔的位置精度。

1. 单支承导向

镗杆上仅设置一个镗套导向，镗杆一端插入机床主轴的莫氏锥孔中，即所谓的刚性连接。刚性连接时镗套轴线与主轴轴线有较高的同轴度。由于机床主轴是两点支承，单导向增加一个支承点，增加的单支承只能是辅助支承，镗孔精度取决于镗套与机床主轴轴线的同轴度。

如图 6-70a 所示为单支承前导向。镗套设置在刀具的前方，主要用于加工直径 $D>60$mm、$L<D$ 的通孔。这种形式镗套支承点至机床主轴前支承点的距离较大，镗杆与机床主轴的同轴度较高，但装卸工件时刀具的引进和推出行程较长。单支承前导向的典型应用是普通卧式镗床的后立柱导向支架附件。普通卧式镗床后导向支架上可配置专用镗套，导向支架可沿后立柱上的垂直导轨与主轴箱同步升降，保证了镗杆与机床主轴的同轴度。后立柱底座可沿床身导轨移动，实现后镗杆轴线方向的位置调整。工艺特点为镗杆旋转，工作台及工件进给。

图 6-70b 所示为单支承后导向。镗套设置在刀具的后方，这种形式主要用于加工直径

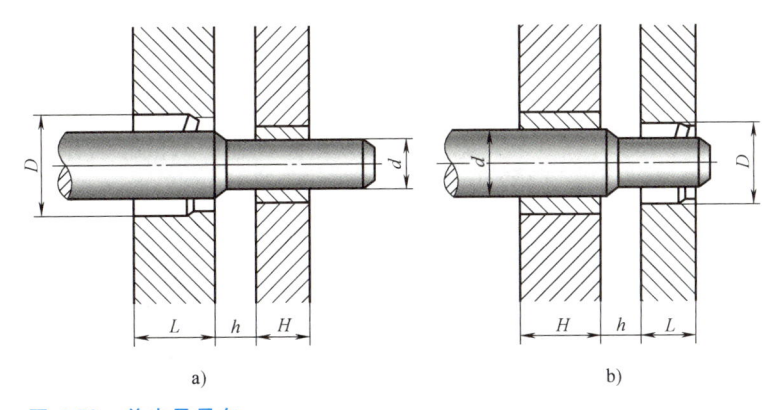

图 6-70 单支承导向

a）单支承前导向　b）单支承后导向

$D<60\text{mm}$ 的孔。这种形式镗套支承点至机床主轴前支承点的距离较小，镗杆（直径 d）刚度高，但镗杆与机床主轴的同轴度调整较复杂。为提高镗削精度，增加单支承后导向的支承长度 H，$H=(1.5\sim3)d$。镗床主轴与镗杆浮动连接，同轴度要求高的孔可采用滚动导向，如图4-11所示。其工艺特点为镗削工艺头驱动镗杆旋转，滑台带动镗削头进给，工件不动。

2. 双支承导向

采用双支承导向的镗模如图6-71所示。镗杆与机床主轴采用浮动连接。镗孔的位置精度取决于镗模架上镗套的位置精度，因此两镗套的同轴度要求较高。

双支承导向的设置有两种形式：

1）前后单支承导向（见图6-71a）。两个镗套分别设置在工件的前、后方，主要用于加工孔径较大、长度较长的孔或一组同轴孔，且孔径和位置精度高的场合。这种导向方式的缺点是镗杆较长，刚性较差，工件、镗杆装卸不便。

2）双支承后导向（见图6-71b）。增加图6-71b所示的单支承后导向的导向长度，即形成双支承后导向。这种方式导向精度高，采用自引进镗杆（图4-11c）时，镗杆可缩回到旋转导向套中，因而工件安装方便，且可设置辅助旋转导向套。镗杆悬臂支承时，镗杆的悬伸长度 $L_1<5d$，而且还应保持镗杆的导向长度 $L_2>(1.25\sim1.5)l_1$，以利于增强镗杆的刚度和保持轴向移动时的平稳性。

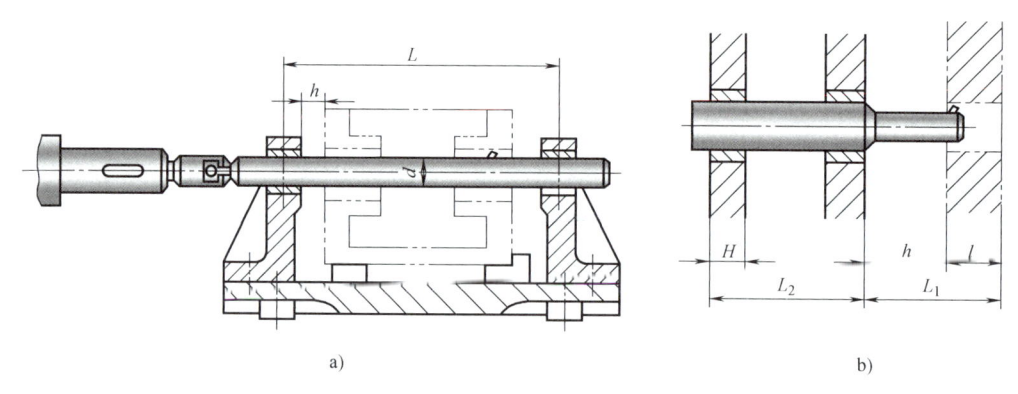

图6-71 双支承导向

a）前后单支承导向　b）双支承后导向

（二）镗床夹具设计中的几个主要问题

1. 镗套与镗杆的配合

镗套与镗杆及衬套等的配合可参考表6-10。加工低于IT8级精度的孔时，镗杆选用IT6级精度；加工IT7级精度的孔时，镗杆选用IT5级精度。旋转式导向的镗杆与镗套的配合采用H7/h6或H6/h5。当加工精度要求更高时，常采用研配法使镗套与镗杆的配合间隙达到最小值，并采用低速加工。

表6-10 镗杆与镗套的配合

配合表面	镗杆与镗套	镗套与衬套	衬套与支架
配合性质	$\frac{H7}{g6}\left(\frac{H7}{h6}\right)$、$\frac{H6}{g5}\left(\frac{H6}{h5}\right)$	$\frac{H7}{h6}\left(\frac{H7}{js6}\right)$、$\frac{H6}{h5}\left(\frac{H6}{js5}\right)$	$\frac{H7}{n6}$、$\frac{H6}{n5}$

镗套内孔与外圆的同轴度公差一般为 $\phi0.1$mm。内孔的圆柱度公差为 $0.001\sim0.02$mm，表面粗糙度 Ra 值 $\geqslant 0.1\sim1.0$μm；外圆表面粗糙度 Ra 值 $\geqslant 0.4\sim1.6$μm。镗套的材料可选用铸铁、青铜、粉末冶金或钢等，硬度低于镗杆的硬度。

2. 镗套支架的设计

为提高抗振性能，镗套支架、夹具底座一般用铸铁制造。为减小镗套支架与夹具体铸造时因形状不规则、壁厚不匀导致的铸造应力变形，提高铸造精度，镗套支架、夹具体应分别制造。另外，镗套支架不应承受夹紧反力，如图6-72b所示。如图6-72a所示为错误的设计，施力后会使镗模架变形；可改用如图6-72b所示的结构。

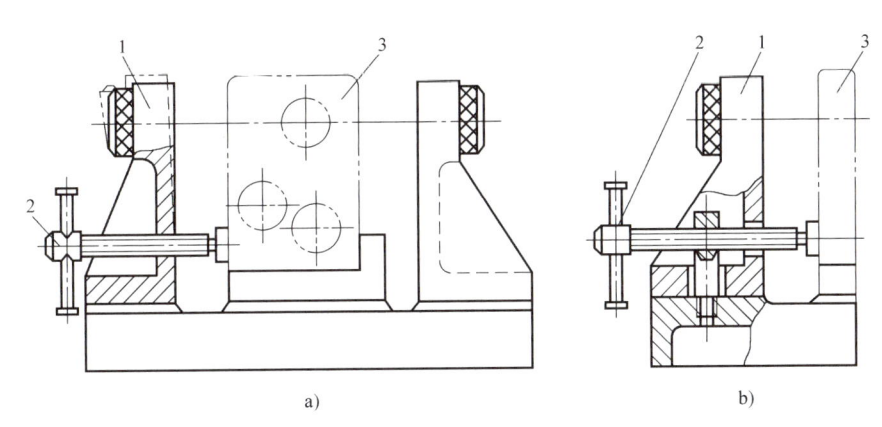

图6-72 不允许镗模架承受夹紧反力
1—支架 2—螺旋夹紧机构 3—工件

3. 镗床夹具底座的设计

夹具底座是机床夹具的基础件，除底座自身应具有足够的强度和刚度外，底座结合面应有较高的接触刚度。为了提高底座自身刚度，除选取适当的壁厚外，应合理地布置加强肋，如图3-20c、d、e所示。加强肋的底面与底座周边的底面在同一平面上，这样可提高底座与工作台的接触刚度。

镗床夹具底座上安装各种元件的部位凸出底座不加工表面 $3\sim5$mm（大于切削厚度），加工后刮削，使底座上安装元件的接触面有良好的接触刚度。凸出的结合面与夹具底座安装基面（底面）的平行度或垂直度公差值一般取 $0.01/100$mm。为保证镗套在机床上定向的准确性并便于找正定位元件的位置，可在底座侧面加工出窄长的找正基面。找正基面的表面粗糙度 Ra 值 $\geqslant 1.6$μm（刮削），平面度公差为 0.05mm，找正基面与安装基面的垂直度公差在 0.01mm。

镗床夹具结构尺寸较大时，为提高与机床工作台接触刚度，夹具上应设置适当数目的耳座，还应有起重吊环，以便于夹具的搬运吊装。

为了保证夹具的精度稳定，镗套支架和底座应进行时效处理，必要时在粗加工后进行人工时效处理。

4. 镗杆

镗杆的设计对镗孔精度影响很大，所以在设计镗模前应确定镗杆的尺寸。镗杆的主要尺寸是直径和长度。直径受到加工孔径的限制，在可能的情况下应尽量取得大些，以增加其刚度。一般取 $d = (0.6 \sim 0.8)D$（D 为工件镗孔直径）。镗杆的长度应尽量短些。镗杆的制造精度对其回转精度有很大影响，其导向部分的尺寸精度要求较高，粗镗时按 g6，精镗时按 g5 制造，表面粗糙度 Ra 值 $\geq 0.2 \sim 0.4 \mu m$，圆度和圆柱度公差不超过直径公差的 $1/2$，在 500mm 长度内的直线度公差为 0.01mm。一般要求镗杆表面硬度高于镗套，而内部则要有好的韧性。因此多选用 45 钢或 40Cr 钢制造，也可选用热处理变形小的 20Cr 钢渗氮淬火处理。

五、机床夹具设计

（一）机床专用夹具的设计步骤

机床专用夹具的设计步骤：总体方案设计、技术设计、零件设计、样品试用完善。

1. 机床专用夹具的总体方案设计

机床专用夹具的总体方案设计包括：收集研究与设计有关的资料和工艺分析、总体布局。

（1）收集研究与设计有关的资料

1）分析工件的材料、形状、技术要求及在部件中的作用，以及年生产纲领。

2）分析工件的工艺规程、本工序的加工余量及切削用量、加工精度、表面精度。

3）熟悉本工序所采用的设备的主要技术规格及安装夹具部位的基本尺寸，以及刀具的形状、尺寸规格及精度等。

（2）工艺分析、总体布局

分析研究收集的资料，经工艺分析，绘制总布局图。关键机床专用夹具必须分析国内、外同类工件的加工方法及有关夹具的使用状况。

1）运用六点定位原理确定相应的定位装置，并进行定位误差的计算及校核。

2）确定夹紧装置。相应处理好夹紧力的着力点、夹紧力方向及大小，并进行定位误差的计算及校核。

3）确定刀具的导向方案，并设计导向元件或对刀装置。

4）确定其他元件或装置（如定位键、分度装置等）的结构形式，并设计具体结构。

2. 机床专业夹具的技术设计

机床专业夹具总装配图的绘制程序如下：

1）用双点画线将工件必须要绘制的内、外轮廓和工件上的定位、夹紧及被加工面等绘制在各个视图的适当位置上，用网纹线表示加工余量。

2）将工件视为假想透明体，即所绘工件轮廓不遮挡夹具任何轮廓的投影；然后依次绘出定位、导向（或对刀）、夹紧及其他辅助装置的投影；最后绘出夹具体。夹具体（定位、夹紧元件除外）与已加工工件表面的最小距离不小于 4mm，与不加工表面的距离不小于 8mm。

3）拟订总装技术要求，填写元件明细表。

3. 绘制机床专用夹具零件图

机床专用夹具体总体设计后，绘制机床夹具基本件（非标准件、通用件）零件图。零件图的主视图方位，应与装配图上的视图位置一致。图样完成后编写说明书。

由于机床专用夹具属于单件生产类型，装配精度是采用调整法或修配法保证的。因此在标注元件技术要求时，除与总装技术要求协调外，往往采用注解法说明，如在某尺寸上注明

"装配时与件×配作"或"配对研磨"或"见总图技术要求"字样等。

4. 制造、完善机床专用夹具

机床夹具设计进入制造阶段后，设计工作尚未完成。只有全部解决了制造、装配、调整及试用过程中出现的问题，并达到预期效果，该机床专用夹具的设计工作才结束。

（二）机床夹具的精度分析

在使用机床夹具加工工件时，机床夹具的定位误差 Δ_D、夹具的安装误差 Δ_A、刀具的调整误差 Δ_T 及加工方法误差 Δ_G 会影响工件的加工精度。因此，上述各误差的最大值的代数和应不大于工件相应尺寸的公差 T_G（误差不等式），即

$$\Delta_D + \Delta_A + \Delta_T + \Delta_G \leq T_G$$

在本章第二节中讨论了定位误差的有关问题。现对夹具的安装误差 Δ_A、刀具的调整误差 Δ_T、加工方法误差 Δ_G 分析如下。

1. 机床夹具的安装误差 Δ_A

机床夹具的安装误差是夹具在机床上安装时，因夹具的安装面偏离了规定位置，从而引起定位支承在工序精度方向上产生的位移误差。夹具的安装误差一般由下列两种情况造成：

1）因夹具的定位元件与夹具的安装面之间位置不准确所引起的误差。

2）因夹具安装面的制造误差及与机床安装面不准确而引起的误差。

实际上，引起安装误差 Δ_A 的两种因素往往是同时并存的，因此夹具设计时应以适当的技术要求加以限制。当工件的位置精度要求很高或夹具的组成环节较多，经装配无法满足总装技术要求时，可在调试阶段，采用就地加工定位支承面的办法将 Δ_A 降至最小。

2. 刀具的调整误差 Δ_T

刀具的调整误差包括刀具引导和对定两种误差。前者是指刀具与导向元件或对刀元件结合不准确所引起的引导误差；后者是指刀具相对于夹具的定位元件位置不准确所引起的对定误差。

对铣床夹具，则只需在总装图上标出对刀块工作面至定位元件间的公称尺寸及对称偏差，其公差即是允许的 Δ_T 值。

对于钻模，则应在控制引导副配合公差带的同时，还应控制引导件轴线至定位元件的位置公差。

3. 加工方法误差 Δ_G

加工方法误差是加工过程中有关因素产生的误差。其影响因素如下：

（1）与机床工作精度有关的误差　如主轴的径向圆跳动、轴向圆跳动，以及主轴回转轴线与导轨的相互位置精度（如平行度、垂直度误差等）。

（2）与刀具有关的误差　如刀具的几何形状误差，刀具结构自身各几何要素的相互位置误差及因刀具磨损所造成的误差。

（3）与调整有关的误差　如对刀调整时的人为误差，加工过程中的测量误差。

（4）与变形有关的误差　如由于切削力和切削热的作用，引起工艺系统的弹性变形和热变形而产生的误差。

加工过程中产生的误差具有很大的偶然性，很难准确定量。故一般常按（1/5 ~ 1/2）T_G 取值并作为校核依据。

4. 误差不等式不成立时应采取的措施

当误差不等式不能满足时，可根据机床精度、刀具精度、磨损和系统可能变形等因素来分别处理。其中常用的措施如下：

（1）减小工件在夹具中的定位误差　主要措施如下。

1）在不增加夹具结构复杂程度的前提下，应尽量采用基准重合原则。

2）优先采用平面定位副。

3）提高工序精度，减小与定位误差有关的几何参数的工序公差。

4）采用高精度自动定心结构。

（2）减小夹具在机床中的安装误差　主要措施如下。

1）提高夹具安装元件的精度及夹具安装元件与机床结合面的结合精度。

2）在夹具体上设置工艺基面，以便在机床上校正夹具的位置。

3）适当提高定位元件与安装元件间的位置精度至可行、可度量的数值。

4）直接利用定位元件找正夹具在机床上的位置，以减小安装误差。

5）调整时，在使用夹具的机床上就地加工过渡连接件或定位元件的工作表面，借以降低或消除夹具的安装误差。

（3）减小刀具的调整误差　主要措施如下。

1）提高引导副自身的配合精度。

2）采用合理的工艺性结构，为提高引导元件（或对刀元件）对定位元件间的高位置精度提供结构保证。

3）总装时采用高精度设备，直接加工引导件（或对刀元件）的安装面（如钻模板上安装钻套的底孔、铣床夹具上安装对刀块的结合面等），直接保证引导件（或对刀元件）对定位元件的高位置精度要求。

（4）减少加工方法误差　主要措施如下。

1）合理确定加工方法误差在工序位置公差中的所占比例。

2）采用高精度、高刚度机床。

3）减少夹具的组成环数，合理使用辅助夹紧装置，提高系统刚度。

4）尽量使夹紧力与切削力方向相同，并使固定主支承受压，降低夹具重心，采用抗振结构，提高系统刚度。

（三）机床夹具技术要求的制订

制定机床夹具的总装技术要求，是关系工件的加工精度、夹具制造的难易、劳动量使用寿命及经济效益的一项重要工作。

1. 夹具总图上应标注的技术要求

夹具总图上一般应标注与夹具的制造、装拆、检测、调试及使用有关的内容。在夹具总图上通常应标注如下五种尺寸及相互位置公差。

（1）夹具外形的最大轮廓尺寸　这类尺寸表明夹具在机床上占据的空间尺寸大小和可能的活动范围，以便检查所设计的夹具是否与机床、刀具及辅具配套或产生干涉现象。

（2）定位副的配合公差带及定位支承间的位置精度　定位副应标出公称尺寸、基本偏差及公差等级。定位支承间的位置精度应包含距离尺寸及相互位置公差。

（3）引导副的配合公差带、引导元件间的位置精度及其一个引导元件对定位元件的位

置精度 引导副的配合公差带应标注公称尺寸、基本偏差及公差等级。而位置精度包含距离尺寸及相互位置公差，主要用以确定导向（或对刀）元件相互之间以及导向（或对刀）元件对定位元件的正确位置。对钻（镗）床夹具而言，即指钻（镗）套轴线与定位元件间的位置精度；对设有对刀元件的铣床夹具，则指对刀工作面之间的位置精度及对刀块工作面对定位元件间的距离尺寸。

（4）夹具（指定位元件）对机床装夹面间（即夹具安装面）的相互位置公差 这类公差用以确定定位元件对机床安装面之间的正确位置。它包含安装副的配合公差带、安装元件相互之间及定位元件对安装面的相互位置公差三个内容。例如，铣床夹具中定位键与机床工作台中央T形槽的配合公差带，定位键侧面对夹具底面及定位元件对夹具底面与定位键侧面的相互位置公差。

（5）其他结合副的公差带及相互位置精度 这类技术要求是指夹具内部各结合副的配合公差带及其有关元件间的相互位置精度要求。如定位元件与夹具体的配合公差带、滑柱钻模的滑柱与衬套内孔的配合公差带、滑柱钻模导柱间的距离尺寸等。

此外，对夹具制造、调试及使用的一些特殊要求，如夹具的平衡等则应用文字在总图上加以说明。

2. 机床夹具技术要求公差值的确定

由于在误差分析计算方面的影响因素的不定性及资料的不完善，故多采用经验估算或根据已有经验数据确定夹具技术要求的公差值（简称为夹具公差），在确定时可分两种情况考虑。

（1）直接与工序位置精度有关的夹具公差 这种情况一般可按下列原则估算夹具公差（以 T_j 表示）：

夹具上的线性尺寸公差及角度公差 $T_j = (1/5 \sim 1/2) T_G$，夹具与工件的尺寸及角度公差选取见表6-8和表6-9。

夹具工作表面相互间的距离尺寸公差及相互位置公差 $T_j = (1/3 \sim 1/2) T_G$。

当加工尺寸为未注公差尺寸时，夹具的线性尺寸公差取 ±0.10mm；角度为未注公差角度时，一般取 ±10′，要求严格时取 ±5′，甚至取 ±1′；当加工面未提出相互位置要求时，夹具上的相应位置公差不超过 $(0.02 \sim 0.05)/100$mm。

工件的工序位置精度、生产规模、夹具的复杂程度，以及夹具制造部门的技术水平及设备状况，对夹具公差的取值有一定的影响。对于生产规模较大，夹具制造结构复杂而工序位置精度要求不太高时，夹具公差应取严些，以延长夹具的使用寿命；对小批量生产或工序位置精度要求较高时，则夹具公差可取大些，以便于制造。

表6-11、表6-12所列为实践中积累的确定夹具公差的经验数据。

表6-11 机床夹具的尺寸公差

工件的尺寸公差/mm	夹具相应尺寸公差占工件公差的比例
≤0.02	3/5
0.02~0.05	1/2
0.05~0.20	2/5
0.20~0.30	1/3

表6-12 机床夹具的角度公差

工件的角度公差	夹具相应角度公差占工件公差的比例
1′~10′	1/2
10′~1°	2/5
1°~4°	1/3

（2）与加工要求无直接关系的夹具公差　这类夹具公差并非对加工精度无影响，而是指无法直接从相应的加工尺寸公差中取多大比例作为夹具公差。属于这类夹具公差的多为夹具中的各组成连接副，如定位元件与夹具体、可换钻套与衬套、铰链轴与孔等，一般可凭经验或根据公差配合国家标准来确定。如夹具上起导向作用并有相对滑动的连接副，一般选用H7/h6；有相对运动而无导向作用的连接副，常选用H7/g6或H7/f6；铰链连接则按基轴制选用G7/h6或F8/h6等间隙配合（见表6-13）。

表6-13　常用元件的公差和配合

元件名称	部件及配合		备注
衬套	外径与本体	H7/r6 或 H7/n6	
	内径	H6 或 H7	
固定钻套	外径与钻模板	H7/r6 或 H7/n6	
	内径	G7 或 F8	公称尺寸是刀具的上极限尺寸
可换钻套 快换钻套	外径与衬套	H6/g5 或 H7/g6	
	内径	钻孔及扩孔时 F8	公称尺寸是刀具的最大尺寸
		粗铰孔时 G7	
		精铰孔时 G6	
镗套	外径与衬套	H6/h5、(H6/j5) H7/h6、(H7/js6)	
	内径与镗杆	H6/g5、(H6/h5) H7/g6、(H7/h6)	
支承钉	与夹具体配合	H7/r6 或 H7/n6	
定位销	与工件基准配合	H7/g6、H7/f7 H6/g5、H6/f6	
	与夹具体配合	H7/r6 或 H7/n6	
可换定位销	与衬套配合	H7/g6	
钻模板铰链轴	轴与孔配合	G7/h6、F8/h6	

在确定夹具某尺寸公差时，先将工件的尺寸公差化成正负对称偏差，然后取其1/5~1/2标注在夹具总图上。

习题与思考题

6-1　机床夹具的组成有哪些部分？

6-2　举例说明机床夹具在机械加工中的作用。

6-3　举例说明工件在机床夹具中定位的概念。定位和夹紧有何区别？

6-4　什么是过定位？造成的后果是什么？消除过定位的措施有哪些？

6-5　试述定位误差的概念、产生的原因及其计算方法。

6-6　已知工件尺寸 $D = 90^{+0.2}_{0}$ mm，$B = 35^{+0.3}_{0}$ mm，$\alpha = 45°$，试判断图6-73所示的定位方式能否满足加工尺寸 $A = 40^{+0.25}_{0}$ mm 的精度要求。

6-7　图6-74a所示夹具用于在三通管中心点 O 处加工一孔，应保证孔轴线与管轴线 Ox、

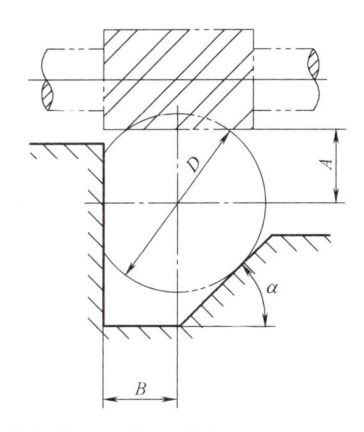

图 6-73 习题 6-6 图

Oz 垂直相交；图 6-74b 所示为车床夹具，应保证该外圆与内孔的同轴度；图 6-74c 所示为车台阶轴；图 6-74d 所示为在圆盘零件上钻孔，应保证孔与外圆的同轴度；图 6-74e 所示为用于钻铰连杆的小头孔，应保证大小头孔的中心距精度和两孔的平行度。试分析各图的定位方案，指出各方案所限制的自由度，判断有无欠定位或过定位？对方案中不合理处提出改进意见。

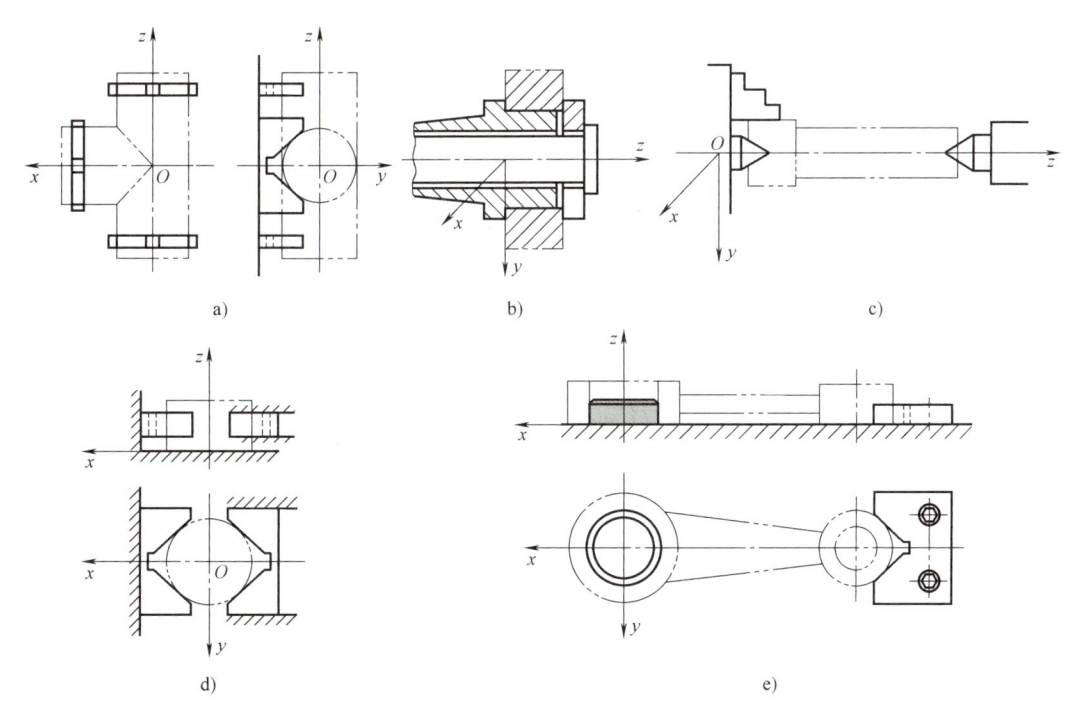

图 6-74 习题 6-7 图

6-8 在图 6-75a 所示零件上铣键槽，要求保证尺寸 $54_{-0.14}^{0}$ mm 及对称度。现有三种定位方案，分别如图 6-75b、c、d 所示。已知内、外圆的同轴度误差为 $\phi 0.02$ mm，其余参数如图 6-75 所示。试计算三种方案的定位误差，并从中选出最优方案。

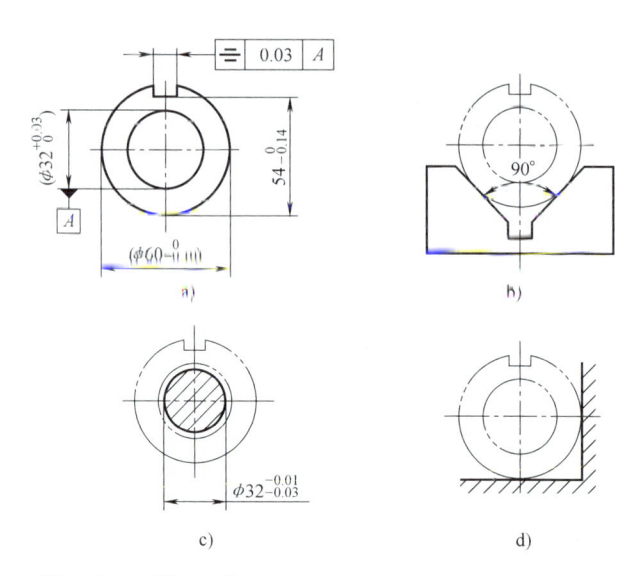

图 6-75 习题 6-8 图

6-9 图 6-76 所示齿轮坯的内孔和外圆已加工合格，即 $d = 80_{-0.1}^{0}$ mm，$D = 35_{0}^{+0.025}$ mm。现在插床上用调整法加工内键槽，要求保证尺寸 $H = 38.5_{0}^{+0.2}$ mm。忽略内孔与外圆同轴度误差，试计算该定位方案能否满足加工要求？若不能满足，应如何改进。

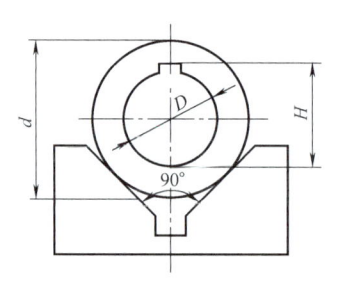

图 6-76 习题 6-9 图

6-10 阶梯轴工件的定位如图 6-77 所示，欲钻孔 O，保证尺寸 A。试计算工序尺寸 A 的定位误差。

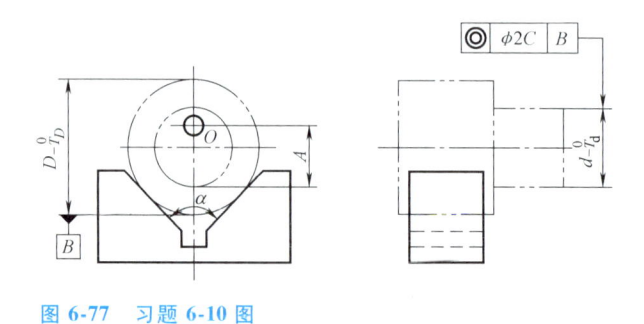

图 6-77 习题 6-10 图

6-11 夹紧装置的作用是什么？不良的夹紧装置将会产生什么后果？

6-12　选择夹紧力作用点应注意哪些原则？请以简图举出几个夹紧力作用点不恰当的例子，说明其可能产生的后果。

6-13　指出图 6-78 中各定位、夹紧方案及结构设计中欠妥之处，并改进完善。

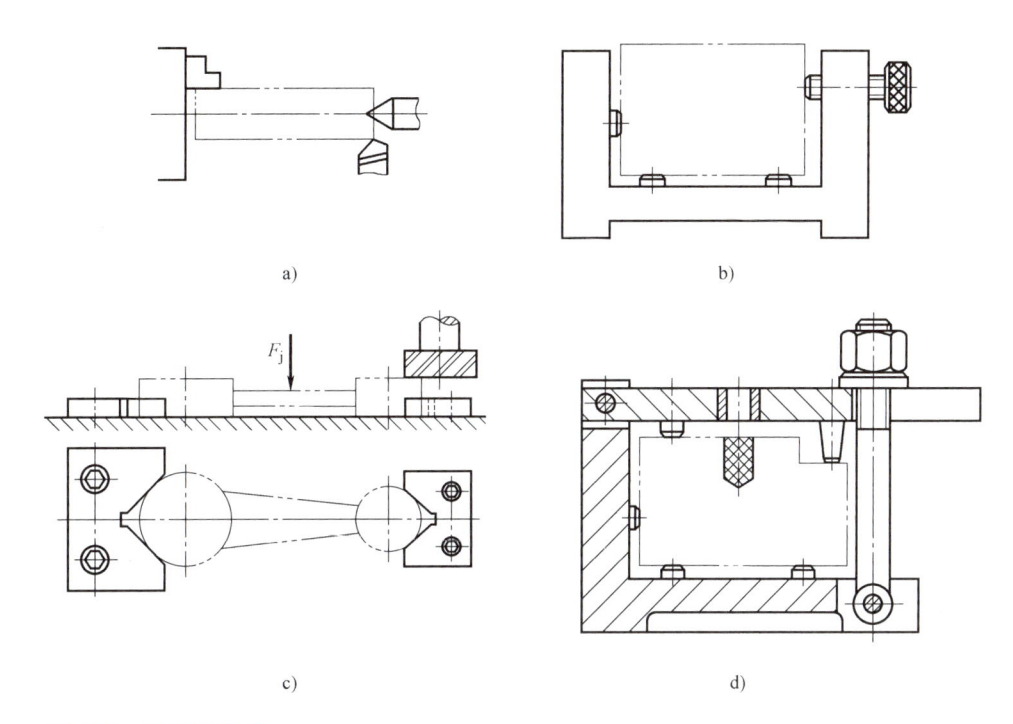

图 6-78　习题 6-13 图

参 考 文 献

[1] 闻邦椿. 机械设计手册：第 2 卷 [M]. 6 版. 北京：机械工业出版社，2017.
[2] 闻邦椿. 机械设计手册：第 3 卷 [M]. 6 版. 北京：机械工业出版社，2017.
[3] 闻邦椿. 机械设计手册：第 5 卷 [M]. 6 版. 北京：机械工业出版社，2017.
[4] 成大先. 机械设计手册：第 2 卷 [M]. 6 版. 北京：化学工业出版社，2016.
[5] 东北大学《机械零件设计手册》编写组. 机械零件设计手册：上 [M]. 3 版. 北京：冶金工业出版社，1994.
[6] 戴曙. 金属切削机床 [M]. 北京：机械工业出版社，1993.
[7] 《机床设计手册》编写组. 机床设计手册：第二册　零件设计 [M]. 北京：机械工业出版社，1978.
[8] 谢家瀛. 组合机床设计简明手册 [M]. 北京：机械工业出版社，1994.
[9] 丛凤廷，迟建山. 组合机床设计：第一册　机械部分 [M]. 上海：上海科学技术出版社，1994.
[10] 关慧贞. 机械制造装备设计 [M]. 5 版. 北京：机械工业出版社，2020.
[11] 韦彦成. 金属切削机床构造与设计 [M]. 北京：国防工业出版社，1991.
[12] 乐兑谦. 金属切削刀具 [M]. 2 版. 北京：机械工业出版社，2011.
[13] 王先逵. 机械制造工艺学 [M]. 4 版. 北京：机械工业出版社，2019.
[14] 徐发仁. 机床夹具设计 [M]. 重庆：重庆大学出版社，1993.
[15] 王爱玲，等. 现代数控机床结构与设计 [M]. 北京：兵器工业出版社，1999.
[16] 哈尔滨工业大学，上海工业大学. 机床夹具设计 [M]. 上海：上海科学技术出版社，1980.
[17] 陆剑中，孙家宁. 金属切削原理与刀具 [M]. 5 版. 北京：机械工业出版社，2011.
[18] 李峻勤，费仁元. 数控机床及其使用与维修 [M]. 北京：国防工业出版社，2000.
[19] 白成轩. 机床夹具设计新原理 [M]. 北京：机械工业出版社，1997.
[20] 巩秀长. 机床夹具设计原理 [M]. 济南：山东大学出版社，1993.
[21] 宋殷. 机床夹具设计 [M]. 郑州：河南科学技术出版社，1985.
[22] 东北重型机械学院，洛阳农业机械学院，长春汽车厂工人大学. 机床夹具设计手册 [M]. 上海：上海科学技术出版社，1980.
[23] 蔡光耀. 机床夹具设计 [M]. 北京：机械工业出版社，1990.